Wouter van Dieren (Hrsg.)

Mit der Natur rechnen

Der neue Club-of-Rome-Bericht:

*Vom Bruttosozialprodukt
zum Ökosozialprodukt*

Aus dem Englischen
von Anja Köhne

Springer Basel AG

Die deutsche Ausgabe dieses Club-of-Rome-Berichts wurde von Dr. Carsten Stahmer, Dr. Christian Leipert und Dr. Eberhard Seifert wissenschaftlich betreut. Der Birkhäuser Verlag dankt ihnen für die gute Zusammenarbeit.

Die Deutsche Bibliothek – CIP-Einheitsaufnahme

Mit der Natur rechnen : Der neue Club-of-Rome-Bericht : vom Bruttosozialprodukt zum Ökosozialprodukt / Wouter van Dieren (Hrsg.). Aus dem Engl. von Anja Köhne.

Einheitssacht.: Taking nature into account <dt.>
ISBN 978-3-7643-5173-1   ISBN 978-3-0348-6008-6 (eBook)
DOI 10.1007/978-3-0348-6008-6

NE: Dieren, Wouter van [Hrsg.]; Club of Rome; EST

Umschlaggestaltung: Matlik und Schelenz, Essenheim
Gedruckt auf säurefreiem Papier, hergestellt aus chlorfrei gebleichtem Zellstoff

ISBN 978-3-7643-5173-1

9 8 7 6 5 4 3 2

Inhaltsverzeichnis

Autorenverzeichnis

(in alphabetischer Reihenfolge)

- Hans Achterhuis, Universität Twente, Niederlande
- Bart de Boer, Zentralbüro für Statistik, Niederlande
- Peter Bosch, Zentralbüro für Statistik, Niederlande
- Herman Daly, University of Maryland, USA
- Erik van Dam, wissenschaftlicher Mitarbeiter des Instituts für Umwelt- und System-Analyse, Amsterdam, Niederlande
- Wouter van Dieren, Mitglied des Club of Rome, Direktor des Instituts für Umwelt- und System-Analyse, Amsterdam, Niederlande
- Paul Ekins, University of London, Großbritannien
- John Elkington, Direktor von SustainAbility, Großbritannien
- Salah El Serafy, Consultant, USA
- Robert Goodland, Weltbank, USA
- Hazel Henderson, USA
- Roefie Hueting, Zentralbüro für Statistik, Niederlande
- Ronald Janssen, Zentralbüro für Statistik, Niederlande
- Alexander King, Mitglied des Club of Rome, Frankreich
- Christian Leipert, Institut für ökologische Wirtschaftsforschung, Deutschland
- Cees Oomens, Zentralbüro für Statistik, Niederlande
- Sandra Postel, Vizepräsidentin des Worldwatch Institute, USA
- Emil Salim, ehemaliger Minister für Umwelt und Bevölkerung, Indonesien
- Eberhard Seifert, Wuppertal Institut für Klima, Umwelt, Energie, Deutschland
- Fulai Sheng, WWF International, Schweiz
- Ismail Serageldin, Vizepräsident der Weltbank, USA
- Jan Paul van Soest, Direktor des Zentrums für Energieeinsparung und Umwelttechnologie, Niederlande
- Carsten Stahmer, Statistisches Bundesamt, Wiesbaden
- Ernst Ulrich von Weizsäcker, Mitglied des Club of Rome, Präsident des Wuppertal Instituts für Klima, Umwelt, Energie, Deutschland

Vorwort

Dieser neue Club-of-Rome-Bericht behandelt eine der wichtigsten Maßnahmen zur besseren Analyse der Weltwirtschaft: Die Notwendigkeit, sowohl die Zerstörung unserer natürlichen Umwelt als auch die Dimensionen sozialer Faktoren in das System der Volkswirtschaftlichen Gesamtrechnungen (VGR) einzubeziehen.

Als der Club of Rome 1972 *Die Grenzen des Wachstums* veröffentlichte, haben wir Informationssysteme zur Weltwirtschaft verlangt, die korrekte Daten und ehrliche Vorhersagen liefern. Wachstum, wie wir es bislang definiert haben, entspricht einer auf Expansion und stetige Produktion ausgerichtete Wirtschaftsweise. Ein derartiges Handeln wird, als Ergebnis der wirtschaftlichen Bilanzen, in Form des Bruttosozialproduktes (BSP) bzw. des Bruttoinlandsproduktes (BIP) gemessen. Nach der Definition der Wohlstandstheorie dient wirtschaftliches Handeln der Verminderung von Knappheit. Wenn durch Produktion jedoch Knappheit verursacht und nicht reduziert wird, ist das wirtschaftliche Wachstum negativ einzuschätzen.

Das System der Volkswirtschaftlichen Gesamtrechnungen wurde erst in jüngster Vergangenheit entwickelt: gegen Ende des Zweiten Weltkriegs. Sein ursprüngliches Ziel war die quantitative Beschreibung der wirtschaftlichen Situation einer Nation und die jährliche Erfassung wirtschaftlicher Tendenzen. Dadurch wurden Hintergrundinformationen bereitgestellt, die zur Umsetzung politischer Maßnahmen notwendig waren. Die in das BSP einfließenden Daten beziehen sich primär auf Produktion und Ausgaben. Das Wachstum des Bruttosozialproduktes wird als Wirtschaftswachstum angesehen und gilt, in Vereinfachung der Tatsachen, bei Medien und Öffentlichkeit als Maß des nationalen Wohlstands und Wohlergehens. Bei internationalen Vergleichen wird das Wachstum des BSP als Grundlage der Wettbewerbstabellen der nationalen Wirtschaftsleistungen herangezogen. Da Wirtschaftswachstum das vorrangige Ziel aller Regierungen ist, werden diese Tabellen generell als sehr wichtig erachtet – in der stillen Übereinkunft, daß sie nicht nur die wirtschaftliche Leistung wiedergeben, sondern auch Wohlstand und sogar Wohlergehen. Das aber ist Illusion. Das Bruttosozialprodukt ist ein verzerrter Indikator, es weist viele Schwächen, Lücken und Widersprüche auf: Unfälle und Terrorismus tragen zum Wachstum des BSP bei; der Verbrauch natürlicher

Ressourcen und die Erschöpfung des natürlichen Kapitals werden nicht als Verluste verbucht, sondern, ganz im Gegenteil, als Einkommen. Die heute gängige Praxis des Konsums – des Mißbrauchs der natürlichen Ressourcen (der existentiellen Basis allen Lebens) bis hin zu ihrem Ausverkauf – wird formal als Wachstum und Einkommen verzeichnet.

Das BSP bezieht sich ausschließlich auf die mit Geld bewertete Wirtschaft; unbezahlte Arbeit – zum Beispiel Hausarbeit – wird nicht berücksichtigt. In den Entwicklungsländern aber wird ein Großteil der landwirtschaftlichen Leistung außerhalb der monetären Wirtschaft erbracht, was zu einem verzerrten Bild führt.

Gleichermaßen ignoriert das BSP die Kosten der Umweltbelastung, während es die Kosten für Umweltschutzmaßnahmen positiv bewertet.

Vergegenwärtigt man sich die Tatsache, daß das BSP ein grundsätzlich produktionsorientierter, auf Geldbewegungen bezogener Indikator ist, der Fragen der Qualität, Umwelt und Gesellschaft vernachlässigt, so ist es nicht verwunderlich, daß es in verschiedenen Ländern zahlreiche Versuche gibt, Indikatoren oder Indikatorengruppen zu entwickeln, die einen Maßstab liefern, mit dem die Qualität der Entwicklung einer Gesellschaft gemessen werden kann. Das Ergebnis ist eine verwirrende Vielfalt von Indikatoren für Lebensqualität und Wohlstand, die sich überschneidende und ergänzende Ziele haben.

Der vorliegende Bericht gibt eine wertvolle Übersicht über viele dieser Versuche und bringt diese in Verbindung mit dem weiter gefaßten Konzept der Nachhaltigkeit.

Mit der Natur rechnen ist stark von der Arbeit und den Erkenntnissen Roefie Huetings beeinflußt, dessen Studie *New Scarcity and Economic Growth* (1974) ein Meilenstein der wirtschaftswissenschaftlichen Literatur ist. Sie diente als Schlüssel zur Identifizierung der Widersprüche zwischen der Wirtschaftstheorie und ihrer alltäglichen Anwendung und wies dadurch all jenen Wirtschaftswissenschaftlern den Weg, die die Notwendigkeit einer drastischen Neuorientierung unterstreichen.

Dr. Hueting beschäftigt sich heute, parallel zu seinen Forschungsarbeiten über nachhaltige Konzepte für das Angebots- und Nachfrageverhalten, mit der Erarbeitung eines korrigierten Volkseinkommens.

Der Herausgeber dieses Berichts, Wouter van Dieren, Direktor des Instituts für Umwelt und Systemanalyse in Amsterdam, war maßgeblich für den Erfolg von *Die Grenzen des Wachstums* verantwortlich. Er gilt als einer der Pioniere der Umwelt-Wirtschaftswissenschaften; nicht zuletzt wegen seines Buches *Nature's Price*, das er 1977 gemeinsam mit M.G.W. Hummelink veröffentlichte.

Wouter van Dieren hat eine Reihe der besten Umwelt-Wirtschaftswissenschaftler eingeladen, einen Beitrag zu diesem Bericht zu verfassen: die Resonanz war bemerkenswert.

Es ist unser Wunsch, daß dieser dringliche Aufruf, das Informationssystem der Wirtschaft zu ändern, weltweit vernommen wird.

Wir müssen uns der Tatsache bewußt werden: Wir können keine nachhaltige Zukunft schaffen, solange wir fortfahren, einen Schleier über die Realität zu ziehen – solange wir die Erschöpfung und den Zusammenbruch der existierenden Rahmenbedingungen allen Lebens ignorieren und als Fortschritt deklarieren. Unter diesen Voraussetzungen werden die Grenzen des Wachstums für uns noch enger werden.

Letztlich soll uns dieser Bericht auch daran erinnern, daß ursprünglich der Mensch im Mittelpunkt der Wirtschaftstheorie stand. Dieses Konzept ist aber unter den heutigen Bedingungen nur noch schwach erkennbar – überdeckt von der Jagd nach Wachstum und Wettbewerbsfähigkeit, die zu einer Spirale immer weiterer Technologiewandels, größerer Arbeitsproduktivität und damit einhergehend zu wachsender Arbeitslosigkeit führt.

Dr. Alexander King
Ehrenpräsident des Club of Rome

Begleitwort des Herausgebers

Mit der Natur rechnen, der neue Club-of-Rome-Bericht, bezieht sich auf eine Diskussion, die von Wirtschaftswissenschaftlern dominiert zu werden droht, obwohl sie uns alle betrifft. Wir haben uns daher bemüht, diesen Bericht in Sprache und Form so zu gestalten, daß auch wirtschaftswissenschaftlichen Laien die Zusammenhänge verständlich werden und sie somit über die notwendige ‹intellektuelle Munition› verfügen, um an der Diskussion teilzunehmen.

In der Einleitung legen wir die Gründe dar, die uns dazu veranlaßt haben, diesen Bericht zu veröffentlichen: Die Grenzen des Wachstums sind erreicht worden, ohne daß wir dies überhaupt bemerkt haben. Die Gesellschaft stützt sich auf wirtschaftliche Indikatoren (Bruttoinlandsprodukt, Volkseinkommen), die verzerrte Informationen liefern.

Teil I beginnt mit dem Aufdecken des Wachstumsbegriffs und seinen philosophischen und gesellschaftlichen Wurzeln, die vielleicht die fatale Anziehungskraft erklären können, die materieller Fortschritt und wirtschaftliches Wachstum auf die Menschheit ausüben (Kapitel 1). Danach wird die Einführung des Systems der Volkswirtschaftlichen Gesamtrechnungen rekonstruiert, also des Systems, das angewendet wird, um wirtschaftliches Wachstum zu dokumentieren. Wir stellen seine Baumeister vor und die ursprünglichen Voraussetzungen und Ziele. Schließlich dokumentieren wir die Diskrepanz zwischen diesen Annahmen und Zielen einerseits und den derzeitigen Realitäten andererseits (Kapitel 2).

Teil II behandelt die Widersprüchlichkeiten wirtschaftlichen Wachstums, die durch den Zustand der Umwelt und der Lebensqualität in vielen Teilen des Erdballs widergespiegelt werden, und die Schwächen der Indikatoren, die uns darüber informieren sollten. Der alarmierende Zustand der Tragfähigkeit der Erde wird skizziert (Kapitel 4). Nachdem hierbei die Konsequenzen aufgezeigt werden, die daraus erwachsen, daß in der Wirtschaftspolitik höchste Priorität auf immerwährendes Produktionswachstum gelegt wird, wird im weiteren das Versagen der Volkswirtschaftlichen Gesamtrechnungen erklärt, in bezug auf Wirtschaft (Produktion) und Wohlfahrt die richtigen Signale zu setzen (Kapitel 4).

Sustainable Development – Das Konzept einer nachhaltigen Entwicklung, die gesellschaftliche Antwort auf diese Widersprüche, wird in Teil III untersucht. Die Entwicklungsgeschichte dieser Kon-

zeption wird beschrieben und eine Übersicht über die Rolle ihrer
Akteure (multilaterale Organisationen und NGOs) gegeben (Kapitel
5). Im Anschluß daran wird die praktische Bedeutung des Konzepts
der Nachhaltigkeit für Umwelt-, Wirtschafts- und Sozialpolitik erörtert (Kapitel 6). In diesem Zusammenhang wird insbesondere auf
die Bedeutung einer nachhaltigen Entwicklung für die Länder der
südlichen Hemisphäre eingegangen (Kapitel 7). Teil III schließt mit
einer Beschreibung der Rolle, die Indikatoren bei der Beobachtung
der «Nachhaltigkeitslücke» spielen können. Darüber hinaus werden
verschiedene «Jenseits-vom-BIP-Ansätze» skizziert: ihre Zielrich-
tung, ihr Aggregationsniveau, ihre Bewertungsmethoden sowie ihre
Möglichkeiten und Grenzen (Kapitel 8 und 9).

In Teil IV erläutern führende Experten auf dem Gebiet der Umweltgesamtrechnungen ihre Ansichten, wie das BIP konzeptionell modifiziert werden kann, um die Veränderungen im Bestand des natürlichen Kapitals einzubeziehen, die aufgrund wirtschaftlichen
Handelns entstehen (Kapitel 10 bis 12). Im folgenden beziehen wir
uns dann auf die Arbeiten von Carsten Stahmer, dem Hauptautor
des UN-Handbuchs zur Integrierten Volkswirtschaftlichen und Umweltgesamtrechnung; dies schließt den Vergleich mit den Ansätzen
anderer Experten und deren Bewertung mit ein. Die Unterschiede
und Berührungspunkte der verschiedenen Vorschläge werden verdeutlicht, und ihre Stärken und Schwächen werden diskutiert (Kapitel 13).

Teil V gibt Empfehlungen, die sich hauptsächlich beziehen auf:

— die Verbesserung von Wohlstandsmessungen,
— die Verbesserung des BIP in seiner Funktion als Maßstab für
   wirtschaftliche Leistung,
— den zu erwartenden Widerstand, der den in diesem Bericht
   vorgestellten Erneuerungen von seiten der statistischen Behörden und der Politiker entgegengebracht werden wird,
— die Art und Weise, in der die internationale Kooperation zwischen den Experten verstärkt werden kann.

Diese Empfehlungen schließen sich an den Bericht *Real Value for
Nature* des WWF-International an. *Mit der Natur rechnen* wurde
vom Umweltministerium und dem Auswärtigen Amt der Niederlande sowie vom *World Wide Fund for Nature* (WWF) finanziell unterstützt.

Dank

Dieser Report ist das Ergebnis eines Unternehmens, an dem viele einzelne Mitstreiter und auch Institutionen aus der ganzen Welt mitgearbeitet haben. Die verschiedenen Beiträge erzählen die Geschichte dieses Ereignisses, und meine Aufgabe war es, die Teile zu einem kohärenten Ganzen zusammenzufügen.

Hans Achterhuis ist Professor für Öko-Philosophie an der Universität Twente in den Niederlanden. In seinem Buch «Het Rijk van de Schaarste» (Die Herrschaft der Knappheit) hat er auf einzigartige Weise das Konzept der Knappheit als grundlegenden Mythos des modernen gesellschaftlichen Denkens entlarvt. Aus diesem Grund habe ich ihn gebeten, einen Beitrag zu Kapitel 2 dieses Berichts zu schreiben.

Erik van Dam ist wissenschaftlicher Mitarbeiter des Instituts für Umwelt- und System-Analyse. Er war Mitglied der Redaktion dieses Berichts und Autor der Kapitel 1 bis 7 von Teil V.

Wouter van Dieren, Herausgeber dieses Berichts, ist Direktor des Instituts für Umwelt- und System-Analyse in Amsterdam. Er ist Mitglied des Club of Rome, stellvertretender Vorsitzender des Beirates des Wuppertal Instituts für Klima, Umwelt und Energie sowie Mitglied der Weltakademie für Kunst und Wissenschaft. Er hat die niederländische Umweltbewegung maßgeblich geprägt und als Journalist und Fernsehproduzent eine Vielzahl von Artikeln und Fernsehsendungen zum Thema Natur, Umwelt und Wirtschaft geschrieben bzw. produziert.

Paul Ekins inspirierte eine Reihe von Initiativen, die auf eine fundamentale Neuorientierung der Wirtschaftswissenschaften abzielen. Er ist Herausgeber und Autor mehrerer Publikationen auf dem Gebiet der «grünen Wirtschaftswissenschaften». Zum Beispiel: «Real Life Economics: Understanding Wealth Creation» (1992) und «Wealth Beyond Measure – An Atlas of New Economics» (1992). Er arbeitet zur Zeit am Birkbeck College an der University of London. Ekins deckt in Kapitel 5 das Versagen des derzeitigen wirtschaftlichen Informationssystems auf.

John Elkington ist einer der kreativsten und produktivsten Verfechter des Konzepts der Nachhaltigkeit. Aufgrund dessen habe ich ihn gebeten, in Kapitel 6 den Prozeß der nachhaltigen Entwicklung zu beschreiben. Ich bin ihm sehr dankbar, daß er diesen schwierigen und wichtigen Teil des Berichts geschrieben hat.

Hazel Henderson, Vorstandsmitglied des *Worldwatch Institute* und Gründerin des *Center for Sustainable Development and Alternative World Futures* ist eine international anerkannte Zukunftsforscherin, Dozentin und Beraterin in Fragen alternativer Entwicklungen. Sie berät Unternehmen, Regierungen und NGOs in über 30 Ländern und gehört zu den Pionieren alternativer Wirtschaftswissenschaften. In den vergangenen Jahren hat sie u.a. die folgenden Publikationen veröffentlicht: «Creating Alternative Futures: The End of Economics» (1981) und «Paradigms in Progress: Life beyond Economics» (1993). Hazel Henderson arbeitete an Kapitel 9 mit, wofür ich ihr sehr dankbar bin, denn ihre Unterstützung war für mich von großer Bedeutung.

Roefie Hueting ist nicht nur für Kapitel 13 verantwortlich, sondern auch für die ursprüngliche Grundausrichtung des Berichts, wie Alexander King in seinem Vorwort erklärt. 1974 veröffentlichte Hueting «New Scarcity and Economic Growth» und gab damit den Startschuß für die Diskussionen über die Notwendigkeit, das Bruttosozialprodukt hinsichtlich der Umweltverluste zu korrigieren. In den vergangenen 20 Jahren war Hueting eine der Schlüsselfiguren in seinem Forschungsbereich. Seine aktuellen Arbeiten beschäftigen sich mit den methodischen Problemen, das Volkseinkommen in einer (hypothetischen) dauerhaft-umweltverträglichen Volkswirtschaft zu bestimmen.

Bart de Boer und **Peter Bosch** sind Mitarbeiter des niederländischen Zentralbüros für Statistik und als solche für die Umsetzung der Konzepte Huetings verantwortlich. Eine Aufgabe, die sie bereits seit mehreren Jahren mit großem Enthusiasmus ausüben. Gemeinsam mit Roefie Hueting und **Jan Paul van Soest** haben sie Kapitel 13 erarbeitet. Hueting trägt die Verantwortung für den Text, der von Jan Paul van Soest redigiert wurde. Van Soest ist Direktor des Zentrums für Energieeinsparung und Umwelttechnologie in Delft und einer der richtungweisenden Akteure innerhalb der Ökonomie/Ökologie-Diskussion in den Niederlanden.

Christian Leipert war einer der ersten Wissenschaftler, der konzeptionelle und empirische Forschungen zur Frage der defensiven Ausgaben angestellt hat. Momentan arbeitet er am Institut für ökologische Wirtschaftsforschung in Berlin an einem Projekt, das sich mit der Konzeption eines Ökosozialprodukts beschäftigt. Er hat maßgeblich zu Kapitel 10 beigetragen, in dem er seine Vorstellungen zur Rolle der defensiven Ausgaben im Rahmen des Ökosozialprodukt-Konzeptes entwickelt.

Cees Oomens war (zusammen mit Tinbergen) an der Entwicklung des Systems der Volkswirtschaftlichen Gesamtrechnungen (VGR) sowohl in den Niederlanden als auch auf internationaler Ebene beteiligt. Die Begeisterung für seine Arbeit zeigt sich insbesondere darin, daß er noch heute, lange nach seiner Pensionierung, am einfachsten an seinem Schreibtisch zu erreichen ist, den das Zentralbüro für Statistik für ihn bereithält. **Ronald Janssen** ist (innerhalb der Abteilung Volkswirtschaftliche Gesamtrechnungen) Leiter der Unterabteilung für vierteljährliche Gesamtrechnungen des Zentralbüros für Statistik. Als Autor einer Reihe von Lehrbüchern zur VGR ist er dafür bekannt, daß er dieses Thema auch denjenigen verständlich machen kann, die in Statistik weniger bewandert sind. Das vereinte Fachwissen von Cees Oomens und Ronald Janssen floß in Kapitel 3 ein, in dem das System der VGR einer breiten Öffentlichkeit vorgestellt wird.

Sandra Postel ist Direktorin des *Global Water Policy Project* in Cambridge, Massachusetts, USA, und Professorin für Internationale Umweltpolitik an der Tufts University. Als ehemalige Vizepräsidentin des Bereichs Forschung am *Worldwatch Institute* hat Sandra Postel zahlreiche Publikationen veröffentlicht. Vor allem zu den Themen umweltgerechte-dauerhafte Entwicklung, Ressourcenknappheit und Tragfähigkeit der Erde. Ich bat sie um eine Beschreibung des Zustandes der Umwelt, die den Leser nicht mit endlosem Beweismaterial in Form von Zahlen und Tabellen erschlägt. Ihre Arbeit ist in Kapitel 4 nachzulesen.

Emil Salim, ehemaliger indonesischer Minister für Umwelt und Bevölkerung und ehemaliges Mitglied der Weltkommission für Umwelt und Entwicklung, ist Mitglied der Kommission für Nachhaltige Entwicklung. Ich danke ihm für seine Unterstützung bei der Erstellung von Kapitel 9. Bei diesem Kapitel griffen wir darüber hinaus auch auf die Forschungen von **Martin Khor Kok Peng** zurück, einem bekannten Publizisten auf dem Gebiet der Nord-Süd-Beziehungen und Direktor des Dritte-Welt-Netzwerkes in Penang, Malaysia.

Eberhard Seifert arbeitet am Wuppertal Institut für Klima, Umwelt, Energie. Er ist Mitarbeiter der Abteilung *Neue Wohlstandmodelle*. Sein Beitrag findet sich in Kapitel 10, in dem wir einen Überblick über die Entwicklungen auf dem Gebiet der Wohlstandmessungen geben. Die fruchtbaren Diskussionen, die wir zu diesem Thema führen konnten, habe ich sehr geschätzt.

Salah El Serafy nimmt, über seine Funktion als Wirtschaftsfachmann der Weltbank hinaus, seit Jahren an der internationalen Diskussion über ein nachhaltiges Volkseinkommen teil. Als Herausgeber und Autor der richtungweisenden Weltbank/UNEP-Veröffentlichungen über Umweltgesamtrechnungen sowie als Hauptredner vieler Konferenzen war El Serafy ein glühender Verfechter der Korrektur des BIP um den Wert des Verbrauchs von Naturvermögen. Darüber hinaus trug er wesentlich zur Forcierung der Diskussion über eine angemessene Bilanzierung des Volkseinkommens bei und unterbreitete einen eigenen Ansatz, wie mit der Erschöpfung der natürlichen Ressourcen umzugehen ist: Das Konzept der Nutzerkosten. Beide Themen werden in Kapitel 12 behandelt.

Ismail Serageldin war als Vizepräsident für umweltgerechte-dauerhafte Entwicklung maßgeblich an der letzten Veröffentlichung der Weltbank «Towards improved accounting for the environment» beteiligt. Zusammen mit **Robert Goodland** und **Herman Daly**, die sich innerhalb der Weltbank für die Betonung des Nachhaltigkeits-Begriffs einsetzten, arbeitete er an Kapitel 7. Herman Daly, Autor von «Steady-State Economics» und «For the Common Good» lehrt inzwischen an der University of Maryland.

Fulai Sheng arbeitet als Wirtschaftswissenschaftler für das *Sustainable Resource Programme* des WWF International in Gland in der Schweiz. Er kam 1992 mit dieser Thematik in Berührung, als der WWF International Huetings Buch «Methodologies for the Calculation of Sustainable National Income» veröffentlichte. Ende 1993 lernte ich Fulai und seine Arbeit kennen. Zu dieser Zeit leitete der WWF International weitere Aktivitäten im Bereich der umweltgerechten Bilanzierung der VGR-Reform ein. Dieser Kontakt führte zu einer engen Kooperation von ISMA und WWF International. Heute nimmt Sheng an nahezu allen Konferenzen, die die Volkswirtschaftliche Gesamtrechnungen und Indikatoren der Nachhaltigen Entwicklung thematisieren, teil. Er vertritt dabei die Ansichten des WWF zu Indikatoren und umweltgerechter Bilanzierung im allgemeinen und zum «UN-Handbuch zu einer Integrierten Volkswirtschaftlichen und Umweltgesamtrechnung» im besonderen. Der WWF hat erst kürzlich *Real Value for Nature* veröffentlicht, eine Übersicht über umweltgerechte Bilanzierungsmodelle. Diese Publikation enthält eine umfassende Darstellung solcher Modelle, die das Thema sowohl für das Fachpublikum als auch für den interessierten Laien verständlicher macht. Fulai Sheng war ein wichtiger Berater vor allem bei der Niederschrift der Teile IV und V dieses Club-of-Rome-Berichts.

Carsten Stahmer vom Statistischen Bundesamt in Wiesbaden war führend an der Entwicklung des *United Nations System for Integrated Environmental and Economic Accounting (SEEA)* beteiligt. Dieses System zielt darauf ab, einen konsistenten Rahmen für die statistischen Behörden der einzelnen Länder zu etablieren, innerhalb dessen sie ihre Umweltberichterstattungssysteme aufbauen können. Carsten war drei Jahre in den USA als Berater für UNSTAT tätig. Gemeinsam mit Peter Bartelmus und Jan van Tongeren schrieb er das «UN-Handbuch zur Integrierten Volkswirtschaftlichen und Umweltgesamtrechnung», das 1993 veröffentlicht wurde. Nach seiner Meinung besteht die Hauptaufgabe des Handbuchs darin, «eine Synthese der gegenwärtig vorliegenden, noch sehr unterschiedlichen Konzeptionen auf dem Gebiet der Umweltberichterstattung herzustellen». Carsten war ein wichtiger Berater für Teil V und hat darüber hinaus mit seiner Zusammenfassung des UN-Handbuchs sowie der kritischen Analyse verschiedener Bewertungsmethoden zu Kapitel V.3. beigetragen. Ich bin ihm für seine Mitarbeit sehr dankbar, nicht nur wegen seiner ausgezeichneten Fachkenntnisse, sondern auch wegen seiner Geduld und Freundschaft.

Ernst Ulrich von Weizsäcker ist Präsident des Wuppertal Instituts für Klima, Umwelt, Energie und Mitglied des *Club of Rome*. Er ist mitverantwortlich für Kapitel 8 von Teil V, in dem der *Club of Rome* seine Ansichten bezüglich eines korrigierten Volkseinkommens darlegt und den Weg beschreibt, der im Bereich der Innovationen eingeschlagen werden muß. Ernst hat sich in den letzten Jahren mit großem Engagement für eine Umorientierung unserer Wirtschaftsweise und Lebensziele eingesetzt und mit großem Nachdruck neue Wohlfahrtsmodelle gefordert. Dieses Buch beruht nicht zuletzt auf den von ihm ausgehenden Impulsen.

Ich habe auch die Arbeiten der Club-of-Rome-Mitglieder **Orio Gia-**

rini und **Manfred Max-Neef** verwendet, deren Forschungen auf den Gebieten Wohlstand, Wohlfahrt und Bruttosozialprodukt führend sind.

Mit der Natur rechnen ist das Ergebnis eines Prozesses, an dem sich alle Autoren, meine Kollegen am IMSA und ich selbst beteiligt haben. Während dieses Prozesses haben wir unseren Ideen freien Lauf gelassen, uns gegenseitig besucht, lange Telefongespräche geführt, gestritten, voneinander gelernt und unsere Unsicherheiten und Überzeugungen miteinander geteilt. Dieser Bericht ist das Resultat, und er gibt die Meinung nahezu aller Autoren wider.[1] Während unserer Zusammenarbeit wurde allmählich eine Allianz geschmiedet, die auf den Gemeinsamkeiten beruht, die sich zwischen uns herausstellten:

— Unverfrorenheit, in Anbetracht der schier übermächtigen Kräfte der betroffenen Interessengruppen: Wir alle erfahren jeden Tag diesen Druck und erleben die Spannungen zwischen der jetzt bestehenden Welt und der erhofften Zukunft;
— Vorstellungskraft, denn wir alle haben es gewagt, uns ein Rechenwerk vorzustellen, das die wirtschaftlichen Realitäten ohne beschönigenden Schleier zeigt;
— Kreativität, strategisch kluge Wege zu finden, um mit unserer Aussage gehört zu werden;
— Sinn für Humor;
— Das Streben nach einem Gleichgewicht zwischen wissenschaftlichem Tiefgang und Genauigkeit sowie der Notwendigkeit, die Dialektik zu beenden und zu praktischen Lösungen zu kommen;
— Integrität und persönlicher Einsatz;
— Das Gefühl der Dringlichkeit: Wir haben keine Zeit zu verschwenden;
— Optimismus: Die Zeit ist reif; dies ist kein Anfang, sondern Teil der Verwirklichung gesellschaftlichen Wandels.

Mitarbeiter von IMSA waren Heske van Veen, die die Redaktion der Teile I, II und III koordinierte; Erik van Dam, der die gleiche Aufgabe für Teil IV übernahm und darüber hinaus Autor der Kapitel 1 bis 7 von Teil V ist. Teilweise wurde er von Hans Taselaar unterstützt, einem Mitarbeiter von GAIA Ecological Economics. David Rosenberg lieferte einen soliden und schnellen Beitrag zu Kapitel 10. Reynt-Jan Sloet van Oldruitenborgh koordinierte das

---

1   Nicht alle Autoren stimmen jeder Schlußfolgerung vorbehaltlos zu.

Team, zu dem auch Marion von Richter (Außenkontakte und Finanzierung), Eva Klok (Schreibarbeiten und Layout des größten Teils des Manuskripts, in all seinen verschiedenen Versionen), Kathelijne Drenth (Außenkontakte) und Nigel Harle (englische Überarbeitung) gehörten. Dorothée Engel hat in aufopfernder Weise die Veröffentlichung der deutschen Ausgabe betreut. Sie wurde dabei von Christian Leipert, Eberhard Seifert und Carsten Stahmer unterstützt. Sie alle haben zwei Jahre an dieser aufwendigen Aufgabe gearbeitet, wofür ich ihnen zutiefst dankbar bin. Vor allem ohne Heske van Veen und Erik van Dam hätte diese Arbeit nicht bewältigt werden können.

Wouter van Dieren

Einleitung

Im Jahr 1972 wurde ein Bericht veröffentlicht, der die Welt schokkieren sollte. Verfaßt von einem mysteriösen «Club», von dem noch nie jemand etwas gehört hatte. Der Bericht behandelte die absehbare Bedrohung allen Lebens auf der Erde und stammte nicht aus der Feder irgendwelcher apokalyptischer Propheten des Jüngsten Gerichts, sondern wurde von hoch angesehenen Wissenschaftlern geschrieben, die mit dem modernsten Gerät, dem Computer, arbeiteten.

Die Grenzen des Wachstums war der Titel dieses Berichts, der die Welt schockierte und eine Welle der Entrüstung auslöste. Einige Jahre nachdem erstmals ein gewisses Umweltbewußtseins aufgekommen war und kurz vor der ersten Ölkrise (1973) machte *Die Grenzen des Wachstums* darauf aufmerksam, daß die Welt in den Untergang zu stürzen drohte aufgrund des ungebremsten Bevölkerungswachstums, der ungehinderten industriellen Entwicklung, des Verbrauchs natürlicher Rohstoffe und aufgrund von Umweltzerstörung und Nahrungsmangel.

Die Grenzen des Wachstums basierte auf einem sogenannten Simulationsmodell, einer mathematischen Darstellung der Hauptvariablen und ihrer dynamischen Interaktionen, das unter dem Namen *WORLD III* bekannt wurde. Eine der zentralen Eigenschaften dieser Dynamiken sind Rückkoppelungssysteme, die zeigen, daß eine Intervention in einem Teilbereich des Systems unerwartete Auswirkungen auf die anderen Systemvariablen haben kann.

In den simulierten Szenarien des Modells wurden verschiedene Erschöpfungsanzeichen vorhergesagt, die sich zu Beginn des 21. Jahrhunderts bemerkbar machen werden, wenn die Weltbevölkerung einen Spitzenwert von 10 Milliarden erreicht hat, während die Pro-Kopf-Produktion von Nahrungsmitteln auf lediglich 25 Prozent bis 15 Prozent der Werte des Jahres 1970 sinkt, die Verschmutzung sich verzehnfacht hat und die wichtigsten Rohstoffe wie Öl und Gas erschöpft sind. Aufgrund des exponentiellen Charakters von Wachstum und Erschöpfung haben halbherzige oder einseitige Maßnahmen wenig Sinn. Ein durchgreifendes Programm technischer Verbesserungen, zum Beispiel im Bereich der Energieeinsparung, bei dem innerhalb von 20 Jahren 50 Prozent Energie eingespart würden, würde bei einer Verbrauchssteigerung von 2 Prozent den Zeitraum bis zum endgültigen Verbrauch der Energievorräte lediglich um drei Jahre verlängern.

Die Grenzen des Wachstums wurde zum Angelpunkt einer hitzigen Kontroverse, und der *Club of Rome* kam schnell in den Ruf, eine Neo-Malthusianische Vereinigung von Endzeitpropheten zu sein. Der Bericht wurde weltbekannt, ein Zeichen dafür, daß seine Botschaft nicht nur umstritten, sondern auch nachvollziehbar war.

Obwohl Tausende von Wissenschaftlern ihre ganze Arbeitskraft in die Beantwortung der Frage investiert haben, wie verläßlich *WORLD III* war, und ob es überhaupt grundsätzlich möglich ist, die Zukunft auf diese Weise vorauszusagen, hat *Die Grenzen des Wachstums* alle kritischen Angriffe unbeschadet überstanden. Dies liegt zum einen daran, daß das Hauptziel des Berichts weniger die Vorhersage der Zukunft war, sondern vielmehr die Zusammenhänge besser zu erkennen, wie es Jay Forrester, einer der Initiatoren, ausdrückte. Zum anderen ist es bislang niemandem gelungen, die wichtigsten Berechnungen und die zugrundeliegenden Hypothesen des Berichts zu widerlegen.

Seit 1972 sind zahllose Studien und Bücher veröffentlicht worden, die die Botschaft von *Die Grenzen des Wachstums* bestätigen; aber stärker als diese wissenschaftlichen Arbeiten war die Tendenz, weltweit die Grenzen des Wachstums zu verdrängen und leidenschaftlich zu versuchen, den jeweils bevorstehenden Knappheiten durch unaufhörliche wirtschaftliche Expansion immer einen Schritt voraus zu sein. Inzwischen gibt es zahlreiche weitere Erkenntnisse, die nicht nur die sich abzeichnenden Katastrophen bestätigen, sondern die auch Grund zu der Annahme geben, daß die Grenzen des Wachstums möglicherweise schon längst überschritten sind und daß sich die Welt schon seit einigen Jahren in einem Zustand der Degenerierung befindet. Die wichtigste Studie in diesem Zusammenhang ist *For the Common Good* (1989), in der Daly und Cobb ein Indikatorensystem entwickelten, das unser unvollständiges Informationsangebot, das wir zur Zeit als Bruttosozialprodukt kennen, ersetzen bzw. ergänzen soll. Indem sie die statistischen Daten der USA um etwa zwölf sogenannte Wohlstandsindikatoren ergänzten, kamen die Autoren zu dem Ergebnis, daß sich die Koppelung zwischen Produktionswachstum und Wohlstandsmehrung seit mindestens 20 Jahren verringert. Vor dieser Zeit schaffte Produktionswachstum genau das, was Adam Smith 1752 vorhergesehen hatte: eine Wertsteigerung, die tatsächlich zu einem «Wohlstand der Nationen» führte. Spätestens seit den siebziger Jahren begann die Koppelung jedoch zu schwinden, und dieser Prozeß vollzieht sich inzwischen mit solch wachsender Geschwindigkeit, daß wir nunmehr mit dem merkwürdigen Phänomen konfrontiert sind, daß Produktionswachstum zu einer Wohlstandsverminderung führt. Anders ausgedrückt: Die Grenzen des Wachstums sind erreicht, ohne daß wir dies auch nur bemerkt hätten, weil wir unsere Daten falsch interpretiert haben.[2] Unser Ziel ist es, in diesem Rahmen eine weiterreichende Analyse des Wachstumskonzeptes durchzuführen, und, vor allen Dingen, die Widerstände zu diskutieren, auf die kritische Aussagen zum Wachstum treffen. *Die Grenzen des Wachstums* rief extremen Widerstand hervor, aber dennoch fasziniert der *Club of Rome* und seine erste und bisher wichtigste Aussage weltweit. Die neuesten Erkenntnisse zeigen uns, daß seine Aussage nicht nur täglich bestätigt, sondern von der Wirklichkeit noch übertroffen wird. Die Grenzen des Wachstums liegen nicht mehr vor uns; sie betreffen uns heute und begleiten uns seit 20 Jahren.

Die internationale Gemeinschaft weiß jedoch nicht, wie sie mit dieser Wirklichkeit umgehen soll. Diskussionen in internationalen Foren, in denen die Notwendigkeit von Wachstum oder seine Bedeutung angezweifelt werden, führen unvermeidlich zu emotionalen Auftritten. Die Programme aller politischen und wirtschaftlichen Institutionen der Welt setzen sich ökonomisches Wachstum zum Ziel, und zwar aufgrund der unerschütterlichen Überzeugung, daß dies immer zum Guten für die Welt führt. Aber: ein stetiges Wachstum des Produktionsausstoßes führt nicht notwendigerweise zu mehr Arbeitsplätzen oder einer intakteren Umwelt, es bekämpft auf lange Sicht weder den Hunger, noch fördert es die soziale Sicherheit, und es verbessert nachhaltig weder das Erziehungsnoch das Gesundheitswesen. Im Gegenteil, die meisten dieser Aspekte von Wohlstand leiden unter der wirtschaftlichen Expansion, die nahezu zum Selbstzweck geworden ist.

Die Hauptrichtung des Widerspruchs, auf den *Die Grenzen des Wachstums* stieß, wurzelt in dem Glauben, daß Wirtschaftswachstum eine Art Naturgesetz ist, dem die Menschheit gehorchen muß. Seit Adam Smith die *Unsichtbare Hand* erfand, ist die Kraft dieser Suggestion zum Leitbild für all diejenigen geworden, die daran

---

2   Es ist nicht unser Anliegen, hier die Arbeit von Cobb und Daly vertieft zu diskutieren. Ihre Methoden werden schon in einer Reihe von Ländern mit ähnlichen Ergebnissen angewandt; die für die USA gefundenen Schlußfolgerungen bestätigen sich auch in Großbritannien, Deutschland, den Niederlanden und Österreich. Für genauere Informationen verweisen wir auf die entsprechende Literatur (siehe Bibliographie).

glauben, daß freier Handel oder der Markt letztendlich zu einer
natürlichen Ordnung aller Dinge führen, zu einer Situation, in der
sich alles wie durch Zauberhand fügen wird: Freier Handel wird
für Einkommen und Beschäftigung sorgen, für allgemeinen Wohlstand, Gleichheit, Frieden und Zukunftsaussichten. Innerhalb solcher Überzeugungen sind die Grenzen des Wachstums das Ergebnis von Hindernissen für den freien Handel – und wenn es der Welt
nicht gut geht, dann ist das die logische Konsequenz dieser Hemm-
nisse; zum Beispiel zuviel staatliche Einmischung, zu hohe soziale
Zuwendungen, zu viele gesetzliche Regelungen im Umwelt- oder
Arbeitsschutz, zu teure Dienstleistungen des Staates usw. Mit anderen Worten: Erlaube dem Markt, seine heilende Funktion auszu-
üben, und die göttliche Weihe der *Unsichtbaren Hand* wird der
Weltwirtschaft zum Gleichgewicht verhelfen.

Es ist kein Zufall, daß diese Art metaphysischer Auffassungen
die Hebamme der Industriellen Revolution war und daß sie unab-
dingbarer Bestandteil der modernen Volkswirtschaft ist. Es lag in
Adam Smiths Absicht, die *Unsichtbare Hand* als ein metaphysisches,
göttliches Prinzip wirken zu lassen, das mühelos die Rolle göttlicher
Vorsehung übernahm, auf die die westliche Menschheit bis zur
Aufklärung ihre Hoffnungen gegründet hatte. Die Aufklärung brach
den Glauben an die Vorsehung, indem sie Wissenschaftlichkeit,
Technologie und Mechanisierung verlangte. Durch die Einführung
der *Unsichtbaren Hand* nahm Smith den göttlichen Faden wieder
auf; jetzt unterlag auch die Wirtschaft, bzw. gerade die Wirtschaft,
übernatürlichen Gesetzen, und auch im Zeitalter der Industrialisierung würde eine gottähnliche Kraft eine entscheidend wichtige
Rolle spielen.

Es ist unsere Überzeugung, daß diese metaphysische Sichtweise
so bedeutungsvoll wie eh und je ist. Der Widerstand, auf den *Die
Grenzen des Wachstums* stößt, ist so hartnäckig, daß offensichtlich
andere Kräfte als rein wissenschaftliche am Werk sind. Man würde
erwarten, daß die Menschheit die Herausforderung von *Die Grenzen des Wachstums* annimmt und eine internationale Organisation
etabliert, die den Niedergang aufhält. Das Gegenteil ist der Fall. Ein
richtiggehender Kreuzzug des wirtschaftlichen Expansionismus
wurde in Gang gesetzt, um zu beweisen, daß *Die Grenzen des
Wachstums* pessimistisch und voller Irrtümer ist. Überall wurden
die Eroberungen dieses Kreuzzuges gepriesen, als ob sie die gewünschten Beweise lieferten, zum Beispiel das Wirtschaftswunder,
das die asiatischen Wachstumsraten versprechen. Aus Bequemlich-
keit ignorieren wir dabei die enormen Kosten dieser wunderbaren
Entwicklung: die ökologische Zerstörung, die Plünderung der

Ozeane, den Verbrauch des natürlichen Kapitals dieser Regionen, die unterbezahlten Arbeiter, die fehlende soziale Absicherung. Und während diese als Wunder bezeichnete Entwicklung als Beweis für die Macht der *Unsichtbaren Hand* angesehen werden, ist keiner dazu bereit, die Frage zu beantworten, warum die gleiche metaphysische Kraft Kriege und Hungersnöte in Afrika hervorgerufen hat. Sucht sich die *Unsichtbare Hand* ihre Lieblinge aus? Oder zahlen die Afrikaner die Strafe dafür, daß sie Wirtschaftswachstum nicht bedingungslos als naturgegeben ansehen? Oder ist es so, daß hier – wie auch in der früheren Sowjetunion – die Keynesianischen Gesetze gelten sollen: daß Leiden, zumindest kurzfristig, Voraussetzung für späteren Erfolg ist?

Es ist von entscheidender Bedeutung zu erkennen, daß die *Unsichtbare Hand* nicht existiert, daß es keine Gesetze einer wirtschaftlich unabdingbaren Ordnung gibt, daß – obwohl wirtschaftliches Wachstum als statistische Größe definiert werden kann – der politische Gebrauch dieses Konzepts hauptsächlich rhetorischer Natur ist, daß die Volkswirtschaftslehre eine Sammlung von Theorien und nicht eine Naturwissenschaft ist, daß jede Haltung gegenüber den Grenzen des Wachstums eine Frage der kulturellen Übereinkünfte ist und eine Sache der Wahl, des freien Willens und möglicherweise der Vernunft. Es gibt kein unausweichliches Schicksal, daß die Menschheit zu unbegrenztem Freihandel verdammt, zur Übernutzung der Natur und der Arbeitskraft, zur Erschöpfung der natürlichen Ressourcen und schließlich zum Krieg aller gegen alle (Hobbes), wenn es um die Kontrolle der letzten verbliebenen Rohstoffe und Nahrungsmittel geht. Wirtschaftliches Denken unterscheidet sich von Kulturkreis zu Kulturkreis, und sogar innerhalb einer Kulturgemeinschaft zwischen den verschiedenen Schulen und von Universität zu Universität. Es gibt Tausende von Möglichkeiten, zwischen denen wir wählen können, von denen keine auch nur eine Anforderung metaphysischer Natur erfüllen muß. Es ist von zentraler Wichtigkeit, daß wir unsere Wirtschaft von scheinbar heiligen Vorgaben befreien, und das ist das Thema dieses Berichts.

Die größte Scheinhaftigkeit liegt im System der Volkswirtschaftlichen Gesamtrechnungen, die in der westlichen Wirtschaft seit fast einem halben Jahrhundert angewandt werden, teilweise auch in den meisten anderen Ländern. Der technische Hintergrund der Volkswirtschaftlichen Gesamtrechnung wird weiter unten erläutert. Innerhalb der Einleitung liegt uns lediglich daran, darzulegen, warum wir dieses Thema innerhalb der Diskussion über das Wachstum und seine Grenzen als so existentiell wichtig ansehen.

Bis 1945 wurde der Begriff von wirtschaftlichem Wachstum anders ausgelegt als heute. Wie wir in Kapitel 3 beschreiben werden, kamen erst 1932 einige Wirtschaftswissenschaftler auf die Idee, die wirtschaftliche Leistung eines Landes zu messen, und erst bis 1950 war das darauf aufbauende System in den meisten Industrieländern eingeführt. Es war unausweichlich, dabei auch auf die *Kosten* des Wachstums der Produktion zu stoßen. Kosten, die in der Theorie lange Zeit als «negative externe Effekte» bezeichnet wurden. Früher wurden diese Effekte zufrieden toleriert, aber sobald die Produktion mit allen ihren Begleitumständen in Gewinn-und-Verlust-Rechnungen erfaßt wird, erscheinen auch die Kosten automatisch in diesen Bilanzen. Das ist der Stand, auf dem wir heute sind.

Es ist eigentlich überraschend, daß sich die Anwender der Volkswirtschaftlichen Gesamtrechnungen so lange gegenüber den Empfehlungen, diese Kosten von den Gewinnen abzuziehen, taub gestellt haben. Und das, obwohl die vorhandenen Informationen in den letzten Jahren immer stärker belegen, daß bei einigen Volkswirtschaften mittlerweile der Punkt erreicht ist, an dem die Kosten die Gewinne vielleicht sogar übersteigen – ohne daß sich dies allerdings in den volkswirtschaftlichen Bilanzen niederschlagen würde. Für die Diskussion um die Grenzen des Wachstums ist dieser Zusammenhang von existentieller Bedeutung, da sich die betroffenen Volkswirtschaften zu den reichen rechnen, während ihre Armut steigt oder, anders ausgedrückt, während die ökologischen und sozialen Verluste größer sind als die geschaffenen Werte. Das heißt: Die Wirtschaft wird durch paradoxe und nicht lediglich nur durch unvollständige Informationen über Wasser gehalten, und im Kern dieser Angelegenheit steht der Mißbrauch der Volkswirtschaftlichen Gesamtrechnungen.

Die Bezeichnung Volkswirtschaftliche Gesamtrechnungen wird im alltäglichen politischen Sprachgebrauch selten verwendet. In der breiten Öffentlichkeit ist der Ausdruck Bruttosozialprodukt (BSP) und dessen Ableitung Bruttoinlandsprodukt (BIP) geläufiger. Das Bruttosozialprodukt hat eine metaphysische Bedeutung gewonnen: Es steht für das Brandmal, das einem Land durch die *Unsichtbare Hand* aufgedrückt wurde, und fungiert so als Zeichen dafür, daß die *Heilige Ordnung,* die die *Unsichtbare Hand* regiert, das Land auserkoren hat. Nach dieser Sicht der Dinge hat man sich den natürlichen Gesetzen der Wirtschaft unterworfen, und das Land hat die Prüfung bestanden, wenn der Wert des BSP positiv angesehen wird: ein, zwei oder drei Prozent Wachstum jährlich, was immer dies auch bedeuten mag. Orio Giarini hat einen Vergleich aufgestellt, wie sich das BSP im Himmel, in der Hölle und auf der Erde auswirkt. Er beschreibt die Komplikationen der «Buchfüh-

rung der Industriellen Revolution» durch das Paradox von Himmel
und Hölle, wenn dies auf das Konzept der Knappheit bezogen wird.
Im Himmel, der durch einen wohl unermeßlichen Vorrat an Gütern
und Leistungen jeglicher Art (materiell und spirituell) gesegnet ist,
ist Knappheit unbekannt. Wirtschaftswissenschaften und die Wirtschaft selbst existieren daher dort überhaupt nicht. Es gibt keine
Preise und kein Geld, da alles uneingeschränkt verfügbar ist, ohne
daß dafür gearbeitet werden müßte. Der Himmel ist also im Vergleich zur Erde ein völlig andersartig gestalteter Ort, aber er ist
auch ein Platz, an dem das BSP Null beträgt. Die Hölle, als Gegenpol
zum Himmel, ist ein Ort, in dem eine Menge Energie verpulvert
wird, um sein Image zu bewahren und den Aktivitäten nachzuge-
hen, die von ihm erwartet werden. Darum wird er wahrscheinlich
«höllisch» viel Wertschöpfung erzielen, die nie jemand zu messen
versucht hat: Das BSP muß dort wirklich sehr hoch liegen!

Auf der Erde zeichnet sich der größtmögliche Erfolg in der Bekämpfung von Knappheit dadurch aus, daß in so vielen Bereichen
wie möglich Überfluß geschaffen wird. Aber menschliche und wirtschaftliche Entwicklung bringt es auch mit sich, neue Knappheiten
zu entdecken und zu bewältigen. Knappheit ist letztendlich das
Kennzeichen eines Ungleichgewichts, das den Handlungsrahmen
menschlichen Bemühens bildet: Es ist die unerläßliche Voraussetzung für das Streben des Menschen nach Erfüllung, so Giarini.

Einer der Hauptwidersprüche in der Ermittlung von ökonomischen Werten und bei der Definition von Wachstumsverläufen liegt
darin, daß ein Anstieg des realen Wohlstandes häufig nur mit einem
entsprechenden Anstieg der Umweltschutzkosten erkauft werden
kann (zum Beispiel Investitionen für Abfallbeseitigung oder andere
Umweltschutzmaßnahmen, die klar abzuziehende Kosten darstellen), während andererseits viele wirkliche Wertsteigerungen unterschätzt werden. So zeigen die Wachstumsraten des BSP, die jedes
Jahr von den Regierungen veröffentlicht werden, daß die Wirtschaft
um einen bestimmten Prozentsatz gewachsen ist. Ein großer Teil
dieses Wachstums wird jedoch tatsächlich durch Faktoren getilgt,
die nicht notwendigerweise zu unserem Wohlstand beitragen, während andere Faktoren, die – insgesamt betrachtet – eine Steigerung
unseres Wohlergehens bedeuten, nicht oder zumindest nicht ausreichend in den Berechnungen Niederschlag finden.

Angewandt auf das Beispiel von Himmel und Hölle, scheint einer
der Gründe für unseren Widerstand, zu paradiesischen Zuständen
zurückzukehren, darin zu liegen, daß wir uns anscheinend an die
Hölle gewöhnt haben.

Giarini ist der Meinung, daß in eine Definition des Wohlstandsniveaus der Länder ihr Naturvermögen sowie dessen Wachstum, Erschöpfung, Nutzung, Erhalt und Mannigfaltigkeit mit einbezogen werden müssen. Messungen der Wertsteigerung sind wichtig für die Lenkung des industriellen Produktionssystems, das ein wichtiges Subsystem der Gesamtwirtschaft ist. Aber dies ist für die Beobachtung, Zielsetzung und Organisation des Wohlstands der Nationen nur teilweise von Bedeutung.

Wenn das Wachstum des BSP eines Landes 3 Prozent beträgt, die nicht berechneten Kosten der Produktion jedoch um etwa 4 Prozent des BSP steigen, dann wissen wir zumindest, daß die Lebensqualität in diesem Land sinkt. Wir schlagen daher vor, daß diese Kosten abgerechnet werden und eine statistische Größe eingeführt wird, der wir den Titel *Ökosozialprodukt (ÖSP)* gegeben haben. Das heißt ein Sozialprodukt, in dem der Abbau von natürlichen Ressourcen von dem jetzt gebräuchlichen Sozialprodukt abgezogen werden. Doch auch ein so korrigiertes Sozialprodukt sagt noch nichts über den wirklichen Wert und die Würde einer Gesellschaft aus. Da jedoch, wie Politiker behaupten, ein Land ohne wachsendes BSP in die Zweitklassigkeit abfällt, müssen wir uns den Eingriffen unterwerfen, die zunehmend das in der Nachkriegszeit geschaffene soziale Netz zerreißen. Wir werden, und das entspricht mit Sicherheit nicht den ursprünglichen Zielen, von der Wirtschaft kolonialisiert.

In seiner Auseinandersetzung mit Wohlstand und Wohlfahrt zeigt Giarini die vielen widersprüchlichen Argumentationen auf, die in den theoretischen Überlegungen zur Wohlstandsmehrung bestehen. Die Klassiker der Volkswirtschaftslehre, vor allem Ricardo, waren sich durchaus im klaren, daß die Methoden, die sie zur Berechnung des wirtschaftlichen Wohlstandes verwendeten, nicht wirklich das Wohlstandsniveau eines einzelnen oder eines Landes wiedergeben konnten. Sie trafen eine klare Unterscheidung zwischen den Konzepten von Reichtum einerseits und Wohlstand andererseits. Es herrschte sogar eine implizite Übereinkunft darüber, daß es Situationen geben kann, in denen der Wohlstand ansteigt, ohne daß sich die Reichtümer vermehren.

Während der Industriellen Revolution spielten diese Überlegungen jedoch nur eine untergeordnete Rolle, denn es galt ein möglichst dynamisches System zur Vermehrung des Wohlstands der Nationen zu entwickeln – d.h. den Prozeß der Industrialisierung – und sich auf diese Arbeiten zu beschränken. Umständliche Unterscheidungen·zwischen Wohlstand und Reichtum wurden als weniger bedeutsam eingestuft. Die Schriften der klassischen Volkswirtschaftslehre und einiger ihrer späteren Kommentatoren wurden stark dadurch beeinflußt, daß die ersten Ausarbeitungen einer volkswirtschaftlichen Theorie Beschreibungen des Industrialisierungsprozesses waren: Priorität war, dem Zweck angemessen, die Messung der Warenströme und der Wertsteigerung, je nachdem ob angebots- oder nachfrageorientiert.

In der Dienstleistungsgesellschaft, in der der Industrialisierungsprozeß an sich nicht mehr den primären Wirtschaftsmotor darstellt, ist die Fragestellung eine ganz andere, und der Widerspruch zwischen Wohlstand und Reichtum gewinnt wieder an Bedeutung. Die unterschiedlichen Konzepte von Reichtum und Wohlstand entsprechen dem, was wir als Entwicklung zu wertmindernden Einflußgrößen in der modernen Wirtschaft bezeichnen können. Der Anstieg dieser Wertminderungen beruht auf einer zunehmenden Verlagerung der wirtschaftlichen Ressourcen auf Aktivitäten, die nicht zu einer Steigerung des realen Niveaus an Wohlstand (oder Reichtum) führen, sondern die durch die steigenden Kosten des Wirtschaftssystems absorbiert werden.

Ein Beispiel: In vielen privaten Haushalten steigt das Wohlstandsniveau durch die Einführung von Waschmaschinen und anderen elektrischen Geräten, die die Hausarbeit vereinfachen, deutlich an. Aber mit dem angestiegenen Wohlstandsniveau geht ein vermehrtes Abfallaufkommen in diesen Haushalten einher, was in den 60er Jahren dazu führte, daß die Forschungsabteilungen der Haushaltsgerätehersteller neue Maschinen zur Beseitigung von Küchenabfällen entwickelten. Im traditionellen Sinn ist ein Abfallzerkleinerer ein Beitrag zum Wohlstand; im wirklichen Leben jedoch ist diese Maschine lediglich eine zusätzliche Plage an einer bestimmten Stelle des Wirtschaftssystems (nämlich dem privaten Haushalt), und an einer anderen Stelle des Wirtschaftssystems (nämlich der Abwasser bzw. Abfall verarbeitenden Anlage) führt sie zu einem Systemzusammenbruch. Außerdem sind wir durch eine Maschine zur Müllbeseitigung nicht wirklich reicher geworden, verglichen mit der Situation, als noch keine Notwendigkeit bestand, Müll zu beseitigen. Nach dem volkswirtschaftlichen Verständnis der Industriellen Revolution jedoch ist unser Wohlstand gewachsen.

Es gibt zahlreiche Hinweise für diesen Trend, der in den 60er Jahren begann. Luft- und Wasserverschmutzung sind offensichtliche Beispiele für den sich verringernden Wohlstand (oder sich verringernde Reichtümer). Wenn Geld investiert werden muß, um Wasser zu reinigen oder um Alternativlösungen zu entwickeln, wie die Nutzung von in Flaschen abgefülltem Wasser, die Anlage von speziellen Trinkwasserreservoiren oder Schwimmbädern direkt neben verschmutzten Stränden, sind wir mit schizophrenen Zusammenhängen konfrontiert, in denen Investitionen notwendig werden, um uns für die Reichtümer zu entschädigen, die wir zum Beispiel durch Umweltverschmutzung verloren haben. Diese Investitionen sind mit keiner Wertsteigerung verbunden.

Die zunehmenden Widersprüche zwischen Wohlstandsniveau und bestehenden Reichtümern (bzw. der Widerspruch zwischen wirtschaftlich verbuchtem Wohlstand und wirklichem Wohlstand) deuten darauf hin, daß es immer häufiger notwendig sein wird, sich auf Bestandsgrößen zu beziehen, d.h. auf Änderungen des realen Wohlstandes als Ersatz für die Messung von Stromgrößen, die Auskunft über die Höhe der Produktion geben. Darüber hinaus besteht das Problem, die Erfassung realer Wertsteigerungen mit den Überlegungen zu Abzugsparten vom Sozialprodukt in Einklang zu bringen. Ein konzeptionell neuer Ansatz, Meßsysteme für die Erfassung der wirklichen Ergebnisse zu erarbeiten, muß darauf abzielen, über die einfache Analyse der Kosten einer isolierten Aktivität hinauszugehen. Das Konzept der wertmindernden Größen impliziert die Notwendigkeit, die Vorstellung der Existenz negativer Werte als möglich zu erwägen. Was die volkswirtschaftliche Analyse betrifft, ist dies schon ein Schritt in die richtige Richtung. Insbesondere wenn man bedenkt, daß in vielen Fällen die negativen Nebeneffekte wirtschaftlichen Handelns bislang einfach unberücksichtigt geblieben sind. Tatsächlich muß vermindertes Wachstum im Wirtschaftsbereich von einem insgesamt gesehen negativen Prozeß unterschieden werden. Nur dadurch, daß die Bestände beobachtet werden, können positive und negative Veränderungen wahrgenommen werden und kann die Entscheidung gefällt werden, ob die wirtschaftlichen Vorgänge in der Berichtsperiode mit Wertschöpfung oder Wertminderung verbunden sind.

Neben der Forderung nach einer Umgestaltung des Bruttosozialproduktes in ein Ökosozialprodukt bezieht sich die umfassendere Aussage dieses Berichtes auf die Notwendigkeit, die Volkswirtschaftslehre neu zu definieren, indem nämlich nicht nur auf ihre inneren Widersprüche, sondern auch auf ihre mögliche Vielfältigkeit hingewiesen wird. Die Volkswirtschaftslehre ist kein Naturgesetz. Sobald es sich um Output, Einkommenswachstum und Verteilung, Ressourcenverbrauch und die Entwicklung von Wohlstand handelt, kann jedes volkswirtschaftliche Gedankengebäude angewandt und variiert werden, denn es geht hauptsächlich um kulturelle Fragen, um Wahlentscheidungen, die von Menschen getroffen und durchgesetzt werden. Dabei ist die Wirtschaft lediglich ein Mittel, das uns dabei hilft, nicht mehr. Die Volkswirtschaftslehre sollte – und kann – dann ein Instrument sein, die Wahrheit zu ermitteln.

Was passiert, wenn wir mit diesem Anliegen versagen?

Zunächst kommen wir noch einmal auf unsere anfängliche Aussage zurück, die in den Worten von Jay Forrester lautet: «In den letzten hundert Jahren wurde das Leben auf der Erde vom Wachstum dominiert: Bevölkerungswachstum, Produktionsanstieg, Einkommenssteigerung und wachsende Kapitalbildung, zunehmende Erschöpfung und Verschmutzung von Ressourcen und Umwelt. Dieses Wachstum wird aufhören und muß aufhören. Die einzige Frage ist, durch was? Freiwillig, durch Regierungen und freie Wahl oder durch natürliche Prozesse, die Zusammenbruch und Katastrophen bedeuten würden?»

Letztendlich ist dies die Aussicht auf die Zukunft, und viele Bestandteile dieser Vision manifestieren sich schon in der Welt um uns herum: der Zusammenbruch von lebenserhaltenden Systemen, Gemeinden, Regionen und Nationen, Nahrungsmittelknappheit, Wassermangel, Klimaveränderungen und schließlich Krieg. Von den annähernd 100 Kriegen, die derzeit weltweit stattfinden, haben mehr als zwei Drittel, zumindest teilweise, ihren Ursprung in der Erschöpfung der natürlichen Ressourcen und im Kollaps von lebenserhaltenden Systemen. Das ist die endgültige Konsequenz, wie auch Autoren wie Meadows, Kennedy, Kaplan und andere bestätigen (siehe Bibliographie).

Doch es gibt Vorboten des Zusammenbruchs, sei es der Prozeß des zunehmenden Reichtums einzelner bei gleichzeitig wachsender öffentlicher Armut, sei es der heute überall zu beobachtende Verfall von Wohlstand und Wohlfahrt, der jetzt auch methodologisch durch die obenerwähnten Arbeiten von Daly und Cobb bestätigt wurde.

Es ist wichtig, den modernen politischen Alltag vor diesem Hintergrund zu betrachten. Einen Alltag, der aus immer mehr Einsparprogrammen besteht, um den Fortbestand von Kaufkraft und Individualkonsum zu gewährleisten, und das auf Kosten wichtiger politischer Aufgaben.

Der Auftrag an die Technologie lautet, menschliche Arbeit zu ersetzen (Stichwort: Produktivitätsanstieg). Dementsprechend öffnet sich in der Einkommensentwicklung eine Schere zwischen den Bereichen, in denen ein Produktivitätsanstieg möglich ist (Industriesektor), und den Bereichen, in denen die Produktivität nur bedingt verbessert werden kann (beispielsweise Gesundheits- und Erziehungswesen, Justiz und öffentlicher Dienst). Lohnforderungen in diesen Bereichen können nicht durch steigenden Output aufgefangen werden, auch wenn es Versuche gibt, Schulen zusammenzulegen, Altenheime und Krankenhäuser zu schließen, Polizeieinheiten abzuschaffen und die Gerichte zu überlasten. Das Ergebnis ist letztendlich die Auflösung des modernen Wohlfahrtsstaates, wovon lediglich eine kleine, reicher werdende Elite profitiert. Das neo-liberale Modell wird zu unserer Zukunft: miserable öffentliche Dienste, unzureichendes öffentliches Verkehrssystem, verfallende und unsichere Innenstädte, überfüllte und immer unhygienischere Krankenhäuser, verarmte Rentner, ziellose und unzureichende Erziehung, vernachlässigtes Kulturwesen, Minimierung der wissenschaftlichen Forschung und Verwahrlosung der Umwelt. Jede Regierung hält heutzutage an ihrem Programm fest. Von daher ist es kein Wunder, daß sie alle hauptsächlich daran interessiert sind, das Produktionswachstum anzukurbeln, in der Hoffnung, daß es die Summen bereitstellt, die notwendig sind, um die neue Armut auszugleichen. Dies mag zwar in vergangenen Wachstumsphasen funktioniert haben, jetzt aber nicht mehr. Denn ein immer größerer Anteil jeder neuen Runde von Produktionswachstum besteht aus Abwehrmaßnahmen: Ersatz und Reparaturen, Müllverarbeitung und Komplexitätskontrollen, d.h. Ausgaben, die jetzt noch als Einkommen verzeichnet werden. Aktuelles Beispiel hierfür sind die Länder, die heute unter Krieg, Terrorismus und Diktatur leiden, in denen die Rüstungsindustrie Unmengen von Geld verdient und wo – wenn erst einmal wieder Frieden herrscht – der Gewinn der Abbruch- und Aufbaukolonnen, der Geschäftsleute, der internationalen Berater und des ganzen Wiederaufbauwesens massiv sein wird. Wenn in 25 oder 50 Jahren das Land wieder den Vorkriegszustand erreicht hat, hat es zwar, insgesamt betrachtet, keinen Fortschritt erzielt, aber die Wachstumszahlen werden hoch gewesen sein.

Dies ist das Schicksal eines jeden Landes, das die Grenzen des Wachstums überschritten hat. Das bedeutet, daß in jedem solchen Land die herrschende Politik zu einem beschleunigten Abbau des Wohlfahrtsstaates führt und zur Zerstörung der Ecksteine, auf denen jetzt noch das Produktionswachstum ruht.

Beide Formen des Zusammenbruchs sind das Ergebnis von Scheinheiligkeit und Metaphysik, die den wirtschaftlichen Informationen zugrunde liegen. Dieser Bericht zielt darauf ab, diese Scheinhaftigkeit aufzudecken, und versteht sich als ein Aufruf zur Rationalisierung, die sich in der Welt der wirtschaftlichen Metaphysik bislang als schwer durchsetzbar erwies. Die Wirtschaftswissenschaft könnte ein hervorragendes Instrument sein, wenn sie im originären Sinn angewandt würde: um das Haus (oikos) der Menschheit zu bestellen.

I
Das wirtschaftliche Wachstum und die westliche Gesellschaft

1. Geschichte und Wurzeln des Wachstumsbegriffs

Um die Komplexe und die Neurosen eines Menschen zu verstehen, muß man sich oft in seine Jugend zurückversetzen. Es scheint, als ob dies auch für kulturelle Epochen gelten würde. Zwei Ideen, nämlich die des materiellen Fortschritts und die des wirtschaftlichen Wachstums, können ohne Übertreibung als die Zwangsvorstellungen der Moderne betrachtet werden. Auch zu ihrem Verständnis ist es nützlich, bis zu ihren Wurzeln zurückzugehen. Im kulturellen Erbe der westlichen Welt entdecken wir dafür das Erklärungsmuster. Demnach war der Anfang der Moderne, mit seinen Träumen von Fortschritt und Wachstum, ein neues Erwachen für die Menschheit. Wenn wir den Beginn dieser Zeit als *Renaissance* und ihre spätere Phase als *Aufklärung* bezeichnen, so verdeutlicht sich die Interpretation bereits in diesen Begriffen.

Seit dem Beginn der Postmoderne unterliegt diese Feststellung zunehmender Kritik. In philosophischen Kreisen und den Geisteswissenschaften wird den dunklen Seiten des Anfangs der Moderne zunehmend Aufmerksamkeit gewidmet. Die zuversichtliche und optimistische Geschichtsvariante der Moderne wird aufgerollt und analysiert: Träume stellen sich als Alpträume heraus (oder zumindest als Versuche, Alpträume zu verdrängen), und Versprechungen werden als verzweifelte Reaktionen auf Ängste und Befürchtungen demaskiert, statt als Wegweiser in eine goldene Zukunft, als die sie sich dargestellt hatten.

Eine der wichtigsten Kritiken an der Moderne wurde von Stephen Toulmin in seinem Werk *Cosmopolis* formuliert. In dieser Studie versucht der englische Philosoph, die «verborgene Tagesordnung der Moderne»[1] aufzudecken. In seinem Prolog lädt uns Toul-

---

1   «hidden agenda (of Modernity)», der im englischen Text verwendete Begriff wird von einigen Psychologen auch als Synonym für «Verdrängtes» verwandt (Anm. d. Übers.).

min dazu ein, mit ihm «zurück ins nächste Jahrtausend» zu gehen. Die Probleme, mit denen die Menschheit am Ende des zweiten Jahrtausends konfrontiert wird, sind Warnzeichen dafür, daß es nicht länger möglich ist, den bislang eingeschlagenen Weg weiterzuverfolgen. Die alten Schlachtrufe der Moderne reichen nicht mehr aus. Besser wäre es, wenn wir auf die Umstände, unter denen das Projekt der Moderne ersonnen wurde, zurückschauen und die zugrundeliegenden philosophischen, sozialen und wirtschaftlichen Annahmen neu betrachten würden. In diesem Kapitel unternehmen wir einen ersten Versuch, uns dieser Aufgabe anzunehmen, indem wir zunächst das Konzept des wirtschaftlichen Wachstums als eine Antwort auf Angst und Not verstehen.

Alte Ängste

Toulmins schwerwiegendster Kritikpunkt bezieht sich darauf, daß die üblichen Erklärungsmuster geschichtlich nicht haltbar sind. Er beschreibt ausführlich, daß die Phase, aus der die ersten Ideen der Aufklärung stammen, nicht von dem friedvollen und optimistischen Geistesklima gekennzeichnet war, wie es so oft dargestellt wird. Die erste Hälfte des 17. Jahrhunderts sollte vielmehr als eine der unangenehmsten, vielleicht sogar verzweifeltsten Phasen der ganzen europäischen Geschichte angesehen werden. Es war eine Zeit der Turbulenzen und Probleme, und die Ideen der Moderne, die in dieser Epoche entstanden, können als Antwort auf diese ernste Krise verstanden werden. Sicherlich gaben sie eine schlagkräftige Antwort, aber sie verdeckten, so Toulmin, auch die grundlegenden Merkmale der Krise. Dreihundert Jahre später sind wir nun mit fast der gleichen Krisensituation konfrontiert, und dieses Mal können wir nicht dadurch davor weglaufen, daß wir in die alten Reaktionsmuster zurückfallen, selbst wenn diese uns noch immer faszinieren.

Die gleiche Analyse, die Toulmin im Hinblick auf das 17. Jahrhundert vorträgt, findet sich auch bei verschiedenen Historikern, die sich mit dem Beginn der Moderne beschäftigen. Um dies zu illustrieren, zitieren wir hier «La peur en Occident»[2], eine vielbeachtete Studie des Franzosen Jean Delumeau. Er charakterisiert den Übergang vom Mittelalter zur Moderne als eine Ära vielfältiger

---

2   Titel der deutschen Ausgabe: Angst im Abendland. Die Geschichte kollektiver Ängste im Europa des 14. bis 18. Jahrhundert.

und tiefgehender Unruhen. Ab der Mitte des 14. Jahrhunderts nahm in ganz Europa das Gefühl der Angst zu. Angst vor dem Teufel, vor Frauen, Juden, Fremden, vor der Natur und dem Tod sind nur einige der Themen, die von Delumeau behandelt werden. Verglichen mit früheren und späteren Geschichtsperioden, vollzog sich in dieser Phase eine beeindruckende Ausbreitung der Angst in vielerlei Form und Gewichtung. In diesem Zusammenhang wurden vollkommen neue Feindbilder erfunden, die sich nicht nur in Hexenjagd und Judenverfolgung niederschlugen, sondern auch in der Idee, daß die Natur ein Feind des Menschen sei und besiegt und unterworfen werden müsse – eine Idee, die sich bis zum Beginn der Moderne zurückverfolgen läßt.

Ähnlich wie der holländische Historiker Huizinga in seinem berühmten Buch «The Waning of the Middle Ages» führt Delumeau die Ängste des späten Mittelalters größtenteils auf den Verlust der traditionellen Strukturen und Geisteshaltungen zurück. Das moralische Vakuum am Ende des Mittelalters gab den Weg frei für Angst und Furcht. Die überlieferten Antworten auf die wichtigsten existentiellen Fragen des Lebens wurden nicht länger als selbstverständlich angesehen, und neue Impulse von kultureller Seite blieben aus.

Delumeaus Interpretation zeigt, daß der Fortschrittsglaube hauptsächlich dazu diente, die verdeckten Ängste dieser Zeit zu kompensieren. Der schöne Traum einer besseren Zukunft ist lediglich die eine Seite der Medaille. Ähnlich verhält es sich mit dem Optimismus, der als Mechanismus benutzt wurde, die Ängste auszutreiben. Die Triebkraft hinter der westlichen Kultur liegt nicht nur in der Hinwendung zu einer stetigen Verbesserung der Lebensqualität, sondern auch in unterdrückten Ängsten.

In den großen philosophischen Gedankengebäuden des 17. Jahrhunderts schlägt sich die soziale Wirklichkeit der Angst deutlich nieder. Die meisten der Ängste und Befürchtungen dieser Zeit können unter dem Begriff der «Knappheit» zusammengefaßt werden. In der Mitte des Jahrhunderts verstand Thomas Hobbes, der sich selber als ein «Kind der Angst» bezeichnete, den natürlichen Zustand der Menschheit als den der ständigen Angst, in dem das Leben der Menschen einsam, arm, häßlich, tierhaft und kurz ist. Am Ende des Jahrhunderts war John Locke, der oft als Vater unserer modernen Wirtschaft bezeichnet wird, von der Idee der ständigen Knappheit besessen, mit der die Menschheit konfrontiert sei. Im Gegensatz zu Hobbes schlägt Locke jedoch neue Möglichkeiten von Wachstum, Fortschritt und Expansionismus vor, die bis dahin noch nicht als Konzepte existierten. Um die Kraft und Faszination zu verstehen, die die Vorstellungen dieser Philosophen ausstrahlten, wollen wir sie einer genaueren Analyse unterziehen.

Hobbes: Macht als vergleichendes Phänomen

Die philosophische Behandlung der Knappheit – ein Phänomen, das vor Beginn der Moderne unbekannt war – begann im 17. Jahrhundert mit den Ideen von Thomas Hobbes (1588–1679). Im *Leviathan*, dem Hauptwerk Hobbes', entwickelt dieser seine Machttheorie. Macht manifestiert sich in allen sozialen Institutionen und Strukturen. Jahrhunderte vor Michel Foucault ging Hobbes bereits davon aus, daß jedes soziale Phänomen in den Machtverhältnissen zwischen Individuum und Gruppe begründet ist. Für ihn ist Macht ein auf Vergleich beruhendes Phänomen. Ihr Ursprung liegt im Vergleich, den ein Individuum zwischen sich und seiner Umwelt anstellt. Güter, Objekte werden nicht um ihrer selbst willen begehrt, sondern weil andere ebenfalls Interesse daran haben. Wenn Hobbes von «Begierde» spricht, dem «Begehren nach Reichtümern», bemerkt er dazu, daß dieser «Begriff immer mit Anzeichen von Schuld angewendet wird». Der Grund dafür liegt seiner Meinung nach darin, daß «Menschen, die um Reichtümer rivalisieren, sich darüber ärgern, wenn andere sie bekommen». Der ursächliche Zusammenhang, den Hobbes andeutet, wird durch Sich-Vergleichen begründet. Es ist klar, daß Menschen Reichtümer nicht begehren, weil sie diese direkt für sich selber wünschen. Reichtümer werden nur wichtig im Vergleich mit dem, was andere haben. Die Möglichkeit, mit den eigenen Reichtümern zufrieden zu sein, scheint ausgeschlossen, denn sonst wäre es schwer verständlich, warum es jemandem mißfällt, daß andere reich sind.

Durch dieses «Prinzip des Vergleichens» wird die Gesellschaft in den Augen von Hobbes zum Nährboden für Konflikte. «Konkurrenzdenken im Hinblick auf Reichtum, Ehre, Stellung oder Macht fördert die Bereitschaft zu Streitigkeiten, Feindschaft und Krieg: Denn der Weg eines Rivalen, seine Begierde zu stillen, ist es, zu töten, zu unterwerfen, andere auszustechen oder abzuwehren.» Es ist offensichtlich, daß für Hobbes die Gesellschaft ein Nullsummenspiel darstellt. Alles, was jemand erreicht, wird auf Kosten anderer realisiert. Die Macht, die die Menschen begehren, ist immer die Macht *über* andere, Macht auf Kosten anderer.

In der Begrifflichkeit des Hobbeschen Konzepts heißt das: Im

Universum ist aufgrund der vergleichenden Natur der menschlichen Beziehungen alles ein knappes Gut. Hobbes' Definition von Macht schließt aus, daß es jemals genug von etwas geben kann.

Nach Hobbes wird Knappheit, das Verhältnis zwischen begrenzten Mitteln und unbegrenzter Begierde, durch permanente Rivalität zwischen einzelnen und Gruppen verursacht. Der Philosoph analysierte neue Formen der sozialen Beziehungen, die er als Zeitgenosse erlebt. Die Mehrheit der heutigen Wissenschaftler ist sich darüber einig, daß er mit seinen Arbeiten den radikalen Bruch mit dem Denken seiner philosophischen Vorgänger vollzog. Hobbes stellte die Gedankenwelt Platons, Aristoteles' und der mittelalterlichen Denker auf den Kopf. Bevor die moderne Wirtschaftsgesellschaft entstand, gab es keine Mutmaßungen darüber, ob unbegrenzte Begierde eine natürliche Eigenschaft des Menschen sei – das Konzept der Knappheit ist eine Erfindung der Moderne.

Wir leugnen nicht die Tatsache, daß es sowohl im europäischen Mittelalter als auch in nichtwestlichen Kulturen lange Perioden wirtschaftlichen Mangels gegeben hat. Bis ins 19. Jahrhundert hinein beschrieb der Begriff der «Knappheit» ebensolche Zeiträume. Erst gegen Ende des 19. Jahrhunderts änderte sich die Begrifflichkeit, und man bezeichnete mit dem ‹Konzept der Knappheit› einen allgemeinen Grundzustand der Menschheit. Hobbes hat mit seinen Arbeiten diese moderne Verwendung des Begriffs vorweggenommen.

An die Stelle der traditionellen, durch eine gemeinsame Kultur verbundenen Gesellschaft tritt für Hobbes eine Gemeinschaft, die sich mit einer Gruppe von Menschen in einem Rettungsboot vergleichen läßt, in dem jeder jeden bekämpft. Das reine Überleben wird zum fundamentalen Wert. Die Angst vor der Knappheit zwingt den Menschen dazu, immer der erste zu sein, der zuschlägt oder den anderen über Bord wirft. Infolgedessen sind die Beziehungen zwischen einzelnen bzw. Gruppen von Angst, Rivalität, Eifersucht und Neid geprägt. Hobbes betont insbesondere die Angst: Das menschliche Verhalten wird weitgehend von ihr bestimmt. Die Angst und der daraus resultierende Kampf aller gegen alle kann nur durch die Übertragung des individuellen Machtstrebens auf einen mit Staatsmacht ausgestatteten Souverän vermieden werden. Erst durch den Souverän und die Begründung des Staates (Staatsvertrag) kann der innere Friede gesichert werden.

Gegen Ende des 17. Jahrhunderts beschreibt John Locke (1632–1704) einen neuen Naturbegriff und bringt die Idee von unbegrenztem Wachstum und Fortschritt auf.

Im Gegensatz zu Hobbes ist er nicht der Ansicht, daß die sozialen Beziehungen der Grund für Knappheit sind. Vielmehr vertritt er die Meinung, daß Knappheit eine von der Natur gegebene Tatsache ist, die das Verhältnis zwischen Mensch und Natur charakterisiert. Da die Erde bzw. die Natur ohne menschlichen Einfluß nicht genug Güter für alle bieten kann, muß der Mensch selbst für mehr Produktion sorgen. Dementsprechend werden wirtschaftliches Wachstum und Expansion der Bedrohung durch Knappheit entgegengesetzt.

Mit Locke trat die Menschheit – zumindest die westliche Welt – die Flucht nach vorn an, um der Knappheit zu entgehen.

Durch diese Flucht wurde die Natur – die bei Hobbes, trotz seines mechanistischen Weltbildes, noch als unsere «gemeinsame Mutter» bezeichnet wurde – zum erklärten Feind des Menschen. In Lockes Arbeiten verliert die Natur die traditionell mit ihr verbundenen Assoziationen. Sie wird, insbesondere im Vergleich zur Arbeit, abgewertet. Locke überlegt zum Beispiel, welcher Unterschied zwischen einem Morgen Land, auf dem Tabak oder Zucker angebaut wird, und einem vergleichbaren Stück Land besteht, das brachliegt. Schließlich kommt er zu dem Schluß, «daß von allen nützlichen Dingen im Leben, wenn man sie daraufhin untersucht, inwieweit sie der Natur oder der Arbeit zu verdanken sind, 99 Prozent auf menschlicher Arbeit beruhen». In Lockes philosophischem System sind also der Fortschrittsbegriff und die Entwertung der Natur eng mit der Angst vor Knappheit verbunden. In diesem Sinne können die Aufklärung, als deren Wegbereiter Locke gilt, und der Mythos Fortschritt als «Flucht nach vorn vor der Knappheit» verstanden werden.

Das gleiche gilt für den europäischen Expansionismus. Für Locke war Amerika ein ‹leerer Kontinent›, der dazu dienen könnte, die negativen Auswirkungen der Knappheit in Europa zu mindern. Kolonialismus und Expansionismus leiten ihre Legitimität aus dem Versuch ab, der Knappheit entgegenzuwirken. Cecil Rhodes (1853–1902), der Prototyp des Imperialisten im vergangenen Jahrhundert, gab offen zu, daß der Imperialismus notwendig sei, um einen Klassenkampf in England zu vermeiden. Er träumte sogar schon von der Möglichkeit, die Expansion ins Weltall auszudehnen: «Ich würde die Planeten annektieren, wenn ich könnte.» Ein weiteres

Beispiel ist der ehemalige US-Präsident Ronald Reagan, der seinen Bürgern in einer Rede zum Start der Discovery – nach dem Absturz der Challenger – erklärte, daß wir uns das Weltall zu eigen machen müssen, «um Krieg, Knappheit und Elend auf der Erde zu entgehen». Dies sind genau die gleichen Argumente, die Locke bereits im 17. Jahrhundert vorbrachte.

Anders als Locke sah Hobbes die «Flucht nach vorn», in den «leeren Raum», nie als einen Ausweg an. Er beschäftigt sich zwar in Kapitel 24 des *Leviathan* ausführlich mit der Frage nach Plantagen und Kolonien, aber er deutet nirgendwo an, daß der ständige Krieg zwischen den Menschen durch Expansion gelöst werden könne. Er verstand, daß Knappheit im Umgang der Menschen miteinander wurzelt und daß der Versuch, der Knappheit zu entgehen, diese unausweichlich nur noch weiter verbreitet – über die ganze Erde oder gar bis in den Weltraum.

Der Mythos der modernen Wirtschaft

Beim Vergleich von Europäern, die sich die Erde durch Arbeit untertan machen, mit Völkern wie zum Beispiel den amerikanischen Indianern kam Locke zu dem Schluß, daß letztere «reich an Land sind, aber arm an Bequemlichkeiten des Lebens», weil sie nicht arbeiten. Sie haben das gleiche fruchtbare Land, «aber weil sie es an Arbeit fehlen lassen, das Land zu verbessern, haben sie nicht ein Hundertstel der Bequemlichkeiten, an denen wir uns erfreuen, und der König eines großen und fruchtbaren Landes dort ißt, wohnt und kleidet sich schlechter als ein Tagelöhner in England».

Ein derartiger Vergleich wirft ein Schlaglicht auf den Mythos der modernen Wirtschaft. Dieser Mythos, der im 18. Jahrhundert von Adam Smith (1723–1790), dem britischen Moralphilosophen und Volkswirtschaftler, weiterentwickelt wurde, impliziert, daß Knappheit der ursprüngliche Zustand der Menschheit ist: ein Zustand, mit dem der Mensch kämpfen muß. Zunächst, um zu überleben, später, um Komfort zu genießen. In diesem Mythos wird die Haltung des modernen Menschen, daß die Natur begrenzt und feindlich ist, auf die gesamte Geschichte der Menschheit projiziert. Die Natur wird zum Sündenbock der Moderne und Knappheit zur Quelle von Gewalt. Es sind nicht die von Hobbes beschriebenen rivalisierenden Begierden, die zu Knappheiten führen – der Grund für Knappheit liegt in der Natur, die die Ressourcen zur Verfügung stellt. Wenn es die Menschheit also schafft, die Natur durch Arbeit zu unterwerfen und zu besiegen, kann sie in Frieden und Überfluß leben.

Es ist wichtig, die ambivalente Rolle des Geldes zu begreifen, die es in Lockes Prinzip der Knappheit spielt. Einerseits hat die Erfindung des Geldes selbst für Knappheit gesorgt. Andererseits verspricht es die Beendigung aller Knappheit und wird dadurch zur Triebfeder allen Handelns: Die Menschheit rast vorwärts, denn hinter der nächsten Ecke könnte eine Zukunft ewigen Überflusses warten.

Ursprünglich bot die Natur genug für jeden; lediglich die Nützlichkeit der Dinge zählte, und es war sinnlos, mehr vom Angebot in seinen Besitz zu bringen, als man wirklich nutzen konnte. Nach Locke besagten die Regeln des Anstandes, «daß jeder Mensch so viel haben solle, als er auch nutzen kann». Für ihn war es selbstverständlich, daß diese Regeln auch weiterhin Bestand gehabt hätten, wäre es nicht zur «Erfindung des Geldes» gekommen und «zu der schweigenden Übereinkunft der Menschen, Geld einen Wert beizumessen, der auf dem Einverständnis und dem Recht zu mehr Eigentum beruht». Als sich die Menschen dafür entschieden, «daß ein kleines Stück gelbes Metall, das seinen Wert behält, ohne sich zu verringern oder zu verrotten, soviel Wert haben sollte wie ein großes Stück Fleisch oder ein ganzer Batzen Getreide (...), änderte sich der immanente Wert der Dinge, der nur von ihrem Nutzen für den Menschen abhängt, denn die Begierde des Menschen nach mehr, als er braucht», fand nun ein geeignetes Ausdrucksmittel. In diesem Zusammenhang schrieb Locke seinen berühmten Satz: *Thus in the beginning, all the world was America* (Am Anfang war alles Amerika). In diesem Satz manifestieren sich seine bereits erwähnten Ideen, wie dieser Kontinent das Problem der Knappheit lösen könnte. Er schreibt jedoch weiter: «(...) denn nirgendwo gab es so etwas wie Geld. Sobald sich etwas findet, was die Nützlichkeit und den Wert von Geld annimmt», beginnt die Ansammlung von Eigentum, begleitet von der Entstehung von Knappheit.

Bereits für Locke ist Knappheit die Voraussetzung für Wirtschaft und wirtschaftliches Wachstum die daraus folgende Reaktion. Der Krieg des Menschen gegen den Menschen kann nur durch Wachstum verhindert werden. Er kann ersetzt werden durch den wirtschaftlichen Krieg des Menschen gegen die Natur, an dessen Ende Frieden, Reichtum und Überfluß stehen.

Das Versprechen ist deutlich. Aber die versteckte Angst hinter den Versprechungen ist noch deutlicher. Jedesmal, wenn das Versprechen angezweifelt wird, machen es die Ängste unmöglich, über die Kritikpunkte zu sprechen.

Von Anfang an fehlte es in der Diskussion um die Grenzen des Wachstums an Vernunft. Bei genauerem Hinsehen zeigt sich, daß

der Glaube an die Versprechungen von Wachstum und Expansion
in der verdrängten Angst vor Knappheit wurzelt. Eine auf Vernunft
begründete Diskussion reicht nicht aus, diese versteckten Ängste
ans Licht zu bringen, sie streift sie nur.

Zwei wirtschaftliche Positionen

Das folgende Zitat belegt, daß rationale Analysen nicht ausreichen,
um mit den Versprechungen des Wachstums richtig umzugehen.
John Stuart Mill (1806–1873) schrieb in *Principles of Political Economy*, der vielleicht wichtigsten wirtschaftswissenschaftlichen Studie des 19. Jahrhunderts, ausführlich über die Notwendigkeit einer
stationären Wirtschaft. Diese berühmte Passage wurde schon in *Die
Grenzen des Wachstums* hervorgehoben, aber es ist nützlich, sie hier
noch in einem anderen Licht zu betrachten. Im ersten Bericht des
Club of Rome wurden Mills Worte als Warnung der Vernunft zitiert.
In diesem Bericht wollen wir sie zitieren, um zu belegen, wie
erfolglos eine vernunftbeseelte Kritik ist, wenn sie sich mit den
Glaubenssätzen des Wachstums auseinandersetzt, unabhängig davon, ob diese Kritik 1848 oder 1972 artikuliert wurde. Alle Anschau-
ungen und Ideen, die wir in Mills Text finden, wiederholen sich in
aktuellen Arbeiten, die sich mit einer Wirtschaft des Gleichgewichts und der Notwendigkeit, dem Wachstum Grenzen zu setzen,
beschäftigen. Mill faßt jene wichtigen Argumente zusammen, die
auch heute noch die Diskussion um wirtschaftliches Wachstum
bestimmen. Deshalb halten wir es für so wichtig, ihn hier erneut zu
zitieren. Obwohl Mill der vielleicht einflußreichste wirtschaftswissenschaftliche Denker des vergangenen Jahrhunderts war, schei-
terte er doch daran, seine Zeitgenossen zu überzeugen. Dies sollte
uns heutzutage eine Warnung sein. Denn nur wenn wir die Diskussion öffnen, sie über den engen rationalen wirtschaftlichen Hori-
zont hinaus erweitern, haben wir eine Chance, die Wachstumsver-
sessenheit unserer Gesellschaft aufzudecken und zu analysieren.

*Volkswirtschaftler müssen sich, mehr oder weniger deutlich,
schon immer dessen bewußt gewesen sein, daß eine Steigerung von
Wohlstand nicht endlos sein kann. Daß am Ende dessen, was sie
als «Zustand des Fortschritts» bezeichnen, ein Zustand des Stillstands steht, daß jede Steigerung von Wohlstand nicht mehr als
ein Aufschieben dieses Zustandes bedeutet und jeder Schritt nach
vorn uns diesem Zustand näher bringt. (…) Wir haben diesen
Zustand nur noch nicht erreicht, weil das Ziel sozusagen vor uns*

flieht. Ich kann (…) den Zustand des Stillstands von Kapital und Wohlstand nicht mit jener natürlichen Abneigung betrachten, wie sie den Volkswirtschaftlern der alten Schule zu eigen ist. Vielmehr bin ich zu dem Schluß gekommen, daß er im großen und ganzen eine deutliche Verbesserung unseres jetzigen Zustands bedeuten würde. Ich muß zugeben, daß ich von dem Lebensideal wenig begeistert bin, das uns von denjenigen ausgemalt wird, die der Meinung sind, es sei der Normalzustand des Menschen, sich abzukämpfen, um voranzukommen; und daß das Getrampel, Schieben, Ellenbogendenken und Einander-in-die-Hacken-Treten, das unsere Umgangsformen bestimmt, das erstrebenswerte Schicksal der Menschheit sei (…).

Die Zwangslage, die von Mill beschrieben wird, ähnelt dem Prinzip der Knappheit, mit dem sich Hobbes und Locke beschäftigt hatten. Auch zu Zeiten von Mill waren die Menschen also noch damit beschäftigt, «sich abzukämpfen, um voranzukommen», um das Endziel Reichtum zu erlangen. Mill will auf rationale Weise zeigen, daß dieses Ziel vor ihnen flieht. Er entlarvt «den reinen Anstieg von Produktion und Besitz» als Lüge. «Ich weiß nicht, warum es ein Grund zum Feiern sein soll, wenn ein Mensch, der sowieso schon reicher ist, als irgend jemand es sein muß, die Möglichkeit erhält, den Konsum von Dingen zu verdoppeln, die ihm wenig oder gar kein Vergnügen bereiten, abgesehen davon, daß sie seinen Reichtum repräsentieren.» Mills Aufruf zu einem Zustand des Gleichgewichts widerspricht der Idee, die Menschheit müsse die Natur unterwerfen, um das Produktionswachstum zu beschleunigen. «Auch liegt wenig Befriedigung in der Vorstellung einer Welt, in der nichts mehr dem spontanen Tun der Natur überlassen ist; in der jede Handbreit Land, die Nahrungsmittel für den Menschen hervorbringen kann, kultiviert wird; in der jede Wiese aufgepflügt wird; in der alle Säugetiere oder Vögel, außer den Haus- und Nutztieren, als Konkurrent des Menschen ausgerottet werden; in der jede Hecke und jeder scheinbar überflüssige Baum abgeholzt wird; und in der kaum ein Platz übrigbleibt, an dem ein wilder Busch oder eine Blume wachsen könnte, ohne daß sie als Unkraut im Namen einer besseren Landwirtschaft beseitigt würde.» Unbegrenzte Steigerung von Wohlstand führt laut Mill zu einer Verwüstung der Erde und zu einem Verlust ihrer «Freuden».

Letztendlich versucht Mill, seine Zeitgenossen zu überzeugen, daß es ihnen in einem Zustand des Gleichgewichts besser gehen würde als im bestehenden Drängen nach vorn.

Es erscheint kaum notwendig, besonders zu betonen, daß ein Zustand konstanten Kapitals und gleichbleibender Bevölkerungszahl nicht mit einem Stillstand menschlicher Erfindungsgabe gleichzusetzen ist. Es gäbe ebensoviel Spielraum für alle Arten geistiger Kultur, für moralischen und sozialen Fortschritt, genausoviel Möglichkeiten, die Lebensführung zu verbessern, und es wäre wahrscheinlicher, daß dies auch geschehen würde, wenn die Menschen davon ablassen würden, immer mehr haben zu wollen. Selbst das industrielle Wissen könnte ernsthaft und erfolgreicher verändert werden; mit dem einzigen Unterschied, daß es seiner eigentlichen, legitimen Bestimmung zugeführt würde, nämlich Arbeit zu verkürzen, statt lediglich einer Vermehrung von Wohlstand zu dienen.

Mills Argumentation erscheint vernünftig. Dennoch berührte sie seine Zeitgenossen nicht, und zwar genau aus diesem Grund. Mill übersah die verdeckten Ängste, die sich hinter dem «Abkämpfen, um vorwärtszukommen», verbargen. Er bemerkte nicht, daß die Angst vor Knappheit seine Zeitgenossen geradezu dazu zwang, den einmal eingeschlagenen Weg fortzusetzen. Aufgrund dieses Schwachpunktes seiner Analyse war es ihm unmöglich, die Macht und tiefe Anziehungskraft der Verheißungen des Wachstums noch zu empfinden. Diese Verheißungen erschienen ihm vollkommen irrational, und er sah es als seine Pflicht an, auf diese Unvernunft hinzuweisen. Dabei waren die Verheißungen alles andere als irrational, boten sie doch ein Mittel, Ängste und Gefühle zu unterdrükken.

In unserem Jahrhundert reflektieren Wirtschaftswissenschaftler nur noch selten die Voraussetzungen ihres Fachs. Sie sprechen nicht über Ängste und Versprechungen, sondern beschränken sich darauf, die Vermittler zu spielen, indem sie Modelle und Berechnungen liefern. Sobald sie aber ihren Gedanken freien Lauf lassen und sich philosophischen Betrachtungen hingeben, tauchen die alten Themen wieder auf. In den Arbeiten eines der führenden Wirtschaftswissenschaftler unseres 20. Jahrhunderts erlangten die alten Versprechungen wieder neues Gewicht, zumal er es wagte, ein Datum für deren Erfüllung zu benennen.

1930 prognostizierte John Maynard Keynes, daß die Industriegesellschaft innerhalb von zwei Generationen jenes Ziel verwirklichen könne, das die Menschheit schon immer verfolge: dem Problem der Knappheit ein Ende zu setzen. Keynes, Zeuge der Bemühungen seiner Zeitgenossen, durch den dunklen Tunnel der Knappheit zu gelangen, hatte die Vision einer lichten Zukunft, in der alle Grundbedürfnisse befriedigt werden könnten. Mit dem Eintreten des Tages X wäre auch ein Wandel des moralischen Ehrenkodex möglich. «Wir werden imstande sein, uns von vielen der pseudo-moralischen Prinzipien zu befreien, die uns seit zweihundert Jahren belasten und die einige der abstoßendsten menschlichen Eigenschaften zu höchsten Tugenden erhoben haben. (...) Die Liebe zum Geldbesitz (...) wird als das erkannt werden, was sie ist, nämlich als eine abstoßende Krankhaftigkeit, eine dieser mit kriminellen und pathologischen Elementen vermengten Neigungen, die man mit Schaudern an den Spezialisten für Geisteskrankheiten verweist.» Wenn die Knappheit überwunden ist, werden wir imstande sein, zu den traditionellen Werten der Menschheit zurückzukehren. «Wir werden diejenigen verehren, die uns beibringen, den Tag und die Stunde tugendhaft und gut zu nutzen.»

Diese bekannten Sätze von Keynes haben eine wichtige Bedeutung, die ihrem Autor selbst anscheinend verborgen blieb. Zunächst deutet Keynes an, daß der Tunnel der Knappheit einen Anfang hat. Vor diesem Anfang, irgendwann in der Vergangenheit, war ein «anständiges» Leben anscheinend möglich. Mit dem Eintritt in die moderne Wirtschaft schien sich die Welt jedoch auf den Kopf zu stellen. Die Verheißungen der Wirtschaft lauten, daß es in der Zukunft wieder möglich sein würde, menschlich und anständig zu leben. Aber Keynes warnt seine Zeitgenossen, daß vor dieser Zukunft eine Zeit liegt, in der sie weiterhin in ihrer verrückten Welt der Knappheit leben werden. «Es werden vielleicht noch weitere hundert Jahre nötig sein, daß wir uns gegenseitig erklären müssen, daß Ehrlichkeit gemein und Gemeinheit ehrlich ist. Gemeinheit ist nützlich und notwendig, und Ehrlichkeit ist es nicht.» Nur die Eigenschaften Gemeinheit, Neid, Gier und Wettbewerb können uns letztendlich aus dem dunklen Tunnel der Knappheit führen. Unterwirft man diesen Zusammenhang der Hobbeschen Analyse, wird deutlich, daß der Tunnel der Knappheit eher einem Zyklon gleicht, der die Menschheit erfaßt und in Rivalität herumwirbeln läßt, hin zu immer neuen Bedürfnissen und Wünschen.

Inzwischen sind zwei Generationen und ein Großteil des von Keynes angedeuteten Jahrhunderts vergangen, und Knappheit wird zu einer immer größeren Bedrohung. Knappheit ist einer der Schlüsselbegriffe in der Analyse des Berichts der Brundtland-Kommission, «Our Common Future», und sie ist das Zentralthema in jeder Analyse unserer Umweltprobleme. Dennoch ist die Antwort immer noch die gleiche wie die bei Locke: Wirtschaftswachstum.

Um zu verstehen, warum Wirtschaftswachstum zu mehr Knappheit führt, statt diese zu verringern, müssen wir einen letzten Schritt in unserer geschichtlichen Betrachtung unternehmen.

Knappheit als soziales Konstrukt

In gewissem Sinne ist das Konzept der Knappheit im 17. Jahrhundert mehr oder weniger «erfunden» worden. obwohl das Wort «erfunden» den Eindruck hervorruft, daß in einem bestimmten Moment jemand den Begriff «Knappheit» einfach erdacht und dann verbreitet hat. Es ist allerdings wahrscheinlicher, daß die moderne Wirtschaft selbst die Idee einer immer präsenten, universellen Knappheit als Grundmythos der modernen Gesellschaft hervorgebracht hat. Die Erfolgsstory des Begriffs der Knappheit kann nur erklärt werden, wenn wir sie als soziales Konstrukt begreifen.

Hobbes und Locke begutachteten ihre Gesellschaft und stießen in vielen menschlichen und gesellschaftlichen Beziehungen auf das Phänomen der Knappheit. In seinem *Second Treatise* beschreibt Locke systematisch, auf welche Weise die höheren Klassen in England versuchten, der Knappheit zu entgehen. Wobei auf lange Sicht gesehen diese Flucht nur zu mehr Knappheit führt. Durch permanente Produktionssteigerung werden Kultur und Natur zu reinen «Ressourcengebern» degradiert. Durch diese Weltsicht und das aus ihr resultierende Verhalten hat es die westliche Gesellschaft geschafft, die Herrschaft von Knappheit in allen Bereichen des gesellschaftlichen und persönlichen Lebens – weltweit – zu etablieren.

Um es deutlich zu sagen: Indem wir uns über Jahrhunderte hinweg so verhalten haben, als wäre die Natur lediglich totes und wertloses Zeug, das durch menschliche Arbeit und Technologie verwaltet werden muß, haben wir es fast geschafft, sie wirklich zu töten und wertlos zu machen. Indem wir alles als knappe Ressource definieren und uns dementsprechend verhalten, sorgen wir dafür, daß auf lange Sicht Knappheit zu unserer Wirklichkeit wird. Hobbes' Analyse würde sich dann letztendlich als wahr erweisen. Es ist unmöglich, der Knappheit durch Wachstum und Expansion zu entgehen. Drei Jahrhunderte lang haben Lockes Lösungen großes Gewicht gehabt. Jetzt, wo das 20. Jahrhundert sich seinem Ende zuneigt, ist Hobbes' Diagnose der Knappheit offensichtlich von grundlegenderer Bedeutung. Wir brauchen nicht den *Leviathan* als Therapie, um das Problem der Knappheit zu bewältigen. Hobbes schämte sich nicht, sich als «Kind der Angst» zu bezeichnen. Wir sollten nicht zögern, unsere verdrängte Geschichte mit ihren Ängsten zu entblößen, die hinter den Verheißungen wirtschaftlichen

Wachstums stehen. Erst dann werden wir in der Lage sein, die entscheidende Frage zu stellen: Wird wirtschaftliches Wachstum, das noch immer als das Hauptmittel zur Linderung von Knappheit betrachtet wird, tatsächlich Knappheit in der ganzen Welt verbreiten, und zwar so erfolgreich, daß sich die Welt ihrem Ende zuneigt – und zwar «nicht mit einem großen Knall, sondern unter Winseln», wie T.S. Eliot geschrieben hat.

2. Wirtschaftliches Wachstum und Bruttosozialprodukt

Das Konzept des wirtschaftlichen Wachstums als ein Weg, Knappheit zu überwinden, hat seine Wurzeln bereits – wie im vorhergehenden Kapitel eingehend erläutert – im 17. Jahrhundert. Aber erst vor relativ kurzer Zeit haben die modernen Gesellschaften damit begonnen, ihr wirtschaftliches Handeln systematisch zu analysieren, und zwar um die Versprechungen der Regierungen zu unterstützen, Beschäftigung und Einkommen zu schaffen sowie Reichtum und Wohlstand zu vermehren. Das Konzept des Sozialprodukts ist ein junger Zweig des wirtschaftswissenschaftlichen Denkens, aber es hat so an Gewicht gewonnen, daß wir uns kaum bewußt sind, daß es bis vor kurzem überhaupt keine Rolle gespielt hat.

Die Ursprünge

Die ersten Studien über das Sozialprodukt entstanden aus der Überlegung, ob und welche Unterschiede es zwischen der wirtschaftlichen Stärke der einzelnen Länder geben könne. Im 17. Jahrhundert stellten Petty und King in England Vergleiche zwischen England, Frankreich und den Niederlanden an. Vergleichbare Arbeiten wurden auch in Frankreich durchgeführt, jedoch wurde für eine lange Zeit in keinem der Länder dieser Ansatz weiterverfolgt. Anfang des 19. Jahrhunderts nahm das Interesse an dem Thema wieder zu. Metelerkamp (1804) besuchte eine Reihe europäischer Länder und stellte aktuelle Schätzungen für Frankreich, England, die Niederlande und Sachsen auf. Es folgte eine weitere, längere Periode des Stillstandes, in der weder Nationalstaaten noch Wirtschaftswissenschaftler an der Idee interessiert zu sein schienen.

Im 20. Jahrhundert wurde der Volkswirtschaft wieder mehr Beachtung geschenkt. Das Interesse an der Erforschung des Sozialprodukts wurde vor allem durch den politischen Willen angeregt,

46

die wirtschaftliche Entwicklung zu steuern. Dabei spielte die Notwendigkeit, sich um soziale Belange zu kümmern, eine herausragende Rolle. Darüber hinaus benötigte man eintheoretisch fundiertes Rahmenwerk, das die Zusammenhänge und Abhängigkeiten der wirtschaftlichen Prozesse verdeutlichen konnte. Der Zugang zu quantifizierbaren wirtschaftlichen Daten führte zu dem, was wir heute Volkswirtschaftliche Gesamtrechnungen (VGR) nennen: der Idee eines nationalen Barometers, das anzeigt, unter welchen Winden das Schiff der Gesellschaft segeln wird.

Die Weltwirtschaftskrise in den 30er Jahren, die zu unerwartet hohen Arbeitslosenzahlen führte und dadurch die Gefahr eines erneuten Weltkrieges mit sich brachte, konfrontierte die Regierungen mit Problemen in einer bis dahin nicht dagewesenen Größenordnung.

Die Theorie der Volkswirtschaftlichen Gesamtrechnungen wurde nach dem Ersten Weltkrieg durch Clark, Kuznetz und Leontief entwickelt, die in den USA arbeiteten, sowie durch Keynes, Meade und Stone, die in Großbritannien tätig waren. In Norwegen arbeiteten Frisch und Aukrust und in den Niederlanden Tinbergen und Derksen. Konzepte für die Quantifizierung folgten. Schon 1920 war eine Input-Output-Tabelle für die russische Wirtschaft erstellt worden, die aber als Grundlage für die Wirtschaftspolitik ungenutzt blieb. Die Amerikaner entwickelten ihre quantitativen Daten in den 30er Jahren, während die Engländer im Zweiten Weltkrieg ein Weißbuch mit dem Titel «An Analysis of the Sources of War Finance and an Estimate of the National Income and Expenditure in 1938 and 1940» veröffentlichten. In Norwegen und den Niederlanden erschienen die ersten, auf das Sozialprodukt bezogenen quantitativen Daten in den 30er Jahren.

Die Wissenschaftler waren sich darüber im klaren, daß Informationen über das Sozialprodukt für sich allein genommen keine Lösungen für die anstehenden Probleme liefern konnten. Aufgrund dessen wurden die Erhebungen auf verwandte Parameter ausgeweitet, zum Beispiel auf den privaten Verbrauch und die Anlageinvestitionen. Diese Parameter wurden allmählich in das Konzept des Sozialprodukts integriert. Es entstand ein Kontensystem, das zunächst einen großen Teil und später die gesamte Wirtschaft wiedergab. Da die bestehenden Statistiken nur einen Teil des wirtschaftlichen Prozesses betrafen und da sie sich nicht immer in das neue System einfügten, mußten neue Schätzmethoden gefunden werden, um die Lücken zu füllen. Schließlich entwickelte sich noch eine neue, mathematisch orientierte Form der Anwendung wirtschaftswissenschaftlicher Theorie und Erhebung von Daten, die

Ökonometrie. Sie zielte darauf ab, wirtschaftliche Trends nicht nur zu messen, sondern auch zu erklären. Der *Economic Intelligence Service* des Völkerbundes – des Vorläufers der Vereinten Nationen – startete ein Forschungsprojekt, an dem u.a. Haberler und Tinbergen teilnahmen. All diese Forschungsbemühungen führten zu einem besseren Verständnis der wirtschaftlichen Prozesse sowie wirtschaftlicher und sozialer Probleme. Robinson, der mit Keynes zusammen in Cambridge arbeitete, schrieb 1986: «Danach waren die Wirtschaftswissenschaften nicht mehr dieselben.» Er hätte hinzufügen können: und die Rolle der Regierungen auch nicht.

Das System

Die Volkswirtschaftlichen Gesamtrechnungen bieten eine quantitative Beschreibung des wirtschaftlichen Prozesses in einem ausgewählten Staat. Das Wort «quantitativ» bedeutet in diesem Zusammenhang den Schritt von wirtschaftlichen Konzepten hin zur statistischen Messung. Im Lauf der Jahre wurden viele detaillierte Definitionen und Beschreibungen entwickelt. Denn ein hoher Grad an Detailwissen ist Voraussetzung dafür, statistische Tabellen als Grundlage für Wirtschafts- und Sozialpolitik zu nutzen, vor allem, wenn sie international vergleichbar sein sollen. Dieser Bedarf an Detailwissen verdeckt jedoch die Tatsache, daß das System selbst im Prinzip sehr einfach ist. Die ersten Wissenschaftler nahmen sich die buchhalterischen Systeme, die in Unternehmen angewendet wurden, zum Vorbild. Diese Systeme zeigen Aktiva und Passiva eines Unternehmens und alle in der Berichtsperiode verzeichneten Transaktionen mit anderen Wirtschaftseinheiten. Auf diesen Aufzeichnungen beruhend, werden regelmäßig Bilanzen sowie Gewinn-und-Verlust-Rechungen erarbeitet. Außerdem kann sich die Unternehmensleitung die Informationen auch in anderer Weise zusammenstellen lassen, falls dies für die Lösung anstehender Probleme von Nutzen sein sollte.

Anstatt die Transaktionen lediglich eines Unternehmens mit allen anderen zu erfassen, listen die Volkswirtschaftlichen Gesamtrechnungen die Transaktionen aller Unternehmen, Institutionen und Individuen eines Landes auf. Da es Millionen von derartigen «Akteuren» in der Volkswirtschaft gibt, erfordert ein klares, umfassendes Bild der Wirtschaftsvorgänge, daß die Akteure zu Sektoren zusammengefaßt werden, die sich jeweils durch die Art ihrer Funktion für die Gesellschaft unterscheiden. Die Transaktionen werden in Konten eingetragen; wenn nötig, werden auch für die Sektoren mehrere Konten gebildet. Letztendlich müssen alle Transaktionen zweimal innerhalb des Systems erscheinen, da sie immer zwischen zwei Sektoren stattfinden. Während des Zweiten Weltkriegs wurden unabhängig voneinander in mehreren Ländern Studien zu solchen Kontensystemen durchgeführt. Diese frühen Studien konzentrierten sich hauptsächlich auf die Produktionsprozesse, die Einkommensentstehung und -verwendung. Das Ergebnis waren größtenteils Produktionskonten für den Unternehmens- und Staatssektor, Einkommenskonten für die privaten Haushalte und den Staat, ein Konto für die Anlageinvestitionen aller Sektoren zusammen sowie ein Konto für Transaktionen mit der übrigen Welt. Hiervon gab es gelegentlich Abweichungen, aber diese waren vertretbar, solange das Kriterium der internationalen Vergleichbarkeit nicht erfüllt werden mußte.

In dieser Weise die Transaktionen zu beschreiben, verursachte selten Schwierigkeiten. Die Hauptentscheidungen mußten hinsichtlich der Darstellungsgrenzen des Systems getroffen werden. Um die Transaktionen messen und vor allem ihren Wert ermitteln zu können, müßte das System im Prinzip auf jene Transaktionen beschränkt bleiben, die sich durch einen meßbaren Geldfluß auszeichnen. Unbezahlte Hausarbeit oder ehrenamtliche Arbeit wurde also vom System nicht erfaßt.

Später wurden neue Konten hinzugefügt, um die Verteilung und Umverteilung von Einkommen zu beschreiben sowie die finanziellen Transaktionen, die an der Vermögensbildung beteiligt sind. Der ursprünglich gewählte Rahmen des Systems ist jedoch bestehen geblieben und ist der Schlüssel zu seinem Verständnis.

Aus der folgenden Tabelle 2.1 können die Produzenten der Wirtschaft (primär Unternehmen, aber auch Institutionen und der Staat selbst) Informationen über jene Transaktionen entnehmen, die im Zusammenhang mit den sie betreffenden Produktionsaktivitäten stattfinden. Die Tabelle 2.1 kann zusammen mit den weiter unten beschriebenen Tabellen 2.2 bis 2.4 als hochaggregierte Ergebnisse der Input-Output-Tabelle angesehen werden, die wir weiter unten vorstellen werden (siehe Tabelle 2.5).

Die beiden Summen in Tabelle 2.1 sind identisch, da es sich in beiden Fällen um die Produktionswerte, d.h. um den Gesamtbetrag der inländischen Produktion, handelt. Auf der linken Seite von Tabelle 2.1 wird die Entstehung, auf der rechten Seite die Verwendung der inländischen Produkte gezeigt. Um ein vollständiges Bild der Güterströme zeigen zu können, müssen neben den Gütern aus inländischer Produktion auch die eingeführten Güter einbezogen werden. In Tabelle 2.2 wird diese erweiterte Betrachtung vorge-

Tabelle 2.1
Zusammengefaßtes Konto für die inländische Produktion

Entstehung		Verwendung	
1.1 Verbrauch von Vorleistungen aus inländischer Produktion	24.789	2.1 Verbrauch von Vorleistungen aus inländischer Produktion	24.789
1.2 Käufe importierter Vorleistungen	11.979	2.2 Privater Verbrauch von Gütern aus inländischer Produktion	17.854
1.3 Bruttowertschöpfung	32.292	2.3 Staatsverbrauch von Gütern aus inländischer Produktion	4.594
– Einkommen aus unselbständiger Arbeit	14.761	2.4 Bruttoanlageinvestitionen von Gütern aus inländischer Produktion	6.263
– Einkommen aus Unternehmertätigkeit und Vermögen	11.454	2.5 Vorratsveränderung von Gütern aus inländischer Produktion	485
– Indirekte Steuern abzüglich Subventionen	3.094	2.6 Exporte von Gütern aus inländischer Produktion	15.075
– Abschreibungen	2.983		
Produktionswerte	69.060	Produktionswerte	69.060

nommen und ein umfassendes Bild von Güteraufkommen und
-verwendung gezeigt.

Bei dem Verbrauch von Vorleistungsgütern handelt es sich um
eine Position, die auf beiden Seiten des Kontos erscheint, da sie den
Wirtschaftskreislauf nicht verläßt. Wird das Güterkonto von Tabelle
2.2 um diese Größen konsolidiert, so erhält man eine Übersicht
über die sogenannten Primärinputs einer Volkswirtschaft (Bruttowertschöpfung und Einfuhren) sowie über die letzte Verwendung
von Gütern aus inländischer Produktion und Einfuhren (Privater
Verbrauch, Staatsverbrauch, Investitionen, Ausfuhr). Diese beiden
Größen repräsentieren, nach Abzug aller Doppelzählungen, die mit
dem Verbrauch von Vorleistungsgütern verbunden sind, die eigentlichen «Inputs» und «Outputs» der Volkswirtschaft.

Tabelle 2.3 ist das Ergebnis einer langwierigen Entwicklung von
theoretischen Überlegungen und empirischer Praxis. Sie steht im
Mittelpunkt der Diskussion über staatliche Eingriffe in das Wirt-
schaftsgeschehen. Natürlich wird sich die Auseinandersetzung
über die Rolle des Staates und über die Darstellung in der ökono-

Tabelle 2.2
Güteraufkommen und -verwendung

Aufkommen		Verwendung	
1.1 Verbrauch von Vorleistungs-gütern	36.768	2.1 Verbrauch von Vorleistungs-gütern	36.768
1.2 Bruttowertschöpfung	32.292	2.2 Privater Verbrauch	19.537
Produktionswerte	69.060		
1.3 Einfuhr von Gütern	16.443	2.3 Staatsverbrauch	4.913
– Vorleistungsgüter	11.979	2.4 Bruttoanlageinvestitionen	8.119
– Güter für die letzte Verwendung	4.464	2.5 Vorratsveränderung	723
– Privater Verbrauch	1.683	2.6 Exporte von Gütern	15.443
– Staatsverbrauch	319		
– Anlageinvestitionen	1.856		
– Vorratsveränderung	238		
– Ausfuhr	368		
Güteraufkommen	85.503	Güterverwendung	85.503

mischen Theorie fortsetzen und kann zu veränderten Definitionen der ökonomischen Variablen führen. Zunächst einmal beschreiben Tabelle 2.3 ebenso wie Tabelle 2.2 eine Identität der Herkunft und Verwendung von Gütern, die Bestand haben wird. Die weiteren

Tabelle 2.3
Primärinputs und letzte Verwendung von Gütern

Primärinputs		Letzte Verwendung	
1.1 Einkommen aus unselb-ständiger Arbeit	14.761	2.1 Privater Verbrauch	19.537
1.2 Einkommen aus Unternehmertätigkeit und Vermögen	11.454	2.2 Staatsverbrauch	4.913
1.3 Indirekte Steuern abzüglich Subventionen	3.094	2.3 Bruttoanlage-investitionen	8.119
1.4 Abschreibungen	2.983	2.4 Vorratsveränderung	723
Bruttowertschöpfung (= Bruttoinlandsprodukt, BIP)	32.292	Letzte inländische Verwendung von Gütern	33.292
Import von Gütern	16.443	Exporte von Gütern	15.443

Überlegungen können nichts an der Tatsache ändern, daß nur Güter verbraucht werden können, die entweder im Inland produziert oder eingeführt wurden.

Als eigentliches Resultat der wirtschaftlichen Leistung im Inland kann die Bruttowertschöpfung bzw. das Bruttoinlandsprodukt (BIP) angesehen werden. Aus dieser Größe lassen sich andere Aggregate ableiten, die im Zusammenhang mit der Diskussion über das Ökosozialprodukt immer wieder verwendet werden und auch in diesem Buch häufig verwendet werden (siehe Tabelle 2.4):

— Wird nicht die wirtschaftliche Leistung im Inland, sondern der Inländer erfaßt, so sind die Einkommen, die von Inländern im Ausland erzielt wurden, hinzuzurechnen und die im Inland erbrachten Einkommen von Ausländern abzuziehen. Das Aggregat, das sich dabei ergibt, wird Bruttosozialprodukt (BSP) zu Marktpreisen genannt. Häufig wird das Bruttosozialprodukt synonym mit dem Bruttoinlandsprodukt verwendet, es ist der sehr viel populärere Begriff in Deutschland. Daher wird auch in diesem Buch häufig die Rede vom Sozialprodukt bzw. vom Ökosozialprodukt sein, wenn eigentlich korrekterweise das Inlandsprodukt bzw. das Ökoinlandsprodukt gemeint ist. Die geringen quantitativen Unterschiede zwischen Inlands- und Sozialprodukt lassen eine derartige Ungenauigkeit als vernachlässigbar erscheinen.

— Werden die Abschreibungen auf das produzierte Anlagevermögen von dem Bruttosozialprodukt zu Marktpreisen abgezogen, so erhält man das Nettosozialprodukt (NSP) bzw. bei Abzug vom Bruttoinlandsprodukt das Nettoinlandsprodukt (NIP).

— Werden auch noch vom Nettosozialprodukt zu Marktpreisen die indirekten Steuern subtrahiert und die Subventionen addiert, so ergibt sich das Nettosozialprodukt zu Faktorkosten, das auch Volkseinkommen genannt wird. Dieses Volkseinkommen umfaßt die von Inländern bezogenen Einkommen vor der Umverteilung durch staatliche Maßnahmen (Steuerabzüge, Transferzugänge).

Die Aggregate werden für die verschiedenen Zwecke benutzt. Bei Produktionsanalysen wird vor allem das Inlandsprodukt verwendet, für Einkommensanalysen das Sozialprodukt. Die Bruttogrößen (Bruttoinlandsprodukt bzw. Bruttosozialprodukt) finden vor allem dann Verwendung, wenn die gemeinsamen Beiträge der Produktionsfaktoren Arbeit und Kapital analysiert werden sollen. Geht es vor allem um die Leistungen des Primärfaktors Arbeit, werden Nettoinlands- bzw. -sozialprodukt herangezogen. Soll der staatliche

Tabelle 2.4
Inlands- und Sozialprodukt

Inlandsprodukt		Sozialprodukt	
Bruttoinlandsprodukt (BIP)	32.292	Bruttoinlandsprodukt (BIP)	32.292
		+ Einkommen von Inländern im Ausland	423
		– Einkommen von Ausländern im Inland	217
		= Bruttosozialprodukt zu Marktpreisen (BSP)	32.498
– Abschreibungen auf produzierte Anlagen	2.983	– Abschreibungen auf produzierte Anlagen	2.983
= Nettoinlandsprodukt (NIP)	29.309	= Nettosozialprodukt zu Marktpreisen (NSP)	29.515
		– Indirekte Steuern abzüglich Subventionen	3.094
		= Nettosozialprodukt zu Faktorkosten (NSP)	26.421
		= Volkseinkommen	

Einfluß auf die Preise ausgeschaltet werden, so ist ein Übergang auf das Konzept zu Faktorkosten empfehlenswert.

Jede der ersten vier Zeilen von Tabelle 2.3 gibt die Zielbestimmung der Güter und Dienstleistungen an, die im Zweig dieser Zeile produziert werden. Dabei werden die endgültigen Verwendungen (Konsum, Investitionen und Export) genauso angegeben wie Zwischenstationen. Güter und Dienstleistungen, die Output eines Zweiges sind, können Input eines anderen Zweiges sein. Darüber hinaus gibt es die sogenannten internen Lieferungen. Samen zum Beispiel sind gleichzeitig Input und Output im Agrarsektor.

Die Tabellen 2.1 bis 2.3 können als konsolidierte Fassung einer mehr detaillierten Darstellung der Produktionsvorgänge angesehen werden. Dies kann in einem Tabellenschema geschehen, in dem die Verflechtung zwischen den Wirtschaftsbereichen gezeigt wird. Eine derartige Tabelle wird als Input-Output-Tabelle bezeichnet.

Jede der ersten vier Zeilen von Tabelle 2.5 gibt die Verwendung der Waren und Dienstleistungen an, die in den entsprechenden ersten vier Spalten der Tabelle produziert werden. Dabei wird die letzte Verwendung (letzter Verbrauch, Investitionen und Export) genauso angegeben wie die intermediäre Verwendung als Vorlei-

Tabelle 2.5 Beispiel einer Input-Output-Tabelle

		Input nach Wirtschaftszweigen					
		Agrarwirtschaft, Fischerei	Bergbau	Baugewerbe	Dienstleistungen	Summe der Spalten 1 bis 4	Käufe der privaten Haushalte
		1	2	3	4	5	6
Output nach Wirtschaftszweigen	1. Agrarwirtschaft, Fischerei	848	3079	–	35	3962	745
	2. Bergbau	1465	9500	1389	2142	14496	9375
	3. Baugewerbe	56	206	384	407	1053	166
	4. Dienstleistungen	240	2218	378	2442	5278	7568
	5. Summen der Zeilen 1 bis 4	2609	15003	2151	5026	24789	17854
Primäre Inputs	6. Eingeführte Vorleistungen bzw. Güter für die letzte Verwendung	196	9022	799	1926	11979	1683
	7. Einkommen aus unselbständiger Arbeit	633	5608	1267	7253	14761	–
	8. Unternehmerisches Einkommen	2248	3369	665	5172	11454	–
	9. Indirekte Steuern, abzüglich Subventionen	–21	1549	177	1389	3094	–
	10. Abschreibungen	234	1126	48	1575	2983	–
	11. Summe der Zeilen 6 bis 10	3290	20674	2956	17351	44271	1683
Summe		5899	35677	5107	22377	69060	19537

stungsgüter. Waren und Dienstleistungen, die Output eines Wirtschaftszweiges sind, können Input eines anderen Wirtschaftszweiges sein. Darüber hinaus gibt es die sogenannten bereichsinternen Lieferungen. Samen zum Beispiel sind gleichzeitig Input und Output im Agrarsektor.

Die ersten vier Spalten beziehen sich auf die Produktionsvorräume eines bestimmten Wirtschaftszweiges und geben dabei an, mit welchen Inputs in dem betreffenden Wirtschaftszweig produziert wurde. Die ersten vier Werte in einer Spalte zeigen die internen und

Kategorien der letzten Verwendung					
Staats-verbrauch	Anlageinve-stitionen	Vorratsver-änderungen	Exporte	Summe der Spalten 6 bis 10	Summe der Spalten 5 und 11
7	8	9	10	11	12
10	–	3	1179	1937	5899
1015	1899	407	8485	21181	35677
256	3597	–	35	4054	5107
3313	767	75	5376	17099	22377
4594	6263	485	15075	44271	69060
319	1856	238	368	4464	16443
–	–	–	–	–	14761
–	–	–	–	–	11454
–	–	–	–	–	3094
–	–	–	–	–	2983
319	1856	238	368	4464	48735
4913	8119	723	15443	48735	

andere intermediäre Lieferungen, die, zusammengenommen in
Zeile 5, den Verbrauch von Vorleistungsgütern aus inländischer
Produktion bilden. Die Summe der Vorleistungen aus inländischer
Produktion und aus Importen (Zeile 6), entspricht den gesamten
Vorleistungen in diesem Wirtschaftszweig. Die Differenz zwischen
dem Gesamt-Output (für den Agrarbereich 5.899) und dem Gesamt-
Input (2.609 plus 196, ebenfalls für den Agrarbereich) ist die Brut-
towertschöpfung des betreffenden Wirtschaftszweiges. Die Ge-
samtsumme der Bruttowertschöpfung aller Wirtschaftszweige (die

Summe der Zeilen 7, 8, 9 und 10 in der zwölften Spalte) entspricht
dem Bruttoinlandsprodukt (BIP).

Die Bereitstellung von Primärinputs und die letzte Verwendung
von Gütern, wie in Tabelle 2.3 angegeben, können direkt aus der
Input-Output-Tabelle entnommen werden. Die Zeilensumme des
BIP (Zeilen 7 bis 10, Spalte 12) und der Importe (Zeile 6, Spalte 12)
ergibt die gleiche Zahl (48.735) wie die Spaltensumme der Verwen-
dungskategorien. Diese umfassen letzten Verbrauch (Zeile 12,
Spalten 6 und 7), Anlageinvestitionen (Zeile 12, Spalte 8), Anstieg
der Lagerbestände (Zeile 12, Spalte 9) sowie die Exporte (Zeile 12,
Spalte 10).

Der Einfachheit halber wurden die Beispiele der Tabelle 2.3 auf
vier Wirtschaftszweige beschränkt. Es können natürlich Tabellen
für Hunderte von Wirtschaftszweigen ausgearbeitet werden. All
diese Tabellen sind aufgrund ihrer statistischen und analytischen
Anwendbarkeit ausgesprochen sinnvoll.

Die Zusammenstellung aller statistischen Informationen bezüglich Input und Output an Waren und Dienstleistungen (und des
Einkommens, das durch deren Produktion entsteht) innerhalb einer Tabelle bedeutet, daß jeder Eintrag in die Tabelle zweifach
verwendet werden kann: Ein Eintrag in eine Zeile bedeutet automatisch einen Eintrag in eine Spalte und umgekehrt. Dies erwies
sich in einer Zeit, als die verfügbaren Daten lediglich einen kleinen
Teil der Tabellen füllten und noch durch Schätzungen ergänzt
werden mußten, als sehr hilfreich. Außerdem gibt es viele andere
Möglichkeiten, fehlende Zahlen als Restgrößen zu berechnen, da
die Tabelle eine große Anzahl von Bilanzen für einzelne Güterarten
beinhaltet, in denen die Produktion zuzüglich der Importe von
Waren und Dienstleistungen den Informationen über ihre Verwendung im Inland sowie Exporte gegenübergestellt wird.

Als mehr statistisches Material verfügbar wurde, sind einige
dieser Rechenmethoden überflüssig geworden, aber die Notwendigkeit der Konsistenz aller Daten, die durch diese Tabelle repräsentiert wird, ist noch immer sinnvoll, um das gegenwärtige System
der Volkswirtschaftlichen Gesamtrechnungen zu berechnen. Je
mehr statistische Quellen zur Verfügung stehen, um so genauer
können makroökonomische Aggregate berechnet werden. Manche
statistischen Ergebnisse (Durchschnittsgrößen zum Beispiel) können sich widersprechen, einfach aufgrund unterschiedlicher Erhe-
bungsmethoden. Oder man wird mit Antwortausfällen konfrontiert,
mit Stichproben und Meßfehlern. In solchen Fällen ist die Berechnung einer Input-Output-Tabelle ein besonders geeigneter Weg,
alle statistischen Quellen zu integrieren.

Die wachsende Nachfrage nach aktuellen (vierteljährlichen und monatlichen) Zahlen brachte für die Input-Output-Tabelle neue Möglichkeiten der statistischen Anwendung. Kurzfristige Statistiken sind für viele Transaktionen im System verfügbar, aber sie sind meist weniger detailliert und weniger genau als die Ergebnisse umfassender jährlicher Erhebungen.

Die neuesten Input-Output-Tabellen werden daher oft in Kombination mit kurzfristigen Statistiken benutzt, um Schätzwerte für die wichtigsten Aggregate der Volkswirtschaftlichen Gesamtrechnungen zu erzielen. In den Niederlanden werden Input-Output-Tabellen angewandt, um Projektionen auch für die zurückliegenden Jahre und Quartale zu erhalten. Mit Hilfe der Integration aktueller monatlicher und vierteljährlicher Daten werden vierteljährliche Volkswirtschaftliche Gesamtrechnungen erstellt. Jeden Monat wird eine beträchtliche Menge statistischer Informationen über die Konjunkturbewegungen verfügbar. Die Hauptindikatoren, die den Konjunkturzyklus belegen, werden monatlich im Konjunkturbericht veröffentlicht, der auch die jüngsten wirtschaftlichen Entwicklungen skizziert. Eine volle Integration von Daten in monatliche Input-Output-Tabellen ist so gut wie unmöglich, sowohl aus konzeptionellen als auch aus praktischen Gründen (Algera und Janssen, 1991).

Auch die analytische Nutzung der Input-Output-Tabelle sollte erwähnt werden: Sie erlaubt eine Analyse der direkten und indirekten Zusammenhänge zwischen primären Inputs und den Kategorien der letzten Verwendung. Auf diese Weise können zum Beispiel die folgenden Fragen beantwortet werden: Um welche Mengen werden die Importe ansteigen, wenn die Konsumausgaben der Haushalte um einen bestimmten Prozentsatz steigen? Welche direkte Auswirkung hat ein Anstieg der Investitionen auf das Produktionsniveau unterschiedlicher Wirtschaftszweige?

Die Tabellen spielen eine ähnliche Rolle bei der Analyse der Ursprünge von Preisbewegungen, da eine Input-Output-Tabelle ein konsistentes Rahmenwerk für die Analyse der Beziehungen zwischen den Produzentenbereichen liefert. Für analytische Zwecke bedeutet dies, daß die Tabellen nicht nur Informationen über Reaktionen auf bestimmte Situationen (zum Beispiel die Simulation der Auswirkungen einer bestimmten politischen Maßnahme) liefern, sondern auch indirekte Folgen für verlagerte Produktionsstufen aufzeigen können. Eine Politik, die zum Beispiel den Haus- und Wohnungsbau fördert, bedeutet nicht nur Mehrbeschäftigung in der Bauindustrie, sondern bringt auch die Schaffung von Arbeitsplätzen in den Wirtschaftszweigen mit sich, die als Zulieferer für die Bauindustrie dienen.

Bislang fehlt ein Überblick über die Geschichte der Anwendung der Volkswirtschaftlichen Gesamtrechnungen in der Regierungspolitik. Daher wenden wir uns jetzt einer kurzen Darstellung dieses Themas zu. Die Entwicklung der Volkswirtschaftlichen Gesamtrechnungen in den USA und Großbritannien erfolgte teilweise im Zuge der Vorbereitungen auf den Zweiten Weltkrieg. Die Finanzierung dieses Krieges durch diese beiden Länder wurde wesentlich auf der Grundlage von Berechnungen im Rahmen der Volkswirtschaftlichen Gesamtrechnungen geplant.

Neue Auffassungen über die Rolle der Regierung im Wirtschaftsprozeß (Keynes), Ideen zur möglichen Schematisierung wirtschaftlicher Vorgänge (Tinbergen) sowie der Gedanke, die Wirtschaftsaktivitäten mit Hilfe eines systematischen, statistischen Rahmens zu überwachen, entwickelten sich, und ihre Auswirkungen wurden zunächst vor allem bei der Behandlung internationaler Probleme spürbar. Obwohl der Prozeß des Wiederaufbaus des zerstörten Europas sofort nach dem Zweiten Weltkrieg in Gang kam, stieß man nach wenigen Jahren, als die vorhandenen Devisenreserven knapp wurden, auf Probleme. Die US-Regierung ließ daher den sogenannten Marshall-Plan anlaufen, um finanzielle Unterstützung zu bieten. Länder, die sich um diese Mittel bewarben, waren verpflichtet, Pläne für den weiteren Wiederaufbau vorzulegen, unter Beilegung der jetzt Volkswirtschaftliche Gesamtrechnungen genannten Daten; auch die jährlichen Erfolgsberichte mußten mit Tabellen dokumentiert werden.

Um eine Einheitlichkeit dieser Berichte zu gewährleisten, wurden durch die neu gegründete *Organisation for European Economic Cooperation (OEEC)* Richtlinien für Tabellen, Konzepte und Definitionen erarbeitet. Das war der Anfang einer neuen Ära, und in vielen Ländern wurde die Erstellung Volkswirtschaftlicher Gesamtrechnungen ein fester Bestandteil der Arbeit der Regierungsbehörden. Auf internationaler Ebene hatte der neue Ansatz wirtschaftswissenschaftlichen Denkens und der Erfolg des Marshall-Plans zur Folge, daß Pläne entwickelt wurden, arme Länder durch reiche zu unterstützen. In diesem Bereich zeigte sich die Volkswirtschaftliche Gesamtrechnung als nützliches Instrument, mit dem die internationalen Institutionen ihre Urteilsbildung und Planungen unterstützen konnten, was zu einem stetig steigenden Bedarf an derartigen Gesamtrechnungen führte.

Die internationalen Institutionen und Gesellschaften trugen durch die Einberufung und Durchführung von Konferenzen maßgeblich zur Verbreitung der neuen Richtlinien bei, die bei der Weiterentwicklung des Systems eine entscheidende Rolle spielten. Den Auftakt machte 1947 die Publikation von «Measurement of National Income and the Construction of Social Accounts», initiiert durch ein Komitee von Statistikexperten beim Völkerbund. Die Arbeiten wurden dann zu Ende geführt durch die Vereinten Nationen. Die Tatsache, daß es sich hierbei um eine europäisch-amerikanische Veranstaltung handelte, rückte die Vereinten Nationen (UN) wieder in den Mittelpunkt der Aktivitäten auf diesem Gebiet. Bestätigt durch die Ergebnisse einer Reihe von Konferenzen, veröffentlichte das statistische Amt der UN 1953 revidierte Richtlinien, die als «System of National Accounts» (SNA) weltweit Anerkennung fanden. 1968 folgte eine weitere Überarbeitung, und die letzte überarbeitete Ausgabe erschien 1993.

Einige Jahre nach dem Zweiten Weltkrieg wurde die Internationale Vereinigung zur Erforschung von Einkommen und Wohlstand gegründet.[3] Diese Institution bereicherte die internationale Diskussion durch weitere Ideen und Vorschläge. Bei allen ihren Konferenzen und bei den von UN-Institutionen organisierten Veranstaltungen wurde die Qualität der Arbeit durch die Möglichkeit des freien Ideenaustausches zwischen Statistikern und Wirtschaftswissenschaftlern erheblich verbessert. Die neuen Instrumente fanden bald in der Politik der einzelnen Länder vielfältige Anwendungsmöglichkeiten. Angaben über die wichtigsten Aggregate der Volkswirtschaftlichen Gesamtrechnungen sind oft in den Staatshaushalten wiederzufinden, ebenso wie in der Tagespolitik und in den Kommentaren. Es wurde zunehmend wichtig, Bezug auf den Zustand der Wirtschaft zu nehmen, wie er in den Volkswirtschaftlichen Gesamtrechnungen beschrieben wird. Die Kritik an den Unzulänglichkeiten der Volkswirtschaftlichen Gesamtrechnung ist wesentlich jüngeren Datums.

Die Entwicklung von ähnlichem oder gleichem wirtschaftspolitischen Handeln in den westlichen Ländern zeigt, daß die Einführung neuer Denkweisen im Hinblick auf wirtschaftliche Probleme und die Rolle des Staates auch auf ähnliche Weise erfolgte. Es muß allerdings eine sehr deutliche Trennlinie zwischen den Architekten des neuen Konzeptes von wirtschaftlichem Handeln des Staates einerseits und den diese Ideen realisierenden Politikern andererseits gegeben haben. Der Transfer von Ideen über diese Trennlinie hinweg hing primär von den jeweils gesetzten Zielen ab, und diese

---

3   International Association for Research in Income and Wealth.

unterschieden sich oft erheblich: Auf beiden Seiten gab es solche, die eine Erneuerung der Gesellschaft durch den Staat wünschten, aber auch diejenigen, die eine zurückhaltendere Politik verfolgten, um die Konjunkturbewegungen zu dämpfen und Systeme des Sozialschutzes zugunsten der Armen einzuführen.

Zunächst schien der letztbeschriebene Ansatz, mit nur einigen Abweichungen, in der westlichen Welt angenommen zu werden. Später kam jedoch die Frage auf, inwieweit das SNA für andere politische Zwecke verwendet werden könne. Obwohl erkannt wurde, daß die Möglichkeiten für eine «Neuorientierung» der Gesellschaft eingeschränkt waren, wurden weiterhin wirtschaftswissenschaftliche und statistische Modelle und Methoden angewandt, um wirtschaftliche Ereignisse zu beschreiben. Heute scheint sich das Verhältnis zwischen Wirtschaftswissenschaftlern und Statistikern einerseits und Politikern andererseits im Vergleich zu dem Verhältnis, das nach dem Zweiten Weltkrieg herrschte, nahezu umgekehrt zu haben. Heute müssen die Analytiker die Politiker oft davor warnen, die Ergebnisse von Modellrechnungen nicht zu verabsolutieren.

In diesem Zusammenhang war es hilfreich zu wissen, daß das SNA ein schlüssiges Bild der wirtschaftlichen Entwicklung vermitteln kann, weil es jene Trends identifiziert, die unkontrolliert zu Ungleichgewichten führen können. Eine Aufstellung über solche Trends (im Zusammenhang mit der Zahlungsbilanz, dem Arbeitsmarkt, der Preisentwicklung etc.) kann auch dazu genutzt werden, eine sinnvolle Übersicht für die Erfolge oder auch Mißerfolge der Regierungspolitik zu erarbeiten. Außerdem liefert das System quantitative Daten und in einigen Ländern Fortschreibungen des Bruttoinlandsproduktes und damit des wirtschaftlichen Wachstums. Die Politiker lernten daher schnell, daß diese Form von Wachstum größere Chancen für die Realisierung ihrer Vorhaben versprach, solange man die Konflikte, die durch Wachstum verursacht werden, nicht thematisiert. Dieses Thema bekam erst später Gewicht.

Weiterentwicklung des «System of National Accounts» (SNA)

Die Wirtschafts- und Sozialpolitik der westlichen Länder nach dem Zweiten Weltkrieg wich von der vorausgegangenen Politik darin ab, daß sie sich auf die Wirtschaft als Ganzes bezog. Über einen langen Zeitraum hinweg waren diese politischen Ansätze sehr erfolgreich: Die Einkommen stiegen anfangs auf ein Niveau, das niemand zu erwarten gewagt hatte; in den 80er und 90er Jahren jedoch verlangsamte sich das Wachstum. Die Wirtschaftshilfe, die in Richtung der sogenannten Dritten Welt floß, trug keine Früchte. Obwohl es einige Hoffnungsstrahlen gab, zeigte die «Entwicklungshilfe» in vielen Fällen keine bleibenden Erfolge, und manchmal wurden die Fortschritte auf der Ebene des materiellen Konsums durch das Bevölkerungswachstum hinweggefegt.

Obwohl sich eine Diskussion über diese Problematik vor allem im Bereich der Debatte über Fragen des politischen Wandels abspielt, betrifft sie auch Definitionen des SNA; sie betrifft vor allem die Definition des Wachstums, wie sie durch das Bruttoinlandsprodukt verkörpert wird. Während diese Definitionen zu der Zeit, als sie erarbeitet wurden, akzeptabel erscheinen, ist es nach und nach deutlich geworden, daß sie nicht länger auf die gesellschaftlichen Gegebenheiten zutreffen, wie sie sich seitdem entwickelt haben.

Einfach ausgedrückt liegt das Problem darin, daß die Produktion von Waren und Dienstleistungen, die durch das BIP gemessen wird, ein nur unvollständiges Bild gibt, so wichtig sie auch für die Schaffung von Wohlstand ist: Wenn das Bild abgerundet werden soll, muß es um weitere Faktoren vervollständigt werden. Heute dreht sich die internationale Diskussion um Vorschläge, weitere Aspekte von Wohlfahrt in das System zu integrieren. Als schwierig erweist sich allerdings in diesem Zusammenhang die Quantifizierung. Wie schon weiter oben angedeutet, ist der Rahmen des Systems einfach und klar gesteckt: Transaktionen sollen in Form von Marktpreisen oder tatsächlichen Geldflüssen, die in Gegenrichtung zum Fluß von Waren und Dienstleistungen verlaufen, meßbar sein. Für die meisten der jetzt zusätzlich analysierten Wohlfahrtsaspekte bedeutet dies, daß Annahmen über ihre Bewertung getroffen werden müssen, bei denen subjektive Elemente eine nicht zu unterschätzende Rolle spielen.

Van Bochove und van Tuinen legten daher frühzeitig einen Entwurf für ein allgemein verwendbares Kernsystem der Volkswirtschaftlichen Gesamtrechnungen vor, das dann durch Module für spezielle Anwendungsgebiete ergänzbar wäre (van Bochove und van Tuinen, 1985). Den Kern bildet ein ausgearbeitetes, detailliertes System Volkswirtschaftlicher Gesamtrechnungen, das international vergleichbar ist. Das Kernsystem enthält «harte», quantitativ abgestimmte Informationen über wirtschaftliche Vorgänge (Produktion, [Um-]Verteilung von Einkommen, Einkommensverwendung, Ersparnisse und Brutto-Anlageinvestitionen sowie Finanzierungsprozesse). Die Module sind analytischer aufgebaut und spiegeln bestimmte Verwendungszwecke sowie meßtheoretische

Ansätze wider. In diesem Zusammenhang wurde der Ausdruck *«satellite accounting»* in die internationale Fachliteratur eingeführt. In den SNA von 1993 ist das Kapitel XXI «Satellite analysis and accounts» genannt.

In den langwierigen Diskussionen über das SNA wurden durch die Skandinavier schon recht früh einige Schlüsselprobleme angesprochen, zum Beispiel daß die VGR den Verlust ihrer Wälder durch Übernutzung nicht ausreichend berücksichtigte. Gleichzeitig wurde, obwohl der Einwand als grundsätzlich richtig akzeptiert wurde, argumentiert, daß auch das Wachstum der Wälder in den VGR nicht Berücksichtigung finden würde, weil dessen Aufnahme in das System sehr schwierig sei und das Problem sowieso nicht von Bedeutung wäre.

Die folgende Liste führt einige der Parameter auf, die bei der Entwicklung eines befriedigenderen Maßstabs für Wachstum einbezogen werden könnte: Krieg und Kriegsbedrohung, Kriminalität und Korruption, die Umwelt, Verringerung natürlicher Ressourcen, ehrenamtliche Arbeit, Haushaltsarbeit, Ungleichgewichte in der Verteilung von Einkommen und Wohlstand sowie Arbeitslosigkeit. Wie diese Parameter erfolgreich integriert werden könnten, blieb jedoch unklar, und der Widerstand gegenüber solch einer Veränderung war gewaltig.

Es wurde immer offensichtlicher, daß die überkommenen Bilanzen ungenügende Informationen im Hinblick auf die natürlichen Grundlagen des Wirtschaftens bieten. Da die unangenehmen Nebenwirkungen des Wachstums in diesem Bereich verstärkt zutage treten, sind quantitative Informationen zu einer Vielzahl von Umweltbelastungen entwickelt worden, ebenso wie es Ziel der Politik war, um die Flut zu dämmen. Die Idee einer Alternative zum BIP, die all diese negativen Effekte einbeziehen würde, steht schon länger im Raum. Abschnitt D des Kapitels XXI des revidierten SNA von 1993 stellt dazu ein «System for Integrated Environmental and Economic Accounting (SEEA) vor (siehe Kapitel 13 dieses Berichts). In den Niederlanden wurde eine Form der volkswirtschaftlichen Bilanzierung entwickelt, die auch Umweltbilanzen einschließt (NAMEA). Innerhalb der NAMEA werden Umweltindikatoren mit wichtigen Aggregaten der VGR verglichen, zum Beispiel mit dem Sozialprodukt. In der NAMEA werden zusätzliche Spalten und Zeilen aufgenommen, die Platz für Daten über Schadstoffemissionen, Aufkommen und Wiederverwertung von Abfällen, Produktion und Verbrauch von Rohstoffen und Energie sowie die Nutzung von Land, Wasser und Luft bieten. Die Umweltindikatoren geben die Regierungsziele im Umweltbereich wieder. Die NAMEA kann als Datenbank für die Schematisierung der Abhängigkeiten zwischen Volkswirtschaft und Umwelt verwendet werden. Ein weiterer Schritt wird die Berechnung der Umweltverluste sein, basierend auf der NAMEA.

Dieser Schritt liefert wesentliche Bausteine für die Berechnung des Ökosozialprodukts, das die inhaltliche wichtigste Herausforderung dieses Berichts darstellt.

Genau wie die Volkswirtschaftlichen Gesamtrechnungen in einem Zeitraum von Nutzen war, in dem Politiker ihre politischen Ansätze allein vor dem Hintergrund ökonomischer Überlegungen entwickelten, kann jetzt die Umweltpolitik als Bestandteil einer umfassenderen politischen Konzeption effektiver gestaltet werden, wenn Verbesserungen bzw. Beeinträchtigungen der Umweltbedingungen innerhalb eines bestimmten Zeitraumes in das SNA aufgenommen werden. Die Einbeziehung von Veränderungen in der Umwelt (in Form von Wertänderungen des Naturvermögens) könnte durch ein alternatives Investitionsniveau oder ein alternatives BIP wiedergegeben werden. Solch ein Schritt ist heute notwendig, denn die Knappheit der Umweltressourcen dominiert inzwischen den wirtschaftlichen Gesamtprozeß. Eine Entwicklung, die die Weltwirtschaft auf eine Weise destabilisiert, wie es noch nie der Fall war. Es ist Zeit für einen Wandel.

II
Die Widersprüchlichkeiten des Wachstums

3. Der Zustand der Umwelt

Es erfordert nicht viel Vorstellungskraft wahrzunehmen, daß die menschliche Spezies inzwischen Veränderungen auf der Erde bewirkt, die geologische Ausmaße angenommen haben. Wir bewegen buchstäblich Berge, um uns die Mineralien der Erde anzueignen; wir leiten Flüsse um, um Städte in der Wüste zu bauen; wir brennen Wälder ab, um Platz für Ackerbau und Vieh zu schaffen; und wir verändern die Zusammensetzung der Atmosphäre, indem wir sie als Auffangbecken für unsere Abfälle und Abgase mißbrauchen. Durch die Hand des Menschen erfährt die Erde einen tiefgreifenden Wandlungsprozeß – mit Auswirkungen, die nur schwer erfaßt werden können.

Es mag äußerste Ironie sein, daß wir durch unsere Bemühungen, die Erde noch ertragreicher zu machen, die Tragfähigkeit der Erde massiv verringern. Es gibt inzwischen vielfältige Anzeichen für die Überbeanspruchung der Umwelt. Landwirtschaftliche Nutzflächen dehnen sich kaum noch aus, und ein bedeutender Anteil des bestehenden Agrarlandes verliert seine Fruchtbarkeit. Grasland ist überweidet, die Fischgründe überfischt, was die Möglichkeit, sie für die Gewinnung zusätzlicher Nahrungsmittel zu nutzen, stark einschränkt. Die Gewässer leiden unter immenser Verschmutzung und Ausbeutung der Reserven, was die zukünftige Nahrungsmittelproduktion und die Ausdehnung der Städte begrenzt. Das Gleichgewicht der Atmosphäre ist gefährdet, da der Ausstoß von Treibhausgasen zunimmt und die lebenschützende Ozonschicht schrumpft. Die noch nicht kultivierten Waldgebiete – die zur Stabilisierung des Klimas beitragen, Wasservorräte regulieren und die Mehrheit aller Arten auf dem Land beherbergen – werden gezielt gerodet.

Diese Tendenzen sind nicht neu. Solange es menschliche Gesellschaften gibt, haben diese die Erde verändert. Das Ausmaß und die Geschwindigkeit jedoch, mit der die Umweltzerstörung in den letzten Jahrzehnten voranschreitet, ist bislang einmalig in der Geschichte. Seit 1950 haben insbesondere drei Entwicklungen zu dem

immensen Druck beigetragen, der auf die natürlichen Systeme der
Erde ausgeübt wird: Eine Verdoppelung der Weltbevölkerung, ein
Anstieg der wirtschaftlichen Pro-Kopf-Produktion auf mehr als das
Dreifache und die immer weiter klaffende Schere in der Einkommensverteilung. Auf der Suche nach den tieferen Gründen für die
Umweltvernichtung stellt sich heraus, daß der Einfluß der Weltbevölkerung (5,5 Milliarden) auf die Umwelt durch jene wirtschaftlichen und gesellschaftlichen Systeme enorm verstärkt wurde, die
Produktionswachstum und fortwährend steigendem Konsum den
Vorzug gegenüber Gleichheit und Armutsbekämpfung geben. Es
handelt sich um die gleiche Gesellschaft, die auch keinen Unterschied zwischen umweltverträglichen und nicht-umweltverträglichen Produktionsmethoden macht.

Das wichtigste Hindernis, das sich der Erreichung einer nachhaltigen Entwicklung entgegenstellt, ist allzu klar: Bevölkerung
und Wirtschaft wachsen exponentiell, aber die natürlichen Ressourcen, von denen beide leben, nicht. In den letzten Jahren hat die
weltweite Bedrohung durch den Rückgang der Ozonschicht und die
Erwärmung der Erdatmosphäre die Gefahr unterstrichen, die in
unserer Überbeanspruchung der Erde liegt. Die Folgen eines beschleunigten Abbaus der erneuerbaren Ressourcen – insbesondere
der Landschaft, der Wasserreserven und der Wälder – werden
kaum wahrgenommen. Ebensowenig ist man sich darüber im klaren, wie weit dieser Prozeß schon fortgeschritten ist. Im Gegenteil,
oft genug wird propagiert, von mineralischen auf biologische Rohstoffe umzusteigen.

Die Ressourcen-Grundlage

Biologen verwenden häufig das Konzept der «Tragfähigkeit», wenn
sie sich mit Fragen des Bevölkerungsdrucks auf die Umwelt beschäftigen. Die Tragfähigkeit entspricht der größten Anzahl einer
bestimmten Spezies, die ein Lebensraum auf Dauer beherbergen
kann. Wenn der Grenzwert dieses nachhaltigen Bevölkerungsniveaus nach oben hin überschritten wird, geht die Ressourcen-Grundlage allmählich zurück – und in der Folge auch die Bevölkerung.

Die äußere Grenze der Tragfähigkeit unseres Planeten ist durch
den Gesamtbetrag an Sonnenenergie definiert, der durch pflanzliche Photosynthese in biochemische Energie umgewandelt wird,
abzüglich der Energiemenge, die die Pflanzen für ihre eigenen
Lebensprozesse benötigen. Diesen Betrag bezeichnet man als Net-

toprimärproduktivität (NPP) der Erde. Er repräsentiert die grundlegende Nahrungsquelle allen Lebens.

Vor dem Einfluß des Menschen erstellten die Wälder, Grasgebiete und andere auf dem Land befindliche Ökosysteme der Erde eine jährliche Nettogesamtsumme von etwa 150 Milliarden Tonnen organischer Substanz. Der Biologe Vitousek und seine Kollegen schätzen, daß der Mensch bis jetzt ca. 12 Prozent der irdischen Nettoprimärproduktivität zerstört hat und derzeit sage und schreibe etwa 27 Prozent direkt bzw. indirekt nutzt (Vitousek et al., 1986).

Es ist verführerisch, hieraus zu schließen, wir lägen mit ca. 40 Prozent der landgebundenen Nettoprimärproduktivität noch wesentlich unterhalb eines kritischen Grenzwertes. Aber dem ist nicht so. Wir haben uns vielmehr jene 40 Prozent zu eigen gemacht, die am leichtesten zugänglich waren. Auch wenn man berücksichtigt, daß das höchste Bevölkerungswachstum in Gebieten zu verzeichnen ist, in denen der Pro-Kopf-Verbrauch an Ressourcen relativ gering ist, wird sich der Verbrauch der Nettoprimärproduktivität innerhalb von nur 60 Jahren verdoppeln, wenn die Nutzung der Primärproduktivität durch den Menschen parallel zum Bevölkerungswachstum verläuft. Wenn der durchschnittliche Pro-Kopf-Verbrauch an Ressourcen weiterhin steigt, wird diese Verdopplung möglicherweise sogar noch viel früher erreicht sein.

Vielleicht noch wichtiger ist die Tatsache, daß das Überleben der Menschheit an einer Unzahl von «Umweltleistungen» hängt – von der regulierenden Kraft der Wälder innerhalb des Wasserkreislaufs bis hin zur Ausfilterung von Umweltgiften durch Feuchtgebiete. Durch den massiven Eingriff des Menschen werden diese Umweltleistungen zunehmend in Mitleidenschaft gezogen. Der Zeitpunkt, an dem es zu einer Kettenreaktion kommt – zum Beispiel zu weitläufigen Überschwemmungen, Bodenerosionen durch Abholzung, langanhaltenden Trockenperioden und Ernteverlusten durch Wüstenbildung sowie Wasserverschmutzung und Fischsterben durch Zerstörung von Feuchtgebieten –, ist absehbar, auch wenn nicht genau bestimmt werden kann, wann der existenzbedrohende Schwellenwert überschritten wird. Das gleichzeitige Auftreten der genannten Ereignisse wird viele Menschen in Hunger, Krankheit und Tod stürzen.

Vitousek et al. bemerken dementsprechend, daß diejenigen, «die glauben, daß die Grenzen des Wachstums so weit in der Zukunft liegen, daß sie für die heutigen Entscheidungsträger nicht wichtig sind, mit den biologischen Realitäten anscheinend nicht vertraut sind». Ein Blick in die Tagespresse oder die Nachrichten genügt, um festzustellen, daß bereits rund um den Erdball Naturkatastrophen mit allen ihren Folgen auftreten – der Lerneffekt ist jedoch erschreckend gering.

Unsere Zwangslage ist offensichtlich: Wir haben der Erde fast alles abverlangt, dennoch steigen die Bevölkerungszahlen und mit ihnen die Ansprüche. Dies ist genau die mißliche Lage, in der wir stecken. Wie sieht es bei den einzelnen, von Menschen genutzten Landflächen aus?

Ackerland: Das Ackerland ist zwischen 1980 und 1990 weltweit um nur 2 Prozent auf einen Gesamtwert von ca. 1,44 Milliarden Hektar gewachsen. Das bedeutet, daß die Erhöhung der weltweiten Erntemenge nahezu vollständig auf die steigenden Erträge der bestehenden Agrarflächen zurückzuführen ist. Der größte Teil der Flächen, die noch zur Bewirtschaftung genutzt werden könnten, liegt in Afrika oder Lateinamerika; nur sehr wenige in Asien. Die größten Gebiete, die in naher Zukunft agrarwirtschaftlich erschlossen werden könnten, sind wahrscheinlich etwa 76 Millionen Hektar Savannenland in Südamerika, die leicht zugänglich und fruchtbar sind. Darüber hinaus gibt es bisher ungenutzte Flächen und Wälder in Afrika. Die Umwandlung dieser Gebiete könnte nur mit hohen Umweltschäden erkauft werden und würde unseren bis jetzt noch 40prozentigen Anteil an der Nettoprimärproduktivität noch weiter erhöhen.[1] Außerdem wird ein Teil des Zuwachses an Agrarland durch anderweitige Rückgänge wieder wettgemacht. Mit dem Ausbau der Wirtschaftssysteme der Entwicklungsländer und der Ausdehnung der Städte wird Land immer häufiger den Zwecken der industriellen Entwicklung (Wohnungsbau, Straßenausbau etc.) geopfert. Der kanadische Geograph Vaclav Smil zum Beispiel schätzt die Verringerung des Agrarlandes in China zwischen 1957 und 1990 auf mindestens 35 Millionen Hektar – ein Gebiet, das der landwirtschaftlich genutzten Fläche Frankreichs, Deutschlands, Dänemarks und der Niederlande entspricht. Nimmt man den durchschnittlichen Ernteertrag und das Konsumniveau in China im Jahr 1990 als Bezugsdaten, hätte dieses Gebiet etwa 450 Millionen Menschen ernähren können, was etwa 40 Prozent seiner Bevölkerung ausmacht (Smil, 1992).[2] Darüber hinaus verlieren viele der Gebie-

---

1   Anstieg der Agrarflächen aus FAO-Quellen (1992); die Zahl von 76 Millionen entstammt ebenfalls FAO-Quellen (1993b) sowie Thomas (1993).

2   Europäische Agrarflächen aus FAO-Quellen (1992); die Zahl der Chinesen, die von 35 Millionen Hektar ernährt werden könnten, entspricht einer Schätzung des World Resource Institute, basierend auf Zahlen des US Department of Agriculture (USDA, 1992).

te, die wir weiterhin bebauen, aufgrund unzweckmäßiger Anbauweisen und Übernutzung ihre Produktivität. *Global Assessment of Soil Degradation* (Beurteilung der weltweiten Abnahme der Bodenqualität), eine dreijährige Studie, an der sich etwa 250 Wissenschaftler beteiligten, kommt zu dem Ergebnis, daß mehr als 550 Millionen Hektar Land wegen unzureichender Bebauungsmethoden ihre Ackerkrume verlieren oder in anderer Form an Wert verlieren (Oldeman et al., 1993).

Insgesamt erscheint es unwahrscheinlich, daß sich die Anbauflächen in den nächsten zwei Jahrzehnten wesentlich schneller vergrößern lassen werden als zwischen 1980 und 1990, es sei denn, daß die Preise für Ackerbauerzeugnisse steigen. Wenn man eine Nettozunahme von etwa 5 Prozent annimmt, was optimistisch ist, dann würde der prognostizierte Anstieg der Weltbevölkerung um ein Drittel bis zum Jahr 2010 immer noch zu einer Verminderung des pro Kopf verfügbaren Agrarlandes um etwa ein Fünftel führen (siehe Tabelle 3.1).

Weide- und Grasland machen weltweit etwa 3,4 Milliarden Hektar aus. Sie nehmen also mehr als die doppelte Fläche ein wie das Agrarland. Viehherden, Schafe, Ziegen, Büffel und Kamele wandeln das Gras, das für Menschen ungenießbar ist, in Fleisch und Milch um, das als Nahrung für Menschen geeignet ist. Freilaufende Viehherden, weltweit ca. 3,3 Milliarden Tiere, sind eine Nahrungsquelle für den Menschen, auf die zurückgegriffen werden kann, ohne die Getreidevorräte angreifen zu müssen, wie es bei Schweinen, Hühnern und Stallvieh der Fall ist (FAO, 1993b). Weltweit sind bereits große Gebiete Weideland übernutzt. Laut der oben erwähnten Studie hat die Übernutzung seit der Mitte des Jahrhunderts zu Qualitätseinbußen bei 680 Millionen Hektar Land geführt. Das heißt, daß etwa ein Fünftel des Weide- und Graslands die Produktivität verlieren und daß dies fortgesetzt wird, bis die Herden verkleinert oder eine nachhaltige Viehhaltung angewendet wird (Oldeman et al., 1991).

Durch diese qualitativen Einbußen entstehen ernstzunehmende wirtschaftliche Kosten. In Afrika zum Beispiel wird der jährliche Verlust durch abnehmende Weidelandproduktivität auf 7 Milliarden US$ geschätzt, mehr als die Summe des BSP von Äthiopien und Uganda. Von allen Regionen erleidet Asien die größten wirtschaftlichen Verluste durch die Qualitätsverluste des Landes – schätzungsweise 21 Milliarden US$ jährlich – durch die Versumpfung oder Versalzung von künstlich bewässertem Agrarlande, die Erosion von Weideland in Regengebieten und durch das Übergrasen von Weideland (Dregne et al., 1991).

Tabelle 3.1
Bevölkerungszahl und Verfügbarkeit erneuerbarer Rohstoffe um 1990 sowie Prognosen für 2010*

	1990	2010	Gesamt-veränderung	Veränderung pro Kopf
	(Millionen)		(Prozent)	
Bevölkerung	5.290	7.030	+ 33	–
Fischfang (in Tonnen)**	85	102	+ 20	– 10
Künstlich bewässertes Land (in Hektar)	237	277	+ 17	– 12
Agrarland (in Hektar)	1.444	1,516	+ 5	– 21
Weide- und Grasland (in Hektar)	3.402	3.540	+ 4	– 22
Waldgebiete (in Hektar)***	3.413	3.165	– 7	– 20

* Quellen: Bevölkerungszahlen vom US-Büro für Volkszählung (1993); Zahlen bezüglich des 1990 bestehenden bewässerten, bebauten und beweideten Landes von der FAO (1992); Fischereiergebnisse von Perotti (1993); Zahlen aus der Forstwirtschaft von der FAO (1992 und 1993); andere Quellen sind in den Fußnoten belegt. Erläuterungen zu den Prognosen werden im Text gegeben.
** Fang von Süßwasser- und Seefischen; keine Fischzucht.
*** Einschließlich Anpflanzungen; ausgenommen offene Waldlandschaften.

Während der 80er Jahre stieg die Gesamtfläche des Weidelandes leicht an – weil abgeholzte Wälder oder brachliegendes Ackerland in Grasland umgewandelt wurden. Wenn diese Entwicklung in den folgenden zwei Jahrzehnten fortschreitet, wird die Gesamtfläche an Weide- und Grasland zwar um 4 Prozent zunehmen, bezogen auf die Pro-Kopf-Fläche jedoch um 22 Prozent sinken. In Afrika und Asien, die weltweit über fast die Hälfte der Weideflächen verfügen und deren Lebensstandard primär auf Viehhaltung beruht, wird ein noch deutlicheres Absinken der Pro-Kopf-Flächen die Nahrungsmittelwirtschaft weiterhin erheblich schwächen.

Fischbestände: ein weiteres Ökosystem, das für die menschliche Nahrung Kalorien, Proteine und eine größere Abwechslung im Speiseangebot beisteuert. 1990 wurden weltweit ca. 97 Millionen Tonnen Fisch gefangen, die Fischzucht eingerechnet. Dies entspricht etwa 5 Prozent des jährlichen Proteinverbrauchs der Menschheit. In Küstenregionen und auf Inseln deckt Fisch naturgemäß einen noch bedeutenderen Anteil am Kalorienverbrauch.[3]

Der weltweite Fischfang hat sich seit 1950 verfünffacht. Der Spitzenwert wurde 1989 mit 100 Millionen Tonnen erreicht. Obwohl die Erträge aus Binnenfischerei und Aquakulturen (Fischteichen) stetig zugenommen haben, reichten sie nicht aus, um den Rückgang der umfangreichen Erträge aus der Hochseefischerei auszugleichen. Diese fielen von ihrem 1989 erzielten Rekord von 82 Millionen Tonnen auf 77 Millionen Tonnen im Jahr 1991; das entspricht einer Verringerung von 5 Prozent.[4]

Das jetzt auftretende Phänomen der Überfischung wurde durch die Einführung mechanisierter Fangmethoden, größerer Netze, elektronischer Aufspürgeräte und anderer Techniken ausgelöst. Solange die derzeitige Praxis fortgesetzt wird, ist es unwahrscheinlich, daß die Anzahl der Fische wieder zunimmt. Die FAO nimmt vielmehr an, daß die Ausbeutung der 17 wichtigsten Fischgründe der Welt ihre von der Natur gesetzten Grenzen bereits erreicht, wenn nicht sogar schon überschritten hat. Neun dieser Fischgründe sind schon ernsthaft in Mitleidenschaft gezogen.[5] Wissenschaftler der FAO sind der Meinung, daß ein verbessertes Management dazu beitragen könnte, die Fischereierträge um weitere 20 Prozent zu steigern. Wenn dies erreicht werden könnte und wenn auch die Fänge von Süßwasserfischen entsprechend anstiegen, könnten die Erträge aus der gesamten Fischerei (ohne Fischzucht) auf 102 Millionen Tonnen steigen. Bis zum Jahr 2010 würde dies jedoch, auf die Entwicklung der Gesamtbevölkerungszahl bezogen, einen Rückgang von 10 Prozent bedeuten.[6]

Süßwasser ist von noch größerer Bedeutung als Weide- und Ackerland oder die Fischgründe, denn es ist die Voraussetzung allen Lebens.

Die Anzeichen von Wasserknappheit sind inzwischen in vielen Ländern der Erde spürbar. Zur Zeit verfügen 26 Länder über unzureichende natürliche Wasserreserven, um den sowieso nur geringen Bedarf der Bevölkerung in diesen meist nur schwach entwickelten Gesellschaften zu decken. Betroffen sind vor allem afrikanische Staaten und Länder im Nahen Osten, deren Bevölkerungszahlen

---

3   Fischquoten von der FAO (1993d); Prozentsatz des menschlichen Eiweißverzehrs von der FAO (1991); Beitrag zur Ernährung in Küstenregionen von der FAO (1993e).

4   FAO (mehrere Jahrbücher der Fischereistatistik); andere Werte von Perotti (1993).

5   FAO (mehrere Jahrbücher der Fischereistatistik); andere Werte von Perotti (1993).

6   Schätzungen für mögliche Fangerträge aus dem von der FAO geförderten Buch von Gulland (1971); die Vorhersagen für 2010 sind Schätzungen des Worldwatch Institute, auf der Grundlage von Daten der FAO (1993e).

stetig steigen. Die qualitativen und quantitativen Verluste an Wasser in Flüssen, Seen und beim Grundwasservorrat sind offensichtlich, gleichzeitig steigt der Bedarf des Menschen (Postel, 1992).

Wassermangel beeinträchtigt die Nahrungsmittelproduktion, und wenn die jetzigen Methoden weiterhin angewendet werden, wird der Mangel noch deutlicher hervortreten. Agrarisch genutzte Flächen, die bewässert werden müssen, spielen bei der Welternährung eine entscheidende Rolle: Die 237 Millionen Hektar bewässerte Fläche entsprechen weltweit zwar nur 16 Prozent des Agrarlandes, liefern jedoch mehr als ein Drittel der Ernteerträge. In der Geschichte der Menschheit ist die Fläche bewässerten Landes meist weitaus schneller gewachsen als die Bevölkerung, was wesentlich zur Steigerung der Pro-Kopf-Nahrungsmittelproduktion beitrug. Der höchste Wert für bewässertes Land pro Kopf der Bevölkerung wurde 1978 erreicht und ist seitdem um ca. 6 Prozent jährlich gesunken (Postel, 1992).

Wälder und Waldgebiete tragen mit einer Reihe wichtiger Erzeugnisse zur Weltwirtschaft bei: Baumstämme für die Herstellung von Häusern und Möbeln, Fasern zur Papierherstellung und, in den Entwicklungsländern, Feuerholz zum Heizen und Kochen. Noch wichtiger sind allerdings die ökologischen Funktionen des Waldes: Erhalt der Böden und Regulierung des Wasserkreislaufes, Schutz für die Luftqualität und Senkung des CO_2-Gehaltes, Heimat für Millionen von Tier- und Pflanzenarten.

Heute verfügt die Erde über 24 Prozent weniger Waldgebiete als im Jahr 1700 – 3,4 Milliarden Hektar, verglichen mit schätzungsweise 4,5 Milliarden. Die meisten Wälder wurden zur Schaffung von Agrarland abgeholzt. Aber auch die Viehzucht und das extensive Wachstum der Städte forderten ihren Tribut. Den letzten Schätzungen zufolge sind zwischen 1980 und 1990 ca. 130 Millionen Hektar Wald abgeholzt worden. Dies entspricht der Fläche Perus. Und wie bei den anderen Ressourcen wird dieser Rückgang von einer Qualitätsminderung der verbleibenden Waldbestände begleitet, die wesentlich durch die Luftverschmutzung und sauren Regen bedingt ist.[7]

---

7   Die Zahlen von 1700 schließen offene Waldlandschaften und Buschland nicht mit ein (Houghton, 1983 u.a.). FAO und die UN-Wirtschaftskommission für Europa/FAO (UN-ECE/FAO) benutzten eine etwas andere Definition für ihre Schätzungen für 1990, die einen direkten Vergleich zwischen den Zahlen für tropische und denen für gemäßigte Zonen bei der Berechnung der Veränderung der Waldflächen für 1980 und 1990 nicht zuläßt. Für beide Regionen wurden «andere bewaldete

Die Entstehung neuer Technologien hat sich häufig, ebenso wie die Zunahme des Handels, als zweischneidiges Schwert erwiesen. Dadurch, daß der technische Fortschritt enorme Gewinne im Bereich der effizienten Ressourcennutzung und -produktivität erlaubt, ermöglicht er es uns, aus jedem Hektar Land, jedem Festmeter Holz und jedem Kubikmeter Wasser mehr herauszuholen.

Andererseits führen die künstliche Bewässerung, die Agrarchemie und die besonders ertragreichen Getreidesorten, die die *grüne Revolution* erst ermöglicht haben, zur Erschöpfung und Verschmutzung der Wasservorräte, sie vergiften Tiere und Menschen und fördern Monokulturen. Riesige Treibnetze lassen die Fischerei-

---

Gebiete» von den Berechnungen ausgeschlossen. Wegen der Lücken und Unstimmigkeiten in den Daten hat die FAO, nach Aussage von Janz (1993), keine Pläne, eine Schätzung der weltweiten Entwaldung im Rahmen ihrer Statistik für 1990 zu liefern (die im Oktober 1993 noch in Arbeit war). Der geschätzte Nettoverlust an Waldgebieten bezieht sich auf die Umwandlung von Wäldern in anderweitig genutzte Flächen, abzüglich des Nettoanbaus von Anpflanzungen in tropischen Regionen. Entsprechend der Definition der FAO zählt abgeholzter Wald, der erneutem Wachstum überlassen wird, nicht unter Waldverluste, selbst wenn eine vollkommene Abholzung erfolgte (es sei denn, der Baumbestand wird auf Dauer auf weniger als 10 Prozent reduziert). Die Statistiken geben daher die Zerstückelung und die Zustandsverschlechterung der Wälder nicht wieder.

Berücksichtigt man diese Einschränkungen, ist der Wert für 1990 eine vorläufige und grobe Schätzung des Worldwatch Institute, basierend auf Zahlen der FAO (1993g und 1988a, Tabelle 1); alle Zahlen für die tropischen Länder sind der FAO entnommen (1993c); Angaben über Australien, Europa, Japan und Neuseeland enthält UN-ECE/FAO (1992); die kanadischen Ziffern wurden vom Kanadischen Rat der Forstminister (1993) und Lowe (1993) erstellt; Zahlen für die USA vom USDA Forstdienst (1982) sowie von Waddell, Oswald und Powell (1989) und Bones (1993); Statistiken der ehemaligen UdSSR von Shvidenko (1993); China von Smil (1992); Argentinien von der Nationalen Umweltkommission (1991); grobe Schätzungen für andere Entwicklungsländer in gemäßigten Breiten beruhen auf Trends und Projektionen der FAO (1988b) und Lanlys (1983); Flächenangaben für tropische Bepflanzungen von der FAO (1993c). Der geschätzte Rückgang von 148 Millionen Hektar natürlicher Waldgebiete wurde teilweise ausgeglichen durch etwa 18 Millionen Hektar tropischer Anpflanzungen, was zusammengerechnet zu dem Nettorückgang von 130 Millionen Hektar zwischen 1980 und 1990 führt.

erträge kurzfristig in die Höhe schnellen, tragen aber langfristig zur Überfischung und Verminderung der Bestände bei.

Wir haben es nicht vermocht, zwischen Technologien, die unsere Bedürfnisse auf nachhaltige Weise befriedigen, und jenen, die dies nur zum Nachteil der Erde können, zu unterscheiden. Wir haben uns dem Diktat des Marktes, welche Technologien gefördert werden sollen, blind unterworfen. Wir waren nicht in der Lage, in das Marktgeschehen so einzugreifen, daß den Umweltschäden angemessen Rechnung getragen wird.

Ein bedeutender Anteil der globalen Nahrungsmittelproduktion wird so gedeckt, daß Land und Wasser auf nicht nachhaltige Art und Weise genutzt werden. Größtenteils deshalb, weil die Landwirte für Bodenerosion, exzessiven Wasserverbrauch und Pestizideinträge nicht die ökologisch richtigen Preise zahlen. In Teilen der Region Punjab zum Beispiel, dem «Brotkorb» Indiens, erfordert die überwiegend angewandte Hochertragsmethode, die auf dem rotierenden Anbau von ungeschältem Reis beruht, die Anwendung hochdosierter Agrarchemie sowie Unmengen von Wasser für die Bewässerung. Bei einer 1993 erstellten Studie von Forschern der Universität Delhi und des World Resources Institute in Washington D.C. stellte sich heraus, daß die im Punjab gepumpten Grundwassermengen die Wiederauffüllungsraten um etwa ein Drittel übertreffen, so daß der Grundwasserpegel um ca. einen Meter jährlich sinkt (Malik und Faeth, 1993).

Tatsächlich sieht es in mehreren Regionen (Nordchina, Südindien, Mexiko, Westteil der USA, Teilen des Nahen Ostens und einem Großteil Afrikas) so aus, als könnte Wassermangel die Möglichkeit der Nahrungsmittelproduktion wesentlich stärker eingrenzen als Land, Ertragspotentiale oder die meisten anderen Faktoren. Die Entwicklung und Verteilung von Technologien und Methoden, die das Wassermanagement verbessern, wäre ein entscheidender Beitrag zum Erhalt des derzeitigen Niveaus der Nahrungsmittelproduktion, von deren Steigerung ganz zu schweigen.

Solche Technologien sind bereits vorhanden, wie einige Beispiele belegen: Das von Wassermangel gekennzeichnete Israel ist Vorreiter bei der Frage, wie man den Verbrauch von Wasser im agrarwirtschaftlichen Sektor effizienter gestalten kann. Seine gegenwärtigen landwirtschaftlichen Erträge hätte das Land ohne den stetigen Fortschritt des Wassermanagements wohl kaum erreicht – einschließlich der hocheffizienten Tropfbewässerung, den automatischen Systemen der bedarfsorientierten Bewässerung und der Festlegung von optimalen Wasserzuteilungen, die für jede Fruchtsorte vorher bestimmt werden. Israels Erfolg ist bemerkenswert:

Zwischen 1951 und 1990 haben es die israelischen Landwirte geschafft, die pro Hektar Anbaufläche verbrauchte Wassermenge um 36 Prozent zu verringern (Van Tuijl, 1993).

Wenn wir uns weiterhin auf einfache technologische Maßnahmen beschränken, können wir den weltweiten Süßwasserbedarf nur noch für die nächsten 20 bis 30 Jahre decken. Örtlich begrenzte ernsthafte Engpässe werden wesentlich früher auftreten (Meadows, Meadows und Randers, 1991).

In bezug auf die Umwelteffizienz der Bioproduktion können noch erhebliche Fortschritte erzielt werden. In den Niederlanden zum Beispiel konnte von 1984 bis 1993 der Eintrag von Pestiziden, der, gemessen nach Gewicht pro Hektar, weltweit am höchsten liegt, um 40 Prozent gesenkt werden.

Parallel zu Effizienzgewinnen im Bereich der Land- und Wasserproduktivität ist es notwendig, auch die Effizienz der Waldnutzung zu erhöhen sowie Holz- und Papierabfälle zu verringern, um die bestehenden Wälder zu entlasten. Die Abholzgeschwindigkeit, also die Anzahl der pro Stunde gefällten Bäume, darf nicht mehr das Merkmal einer vorteilhaften Holztechnologie sein, sondern eher der Nutzungsgrad bereits gefällter Hölzer. Ein Effizienzgewinn in der holzverarbeitenden Industrie der USA, der ungefähr den japanischen Werten entspricht, würde zum Beispiel zu einer Verringerung des Holzbedarfs in den USA (weltweit der größte Holzverbraucher) um etwa ein Viertel führen. Zusammengenommen könnten die verfügbaren Methoden der Abfallverringerung, der Effizienzsteigerung in der Herstellung und des Papierrecyclings den Holzverbrauch in den USA halbieren. Ernsthafte Bemühungen, neue holzsparende Techniken zu entwickeln, würden zu einer noch größeren Reduktion führen (Postel und Ryan, 1991).

Technischer Fortschritt wird nicht nur durch materielle Grenzen behindert, sondern auch durch gesellschaftliche Barrieren. Abgesehen von dem natürlichen Widerstand gegenüber Wandel, sind wirtschaftliche Überlegungen und institutionelle Gegebenheiten von Bedeutung. Die holländischen Blumenhersteller zum Beispiel begründen ihre Anwendung enormer Mengen an Pestiziden damit, daß manche Einfuhrländer lächerliche Gesundheitsstandards im Hinblick auf die in den Blumen enthaltenen Schädlinge setzen. Japan ist in diesem Zusammenhang einschlägig dafür bekannt, Grenzen ohne Toleranzspielraum festzulegen.

Importe von biologischen Erzeugnissen wie Nahrungsmittel und Holz sind indirekt auch Importe von Land, Wasser, Nährstoffen und anderen Komponenten des Naturvermögens, das verwendet wurde, um sie herzustellen. Viele Länder könnten ohne Handel ihre gegenwärtige Bevölkerung nicht auch nur annähernd versorgen.

Prinzipiell muß es nicht den Grundsatz der Nachhaltigkeit verletzen, wenn ein Land vom ökologischen Überfluß eines anderen abhängig ist. Das Problem liegt vielmehr in der verbreiteten Ansicht, daß alle Länder die Tragfähigkeit ihres Gebietes überschreiten und wirtschaftlich wachsen könnten, indem sie die Produktion handwerklicher und industrieller Güter auf Kosten des Naturvermögens ausbauen, zum Beispiel, indem man Ackerland versiegelt, um darauf eine Fabrik zu bauen, oder indem man Wälder abholzt, um neue Städte zu errichten. Dieser allgemeine Trend darf nicht fortgeführt werden. Global gesehen müssen die ökologischen Bilanzen ausgeglichen sein.

Viele Wirtschaftswissenschaftler sehen keinen Grund zur Sorge und glauben daran, daß der Markt für die notwendigen Anpassungen sorgen wird. Wenn Ackerland, Wälder und Wasser knapp werden, ist es ihrer Meinung nach lediglich erforderlich, daß ihre Preise steigen. Die zusätzlichen Anreize, Ressourcen zu erhalten und produktiver zu nutzen, das Konsumverhalten zu verändern und neue Technologien zu entwickeln, werden dafür sorgen, daß das Output parallel zum Bedarf ansteigt. Dagegen spricht, daß Ackerland, wenn es erstmal für Straßen- oder Häuserbau versiegelt wurde bzw. erodiert ist, wieder für die landwirtschaftliche Produktion nutzbar gemacht werden kann – egal, wie drängend die Nahrungsknappheit werden mag. Außerdem gibt es keine Marktmechanismen oder Preissignale, um den Erhalt einer bedürfnisgerechten Ressourcengrundlage sicherzustellen, solange sie vom Markt übersehen oder unterschätzt wird. Dies gilt in besonderem Maße für die natürlichen Reserven, von denen lebenserhaltende Ökosysteme abhängen, die Voraussetzung für die Erhaltung der Artenvielfalt sind. Ebenso fühlt sich der Markt nicht verantwortlich für die armen Schichten der Bevölkerung und für die Bedürfnisse der nächsten Generation.

Der Handel mit Walderzeugnissen veranschaulicht diese Tendenz. Ostasien, wo das vielzitierte Wirtschaftswunder Japans und der neu industrialisierten Länder stattgefunden hat, hat schnell und anhaltend immer größere Mengen der Waldressourcen anderer Länder aufgebraucht. In Japan, das den Boom seiner wirtschaftli-

Tabelle 3.2
Nettoimporte an Walderzeugnissen in ausgewählten ostasiatischen Ländern, 1961–1991*

Land	1961	1971	1981	1991
	(in tausend Kubikmetern)**			
Japan	8.800	45.000	50.000	70.100
Südkorea	500	2.900	4.700	12.700
Taiwan	0	1.200	6.700	8.800
China	200	200	3.100	6.800
Hongkong	900	1.300	2.000	2.500
Singapur	200	1.600	1.400	1.100

* Schätzungen des Worldwatch Institutes auf der Grundlage von FAO-Daten (1993a); Taiwan von Wardle (1993b). Die groben Umwandlungsfaktoren für die Konversion von Produkten, die nicht aus Rundholz bestehen, zu ihrem Äquivalent für grünes Festholz, das sich vom Rohmaterialäquivalent für Rundholz unterscheidet, wurden von Wardle geliefert (1993a).
** Alle Forsterzeugnisse werden in äquivalenten Werten für Zellstoffanteile angegeben.

chen Aktivitäten nach dem Zweiten Weltkrieg erfuhr, stiegen die Nettoimporte an Forsterzeugnissen (ausgedrückt in den entsprechenden Einheiten an Zellstoffbestandteilen) zwischen 1961 und 1991 auf das Achtfache (siehe Tabelle 3.2). Das Land ist inzwischen bei weitem der weltweit größte Nettoimporteur von Walderzeugnissen. Von einem niedriger gelegenen Ausgangspunkt haben sich Südkoreas Nettoimporte seit 1971 mehr als vervierfacht, und diejenigen Taiwans sind um das Siebenfache gewachsen.

China ist die große Unbekannte, wenn die weltweiten Probleme bei der Waldnutzung geschildert werden. Laut den Aussagen von He Bochuan, Dozent an der Sun Yat-sen Universität in Guangdong, übersteigt Chinas Verbrauch von Rohholz – etwa 300 Millionen Kubikmeter jährlich – den nachhaltigen Ertrag seiner Wälder und Waldgebiete um 30 Prozent. Alleine während des letzten Jahrzehnts haben sich Chinas Nettoimporte an Forsterzeugnissen mehr als verdoppelt. Mit seinem Anteil von einem Fünftel an der Weltbevölkerung, mit wirtschaftlichen Wachstumsraten von durchschnittlich 12 Prozent in den letzten Jahren und schrumpfenden eigenen Beständen ist China inzwischen auf dem Sprung, weltweit führender Holzimporteur zu werden. Wenn sich Chinas Pro-Kopf-Verbrauch von Holzerzeugnissen dem Niveau Japans anpassen würde, würde Chinas Gesamtverbrauch denjenigen Japans um das Neunfache übertreffen – und sein Importbedarf würde einen enormen Druck auf die weltweiten Waldbestände ausüben.[8]

Handel ist also ambivalent. Er kann dazu beitragen, Einschränkungen in der lokalen oder regionalen Tragfähigkeit zu überwinden, indem er Ländern erlaubt, die Rohstoffe zu importieren, die sie zur Deckung ihrer Bedürfnisse brauchen. Aber er kann auch unnachhaltige Konsumgewohnheiten – und damit die Umweltzerstörung – fördern, indem er die Illusion unbegrenzter Vorräte schafft.

Die Ladung erleichtern

Kapitäne sind sehr gewissenhaft darin, an ihren Schiffen die sogenannte Höchstlademarke anzubringen. Wenn der Wasserspiegel die Marke überschreitet, ist das Schiff zu schwer und läuft Gefahr zu sinken. Wenn das passiert, hilft es nicht viel, die Ladung innerhalb des Schiffes umzuverteilen. Das Problem ist das Gesamtgewicht, das die Tragfähigkeit des Schiffes übersteigt.

Herman Daly verwendet diesen Vergleich, um zu betonen, daß menschliches Handeln ein Ausmaß erreichen kann, das die natürlichen Systeme der Erde nicht mehr tragen können. Das ökologische Äquivalent zur Höchstlademarke entspricht dem maximalen Anteil an biologischen Ressourcen der Erde, den sich der Mensch aneignen kann, bevor eine schnell einsetzende Kettenreaktion die lebenserhaltenden Systeme des Planeten zerstört. In Anbetracht der Ressourcenvernichtung, die jetzt schon offenbar wird, ist es durchaus möglich, daß wir dieser Marke schon recht nahegekommen sind. Die Herausforderung besteht demnach darin, die Erde von Ballast zu befreien, bevor das Schiff sinkt.

Die Tage des ungehemmten Ausbaus unserer Volkswirtschaft – in denen reichhaltige Ressourcen vorhanden waren, um Produktionswachstum und steigenden Lebensstandard voranzutreiben – sind mit Sicherheit vorbei. Wir sind in eine Phase der Geschichte eingetreten, in der das Wohlergehen auf der Erde zunehmend davon abhängt, daß Rohstoffquellen effizienter genutzt und gerechter verteilt werden und daß das Konsumniveau insgesamt gesenkt wird. Wenn wir den Übergang zu einer mehr nachhaltigen Wirt-

---

8   Nachhaltige Erträge von Wäldern und Waldland von He Bochuan (1991); Anstieg der chinesischen Nachfrage entspricht den Schätzungen des Worldwatch Institute für 1991.

schaftsweise nicht beschleunigen, riskieren wir es, die Tragfähigkeit unseres Planeten so weit zu überziehen, daß ein wirtschaftlicher und sozialer Abstieg unvermeidlich wird.

Dieses Kapitel stammt aus «Carrying Capacity; Earth's Bottom Line», in: Lester Brown et al. «State of the World 1994».

4. Das Versagen der Volkswirtschaftlichen Gesamtrechnungen

«Die Volkswirtschaftlichen Gesamtrechnungen», schrieb Wilfred Beckerman in seiner Standardeinführung zum Thema, «sind nichts weiter als ein systematischer Ansatz, die Vielzahl wirtschaftlicher Aktivitäten, die in einer Volkswirtschaft stattfinden, in verschiedene Gruppen und Klassen einzuteilen, die als wichtig zum Verständnis der Funktionsweise der Wirtschaft angesehen werden» (Beckerman, 1968, S. 68). Beckerman gesteht ein, daß «eine gewisse Willkür in vielen der Entscheidungen liegt, die bei der Erstellung eines systematischen Rahmens für die Gliederung in den Volkswirtschaftlichen Gesamtrechnungen gefällt werden müssen», und er bemüht sich darum, deutlich zu machen, daß es keine sakrosankten Punkte in der gegenwärtigen Struktur der Gesamtrechnungen gibt:

«Es muß betont werden, daß es im Bereich der Fragestellungen, mit denen sich die Wirtschaftswissenschaftler beschäftigen, genauso eine kontinuierliche Entwicklung und Veränderung gibt wie im Bereich der institutionellen Strukturen der Wirtschaft; und daß sich die Arbeitshypothesen, die die Wirtschaftswissenschaftler anwenden, um das wirtschaftliche Verhalten zu analysieren, ebenso entwickeln. Aufgrund dieser Veränderungen wird es immer wieder notwendig sein, das in den Volkswirtschaftlichen Gesamtrechnungen benutzte Klassifizierungssystem zu modifizieren und anzupassen. Es wäre zum Beispiel nutzlos, Gliederungen und Definitionen beizubehalten, die den institutionellen und sozialen Kategorien einer Gesellschaft nicht mehr entsprechen oder die die neuesten Erkenntnisse über die Funktionsmechanismen der Wirtschaft, und damit über die analytisch wichtigen Zusammenhänge, vernachlässigen. (...) Es ist zu erwarten, daß die angemessenen Klassifizierungen in den Volkswirtschaftlichen Gesamtrechnungen im Verlauf der Jahre weitreichenden Modifikationen unterworfen werden» (ebenda, S. 5–6).

Dies entspricht auch der Meinung von Robert Eisner, der in seinem Standardwerk über Vorschläge, die Volkswirtschaftlichen Gesamtrechnungen zu verbessern oder zu erweitern, anmerkt: «Die Volkswirtschaftlichen Gesamtrechnungen sind nicht in Beton gegossen. (...) Von den ersten Tagen ihrer Entstehung an gab es heftige Diskussionen darüber, was alles in ihnen berücksichtigt werden müßte, wie die verschiedenen Tatbestände gemessen werden und wie sie zusammengefügt werden sollten. Sie wurden über die Jahre hinweg verändert» (Eisner, 1988, S. 1611–1612).

Diese Zitate aus maßgeblichen Texten über die Volkswirtschaftlichen Gesamtrechnungen belegen, daß Vorschläge, diese aufgrund wichtiger neuer wirtschaftlicher Tatsachen oder Erkenntnisse zu überarbeiten, weder subversiv noch exzentrisch sein müssen. Vielmehr sind sie ein Hinweis auf die weiterhin bestehende gedankliche Offenheit in den Wirtschaftswissenschaften, die sich dadurch auszeichnet, daß selbst die anerkanntesten und gebräuchlichsten Methoden Modifikationen zulassen, wenn neue Umstände dies notwendig erscheinen lassen. «Neue Umstände» sind in diesem Fall die unzähligen Formen, in denen wirtschaftliches Handeln die Umwelt so beeinträchtigt, wie wir es oben beschrieben haben.

Als die Volkswirtschaftlichen Gesamtrechnungen 1940 systematisiert wurden, wurden Umweltfragen als zweitrangig angesehen. Die gewählten Bilanzierungsstrukturen ignorierten Umweltthemen einfach, was einer der «willkürlichen» Entscheidungen entspricht, von denen Beckman sprach. Die Volkswirtschaftlichen Gesamtrechnungen sind inzwischen zu einem der grundlegenden Instrumente makroökonomischen Managements gereift und zu einem der Indikatoren für wirtschaftlichen Fortschritt. Es ist, ehrlich gesagt, unvorstellbar, daß nationale Programme zur nachhaltigen Entwicklung wirtschaftlich irgendeinen Effekt haben könnten, solange sie nicht direkt in Verbindung zu den Volkswirtschaftlichen Gesamtrechnungen gebracht werden. Die Europäische Union erkannte die Wichtigkeit dieses Punktes an, als sie in ihrem Fünften Umweltaktionsprogramm kategorisch festlegte: «Umweltbezogene Modifikationen der Volkswirtschaftlichen Gesamtrechnungen sollen im Modellstadium ab 1995 in allen Mitgliedstaaten vorliegen mit dem Ziel ihrer formellen Annahme bis zum Ende des Jahrzehnts» (EU, 1992, S. 97).

Dieser politische Imperativ für die umweltgerechte Anpassung Volkswirtschaftlicher Gesamtrechnungen verstärkt den intellektuellen und wirtschaftlichen Imperativ. Die gegenwärtige Nicht-Behandlung von Umweltthemen in den VGR kann nur dann intellektuell gerechtfertigt werden, wenn diese Themen als wirtschaftlich unwichtig angesehen werden. Da diese Themen jedoch lebenswichtig für die Menschheit geworden sind und, wie es auf der

Rio-Konferenz klargestellt wurde, eng mit wirtschaftlichem Handeln verbunden sind, ist ihre fehlende Berücksichtigung innerhalb der Volkswirtschaftlichen Gesamtrechnungen bizarr und nicht zu rechtfertigen und außerdem wirtschaftlich irreführend. Wie weiter unten dargelegt werden wird, zeigt eine Reihe von Studien (zum Beispiel Repetto et al., 1989, für Indonesien; Solórzano et al., 1991, für Costa Rica; Adger, 1992, für Zimbabwe; van Tongeren et al., 1993, für Mexiko; Bartelmus, Lutz und Schweinfest, 1993, für Papua-Neuguinea), daß die Wachstumsraten für das BSP und die Nettoinvestitionen massiv überbewertet werden, wenn die Entwicklung der natürlichen Ressourcen darin nicht ausreichend berücksichtigt wird.

Kurz – aus intellektuellen, wirtschaftlichen und politischen Gründen haben umweltbezogene Korrekturen der Volkswirtschaftlichen Gesamtrechnungen inzwischen an Bedeutung gewonnen.

Die Bedeutung der Umwelt für die Produktion

Die erste und vielleicht wichtigste Frage, die innerhalb der Volkswirtschaftlichen Gesamtrechnungen gestellt werden muß, betrifft die Produktion einer Volkswirtschaft. Um diese Frage zu beantworten, müssen die Volkswirtschaftlichen Gesamtrechnungen auf klaren Vorgaben zur Produktionstheorie und der Definition des Volkseinkommens beruhen. Laut Beckerman ist das Volkseinkommen «der ohne Doppelzählungen ermittelte Wert des Stromes an Waren und Dienstleistungen, die in einem Land im betreffenden Zeitraum (normalerweise innerhalb eines Jahres) produziert werden» (Bekkerman, 1968, S. 31). Wenn die Umwelt in den Gesamtrechnungen wiedergegeben werden soll, so muß sie durchgängig in diese Theorie und Definition einbezogen werden.

Die gegenwärtig gebräuchlichen Theorien[9] abstrahieren von den tatsächlichen, als physische Veränderungen beobachtbaren Verhältnissen bei der Produktion. Sie vernachlässigen sogar den

---

9   Die wirtschaftliche Produktionstheorie benutzt das Konzept der Produktionsfunktion, bei der der Output durch eine Kombination von Inputs produziert wird. Eine häufig zu findende Produktionsfunktion, die in der Wachstumstheorie benutzt wird (z.B. Solow, 1991), lautet $Y = F(K,L,t)$, wobei Y dem Output entspricht, K dem Kapitalinput, L dem Arbeitsinput, t der Zeit (als Variable, die für den technischen Fortschritt steht), und $F(..)$ der Funktion, die bezeichnet, auf welche Weise die Inputs kombiniert werden.

dritten allgemein anerkannten Produktionsfaktor, *Land* (die beiden anderen Faktoren sind *Kapital* und *Arbeit*), so daß es gar keinen Rahmen dafür gibt, den Beitrag der Umwelt zur Produktion innerhalb eines solchen Modells wiederzugeben. Nordhaus & Tobin bemerken dazu: «[Das geläufige Standardmodell für Wachstum] ist im Grunde genommen ein Modell mit zwei Faktoren, bei dem die Produktion ausschließlich auf Arbeit und reproduzierbarem Kapital beruht. Land und Rohstoffe, als dritter Bestandteil des klassischen Dreigespanns, werden zumeist ausgelassen. Diese Vereinfachung der Theorie setzt sich in der empirischen Arbeit fort. Die Unmengen von aggregierten Produktionsfunktionen, die die Wirtschaftsstatistiker im letzten Jahrzehnt zusammengetragen haben, zeigen ausschließlich funktionale Zusammenhänge mit den Faktoren Arbeit und Kapital» (Nordhaus & Tobin, 1973, S. 522).

In jüngerer Vergangenheit gab es Versuche, wenigstens einen kleinen Teil des Beitrags der Umwelt mit einzubeziehen. So läuft die Arbeit von Jorgenson & Wilcoxen (1993) auf eine Produktionsfunktion hinaus, in der als neue Variablen Energie und Rohstoffinputs berücksichtigt werden.[10] Eine derartige Formel ermöglicht es, den Beitrag der Energieträger zur Produktion zu analysieren, eine Betrachtung des Umweltbeitrags im weiteren Sinn fehlt jedoch noch immer.

Abbildung 4.1 zeigt eine Wiedergabe des Produktionsprozesses in schematischer Form, in der die «Leistungen der Umwelt» mit berücksichtigt sind und nicht nur die Energieflüsse. Dieses Diagramm beruht auf dem von Ekins (1992) und ist mit den Beschreibungen der Produktionsvorgänge bei Harrison (1993, S. 25ff.) und Bartelmus & Tardos (1993, S. 185) vereinbar, die diese Autoren im Zusammenhang mit ihren Erörterungen zum Thema Integrierte Volkswirtschaftliche und Umweltgesamtrechnung gegeben haben.

Die Abbildung gibt drei Formen von Kapitalbeständen wieder: ökologisches (oder natürliches) Kapital, menschliches (individuelles und gesellschaftliches) Kapital (Humankapital) und vom Menschen produziertes Kapital. Jeder dieser Bestände produziert einen Strom von «Leistungen» – Umwelt- (E), Arbeit- (L) und Kapital- (K) Leistungen –, die als Input in den Produktionsprozeß eingehen. Zusätzlich gehen «intermediäre Inputs» (M) in den Produktionsprozeß ein, die auf einer Vorstufe einen Output des Wirtschaftsprozesses darstellten und nun als Input in einem nachfolgenden Prozeß verwendet werden.

---

10   Y = F(K,L,E,M,t).

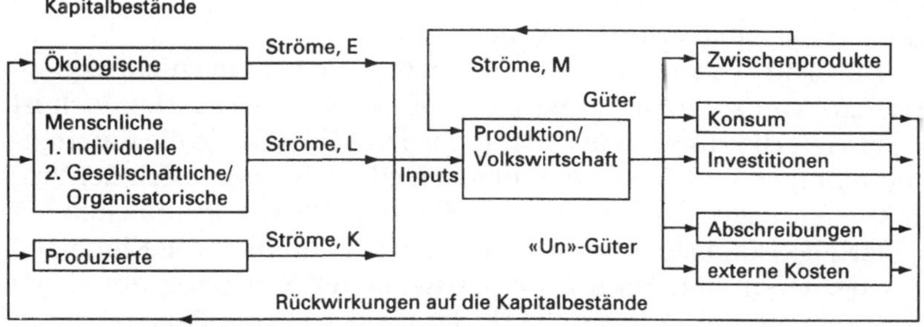

Abbildung 4.1
Bestände und Ströme im Produktionsprozeß.

Produziertes Kapital umfaßt materielle Güter – Werkzeuge, Maschinen, Gebäude, Infrastruktur –, die zum Produktionsprozeß beitragen, aber nicht im Output «untergehen», sondern normalerweise erst innerhalb eines Zeitraums von mehr als einem Jahr «verbraucht» werden. Vorleistungsgüter werden dagegen entweder Bestandteil der produzierten Güter (dies gilt z.B. bei Metallen, Kunststoffen, Werkstoffen), oder sie werden im Produktionsprozeß direkt verbraucht (z.B. Treibstoffe). Humankapital umfaßt alle menschlichen Fähigkeiten, die zu den erforderlichen Arbeitsleistungen beitragen (Geschicklichkeit, Wissen, Gesundheit, Kraft, Motivation), und besteht darüber hinaus aus Netzwerken und organisatorischen Vorkehrungen, durch die sie mobilisiert werden können.

Ökologisches Kapital ist eine komplexe Kategorie und erfüllt drei unterschiedliche Umweltfunktionen, von denen zwei für den Produktionsprozeß direkt von Bedeutung sind. Die erste ist die Versorgung der Produktion mit natürlichen Ressourcen, das heißt mit Rohstoffen, aus denen Nahrungsmittel, Treibstoffe, Metalle, Nutzholz usw. entstehen. Die zweite ist die Aufnahme der Abfälle, die im Zusammenhang mit der Produktion von Gütern anfallen: direkte Produktionsabfälle und zu entsorgende Konsumgüter. In den Fällen, in denen diese Abfälle den Bestand des ökologischen Kapitals vermehren oder verbessern (z.B. bei Recycling oder bei der Düngung von Böden mit Mist, Gülle etc.), können sie als Investition in dieses Kapital betrachtet werden. In den häufiger auftretenden Fällen, in denen Abfälle zerstörerisch, verschmutzend oder vermindernd wirken, mit dementsprechend negativen Folgen für die ökologischen, menschlichen oder produzierten Kapitalbestände, müssen sie als Verursacher von negativen Investitionen, Abschreibungen oder Kapitalverbrauch gelten.

Die dritte Art von Umweltfunktion wird im Schema nicht explizit gezeigt, weil sie nicht direkt zur Produktion beiträgt. Dennoch ist sie in vielerlei Hinsicht die wichtigste Funktion, da sie die Rahmenbedingungen und Zusammenhänge festlegt, in denen sich der Produktionsprozeß abspielen kann. Sie schließt die grundlegenden «Überlebensdienste» ein wie den Erhalt der Stabilität von Klima und Ökosystemen, den Schutz vor ultravioletter Strahlung durch die Ozonschicht und «ästhetische Wirkungen» wie zum Beispiel durch die Schönheit der Natur. Diese Leistungen werden vom ökologischen Kapital direkt zur Verfügung gestellt, ohne daß der Mensch eingreifen muß. Doch menschliches Handeln kann durchaus (meist negative) Auswirkungen auf diese Form des Kapitals haben und damit auf ihre Leistungen.

Der Output der wirtschaftlichen Aktivitäten kann in einem ersten Schritt in «gute» und «schlechte» Resultate unterteilt werden. Die Positiva sind die erwünschten Ergebnisse der Produktion, zuzüglich aller positiven Externalitäten (Nebenwirkungen), die damit einhergehen. Diese Positiva können wiederum in Konsum, Investitionen sowie intermediäre Waren und Dienstleistungen unterteilt werden. Die Negativa sind die nachteiligen Auswirkungen der ökonomischen Produktion, einschließlich der Verminderung der Kapitalbestände und negativen Externalitäten, wie beispielsweise Umweltzerstörung und Gesundheitsprobleme. Die Negativa können als Desinvestitionen betrachtet werden, insofern sie eine Auswirkung auf die Kapitalbestände haben.

Die Notwendigkeit eines Gleichgewichts von Materie und Energie bei der Produktion (erstes thermodynamisches Gesetz) bedeutet, daß alle Stoffe und Energie, die als Input in den Produktionsprozeß eingehen, auf der anderen Seite auch als Output erscheinen müssen, und zwar als Positiva oder Negativa. Bei der Entsorgung dieser Outputs werden daher alle ehemaligen Inputs in die Umwelt – d.h. in den ökologischen Kapitalbestand – zurückgeführt, wo sie einen positiven, negativen oder neutralen Effekt haben können. Der springende Punkt dabei ist, daß im Hinblick auf Materialkreisläufe Abbildung 4.1 ein geschlossenes System darstellt, während im Bereich der Energie die Sonne letztendlich den Input liefert und Wärme von der Erde wieder ins All abgestrahlt wird.

Abbildung 4.1 definiert als «Produktionvorgang» jede Kombination von Leistungen der Kapitalbestände, die vom Menschen mit dem Ziel organisiert wurde, einen bestimmten Output (Güter) zu produzieren. Dabei wird nicht unterschieden, ob die Inputs bezahlt und die unterschiedlichen Outputs vermarktet werden. Eine derartige Unterscheidung wird aber wichtig, wenn die Inputs und Outputs zahlenmäßig erfaßt werden sollen. Dies ist Sinn und Zweck der Volkswirtschaftlichen Gesamtrechnungen, um letztendlich die Höhe des «Sozialprodukts» bestimmen zu können.

Die Volkswirtschaftlichen Gesamtrechnungen können nur erstellt werden, wenn für die Erfassung der Produktion eine Grenzlinie festgelegt wird, die zwischen «produktiven» und «unproduktiven» Aktivitäten unterscheidet. Wie Beckerman bemerkt, «ist die Trennlinie zwischen produktiven und nichtproduktiven Aktivitäten in jedem System der Volkswirtschaftlichen Gesamtrechnungen notwendigerweise willkürlich» (Beckerman, 1968, S. 8). Die gegenwärtig dominierende Definition besagt, daß alle Ströme von Waren und Dienstleistungen, denen ein (in die entgegengesetzte Richtung verlaufender) Geldstrom zugeordnet werden kann, Teil des Sozialproduktes sind. Ströme, die keine derartige finanzielle Entsprechung haben, werden nicht dem Sozialprodukt zugerechnet. Wichtigste Ausnahmen dieser Regel sind die unterstellten Mieten bei Wohnungen, die vom Eigentümer selbst genutzt werden, sowie die Nahrungsmittelproduktion von Landwirten für den Eigenbedarf. Der Wert beider Leistungen wird mit vergleichbaren Marktpreisen bewertet und bei der Ermittlung des Sozialprodukts einbezogen.

Geldströme, die keinen entsprechenden Strom von Waren- oder Dienstleistungen aufweisen, bezeichnet man als Übertragungen. Sie werden dem Sozialprodukt nicht zugerechnet (z.B. Zahlungen des Staates von Renten- und Arbeitslosenhilfe).

Zudem muß auch die Bilanzierung der intermediär genutzten Waren- und Dienstleistungen berücksichtigt werden. Wenn deren Wert als Bestandteil des Sozialprodukts verrechnet würde und wenn der Wert der Güter und Leistungen, zu deren Produktion sie beitragen (und in dessen Wert sie enthalten sind), auch zum Sozialprodukt hinzugerechnet würde, dann würde das bedeuten, daß der Wert der Vorleistungen mehr als einmal erfaßt worden wäre – «Doppelzählungen» haben stattgefunden. Das Sozialprodukt muß daher entweder ausschließlich auf dem Wert der Güter für die letzte Verwendung beruhen, die direkt für den Konsum oder für Investitionen verkauft werden (was indirekt auch den Wert aller Zwischenprodukte einschließt); oder das Sozialprodukt wird berechnet, indem die Wertschöpfung jedes Wirtschaftsbereiches, die sich aus den Zahlungen für den Einsatz der Produktionsfaktoren Kapital (einschließlich Grundrenten) und Arbeit in jedem Wirtschaftsbereich zusammensetzt. Ein Sozialprodukt, das auf einem dieser beiden Wege erstellt wurde, wird den Wert der Zwischenprodukte lediglich einmal enthalten.

Diese Methode, das Sozialprodukt zu erstellen, wird in Abbildung 4.2 dargestellt. Die grauen Linien zeigen die Ströme von Waren und Dienstleistungen in den und aus dem Produktionssektor, der Zwischen- und Konsumgüter sowie Investitions- und Exportgüter produziert. Die anderen Linien zeigen die Geldströme in entgegengesetzter Richtung zu den Güterströmen an. Die privaten Haushalte umfassen Personen als Arbeitnehmer, die die Arbeitsdienste (L) leisten, und als Eigentümer (von Firmen oder Besitzständen), die die Kapitalleistungen anbieten (K, E'; wobei E' den Teil des ökologischen Kapitals bezeichnet, der vermarktet wird). Für diese Leistungen werden den Arbeitnehmern Löhne und Gehälter gezahlt (W), den Investoren Profite (P) und den Eigentümern Vermögenseinkommen (R). Dies sind die Faktoreinkommen der privaten Haushalte. Darüber hinaus finden verschiedene Transferzahlungen zwischen Personen und dem Staat statt (Steuern (T) und Übertragungen des Staates (Tr)), deren Resultat das verfügbare Einkommen der privaten Haushalte und der staatlichen Institutionen H und G ist. Ein Teil dieses Einkommens wird für Importe ausgegeben. Ansonsten kaufen die Haushalte Konsumgüter aus inländischer Produktion oder sparen. Die Ersparnisse bilden die Finanzierungsgrundlage für die Investitionen. Auch Staatsausgaben (G) werden für Konsum- oder Investitionsgüter ausgegeben. Exporte werden mit dem Geld von Ausländern erstanden (X).

Die Geldflüsse bilden, nachdem sie bezüglich der Importe und Exporte korrigiert worden sind, Kreisläufe: Der Produktionssektor zahlt Einkommen aus der Wertschöpfung, die er im Zuge der Produktion schafft und den er aus den Ausgaben bezieht, die für seine Produkte getätigt werden. Der Wert des Sozialproduktes ist der Wert der Ausgaben, die dafür anfallen. Wegen der zu beobachtenden Kreislaufzusammenhänge muß dieser aber aus den Faktoreinkommen bzw. der bei der Produktion entstandenen Wertschöpfung entsprechen. Die Zahl, die man bei der Berechnung einer dieser Aggregate erhält, wird Bruttoinlandsprodukt (BIP) genannt. Das BSP entspricht dem BIP zuzüglich des Nettobesitzeinkommens aus dem Ausland.

Die Verwendung des Begriffs «Einkommen», wie er oben zu

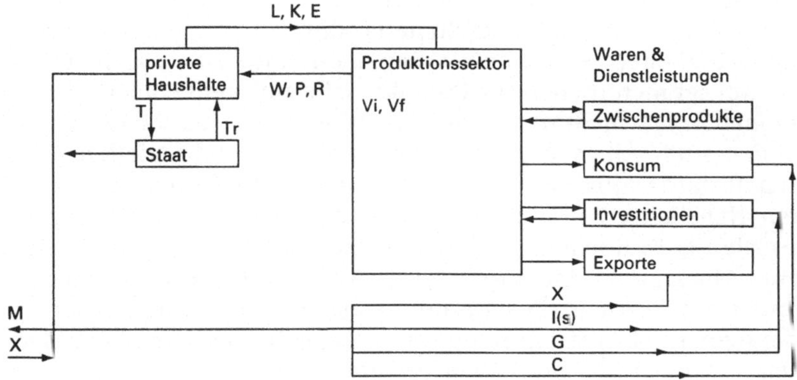

Abbildung 4.2
Geldflüsse und ihr Eintrag in die volkswirtschaftlichen Bilanzen.

finden ist, ist zwar gebräuchlich, aber etwas unscharf. Die strengste
Definition ist die von John Hicks: «Wir müssen das Einkommen
eines Menschen als den Höchstwert dessen definieren, was er
innerhalb einer Woche konsumieren kann, ohne sich am Ende der
Woche in einer schlechteren Situation zu befinden» (Hicks, 1946,
S. 172). Die erwähnten Faktoreinkommen sind keine «Einkommen» in diesem Sinne, denn die Abschreibungen auf Anlagegüter,
die zu ihrer Entstehung beigetragen haben, wurden dabei nicht
berücksichtigt. Die Volkswirtschaftlichen Gesamtrechnungen berücksichtigen dies und berechnen einen Wert für diese Abschreibungen und ziehen diesen Wert vom BSP ab, um zum Nettosozialprodukt zu gelangen, das auch Volkseinkommen genannt wird.

*Gründe für Besorgnis über die Volkswirtschaftlichen
Gesamtrechnungen*

Vergleicht man das vollständige Modell der Produktion, wie es oben
beschrieben wird, und die Methode zur Berechnung des Volkseinkommens, so wird klar, daß die Volkswirtschaftlichen Gesamtrechnungen in dreierlei Hinsicht darin versagen, eine korrekte Einschätzung des Einkommens, wie es von Hicks definiert wird, zu
liefern.

Der erste Fehler liegt in dem völligen Ausschluß fast aller Produktion, die keinen geldlichen Gegenwert findet. Dies führt dazu,

daß das berechnete BSP wesentlich niedriger liegt als ein «Gesamtprodukt», das die nichtentgoltene Produktion, inklusive der Haushaltstätigkeiten, einschließt. Aber der Irrtum, der auf dem Ausschluß der nichtmonetären Produktion beruht, geht noch weiter, da monetäre und nichtmonetäre Produktion nicht unabhängig voneinander sind. Eines der Hauptmerkmale der industriellen Wirtschaftsentwicklung war die Verlagerung von Leistungen der privaten Haushalte, Familien und Gemeinschaften, die nicht bezahlt wurden (z.B. Kochen, Waschen, Putzen, Babysitting, Erziehung), zum Markt, auf dem vergleichbare Leistungen gegen Bezahlung angeboten werden (Restaurants, Wäschereien, Reinigungsunternehmen, Kindergärten, Schulen). Solange die Berechnungsverfahren den oben beschriebenen Prinzipien entsprechen, zeigen die Volkswirtschaftlichen Gesamtrechnungen alle diese neuen Marktaktivitäten als Produktionswachstum an, obwohl das tatsächliche Nettoprodukt dieser Verlagerung der Differenz entspricht, die zwischen dem Wert der neuen Marktproduktion und dem Wert der ersetzten nichtmonetären Produktion besteht.

Um Unstimmigkeiten dieser Art zu vermeiden, wurde zum Beispiel die Entscheidung getroffen, daß bei Wohnungen oder Häusern, die von den Eigentümern selbst genutzt werden, unterstellte Mieten in das Sozialprodukt einzubeziehen sind. Anderenfalls würde sich das BIP jedesmal um den Mietbetrag verringern, wenn eine Mietpartei das Haus kaufen würde, das sie vorher gemietet hatte (und würde sich jedesmal erhöhen, wenn aus einem Hauseigentümer ein Mieter würde). Dies wäre offensichtlich eine recht absurde Situation. Aber sie entspricht genau dem, was Pigou beschrieben hat (Pigou, 1932, S. 32–33). Heiratet beispielsweise ein Mann seine Haushälterin, die daraufhin zwar dieselbe Arbeit leistet, aber ohne Lohn, so würde dies bei der gegenwärtig gebräuchlichen Berechnung des BIP dazu führen, daß sich das BIP um die Höhe ihres Lohnes verringert. Aktueller ist die Frage, inwieweit das BIP den Produktionsanstieg überschätzt, der entsteht, wenn ein Ehepaar sich scheiden läßt und beide Ehepartner Ganztagsjobs annehmen und nunmehr für Dienstleistungen bezahlen müssen, mit denen sie sich vorher umsonst gegenseitig unterstützt haben.

Der Ausschluß der nichtmonetären Produktion aus dem BIP unterschätzt daher nicht nur die tatsächlich zu beobachtende Produktion. Bedenkt man die Verlagerung von Aktivitäten in den Markt, die mit der modernen Wirtschaftsentwicklung einhergeht, wird auch das Wirtschaftswachstum systematisch überschätzt. Außerdem wird der Wert unentgeltlicher Arbeiten negiert, was diejenigen entmutigt und diskriminiert, die diese Arbeiten ausüben

– was noch immer zumeist Frauen sind. Aus all diesen Gründen sollte die nichtmonetäre Produktion in die Volkwirtschaftlichen Gesamtrechnungen integriert werden.

Goldschmidt-Clermont (1992, 1993) hat eingängig beschrieben, daß dies erreicht werden kann, indem man die Grenzen des Produktionsbegriffs so verschiebt, daß diese Aktivitäten als «produktiv» angesehen werden. Ihr Wert würde dann berechnet, indem man möglichst vergleichbare Marktpreise heranzieht und dabei die gebräuchlichen Verfahren der Volkswirtschaftlichen Gesamtrechnung anwendet. Die Einführung eines solchen Ansatzes ist überfällig und scheint auch anzustehen. Wie Goldschmidt-Clermont (1993, S. 419) bemerkt: «Das SNA in der Fassung von 1993 empfiehlt, einen Teil der nichtmarktmäßigen Produktion der privaten Haushalte in den Produktionsbegriff einzubeziehen, soweit dafür ausreichende Informationen vorhanden sind.» (Die verbleibenden Teile sollen der Empfehlung nach in Satellitensysteme dargestellt werden, wie sie weiter unten im Text beschrieben werden.)

Der zweite wichtige Bereich, der aus den Volkswirtschaftlichen Gesamtrechnungen ausgeklammert wird, sind Veränderungen des menschlichen Kapitals, zu denen auch gesellschaftliches und organisatorisches Kapital gehört. Im Rahmen von Analysen des Wirtschaftswachstums sind inzwischen sehr ausgeklügelte Verfahren entwickelt worden, zwischen unterschiedlich qualifizierter Arbeit zu differenzieren. In dem Modell, das Jørgensen (1990) beschreibt, untergliedert er den Faktor Arbeit nach folgenden Merkmalen: «nach Geschlecht, acht Altersgruppen, fünf Ausbildungsklassen und zwei Beschäftigungsformen – Arbeitnehmer oder Selbständig» (Jørgensen, 1990, S. 35). Es ist einleuchtend, daß die unterschiedlichen Qualifikationen des Arbeitsinputs, die mit unterschiedlichen Produktivitätsstandards verbunden sind, von einem heterogenen Bestand menschlichen Kapitals herrühren. Der Wert dieser menschlichen Ressourcen kann anhand der mit ihnen verbundenen Arbeitsproduktivitäten berechnet werden, die sich im Wert der entstandenen Einkommensströme niederschlagen. Alternativ kann sich die Berechnung auch auf die Investitionen stützen, die notwendig waren, um den Bestand des Faktors Arbeit zu schaffen, zu erhalten und zu vermehren. In der Anwendung erscheinen beide Ansätze jedoch als zu ehrgeizig. Obwohl beispielsweise unwidersprochen ist, daß Unterernährung das menschliche Kapital vermindert, heißt dies noch lange nicht, daß Ausgaben für Nahrungsmittel als Investition in dieses Kapital angesehen werden müssen. Genausowenig wäre es möglich, zwischen Nahrungsmittel-«Konsum» und Nahrungsmittel-«Investitionen» zu unterscheiden, ohne eine Vielzahl willkürlicher Annahmen aufzustellen und sich überwältigenden statistischen Problemen auszusetzen. Ähnliches ist im Bereich der Ausgaben für Gesundheit und Erziehung gültig, den anderen Hauptkomponenten der Schaffung und des Erhalts menschlichen Kapitals.

Wenn menschliches Kapital statistisch nicht erfaßbar ist, so gilt dies um so mehr für das gesellschaftliche und organisatorische Kapital. Harrison hegt keinen Zweifel bezüglich der Bedeutung dieser Form des Kapitals, das sie institutionelles Kapital nennt. «Wirtschaftliches Handeln vollzieht sich nicht im leeren Raum. Es besteht vielmehr aus einer Vielzahl von Akteuren, die sich innerhalb eines bekannten Rahmens von Normen und Übereinkünften bewegen. Der Rahmen wird durch formelle und informelle Aktivitäten der Regierung eines Landes (Gesetze und Gebräuche) festgelegt» (Harrison, 1993, S. 26). Zusätzlich zu den politischen und juristischen Institutionen schließt gesellschaftliches und organisatorisches Kapital auch Unternehmen, Wirtschaftsverbände, Gewerkschaften, ehrenamtliche Organisationen und Familien ein, denn all diese Organisationen spielen eine wichtige Rolle bei der monetären und nichtmonetären Produktion. Harrison fährt jedoch fort: «Nur, weil die Bedeutung des institutionellen Kapitals anerkannt wird, heißt das nicht, daß es in ökonomischen Kategorien erfaßt werden kann. (...) Es kann noch weniger als menschliches Kapital (mit dem es natürlich verbunden ist) in Verbindung mit bestimmten Ausgaben gebracht oder annähernd in Geldbeträgen ausgedrückt werden» (ebenda, S. 26).

Eisners Übersicht (1988) über Vorschläge, die Volkswirtschaftlichen Gesamtrechnungen zu erweitern, diskutiert Fragen des menschlichen Kapitals und nichtmarktmäßiger Produktion. Auffällig ist, daß Eisner auf den dritten Bereich, in dem die VGR versagen – nämlich die Behandlung umweltbezogener Fragen –, kaum eingeht. Dies ist teilweise darauf zurückzuführen, daß ihm nicht genügend ausgearbeitete Vorschläge zur Einbeziehung der Umwelt vorlagen, um diese in seine Übersicht einzubeziehen. Die Tatsache aber, daß in der konzeptionellen und methodologischen Diskussion Umweltfragen praktisch nicht vorkommen, zeigt deutlich den niedrigen Stellenwert, den dieses Thema unter den Experten der VGR zu jener Zeit hatte. Die Veränderung dieser Grundhaltung innerhalb der letzten paar Jahre ist bemerkenswert und gibt der Frage nach der Berücksichtigung der Umwelt innerhalb der VGR wieder das Gewicht, das sie schon in einer früheren Phase mit ausgeprägtem Umweltbewußtsein, in den 70er Jahren, hatte. Damals schrieb einer der Begründer der Volkswirtschaftlichen Gesamtrechnungen:

90

*«Umweltverschmutzung, Erschöpfung der natürlichen Ressour-
cen und andere negative Nebenprodukte der wirtschaftlichen Produktion wurden durch den rapiden Anstieg des Gesamtoutputs
deutlich beschleunigt. (...) Die wirtschaftliche Produktion und die
Technologie, die dabei angewendet wird, können als Eingriff in
den natürlichen Lauf der Dinge angesehen werden, mit dem Ziel,
den Menschen mit wirtschaftlichen Gütern zu versorgen. Jeder
dieser Eingriffe kann potentiell zu negativen wirtschaftlichen Auswirkungen führen – Verschmutzung und ähnliches. Je höher das
Niveau der Produktionstechnologien ist, das in der Fähigkeit
gemessen wird, Güter zu produzieren, um so anhaltender sind die
Nebeneffekte»* (Kuznet, 1973, S. 585).

Herfindahl & Kneese (1973, S. 447–448) waren sich sicher, daß diese
«negativen ökologischen Effekte» Auswirkungen auf die Konzepte
der Volkswirtschaftlichen Gesamtrechnungen haben müßten:

*«Der Ausschluß von Leistungen wie sauberer Luft, sauberem Was-
ser, Raum usw. von der Liste der Endprodukte ist wohl kaum das
Ergebnis fehlender Einigkeit darüber, daß die Leistungen der
Natur ein Faktor wahren Wohlstands sind. Eher scheint der Ausschluß auf der Meinung der Experten der Einkommensrechnung
zu beruhen, daß die Ermittlung einigermaßen angemessener
Schätzungen für diese Werte zu schwierig und kostenträchtig sei.
Dabei ist es eindeutig, daß jede Verminderung der Leistungen der
gemeinschaftlich genutzten Ressourcen, die als tatsächlicher Verlust durch den Konsumenten angesehen wird, gleichbedeutend ist
mit einer Überschätzung des Nettosozialprodukts (NSP): Das NSP
überschätzt den Anstieg des Endproduktes, wenn dieses mit den
Veränderungen eines umfassend definierten Leistungsstroms verglichen wird. Im Extremfall würde der «wirkliche» Strom an
Leistungen sogar vermindert, während das NSP ansteigt.»*

Juster (1973, S. 66) stimmt dem zu:

*«Der Zustand der Umwelt hat sich ganz offensichtlich gegenüber
den 50er Jahren verschlechtert, und jeder Vergleich des realen
Outputs zwischen der damaligen und der heutigen Situation wird
zu hoch ausfallen, falls nicht gleichzeitig die beobachtete Schädigung der Umwelt berücksichtigt wird.»*

Dieser Effekt kann aus der Sicht des Konzepts des ökologischen
Kapitals, wie es oben beschrieben wurde, betrachtet werden. Wie

wir gesehen haben, schließen die wirtschaftlichen Funktionen der Umwelt die Bereitstellung von Ressourcen, die Aufnahme von Abfällen und ihre Umwandlung in unschädliche Stoffe sowie die Abgabe von anderen, vom Menschen unabhängigen Leistungen mit ein. Im Verlauf wirtschaftlicher Aktivitäten können Ressourcen erschöpft werden und, sobald es sich um nichterneuerbare Ressourcen handelt, die Landflächen mit ihren natürlichen Gegebenheiten (Ökosystemen, Landschaftsformen) dem Zugriff wirtschaftlicher Nutzung unterworfen und damit aus ökologischer Sicht entwertet werden bzw. können sich ihre Nutzungsformen ändern und damit auch verschlechtern (zum Beispiel Straßenbau an Stelle von landwirtschaftlicher Nutzung). In genauer Analogie zum Verbrauch des produzierten Kapitals bedeuten andauernde Beeinträchtigungen der natürlichen Umwelt in quantitativer und qualitativer Hinsicht, daß die Umwelt in Zukunft ihre Leistungen weniger effektiv oder gar nicht erfüllen kann. In vielen Fällen sind diese Leistungen aber von existentieller Bedeutung für die Wirtschaft und ganz allgemein für das Überleben der Menschen. Aus diesem Grund wird der gegenwärtige Umgang mit der Umwelt als «nicht nachhaltig» angesehen: Man kann nicht erwarten, daß dieses Verhalten dauerhaft fortgeführt werden kann.

Die Berechnung des BSP und des Volkseinkommens (NSP) berücksichtigt aber nicht eine solche zunehmend bedrohlicher werdende Instabilität, die inzwischen weitaus schwerwiegender ist als in den frühen 70er Jahren. Dies steht der Tatsache entgegen, daß die übliche Definition von Einkommen sich noch immer auf Nachhaltigkeit bezieht. Diese Widersprüchlichkeit in der Behandlung der Umwelt innerhalb der VGR ist ein Grund für die jüngsten besorgten Äußerungen zu diesem Problem. So fühlte sich der Nobelpreisträger Jan Tinbergen, der – wie Kuznets – für die frühe Konzeption der VGR mitverantwortlich war, veranlaßt, darauf hinzuweisen, daß aufgrund dieser Widersprüchlichkeiten «die Gesellschaft von einem falschen Kompaß gelenkt wird» (Tinbergen & Hueting, 1993, S. 52).

Einer der Unterschiede zwischen den 90er und den 70er Jahren besteht darin, daß es inzwischen eine Reihe von empirischen Untersuchungen gibt, die Aufschluß darüber erlauben, welche Anpassungen in der VGR notwendig wären, um den Abbau und die Qualitätsminderung der natürlichen Ressourcen widerzuspiegeln. Wie diese Anpassungen im Detail berechnet werden könnten, wird in einem späteren Kapitel dargestellt. An dieser Stelle wollen wir einige Schätzwerte wiedergeben, um einen Eindruck über die Größenordnungen zu vermitteln, um die es sich hier dreht.

Das Ziel der Ermittlung dieser Schätzgrößen ist es, zu einer gewissen Übersicht über den Betrag an Naturvermögen zu gelangen, die durch Produktions- oder Konsumaktivitäten, also durch wirtschaftliches Handeln, erschöpft oder geschädigt wurden. Die Einschränkung des Blickwinkels auf den wirtschaftlichen Bereich ist darauf gegründet, daß dies dem Blickwinkel der VGR entspricht. Jeder Versuch, die VGR zu korrigieren, muß von der üblichen Vorgehensweise in den VGR ausgehen.

Bartelmus et al. (1993, S. 108) haben die drei grundlegenden Mängel der VGR im Hinblick auf Umweltfragen zusammengetragen:

> *«Die Volkswirtschaftlichen Gesamtrechnungen zeigen Schwächen, die Zweifel aufkommen lassen, inwieweit sie für die Messung von langfristiger, umweltverträglicher und nachhaltiger wirtschaftlicher Entwicklung nützlich sind. Zum einen vernachlässigen sie die Knappheit der natürlichen Ressourcen, die eine ernsthafte Bedrohung andauernder wirtschaftlicher Produktivität darstellt. Zum anderen berücksichtigen sie die Auswirkungen des Zustandes der Umwelt auf die menschliche Gesundheit und das menschliche Wohlergehen nur ungenügend. Außerdem behandeln sie Ausgaben für Umweltschutzmaßnahmen als Steigerung des Sozialprodukts, anstatt diese, wie gerechtfertigt, nur als gesellschaftliche Kosten zur Erhaltung der Umweltqualität anzusehen.»*

Bezüglich des ersten Arguments, die Erschöpfung der natürlichen Ressourcen, liegen inzwischen mehrere Studien vor, die Schätzungen zur Größenordnung von Einzelaspekten dieses Problems liefern. Van Tongeren et al. (1993) haben den Wert der Verminderung der Erdöl- und Waldbestände in Mexiko im Jahr 1985 berechnet. Ihr Ergebnis war, daß diese Wertminderung 5,7 Prozent des mexikanischen BIP entsprach. Vielleicht noch bedrohlicher für die Zukunftsaussichten von Mexikos Produktivität erscheint ihre Beobachtung, daß die Nettoinvestitionen von 11 auf 6 Prozent des NIP fielen, sobald die Ressourcenerschöpfung in Rechnung gestellt wurde. Die sektoralen Auswirkungen sind erwartungsgemäß noch deutlicher. Die Wertschöpfung der Forstwirtschaft und Ölgewinnung machten 0,54 bzw. 3,50 Prozent des unkorrigierten NIP aus. Sobald die Ressourcenerschöpfung einberechnet wurde, fiel ihr Anteil auf 0,15 bzw. 0,00 Prozent zurück – das heißt, in dieser Studie entsprach der Gesamtbeitrag der Erdölförderung zum NIP den Abschreibungen auf das Naturvermögen in diesem Bereich, Einkommen konnte entsprechend nicht entstehen.

Adger (1992) erarbeitete Schätzungen für Zimbabwe für das Jahr 1987. Dabei stellte er fest, daß die quantitative Verminderung des Naturvermögens aufgrund von Bodenerosion und Entwaldung das Nettoprodukt des gesamten Agrarsektors von Zimbabwe um 30 Prozent verringerte und das NIP des Landes um immerhin 3 Prozent senkte. Zusätzlich analysierte Adger die bereinigten Ergebnisse für die Volkswirtschaft, die den massiven Anstieg der Ausbeutung ihrer mineralischen Bodenschätze berücksichtigen, im Jahr 1991 nach Abwertung des zimbabwischen Dollars. Nach konventioneller Methodik berechnet, stieg die Nettowertschöpfung des Sektors um 18 Prozent; die Ressourcenerschöpfung stieg jedoch von 20 auf 27 Prozent der Nettowertschöpfung an. Wird dies berücksichtigt, so wuchs die korrigierte sektorale Nettowertschöpfung lediglich um 7 Prozent (und nicht um 18 Prozent). In realen Werten belief sich das sektorale Wachstum auf 5 Prozent und nicht auf 7 Prozent bei konventioneller Berechnung.

Das World Resources Institute hat zwei ähnliche Studien durchgeführt. Solórzano et al. (1991) kamen für Costa Rica zu dem Ergebnis, daß die Verluste bei drei Arten von Ressourcen – Wald, Boden und Fischerei – von 5,67 Prozent des NIP im Jahr 1970 auf 10,5 Prozent im Jahr 1988 anstiegen. Die Investitionen waren noch deutlicher betroffen: Bei Einbeziehung der Ressourcenverluste verringerten sich die Werte für die Nettoinvestitionen um 38 Prozent im Jahr 1970 und um 48 Prozent im Jahr 1988.

Für Indonesien kamen Repetto et al. (1989) zu dem Ergebnis, daß ein Abzug der Einbußen von Erdöl, Wald und Boden vom nationalen BIP im Zeitraum zwischen 1971 und 1984 zu einer Verringerung der durchschnittlichen Wachstumsraten von 7,1 auf 4,0 Prozent führte. Die Studie zeigt außerdem, daß in einigen dieser Jahre die Nettoinvestitionen der indonesischen Wirtschaft bereits dann negativ werden, wenn man nur die Verminderung dieser drei Ressourcen berücksichtigt: «Eine umfassendere Berechnung des Abbaus der natürlichen Ressourcen könnte zu der Schlußfolgerung führen, daß die Verminderung des Naturvermögens die Bruttoinvestitionen sogar in der überwiegenden Anzahl von Jahren überstiegen hat, was bedeutet, daß die natürlichen Ressourcen erschöpft wurden, um gegenwärtige Konsumausgaben zu finanzieren» (ebenda, S. 6).

Repetto et al. (ebenda, S. 2–3) führen die weitergehende Bedeutung ihrer Studien aus, die auch auf die anderen zitierten Studien übertragbar ist. Innerhalb des gegenwärtig gebräuchlichen Systems der Volkswirtschaftlichen Gesamtrechnungen «kann ein Land seine mineralischen Rohstoffe aufbrauchen, seine Wälder abholzen, seine Böden erodieren lassen, seine Wasserspeicher verschmutzen und seine Tier- und Fischereibestände mit dem Aussterben bedrohen, ohne daß das gemessene Einkommen davon berührt würde. (...) Der Unterschied in der Behandlung der natürlichen Ressourcen gegenüber anderen Bestandteilen des Sachvermögens führt dazu, daß die Erschöpfung wertvoller Bestände mit der Schöpfung von Einkommen verwechselt wird. (...) Das Ergebnis davon können illusorische Einkommensgewinne bei andauernden Wohlstandsverlusten sein.»

Der zweite grundlegende Mangel, den die VGR (nach Bartelmus et al.) in bezug auf die angemessene Berücksichtigung der Umwelt aufweisen, ist ihr Versagen, die durch die Wirtschaft hervorgerufene qualitative Verschlechterung der Umwelt und deren Auswirkungen auf menschliche Gesundheit und Wohlfahrt korrekt wiederzugeben. Die Auswirkungen auf menschliche Gesundheit und Wohlfahrt können zu zwei Kostenkategorien führen: Die tatsächlichen finanziellen Aufwendungen, die mit der «Bekämpfung» der Umweltauswirkungen entstehen, oder aber Verluste an Gesundheit, Produktion oder Wohlstand, die entstehen, wenn solche Defensivausgaben versäumt werden.

Die umweltbezogenen Defensivausgaben sind im Prinzip einfach zu berechnen, da sie tatsächliche Geldströme darstellen, obwohl es vorkommen kann, daß die Daten in der erforderlichen Aufgliederung nicht verfügbar sind. Die zweite Form von Kosten ist eine deutlich schwieriger zu messende Kategorie von Abschreibungen auf das Naturkapital, als es bei den umweltbezogenen Defensivausgaben oder dem Verbrauch von Ressourcen wie Erdöl, Holz und Fischbeständen der Fall ist, die weiter oben beschrieben wurde. Da es hier keine entsprechenden Geldströme gibt, müssen für diese Verluste Geldwerte definiert werden, wobei keine der dafür verfügbaren Methoden wirklich befriedigend ist.

Die Studie von van Tongeren et al. (1993) liefert eine Schätzung für Mexiko im Jahr 1985, die sich auf die Kosten von ausgewählten Formen der Land-, Wasser- und Luftverschmutzung und deren Wertminderung bezieht. Das Ergebnis der Studie ist eindeutig: Diese Kosten entsprechen 7,6 Prozent des NIP und nicht weniger als 67 Prozent der Nettoinvestitionen. Wenn diese Kosten zu den vorher angegebenen Kosten der Ressourcenerschöpfung addiert werden, um zu einer Zahl für die Abschreibungen auf das Naturvermögen zu gelangen, die sowohl quantitative als auch qualitative Beeinträchtigungen einschließt, so beträgt diese Zahl 13,4 Prozent des NIP, und die Nettoinvestitionen sinken auf −2,3 Prozent des NIP. Dies bedeutet, daß die Wirtschaft nicht einen Anteil der Nettoinvestitionen am NIP von 11,2 Prozent aufweist, den die konventionellen Volkswirtschaftlichen Gesamtrechnungen angeben, sondern negative Nettoinvestitionen von 2,3 Prozent des NIP zu verbuchen sind, sobald Veränderungen des Naturvermögens berücksichtigt werden. Dies ist ein Zustand von andauernder ökonomischer und ökologischer Unnachhaltigkeit.

Eine andere Berechnung der Kosten von Umweltbeeinträchtigungen wurde von Cobb & Cobb (1994) für die USA erstellt, innerhalb ihrer Arbeit an einem Index für Nachhaltige Wirtschaftliche Wohlfahrt (*Index of Sustainable Economic Welfare* – ISEW), der unter anderem die Berechnung einiger Umweltkosten enthält. Die für 1986 geschätzten Kosten für Luft- und Wasserverschmutzung sowie Lärmbelästigung beliefen sich – zuzüglich der langfristigen Umweltbelastungen – auf 17 Prozent des BSP der USA (15 der 17 Prozent bezogen sich auf langfristige Umweltbelastungen und sind eher spekulativ, bei den restlichen 2 Prozent handelt es sich um sehr vorsichtig kalkulierte Ausgaben zur Luftverschmutzung, die jedoch eher niedrig gegriffen waren). Die Kosten des Verbrauchs nichterneuerbarer Ressourcen und der Verluste von Agrarland und Feuchtgebieten betrug 7 Prozent des BIP. Selbst wenn man die langfristigen Umweltbelastungen vollkommen aus den Berechnungen ausschließt, lag daher der Verbrauch von äquivalentem Umweltkapital in den USA für 1986 bei 10 Prozent des BIP.

Es ist interessant, daß Cobb & Cobb beobachteten, daß der Index für Nachhaltige Wirtschaftliche Wohlfahrt (ISEW) zwischen 1980 und 1986 um 7 Prozent fiel, obwohl das BSP im gleichen Zeitraum um 11,6 Prozent anstieg. Dies ist ein empirisch belegtes Beispiel für das Eintreffen der als Möglichkeit dargestellten Vorhersage von Herfindahl & Kneese. Der ISEW in der von Daly & Cobb (1989) vorgelegten Version, die zu weithin gleichlautenden allgemeinen Schlußfolgerungen kommt, wird weiter unten eingehend beschrieben.

Die dritte Mängelkategorie, die von Bartelmus et al. bezüglich der Anomalien der VGR aufgeführt wird, ist die Behandlung der Ausgaben für den Umweltschutz. Dies sind Gelder, die eher dafür ausgegeben werden, Umweltbelastungen zu vermeiden als sich gegen sie zu schützen oder sie auszugleichen. Sie sind jedoch normalerweise in die Berechnungen der Defensivausgaben mit einbezogen. Leipert (1989a) hat berechnet, daß die Umweltschutzausgaben in Deutschland für das Jahr 1985 1,48 Prozent des BIP entsprachen. Die Kosten durch Umweltbelastungen, ohne die Kosten im Gesundheitsbereich, lagen niedriger und betrugen etwa 0,80 Prozent des BIP. Dies steht im krassen Gegensatz zur Situation

96

in Mexiko, wo van Tongeren et al. (1993, S. 98) die Umweltschutzleistungen auf lediglich 5 Prozent der Kosten durch Umweltbelastung schätzten.

Es gibt eine schon lange währende Diskussion über die korrekte
Behandlung von Defensivausgaben innerhalb der Volkswirtschaftlichen Gesamtrechnungen. Es ist aber unstrittig, daß sie, wie auch
immer sie in den VGR behandelt werden, Kosten entsprechen, die
durch ungewollte Nebeneffekte von Produktion und Konsum entstehen. Wenn die Wirtschaftsaktivitäten nicht zu diesen unerwünschten Auswirkungen führen würden, dann gäbe es keine
Notwendigkeit, diese Kosten zu berücksichtigen, und der Gesellschaft ginge es besser.

Wir müssen auch berücksichtigen, daß die Autoren aller zitier-
ter Studien hinsichtlich der Genauigkeit ihres Zahlenmaterials
sehr vorsichtig sind. Sie haben aber auch lediglich einen kleinen
Teil der Umweltbelastungen der untersuchten Volkswirtschaften
erfaßt, so daß die Gesamtsumme der durch die ökonomische Umweltnutzung entstehenden Kosten weit über ihre Schätzungen hinausgeht. Um die gesamten ökologischen Kosten ermitteln zu können, müßten auch die bislang unberücksichtigten Gesundheits-
und Wohlfahrtseffekte der Beeinträchtigung der Umwelt durch die
Wirtschaft einbezogen werden.

Von Produktion zu Wohlfahrt

Die Ansicht zweier Autoren des Statistischen Zentralamts in Großbritannien ist deutlich: «Die Volkswirtschaftlichen Gesamtrechnungen messen Aktivitäten, die wirtschaftliche Tauschvorgänge beinhalten. Sie befassen sich nicht mit der Messung nachhaltiger Entwicklung oder Wohlfahrt und geben dies auch nicht als ihr Ziel an»
(Bryant & Cook, 1992, S. 99). In diesem Zusammenhang erscheint
es uns sinnvoll, die von Herfindahl & Kneese erarbeiteten Voraussetzungen, wie das NSP zu einem sinnvollen Wohlstandsindikator
umgewandelt werden kann, ausführlich zu zitieren:

> *«Wenn es wahr wäre,*
> *– daß tatsächlich alle marktfähigen Waren und Dienstleistungen*
> *auf Märkten ausgetauscht würden;*
> *– daß sich das Ausmaß am Wettbewerb auf diesen Märkten nicht*
> *verändern würde;*
> *– daß die Vorhaben staatlicher und anderer nichtgewinnorien-*
> *tierter Institutionen sich nur so ändern würden, daß der Wert der*

von ihnen gekauften Waren und Dienstleistungen nicht mehr als Maßstab für ihre Leistungen angesehen werden kann;
– wenn die Bevölkerung konstant bliebe und wenn auch die Einkommensverteilung sich im Zeitablauf nicht verändern würde, dann könnten Änderungen des realen NSP (…) als sinnvoller Indikator für eine Veränderung des wirtschaftlichen Wohlstandes der Bevölkerung angesehen werden.
Dies ist eine gewichtige Reihe von Annahmen, von denen keine in dieser Form realistisch ist. (…) Tatsächlich ist die Diskrepanz zwischen Realität und diesen Annahmen in einigen Fällen so groß, daß sie die praktische Nützlichkeit des NSP als Wohlfahrtsmaßstab erheblich einschränkt. (…) Die Urheber der VGR gingen davon aus, daß die VGR lediglich als ein Indikator für eine Dimension der Wohlfahrtsentwicklung geben könnten» (Herfindahl & Kneese, 1973, S. 446).

Trotz der theoretischen Übereinstimmung im Hinblick auf diese Frage werden BSP und NSP auch weiterhin als Wohlfahrtsindikatoren verwendet – sowohl in der öffentlichen Debatte als auch in wissenschaftlichen Arbeiten. Beckerman bringt ein Beispiel für diese schizophrene Denkweise. Er betont, daß Einkommen und Wohlfahrt nicht das gleiche sind: «Selbst wenn die heutigen Einkommen, Preise und gekauften Mengen mit denjenigen von gestern identisch sind und sich mein Geschmack auch nicht verändert hat, (…) kann es immer noch passieren, daß ich heute weniger glücklich bin als gestern. Und das aufgrund irgendwelcher sonstiger Veränderungen der wirtschaftlichen Rahmenbedingungen» (Beckerman, 1968, S. 167). Nur fünf Seiten später jedoch, ohne sich auf die *ceteris-paribus*-Klausel zu berufen, schlägt er eine «Diskussion über die Messung der Unterschiede des Realeinkommens vor, *bei der das Realeinkommen mit wirtschaftlicher Wohlfahrt gleichgesetzt wird*» (ebenda, S. 172, Hervorhebungen durch den Autor).

In praxisorientierten Arbeiten gibt es zahlreiche Beispiele für die Anwendung des BIP als Wohlfahrtsmaßstab. Boero et al. beispielsweise berichten in ihrer Übersicht über die Literatur zur Reduktion von CO_2-Emissionen: «Selbst wenn der Konsum proportional zum BIP verlaufen würde, wäre die Wohlfahrtsentwicklung nicht proportional zur Konsumentwicklung; das heißt, daß eine Messung der Kosten für Emissionsreduktionen nicht ideal ist, solange sie mit Hilfe von Veränderungen des BIP ausgedrückt werden. Da das BIP jedoch *der fast universelle verwendete Maßstab* ist, steht es im Mittelpunkt unserer Übersicht» (Boero et al., 1991, S. 3, Hervorhebung durch den Autor).

Dieses Problem wurde auch in einem bahnbrechenden Aufsatz angesprochen, der von Nordhaus & Tobin im Jahr 1973 vorgelegt wurde: «Das BSP ist kein Maßstab für wirtschaftliche Wohlfahrt. (…) Ein offensichtlicher Mangel des BSP liegt darin, daß es ein Produktions- und kein Konsumindikator ist. Das Ziel wirtschaftlichen Handelns ist aber Konsum. Obwohl dies der zentrale Ausgangspunkt der Wirtschaftstheorie ist, haben sich die Wirtschaftswissenschaftler nur träge an die Aufgabe gemacht, einen Maßstab für die wirtschaftliche Leistung zu entwickeln, der stärker auf den Aspekt Konsum abstellt. Für ein derartiges Maß müßten die Konzepte entwickelt und sorgfältig die Möglichkeiten der empirischen Umsetzung geprüft werden» (Nordhaus & Tobin, 1973, S. 512).

Trotzdem verwendet Nordhaus 18 Jahre später in seiner einflußreichen Veröffentlichung über die Wirtschaftstheorie des Treibhauseffekts das BIP als Wohlfahrtsmaß: «Wir nehmen an, daß es wünschenswert ist, eine gesellschaftliche Wohlfahrtsfunktion zu verwenden, bei der der diskutierte Nutzen des Pro-Kopf-Verbrauchs maximiert wird» (Nordhaus, 1991, S. 925). Konsum wird in dieser Veröffentlichung mit dem BIP gleichgesetzt.

Um die Frage der Wohlfahrt mit den vorhergehenden Überlegungen zu den Produktionszusammenhängen in Bezug zu setzen, führt Abbildung 4.3 Wohlstand in das Modell der Abbildung 4.1 ein. Wohlfahrt zeigt sich als von vielen Größen beeinflußt: nicht nur vom Konsum produzierte Waren und Dienstleistungen, sondern auch von den Arbeitsbedingungen und dem institutionellen Umfeld bei der Produktion (Familie, Gemeinschaften, politisches/rechtliches System), ferner vom Gesundheitszustand der Menschen (als Teil des menschlichen Kapitals) und von der Umweltqualität (mit ihren negativen externen Kosten und den Veränderungen des ökologischen Kapitals).

Es ist von zweifelhafter Nützlichkeit, «Konsum» so definieren zu wollen, daß die Auswirkungen all dieser Faktoren berücksichtigt werden, wie Nordhaus & Tobin es empfohlen haben. Es erscheint befriedigender zuzugeben, daß wirtschaftliche Wohlfahrt eine Funktion der Bestände, Ströme und Prozesse ist, die mit der Produktion verknüpft sind, und ihrer gesellschaftlichen, wirtschaftlichen und ökologischen Ergebnisse (einschließlich Konsum und Einkommensverteilung). Dies scheint der Ansatz zu sein, den Pearce et al. gewählt haben. Sie betrachten «Entwicklung – unter der Voraussetzung, daß die Veränderungen *wünschenswert* sind» (und daher gleichsetzbar mit einem Wohlfahrtsanstieg) – als ein

«Bündel wünschenswerter gesellschaftlicher Ziele; das heißt, er ist

eine Zusammenstellung von Eigenschaften, die die Gesellschaft zu erreichen oder maximieren sucht. Die Elemente dieses Zielkatalogs könnten folgende Punkte einschließen:

– Anstieg des Realeinkommens pro Kopf der Bevölkerung
– Verbesserungen der Gesundheit und der Ernährung
– Bildungserfolge
– Zugang zu Ressourcen
– Eine «gerechtere» Einkommensverteilung
– Zunahme der Grundfreiheiten.

Eine Analyse der Korrelation zwischen diesen Elementen oder ein auf sie angewandtes, allgemein anerkanntes Gewichtungssystem könnten es erlauben, Entwicklung in einem einzigen, die verschiedenen Teilaspekte der Wohlfahrtsentwicklung repräsentierenden Indikator wiederzugeben. Das ist aber nicht das Ziel, das hier verfolgt wird. (...)» (Pearce et al., 1990, S. 2–3).

Ein recht ähnlicher Ansatz wurde von Hueting gewählt (1986, S. 243ff.), der Wohlfahrt als die Summe der Komponenten Produktion (Einkommen), Umwelt, Beschäftigung, Arbeitsbedingungen, Einkommensverteilung, Freizeit und Zukunftssicherung bestimmte.

Ein großer Teil der Veröffentlichung von Nordhaus & Tobin aus dem Jahr 1973 stellte tatsächlich den Versuch dar, annäherungsweise ein Wohlfahrtsmaßstab zu berechnen, der Maßstab für Wirtschaftliche Wohlfahrt (*Measure of Economic Welfare* – MEW) genannt wurde. Dieser wurde ermittelt, indem einige Endverwendungskategorien des BSP neu klassifiziert, Schätzwerte für bestimmte, mit den Kapitalbeständen verbundene Dienstleistungen, für die Freizeit und für Tätigkeiten außerhalb des Marktes addiert sowie Abzüge für die mit der Urbanisierung verbundenen Nachteile vorgenommen wurden. Die Details dieser Berechnungen brauchen uns hier nicht weiter zu beschäftigen, aber die Schlußfolgerungen von Nordhaus & Tobin sind von Bedeutung, da sie eine grobe Übereinstimmung zwischen BIP und Wohlfahrt zu bestätigen scheinen: «Obwohl BSP und die anderen Aggregate des Volkseinkommens keine perfekten Maßstäbe für Wohlstand sind, bleibt auch nach der Korrektur ihrer offensichtlichsten Defizite das allgemeine Bild, daß es einen sekulären Fortschritt gegeben hat, bestehen» (ebenda, S. 532).

Siebzehn Jahre später kamen Daly & Cobb zu einer vollkommen anderen Schlußfolgerung. Sie kamen zu diesem Resultat nicht nur durch eine Neuinterpretation der Zahlen von Nordhaus & Tobin, sondern auch durch ihre eigenen Arbeiten an einem Index für Nachhaltige Wirtschaftliche Wohlfahrt (*Index of Sustainable Economics Welfare – ISEW*). In bezug auf Nordhaus & Tobin bemerken sie: «Wenn ihre Ergebnisse auch für andere Beobachtungszeiträume als den zwischen 1929 und 1965 betrachtet werden, dann verschwindet die relativ enge Beziehung zwischen dem Verlauf von Pro-Kopf-BSP und Pro-Kopf-MEW» (Daly & Cobb, 1990, S. 79).

Vor allem wenn man die Jahre zwischen 1947 und 1965 betrachtet, fällt der Unterschied zwischen dem Wachstum von BSP und MEW auf: Insgesamt 48 Prozent Zunahme bzw. 2,2 Prozent jährlich für das BSP pro Kopf und 7,5 Prozent insgesamt bzw. 0,4 Prozent jährlich für den MEW pro Kopf. Dies veranlaßte Daly & Cobb zu der Schlußfolgerung: «Mit ihren eigenen Zahlen haben Nordhaus & Tobin Zweifel bezüglich der These genährt, daß die Aggregate der Volkswirtschaftlichen Gesamtrechnungen eine Stellvertreterrolle bei der Messung der wirtschaftlichen Wohlfahrt einnehmen können» (ebenda, S. 80).

Der ISEW sieht, im Vergleich zum MEW, andere Berichtigungen des BSP vor, die eine Berücksichtigung von Ressourcenerschöpfung und Umweltschäden einschließen, so daß beide Indikatoren nicht direkt vergleichbar sind. Die grundlegenden Tendenzen des ISEW ähneln jedoch, für den gleichen Zeitraum betrachtet, denen des MEW: Das Wachstum des BSP pro Kopf betrug zwischen 1950 und 1986 jährlich 2,02 Prozent, während das ISEW pro Kopf um 0,87 Prozent anstieg. Zwischen 1970 und 1986, als das BSP pro Kopf in etwa seine zweiprozentige Wachstumsrate halten konnte, sank das ISEW pro Kopf sogar ab, und zwar in immer größeren Schritten

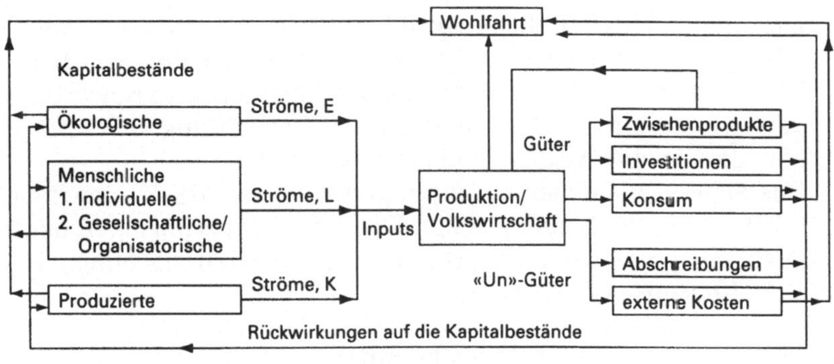

Abbildung 4.3
Bestände, Ströme und Wohlstand im Produktionsprozeß.

(–0,14 Prozent zwischen 1970 und 1980; –1,26 Prozent zwischen 1980 und 1986) (Daly & Cobb, 1990, S. 453).

Im Hinblick auf die ökologische Entwicklung kommen Daly & Cobb zu interessanten Schlußfolgerungen: «Die Anstrengungen, die Luftverschmutzung zu kontrollieren und Unfälle zu vermeiden, haben sich ausgezahlt, denn dadurch konnte zwischen 1970 und 1980 – zumindest im Hinblick auf diese beiden Wohlfahrtskomponenten – die wirtschaftliche Wohlfahrt gesteigert werden. (...) Verbesserungen in beiden Bereichen haben dazu beigetragen, der allgemeinen Abwärtstendenz des ISEW entgegenzuwirken. Sie bieten einen Beweis dafür, daß die politischen Entscheidungen einer Regierung tatsächlich einen positiven Effekt auf die wirtschaftliche Wohlfahrt haben können, auch wenn sie den materiellen Output nicht steigern» (ebenda, S. 454). Letztendlich kommen aber Daly & Cobb im Hinblick auf das ISEW zu Schlußfolgerungen, die jedoch in starkem Kontrast zu den gemeinhin rosigen Aufzeichnungen des BSP stehen:

«Trotz der jährlich unterschiedlichen Verläufe des ISEW zeigt dieser doch eine langfristige Tendenz – von den frühen 70er Jahren bis heute –, die wirklich nur als düster bezeichnet werden kann. Die wirtschaftliche Wohlfahrt nimmt seit mindestens einem Jahrzehnt ab, größtenteils aufgrund einer zunehmend ungerechten Einkommensverteilung, der Erschöpfung von Ressourcen und des Versagens, ausreichende Zukunftsinvestitionen zu tätigen, um den Fortbestand der Wirtschaft zu sichern» (ebenda, S. 455).

Es gibt mehrere Gründe, daran zu zweifeln, ob die Ableitung eines einzelnen stellvertretenden Indikators für die Wohlfahrtsentwicklung überhaupt ein erreichbares Ziel darstellt:

– Die Unterschiede in der Auswahl von Komponenten der Wohlfahrt, die von Pearce et al. und von Hueting vorgelegt wurden.
– Die anerkannte Schwierigkeit und Willkür, monetäre Bewertungen vorzunehmen oder angemessene Gewichtungen festzulegen, die für eine Aggregation benötigt werden.
– Das Scheitern solcher Bemühungen wie dem MEW oder dem ISEW, einen methodologischen Konsens hervorzubringen oder auch nur ein Forschungsprogramm zur Erstellung eines solchen Konsenses zu erstellen.

Sowohl Ruggles als auch Miles kommen zu dem Schluß, daß das Ziel nicht erreichbar ist. «Wie weit man auch mit unterstellten Bewertungen gehen mag, ein zusammenfassender, eindimensionaler Maßstab wie das BSP wird nie in ein adäquates oder angemessenes Maß für die gesellschaftliche Wohlfahrt verwandelt werden können» (Ruggles, 1983, S. 41–43). Und: «Obwohl es viele Ansätze gibt, das BSP zu modifizieren, von denen sich einige als mehr oder weniger nützliche statistische Neuerungen erwiesen haben, haben sie doch nicht zu einem einzelnen Indikator geführt – und werden dies auch nie können –, der für Wohlfahrt oder Lebensqualität die gleiche Aussagekraft und Vergleichbarkeit haben kann wie das BSP für den wirtschaftlichen Output. (...) Die Suche nach einem einzelnen Indikator für Fortschritt ist irreführend. Die gesellschaftliche Wirklichkeit ist zu komplex, als daß es sinnvoll wäre, ihre vielfältigen Dimensionen auf eine eindimensionale Messung zu reduzieren» (Miles, 1992, S. 296).

Eine realistische Erkenntnis. Anders als für die umweltbezogenen Korrekturen der Aggregate der Volkswirtschaftlichen Gesamtrechnung, die einer verbesserten Beschreibung der Produktionsvorgänge dienen und inzwischen anerkannt sind, scheint es in bezug auf Wohlfahrt angemessener zu sein, die Annahme eines Indikatorensystems zu befürworten, das u.a. auch das Ökosozialprodukt (ÖIP) bzw. ein umweltgerechtes und nachhaltiges Volkseinkommen (ESNI) enthält. Dieser Indikatorenrahmen könnte die Dimensionen der gesellschaftlichen und wirtschaftlichen Wohlfahrt wirksamer darstellen als ein einzelner Indikator.

Anpassung der Volkswirtschaftlichen Gesamtrechnung

Die Zeit ist reif, die Volkswirtschaftlichen Gesamtrechnungen bezüglich ihrer Beschreibung der ökonomischen Umweltnutzung zu korrigieren. Es herrscht weitgehend Einigkeit über die Prinzipien, die einer solchen Korrektur zugrunde liegen müssen, und «der größte Bedarf», wie Lutz es ausdrückt, «herrscht nicht mehr darin, weiterhin Theorien oder Techniken zu entwickeln, sondern die bestehenden Methoden auf konkrete Probleme anzuwenden» (Lutz, 1993, S. 10).

Solche Korrekturen könnten zu einem Ökoinlandsprodukt (ÖIP) bzw. zu einem umweltgerechten und nachhaltigen Volkseinkommen (ESNI) führen, die zusammen mit umfassenderen Berechnungen für das von privaten Haushalten erzielte Produkt in einen weiter angelegten Indikatorenrahmen integriert werden können. Dieses Indikatorensystem hätte dann das Ziel, den gesellschaftlich-wirtschaftlichen Fortschritt (oder Rückschritt) zu beleuchten. Solch ein Schema mit seinen möglichen Komponenten wird von Ekins & Max-Neef detaillierter ausgeführt (1992, S. 231–313).

Genau wie die Methoden und Definitionen, die den gegenwärtigen Volkswirtschaftlichen Gesamtrechnungen zugrunde liegen, von Anfang an zu Debatten und Kontroversen geführt haben, so ist auch jeder weiter gefaßte Indikatorenrahmen beständig der Kritik und weiteren Verbesserungen ausgesetzt. So sollte es auch in allen Bereichen sein, die grundlegende Werte betreffen und in denen sich die Wahrnehmung dessen, was Wohlstand und Wohlfahrt im weitesten Sinne ausmacht, laufend ändern kann.

Was die Bewertung der Umwelt angeht, besteht noch ein gewaltiger Lernbedarf. Vieles ist aber auch schon bekannt und muß «nur» noch formal in die Bilanzierungsrahmen eingebracht werden. Wie El Serafy (1993, S. 21) sagte: «Unser Ansatz sollte ein schrittweiser sein, und wir sollten es versuchen, mit zunehmendem Wissen immer mehr meßbare Tatbestände zu berücksichtigen. Zu warten, bis alles von selber seinen Platz gefunden hat, würde bedeuten, daß wir auf ewig warten müßten.»

Dieses im ökologischen Zusammenhang stehende Zitat erinnert an eine frühere Aussage von Eisner: «Das wirtschaftliche Handeln wird von mehr Faktoren bestimmt, als sich in den konventionellen Gesamtrechnungen niederschlagen. (...) Die nicht staatliche Forschung hat genügend Möglichkeiten aufgezeigt, in systematischer Weise ein umfassendes Kontensystem zu präsentieren. (...) Jetzt ist es notwendig, daß sich der Staat dieser Aufgabe annimmt. Dies kann sich gewaltig auszahlen, sowohl für die Wirtschaft als Ganzes als auch für die Volkswirtschaftlichen Gesamtrechnungen» (Eisner, 1988, S. 169).

Vielleicht würde der größte Gewinn darin liegen, daß wir endlich Klarheit darüber gewinnen, wie wir eine umweltverträgliche, nachhaltige Entwicklung unserer Gesellschaft erreichen können und wie weit wir noch von diesem Ziel entfernt sind.

III
Nachhaltige Entwicklung

5. Vom Wachstum zur Nachhaltigkeit

Auf den ersten Blick erscheint «nachhaltige Entwicklung» schwierig – und es sieht so aus, als wäre das Erreichen von Nachhaltigkeit eine der größten Herausforderungen, denen unsere Spezies je gegenübergestanden hat.

Der Begriff der «nachhaltigen Entwicklung» bezeichnet den Wandel im ökologischen Denken: weg von der früher üblichen «Lösungsbesessenheit» hin zu einem wachsenden Interesse an differenzierten umweltpolitischen Lösungen, die wirtschaftlich, gesellschaftlich und politisch umsetzbar sind. Das bedeutet, daß sich langfristig ökologische und kommerzielle Interessen nicht zu widersprechen brauchen. Es existieren jedoch sehr unterschiedliche Meinungen darüber, was der Endpunkt dieses Prozesses sein soll, wer verantwortlich dafür ist, den Prozeß in Gang zu setzen und voranzutreiben, was dazu beigetragen werden muß und wie schnell der Prozeß verlaufen soll.

Was ist nachhaltige Entwicklung?

1992 fand in Rio de Janeiro die UN-Konferenz «Umwelt und Entwicklung» statt. Dort wurde der Übergang von Worten zu Taten gefordert. Als Ziel wurde die Lösung zweier komplexer Probleme definiert: Zum einen die vielfältigen Symptome der Umweltbelastung, wie sie beispielsweise in den jährlichen Berichten des «Worldwatch Institute» über den «Zustand der Welt» aufgelistet sind. Zum anderen die gesellschaftlich-wirtschaftlichen Probleme wie insbesondere Armut, Unterernährung und Hunger.

Oft ist das Argument zu hören, das erste Problem würde durch Bevölkerungs- und Wirtschaftswachstum verschlimmert, während das zweite durch wirtschaftliches Wachstum gelöst werden könnte. Das Konzept der nachhaltigen Entwicklung ist ein neues Entwicklungskonzept, das zugleich ökologische, wirtschaftliche und gesellschaftliche Nachhaltigkeit anstrebt. Die grundlegenden Konflikte zwischen den Befürwortern von Lösungen, die auf Wachstum beruhen, und denen, deren Lösungsvorschläge Null- bzw. Fast-Null-Wachstum implizieren, bleiben jedoch bei der Nachhaltigkeitsdebatte bestehen.

Das allgemein gebräuchliche Konzept für «Wachstum» ist für eine nachhaltige Lösung nicht verwendbar, da es sich auf irreführende Informationen über wirtschaftliche Aktivitäten bezieht, die zu Umweltbelastung und -zerstörung beitragen. «Nachhaltige Entwicklung» ist per definitionem als Alternative zu Wachstum gemeint, nicht als semantische Ersetzung.

Die meist anerkannte Definition von nachhaltiger Entwicklung wurde erstmals im Brundtland Report formuliert (1987). Demzufolge ist nachhaltige Entwicklung eine Entwicklung, die die Bedürfnisse der Gegenwart befriedigt, ohne die Möglichkeiten zukünftiger Generationen einzuschränken, ihre Bedürfnisse zu befriedigen. So weit, so gut; aber dies kann wohl kaum als Blaupause zur weiteren Umsetzung dienen. Der Generalsekretär der WCED, MacNeill, formulierte schon etwas genauer:

«Eine notwendige Voraussetzung für nachhaltige Entwicklung ist, daß sich die grundlegenden Bestände des natürlichen Kapitals einer Gemeinschaft oder eines Landes im Laufe der Zeit nicht verringern. Ein konstanter oder wachsender Bestand natürlichen Kapitals gewährleistet nicht nur die Deckung der Bedürfnisse der gegenwärtig lebenden Generationen, sondern sichert auch ein Mindestniveau an Gerechtigkeit und Gleichberechtigung für zukünftige Generationen» (MacNeill, 1990).

Das Konzept wird vielfach als Orientierungspunkt, Banner oder auch Schlachtruf beschrieben. Anziehungskraft und Leitbildhaftigkeit sind also grundlegende Werte des Konzepts. «Nachhaltige Entwicklung ist zum neuen Schlachtruf der Umwelt- und Entwicklungsbewegung geworden», bemerkt Timberlake 1988. «Wie bei den meisten solcher Schlachtrufe (‹Freiheit!›, ‹Alle Macht dem Volk!›) ist die Bedeutung nicht vollkommen klar.» Als sich Pezzey im Jahr 1989 an die Aufgabe machte, die diesbezügliche Literatur zu durchforsten, konnte er etwa sechzig unterschiedliche Definitionen für «Nachhaltigkeit» finden. Tatsächlich sehen manche genau in dieser Ungenauigkeit die Anziehungskraft des Konzepts, neue Mitstreiter zu gewinnen.

Die theoretischen Ansätze und die Diskussion um den Begriff der Nachhaltigkeit entwickeln sich schnell. In *Blueprint 3: Measuring Sustainable Development* zum Beispiel unterscheiden Pearce et al. (1994) zwischen ökonomischer und ökologischer Nachhaltigkeit. Die Argumentation für die ökonomische Nachhaltigkeit verläuft dabei wie folgt: Jede Beeinträchtigung der heutigen Umwelt, die mit großer Wahrscheinlichkeit die zukünftige Welt benachteiligt, muß kompensiert werden. Der Ansatz des «konstanten Kapitals» definiert nachhaltige Entwicklung als den Zustand, bei dem der durchschnittliche Kapitalbestand, der zukünftigen Generationen überlassen wird, nicht unter dem liegen darf, der derzeit vorzufinden ist. Die Vertreter der ökonomischen Nachhaltigkeit verfechten das Argument, daß wir Umweltressourcen so lange verbrauchen oder zerstören können, wie wir die Verluste dadurch ausgleichen, daß wir den Bestand der menschengemachten Vermögen (z.B. Straßen, Häuser und Maschinen) entsprechend erhöhen.

In dieser Betrachtungsweise ist die Umwelt nichts als eine Form von Kapital – und die meisten Formen von Kapital sind, letztendlich, substituierbar.

Im Gegensatz dazu führen die Vertreter der ökologischen Nachhaltigkeit das Konzept des «kritischen natürlichen Kapitals» ein. Beispiele dafür sind die Ozonschicht, der CO_2-Kreislauf und die Artenvielfalt. Solche Ressourcen haben «primäre» (ökologische) Werte und «sekundäre» Werte (Nützlichkeit für den Menschen und Marktwert). Da die natürlichen und die menschengemachten Kapitalbestände oft nicht vollkommen oder nicht direkt substituierbar sind, sind die Vertreter der ökologischen Nachhaltigkeit der Meinung, daß wir zumindest das kritische natürliche Kapital schützen sollten. In *Blueprint 3: Measuring Sustainable Development* wird dies so ausgedrückt: «Die Messung nachhaltiger Entwicklung hängt daher von der Ansicht ab, was notwendig ist, um sie zu erreichen. Nach den Regeln der ökonomischen Nachhaltigkeit müssen wir den gesamten Kapitalbestand betrachten. Nach den Regeln der ökologischen Nachhaltigkeit müssen wir den gesamten Kapitalbestand betrachten *und* darüber hinaus auch die Umwelt besonders berücksichtigen.»

Die komplexen Dynamiken der Nachhaltigkeit müssen noch weiter untersucht und ausformuliert werden. Aber wir können schon heute genug vom Profil dieses neuen Arbeitsgebiets für Wissenschaft, Wirtschaftswissenschaft sowie Technologie erkennen, um die ungefähre Richtung zu sehen, in die die Gesellschaft sich bewegen muß. In dieser Hinsicht ist das Konzept der nachhaltigen Entwicklung aus drei Gründen von Wichtigkeit:

– Es bietet einen Bezugsrahmen, innerhalb dessen die weitergefaßten kulturellen, gesellschaftspolitischen, wirtschaftlichen und technologischen Faktoren in die ökologische Diskussion einbezogen werden können – und umgekehrt.
– Der Ausdruck ist dynamisch und impliziert damit den Übergang

von einer nicht-nachhaltigen zu einer nachhaltigen Form von wirtschaftlicher Entwicklung und Handeln. Dadurch eröffnet das Konzept die Möglichkeit, über den Zeithorizont ökologische Fragen zu diskutieren. Auch führt der Ausdruck die Überlegung ein, daß einige Probleme in bezug auf diese Übergangsphase von kritischerer Bedeutung sind als andere. Die implizierte Aussage ist daher, daß wir Prioritäten setzen müssen.

— Nachhaltige Entwicklung ist ein umfassendes Konzept. Indem es den Schwerpunkt auf die Notwendigkeit weiterer «Entwicklung» legt, stellt es in wachsendem Maße eine Diskussionsgrundlage dar, auf der sich Wirtschaftskreise und Entwicklungsfachleute darauf einlassen können, Umweltprioritäten zu diskutieren und nach Lösungen zu suchen. Der Entwicklungsbereich ist deutlich der Bereich, in dem die Wirtschaft einen klaren Vorsprung gegenüber den meisten Nichtregierungsorganisationen (NGO) hat – weswegen eine steigende Anzahl von Wirtschaftsorganisationen auf diesem Gebiet tätig wird.

Die Geschichte der nachhaltigen Entwicklung

Als im Jahr 1944 die Konferenz von Bretton Woods abgehalten wurde, um das Finanz- und Währungssystem der Nachkriegszeit aufzubauen, und als 1945 die ersten Schritte unternommen wurden, die VGR einzuführen, standen Umweltfragen nicht auf der internationalen Tagesordnung. Innerhalb der letzten zwei Jahrzehnte jedoch, seit der Stockholmer UN-Konferenz im Jahr 1972, haben immer mehr internationale Regierungsgremien Umweltziele angenommen.

Der Ausdruck «nachhaltige Entwicklung» wurde erstmals 1980 in der «Weltnaturschutzstrategie» verwendet. An dieser Initiative waren der damalige IUCN (heute: World Conservation Union), das Umweltprogramm der UN (UNEP) und der WWF beteiligt. Dieses bahnbrechende Dokument führte innerhalb recht kurzer Zeit zur Erarbeitung und Veröffentlichung einer Reihe von nationalen Strategien und Plänen für eine nachhaltige Entwicklung. 1991 wurde eine aktuelle Überarbeitung der Weltnaturschutzstrategie mit dem Titel *Unsere Verantwortung für die Erde: Strategie für ein Leben im Einklang mit Natur und Umwelt* von den oben genannten Initiatoren veröffentlicht.

Gegen Ende des Jahres 1983 fiel in der Vollversammlung der UN die Entscheidung, eine unabhängige Kommission einzuberufen, die eine weltweite Untersuchung durchführen sollte, inwieweit sich die gesellschaftliche und wirtschaftliche Entwicklung mit Zielen des Umweltschutzes vereinbaren läßt. Diese Kommission, die später Weltkommission für Umwelt und Entwicklung (WCED) genannt wurde und deren Vorsitz Gro Harlem Brundtland führte, kam nach drei Jahren Arbeit zu dem Schluß, daß ein Übergang zu nachhaltigen Formen der Entwicklung möglich ist.

Der Veröffentlichung des WCED-Berichts, *Unsere gemeinsame Zukunft* (1989), folgten eine Reihe regionaler Treffen, die die UN-Konferenz zu «Umwelt und Entwicklung» (1992) vorbereiteten. Die UNCED, an der 178 Regierungsvertreter, 20.000 Teilnehmer und über 100 Staatschefs teilnahmen, setzte eine bemerkenswerte Reihe weltweiter Aktivitäten in Gang. Eines der wichtigsten Dokumente, die aus der UNCED hervorgingen, die *Agenda 21*, ruft die internationale Gemeinschaft dazu auf, den Übergang zu einer nachhaltigen Entwicklung in den Entwicklungsländern zu fördern.

Die Verhandlungen der Uruguay-Runde zum GATT-Prozeß machten keinen Versuch, Wege zu finden, mit den Zwängen umzugehen, die innerhalb der Abhängigkeiten von Nachhaltigkeit und Handel bestehen – diese Aufgabe muß der nächsten Verhandlungsrunde überlassen bleiben. Inzwischen hat jedoch eine kürzlich erschienene «Quellensammlung», das vom *International Institute for Sustainable Development* (1992) herausgegeben wurde, einen Hinweis auf die immense Anzahl von Organisationen gegeben, die an solchen Verhandlungen in Zukunft wahrscheinlich mitwirken werden.

Abbildung 5.1 skizziert einige der grundlegenden Tendenzen, die die Diskussion zur nachhaltigen Entwicklung beeinflussen. Der politische und gesetzgeberische Druck (Tendenz 1) erreichte seine Spitzenwerte gegen Mitte der 70er Jahre und ging wieder zurück, als die Forderungen nach Deregulierung und Neuregelungen wieder mehr Gewicht bekamen. Dieser Prozeß wird sich jedoch wohl wieder umkehren, sobald deutlich wird, daß freiwillige Vereinbarungen und Marktmechanismen allein nicht zu Nachhaltigkeit führen können.

Der Druck des Marktes, die Konkurrenz zwischen den einzelnen Unternehmen und des Steuersystems (Tendenz 2) erreichte zweimal innerhalb der 80er Jahre Spitzenwerte, parallel zu den OPEC-1- und OPEC-2-Verhandlungen, und schoß ein drittes Mal um 1990 nach oben, als die potentiellen Auswirkungen auf den «ökologiebewußten Verbraucher» einige Aufmerksamkeit erfuhren. Zurückblickend erscheint es allerdings so, als entspräche 1990 dem zweiten «Hochwasserpegel» des internationalen Umweltbewußtseins – heute, im Jahr 1995, befinden wir uns im dritten bzw. vierten Jahr des ökologischen Abschwungs.

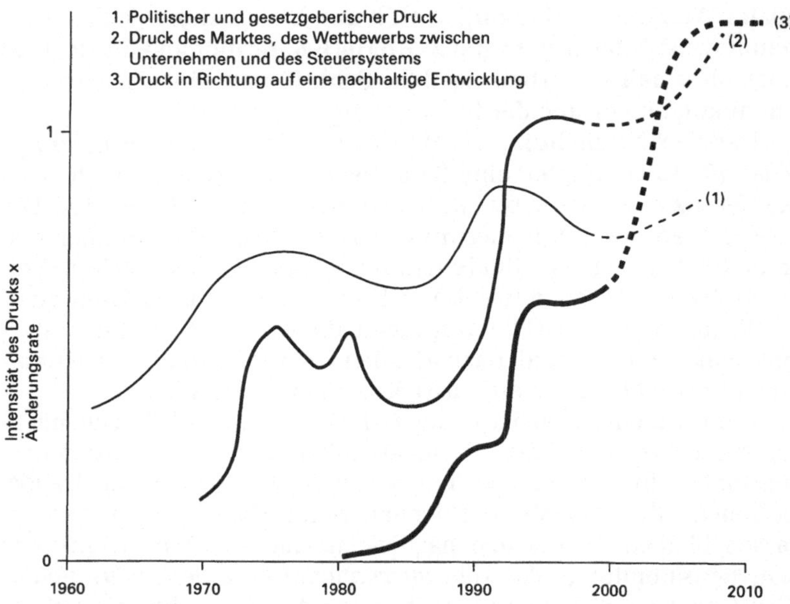

Abbildung 5.1
Druck für eine nachhaltige Entwicklung.

Dennoch befindet sich das grundlegende öffentliche Bewußtsein und die latente Besorgnis auf einem wesentlich höheren Niveau als jemals vorher. Die dritte Haupttendenz, die sich um die internationalen Aktivitäten hinsichtlich einer nachhaltigen Entwicklung rankte, erreichte ihre höchste Intensität im Jahr 1987 mit Erscheinen des Berichts der Brundtland-Kommission und dann wieder im Vorfeld des Erdgipfels von Rio 1992. Man kann erwarten, daß dieser Trend in den letzten Jahren des 20. Jahrhunderts weiterhin stark zunehmen wird.

Akteure

Wie alle Revolutionen setzt auch die Revolution der Nachhaltigkeit eine Reihe von Bedingungen für ihren Erfolg voraus. Um beispielsweise weltweit dahingehend Übereinstimmung zu erlangen, daß «wirklicher» Fortschritt notwendig ist und man sich auf bestimmte Ziele einigen muß, ist Kooperation zwischen den verschiedensten

110

Gesellschaftsbereichen erforderlich: internationale Gremien auf Regierungsebene, nationale und lokale Regierungen, Wirtschaft, Umweltorganisationen, Institutionen von Forschung und Wissenschaft und der einzelne Bürger – ob er als Nachbar, Wähler, Angestellter, Investor, Elternteil oder Verbraucher handelt. Wir wollen kurz betrachten, welche Auswirkungen die ersten Entwicklungsstadien der Nachhaltigkeits-Revolution auf jede dieser Gruppen hatten.

Unter den *multilateralen Organisationen* sind fünf zentrale Akteure (Williams & Petesch, 1993):

Die *UN-Kommission zur Nachhaltigen Entwicklung (CSD)*
Die CSD, Hauptergebnis der UNCED auf institutioneller Ebene, hat die Aufgabe, die Ressourcen auszumachen, die benötigt werden, um die Agenda 21 in effektive internationale und nationale Politik und Initiativen umzusetzen. Die CSD, deren Themen jährlich in einer Tagesordnung festgelegt werden, wird als das internationale Politikforum angesehen, in dem die Prioritäten, die sich in diesem Bereich weltweit herauskristallisieren, diskutiert werden. Außerdem dient sie als Koordinationsstelle für die Programme der verschiedenen internationalen Entwicklungsinstitutionen. Sie hat sich selbst ein ehrgeiziges Programm aufgestellt, das den Motivationen der Agenda 21 entspricht. Es muß sich aber noch herausstellen, ob dieses Programm innerhalb eines vernünftigen Zeitrahmens abgewickelt werden kann.

Das *UN-Entwicklungsprogramm (UNDP)*
Das UNDP hat sein eigenes Programm entwickelt, um die technischen und technologischen Transferleistungen zu gewährleisten, die für die Förderung einer nachhaltigen Entwicklung in den Entwicklungsländern benötigt werden. «Kapazität 21», eines der Stichworte der UNCED, soll dafür sorgen, daß die Hilfsmittel des UNDP so angewendet werden, daß die Empfängerländer ihre eigene umweltgerechte Entwicklung in Gang setzen und dementsprechende Strategien und Aktionspläne zu erarbeiten und umzusetzen – für nachhaltige menschliche Entwicklung, wie das UNDP es ausdrückt. Dabei ist eine zunehmende Beteiligung der Öffentlichkeit ein Hauptziel. Zusätzlich hat das UNDP ein *Netzwerk zur Nachhaltigen Entwicklung* (SDN) initiiert, um Entwicklungsländern einen direkteren Zugang zu relevanten Informationen im Bereich der Nachhaltigkeit zu verschaffen. Das UNDP wäre an sich bestens geeignet, wichtige Beiträge zur Umsetzung nachhaltiger Entwicklung in die

Praxis umzusetzen. Es ist jedoch finanziellen Zwängen ausgesetzt, die seine langfristigen Möglichkeiten ernsthaft in Frage stellen.

Das *UN-Umweltprogramm (UNEP)*

Die größten Erfolge des UNEP waren bislang auf dem Gebiet der Umweltkontrolle zu beobachten und im Bereich der Erweiterung des internationalen Rechts in bezug auf Umweltfragen (z.B. im Fall des Montrealer Protokolls). Diese Institution sollte deutlich gestärkt werden, um zu gewährleisten, daß diese Tätigkeiten, die vom Konsens getragen werden, weiterhin effektiv durchgeführt werden. Es ist vorstellbar, daß das UNEP eine Schlüsselrolle spielen könnte, indem es regelmäßige Überprüfungen der Fortschritte und des Bedarfs im Bereich der nachhaltigen Entwicklung in verschiedenen Regionen organisiert – in Zusammenarbeit mit dem CSD und den regionalen UN-Kommissionen für wirtschaftliche und gesellschaftliche Entwicklung. Das in Paris beheimatete UN-Zentrum für Aktivitäten innerhalb des Industrie- und Umweltprogramms (IE/PAC) beschäftigt sich mit ausgesprochen wichtigen Arbeiten in den Bereichen saubere Technologien, Ökobilanzen und betriebliche Umweltberichte.

Die Weltbank

Die Weltbank, längstens als das traditionelle Schreckgespenst der internationalen Umweltbewegung angesehen, hat in wachsendem Maße ernsthaft versucht, ihr Denken und Handeln zu «ökologisieren». 1987 verabschiedete sie eine neue Strategie, die umweltpolitische Richtlinien enthält. Diese Strategie basiert auf der Annahme, daß wirtschaftliches Wachstum und Umweltschutz «irgendwie» Hand in Hand gehen sollten und daß die Weltbank ihr Augenmerk genauso auf den Aufbau von Institutionen richten muß wie auf konventionellere Investitionskredite (Weltbank, 1993). Die Weltbank vertrat notgedrungen eine etwas schizophrene Haltung gegenüber der Agenda 21, aber es ist als ein wichtiges Signal ihrer Bereitwilligkeit zum Wandel zu bewerten, daß sie eine interne Vizepräsidentenstelle für umweltgerecht-nachhaltige Entwicklung (ESD) geschaffen hat. Es wird eine zentrale Herausforderung für die Weltbank werden, «ökologische Bedingungen» an ihre Aktivitäten zu knüpfen. Dies würde gewährleisten, daß Bedingungen und Projekte für nachhaltige Entwicklung von entsprechenden Ausbildungs-Programmen begleitet würden, um sicherzustellen, daß die Empfänger eine echte Chance auf nachhaltige Entwicklung haben. Die Sicht der Weltbank zum Thema nachhaltige Entwicklung wird in Kapitel 6 dieses Berichtes ausführlich dargestellt.

Die *Globale Umwelteinrichtung* (GEF)
Die GEF, 1991 von Weltbank, UNDP und UNEP initiiert, zielt darauf
ab, zusätzliche Finanzierungsmittel für Projekte bereitzustellen,
die bedeutende Vorteile in globalen Umweltfragen versprechen. Da
sich die GEF noch in ihrer Anfangsphase befindet, ist umfangreiche
internationale Unterstützung gefragt, um die Möglichkeiten der
GEF wirksam werden zu lassen – zumal ihr Aufgabengebiet innerhalb der UN-Rahmenkonvention zum Klimawandel und der Kon-
vention zur biologischen Vielfalt erweitert wurde.

Andere internationale Organisationen
Eine beträchtliche Anzahl weiterer internationaler öffentlicher Institutionen ist an Programmen zur nachhaltigen Entwicklung beteiligt. Dazu gehören die *Organisation für wirtschaftliche Zusammenarbeit und Entwicklung* (OECD), finanzielle Institutionen wie
die *Europäische Bank für Wiederaufbau und Entwicklung* (EBRD)
oder die *Asiatische Entwicklungsbank* (ADB, 1993) sowie regionale
Regierungsgremien. Zu letzteren gehört auch die *Europäische
Kommission* der Europäischen Union, die 1992 ihr fünftes Umweltaktionsprogramm unter dem Titel *Für eine Nachhaltige Entwicklung* veröffentlichte.

Insgesamt betrachtet haben Regierungen und internationale
Finanzsysteme jedoch gerade erst einmal damit begonnen, gedank-
lich mit dem Konzept der Nachhaltigkeit zu spielen, und sei es auch
nur in seiner ökonomischen Version. Selbst die Umsetzung einer
nur Teilbereiche erfassenden Aufgabenliste ist eine massive Herausforderung für die heute bestehenden Institutionen. Wenn die
Umstände es erforderlich machen, daß die Welt den Weg der ökologischen Nachhaltigkeit einschlagen muß, dann ist es zweifellos
notwendig, diese Institutionen radikal umzuformen – und es würden zusätzlich vollkommen neuartige Institutionen benötigt werden, um die globalen und regionalen Gemeinbestände zu verwal-
ten.

Die Grüne Weltübersicht aus dem Jahr 1992 (Elkington &
Dimmock, 1992) listete eine Reihe von Programmen zur nachhaltigen Entwicklung auf, die von den *nationalen Regierungen* der in
der Übersicht erfaßten Länder vorgelegt worden waren. Seitdem
sind mehrere weitere Initiativen angekündigt worden. In Kanada
zum Beispiel wurden in einer Serie von Runden Tischen, die auf
nationaler oder regionaler Ebene veranstaltet wurden, die verschiedenen Sektoren der Gesellschaft zusammengebracht, um einen Konsens bezüglich der Prioritäten und notwendigen Maßnahmen zu erarbeiten. In den Vereinigten Staaten gibt es inzwischen

einen «Rat des Präsidenten zur Nachhaltigen Entwicklung». Und
Japan hat einen 100-Jahres-Plan entwickelt, *Neue Erde 21* (Fornander, 1991), der einen groben Rahmen für einige der zentralen
Aufgaben skizziert, die gelöst werden müssen, um Nachhaltigkeit
zu sichern. Die Schritte, die dabei für die nächsten fünf Jahrzehnte
festgelegt werden, sehen wie folgt aus: 1990–2000, «Das Energie-
Einspar-Programm für eine Neue Erde»; 2001–2010, «Das Neue-
Erde-Programm für Saubere Energie»; 2011–2020, «Das Neue-
Erde-Programm für umweltfreundliche Technologien»; 2021–
2030, «Das Neue-Erde-Programm zur CO_2-Senkung»; und 2031–
2040, «Das Neue-Erde-Programm zur CO_2-Senkung».

Einzelne EU-Mitgliedsstaaten haben ihre eigenen Strategien
und Programme entwickelt, obwohl die Ansätze und Verpflichtungen stark voneinander abweichen. Dänemark veröffentlichte den
Aktionsplan seiner Regierung im Dezember 1988 (Staatsinformationsdienst, 1988). Die Niederlande veröffentlichten ihren ersten
Nationalen Umweltpolitikplan (National Environmental Policy
Plan, NEPP) im Jahr 1989 und dessen Nachfolger NEPP-Plus und
NEPP-2 in den Jahren 1991 bzw. 1994. Großbritannien veröffentlichte den ersten Bericht unter dem Titel *Dieses gemeinsame Erbe*
im Jahr 1991, den zweiten im darauffolgenden Jahr; die *Britische
Strategie für Nachhaltige Entwicklung* wurde 1994 vorgelegt. Auch
eine Reihe der neuen Mitgliedsstaaten hat eigene Strategien entwickelt; die schwedische Umweltschutzbehörde (SNV) legte ihren
neuen Aktionsplan, *Strategie für nachhaltige Entwicklung*, 1993 vor.

Von diesen europäischen Initiativen geht die niederländische
am weitesten – und hat dabei das Denken innerhalb der Europäischen Kommission bedeutend beeinflußt. Um die strategische Arbeit im Stile des NEPP zu unterstützen, haben die Niederlande auch
andere neue Wege ausprobiert, um die Umweltbeeinträchtigungen
zu verringern, die durch die industriellen und anderen Aktivitäten
des Landes entstehen. Ein zentraler Baustein in diesem Prozeß war
die Einführung sogenannter «Umweltabkommen», innerhalb deren
eine Einigung über die Zielsetzungen hinsichtlich der Anhebung
des Umweltschutzes in einigen Schlüsselindustrien erreicht wurde.

Diese eher anekdotischen Erfolgsbeispiele sollen jedoch nicht
davon ablenken, daß der Prozeß der nachhaltigen Entwicklung
gerade erst begonnen hat und daß er sich aller Wahrscheinlichkeit
nach eher in den nächsten Jahrzehnten als den nächsten Jahren
wirklich weiterentwickeln wird. Es ist jedoch zu hoffen, daß das
Konzept der Nachhaltigkeit auch jetzt schon die Teile des Weltdorfes erreicht, die noch die Möglichkeit haben, von Anfang an eine
nachhaltige Wirtschaftsweise aufzubauen. Die Seychellen versu-

chen zum Beispiel mit Hilfe eines strengen Umweltkonzeptes, ein neues touristisches Gleichgewicht zu finden. Diesem «Umweltmanagementplan für die Seychellen 1990–2000» liegt nachhaltige Entwicklung als Leitbild zugrunde (Hanneberg, 1991). Es ist dennoch ein langer Weg bis zu dem Zeitpunkt, an dem alle der etwa 180 Nationen dieser Erde die erste Generation von nachhaltigen Entwicklungsplänen eingeführt haben werden. Bedenkt man die Geschwindigkeit, mit der der Verfall der Umwelt einherschreitet, so kann man die Situation nur mit dem Kommentar «zu wenig, zu spät» versehen. Die Rolle der lokalen, nationalen und internationalen NROs ist daher von existentieller Bedeutung, sowohl um die Diskussion anzukurbeln als auch um die Zugkraft der Nachhaltigkeitsbemühungen weiter in Schwung zu halten.

NROs haben einen zentralen Anteil daran, nachhaltige Entwicklung zu definieren, zu einer Verpflichtung zu machen und umzusetzen; sie werden dies auch weiterhin tun. Es ist tatsächlich so, daß zwei der bedeutendsten NROs als Katalysator für die Nachhaltigkeits-Bewegung dienten, und zwar das IUCN (jetzt die *World Conservation Union*) sowie der WWF. Die Anzahl der NROs, die in diesem Bereich aktiv sind, ist explodiert. Das *Centre for Our Common Future*, das 1987 gegründet wurde, um die Beiträge der NROs bei der Umsetzung und Nachbereitung des Berichts der Brundtland-Kommission zu koordinieren, zählt derzeit 60.000 Organisationen in seiner Datenbank, wovon ein hoher Prozentsatz aus der NRO-Gemeinde kommt. Von Indien alleine sagt man, daß dort 9.000 NROs arbeiten. NROs entstehen auch in den jungen Demokratien Mittel- und Osteuropas sowie in der ehemaligen Sowjetunion. NROs erarbeiten Methoden, den Übergang zu einer nachhaltigen Entwicklung zu bewältigen. Das *World Resources Institute* (WRI, 1993), um nur ein Beispiel zu nennen, arbeitet zusammen mit dem *Santa Fé Institute* und der *Brookings Institution* an einem *Projekt 2050*. Dieses vierjährige Projekt erforscht die Ansätze und politischen Maßnahmen, die nötigt sind, um bis zur Mitte des nächsten Jahrhunderts weltweit eine nachhaltige Gesellschaftsform zu erreichen. Schwerpunkt wird dabei auf die ökologischen, wirtschaftlichen und gesellschaftlichen Dimensionen der Nachhaltigkeit gelegt und auf die Maßnahmen, die zur Erreichung des Zieles notwendig sind.

Das Credo der nachhaltigen Entwicklung übt nicht auf alle – vielleicht sogar auf die wenigsten – NGOs seinen Reiz aus. Einer der Hauptarchitekten der Nachhaltigkeits-Definition der Brundtland-Kommission, Generalsekretär Jim MacNeill (1990), sagte: «Die Maxime für nachhaltige Entwicklung ist nicht mehr ‹Grenzen

des Wachstums›; sondern ‹Wachstum der Grenzen›.» Diese Defi -
nition, die darauf abzielt, daß die von der Umwelt gesetzten Grenzen soweit gestreckt werden, daß die steigenden menschlichen
Bedürfnisse befriedigt werden, wird mit Sicherheit auf wenig Gefallen bei denjenigen stoßen, die eine «steady-state-economy» befürworten, und noch viel weniger bei den Vertretern der Funda-
mentalökologie.[1] Aber der Großteil der Nachhaltigkeits-Bewegung
ist sich dessen bewußt, daß wir mit einigen unaufhaltsamen Bevöl-
kerungstrends konfrontiert sind. Es wird daher argumentiert, daß
eine einfallsreiche Nutzung neuester Technologien uns dabei helfen kann, dieser Herausforderung zu begegnen, indem wir die
«natürlichen» Grenzen durch eine effizientere Ressourcennutzung
entspannen: Wir erreichen mit weniger mehr. Letztlich sind die
Grenzen jedoch endlich.

Obwohl sich der verantwortungsbewußte Teil der internationalen Wirtschaftsgemeinschaft der Nachhaltigkeit zuwendet, können
gleichzeitig Industriekritiker auf genau gegenläufige Tendenzen
verweisen. Kritische Beobachter des nordamerikanischen Freihan-
delsabkommens (NAFTA) beanstanden, daß Hunderte von US-Un-
ternehmen Profit aus den niedrigen Lohnkosten und der laschen
Umweltgesetzgebung Mexikos schlagen, indem sie sich im 1.250
Meilen langen Grenzland zwischen Mexiko und den Vereinigten
Staaten ansiedeln. Mehr als 2.000 solcher Unternehmen, auch *ma-
quilas* genannt, bilden inzwischen Mexikos zweitgrößte Devisen-
quelle nach dem Öl und tragen dazu bei, ein Umwelterbe zu hin-
terlassen, das Mexiko noch für Jahrzehnte heimsuchen wird.

Das Konzept der Nachhaltigkeit wird heute nur noch selten als
Beweis für eine imperialistische oder neokolonialistische Ver-
schwörung angesehen. Immer mehr Schwellen- und Entwicklungsländer erkennen darin den Weg in die Zukunft – die wirklich
offene Frage dabei ist, wie schnell es gehen soll und wer zahlt. Es
wird sich lohnen, Länder wie Indien in den nächsten Jahren zu
beobachten: Die Vereinigung der Indischen Industrie (CII, 1992)
arbeitet hart daran, das Denken von Organisationen wie dem *World
Business Council for Sustainable Development* den indischen Unternehmen nahezubringen.

Die Geschäftswelt hat ein großes Potential in den Prozeß der
nachhaltigen Entwicklung einzubringen, nicht zuletzt was die
Festlegung von Prioritäten, Ressourcenmanagement, Finanzkraft
und Technologien angeht. Einige Vorreiter unter den Unterneh-

---

1   Siehe «Deep Ecology», S. 242–247, in: Dobson (1991).

men entwickeln innovative Ansätze: Umweltberichte als Teil der betrieblichen Jahresberichte (SustainAbility, 1993a; und Elkington & Robins, 1994), neue Produktentwicklungen, Öko-Effizienzmaßnahmen, Ökobilanzen (SustainAbility, 1993b), Produktlinienanalysen und -design und Vollkostenrechnung.

Von seiten der *Banken und Investoren* stehen noch weitgehende Schritte aus, Prinzipien der Umweltbilanzierung und Indikatoren für Nachhaltigkeit in ihre Finanzierungskonzepte einzubauen. Die Tatsache, daß etwa 20 Prozent der jüngsten katastrophalen Verluste, die die Versicherungsunternehmen innerhalb des Lloyds Konsortiums erleiden mußten, mit Umweltrisiken in Verbindung standen (z.B. Asbest oder die Entsorgung von Giftmüll und strahlenden Abfällen), mag dazu beitragen, die Finanzwelt auf die Risiken hinzuweisen, die sich gegenwärtig aufbauen. Es ist daher interessant, daß Greenpeace die Versicherungswirtschaft als Zielgruppe für Aktionen gewählt hat, die sich mit den Risiken des Klimawandels befassen. Bislang stecken alle Veränderungen in diesem Sektor allerdings bestenfalls in den ersten Anfängen.

Noch grundlegender sind die Implikationen der Nachhaltigkeit, die mit der Frage der «Bedürfnisse» verbunden sind, und nur wenige Unternehmen, wenn überhaupt, befassen sich mit dieser Sichtweise. Märkte wachsen, indem neue Bedürfnisse, neue Wünsche und neue Begierden geweckt werden. An irgendeinem Punkt wird der Vektor der nachhaltigen Entwicklung auf diesen Aspekt der Marktwirtschaft treffen. Das Ergebnis wird sein, daß Unternehmen nicht mehr nur berücksichtigen müssen, ob die Umweltverträglichkeit eines Produktes, von der Wiege bis zur Bahre, vertretbar ist. Sie müssen dann grundsätzlich überlegen, inwieweit die wahrscheinlichen Auswirkungen dadurch gerechtfertigt werden, daß reale Bedürfnisse befriedigt werden.

Die Arbeit der *weltweiten wissenschaftlichen Gemeinschaft* hat diese zu einem der wichtigsten Akteure der Umweltrevolution gemacht: Beispiele reichen von Analysen der Auswirkungen von giftigen Chemikalien auf das menschliche und tierische Immunsystem über Schätzungen zur Gefährdung der Ozonschicht und zum Treibhauseffekt hin zu Forschungen zur Artenvielfalt. Die Nachfrage nach objektiven und doch auch visionären wissenschaftlichen Beiträgen war nie größer, da die Gesellschaft immer mehr Risikoeinschätzungen leisten muß, um die richtigen Prioritäten zu setzen, bevor knappe finanzielle und andere Ressourcen verteilt werden. Gleichzeitig werden immense Anstrengungen in Forschung und Entwicklung benötigt, um den Übergang zu nachhaltigeren Nutzungsformen für natürliche Ressourcen zu finden (Rosenberg et al.,

1993) wie auch zu Formen von nachhaltiger industrieller Produktion, Konsum, städtischer Entwicklung und Verkehr. Parallel zu diesen wissenschaftlichen Arbeiten muß auch die «traurige Wissenschaft» der Wirtschaftstheorie neu erfunden werden.

Letztendlich muß nachhaltige Entwicklung den Bürgern eines jeden Landes auf der Welt verkauft werden, ob sie nun als Anwohner eines Industriekomplexes, Beschäftigte, Wähler, Eltern oder Verbraucher fungieren. Obwohl die öffentlichen Umfragen zeigen, daß in vielen Ländern ein erstaunliches Niveau an Umweltbewußtsein, Betroffenheit und Handlungsbereitschaft besteht (Dunlap, Gallup & Gallup, 1992), sollte man die Unterstützung der Öffentlichkeit nicht für selbstverständlich halten. Dies sind die Menschen, die am Ende zu zahlen haben und die andere Möglichkeiten und Genüsse aufgeben müssen, um zu gewährleisten, daß zukünftige Generationen eine Welt vorfinden, in der es sich lohnt zu leben. Es muß viel mehr Werbung und Medienkampagnen geben, die die Aspekte des Nachhaltigkeits-Konzeptes einer breiten Öffentlichkeit vermitteln – etwa an Bushaltestellen oder Bahnhöfen.

Die entscheidende Rolle, die der normale Bürger spielt, wird im fünften Umweltaktionsprogramm der Europäischen Kommission aufgegriffen. Es wird spannend werden zu beobachten, wie die Europäische Union mit der Aufgabe umgeht, ihren zunehmend heterogenen Mitgliedsstaaten Nachhaltigkeit nahezubringen. Dieser Prozeß wird, im Kleinformat, ein nützliches Lehrbeispiel für die Herausforderung darstellen, mit der die Welt als Ganzes konfrontiert ist.

Lösungen in der wirklichen Welt

Nachhaltige Entwicklung ist ein Prozeß, der notwendigerweise alle Gruppen der Gesellschaft erfaßt, einschließlich der noch nicht geborenen Generationen. Die frühe Phase – in der die Akteure des Prozesses das Gefühl hatten, sie stünden Situationen gegenüber, die ohne Gewinner ausgehen, oder sogenannten Nullsummenspielen, in denen nur eine Seite gewinnen kann – wurde abgelöst von einer Phase, in der alle Akteure, einschließlich der NROs, nach «winwin»-Lösungen gesucht haben, bei denen beide Seiten einen Vorteil haben. Die größte Herausforderung für die Zukunft ist, «win-win-win»-Lösungen zu finden, bei denen beide Seiten und die Umwelt einen Gewinn davontragen. Dies heißt keineswegs, daß Konflikte vermieden werden sollten, im Gegenteil: Konflikt ist ein Bestandteil der großen Entscheidungen, die vor uns liegen.

Prinzipien für eine nachhaltige Entwicklung werden erstmals von einigen internationalen Gremien auf Regierungsebene, nationalen Regierungen sowie Unternehmen und Wirtschaftsverbänden angewandt; oder zumindest wird damit experimentiert. Unglücklicherweise hat das frühe Engagement der Geschäftswelt (vor allem der Marketingexperten) dazu geführt, daß die Begriffe «nachhaltig» und «Nachhaltigkeit» – wie früher «grün» und «umweltfreundlich» – mit anderen Worten in Verbindung gebracht werden. So findet man Begriffe wie «nachhaltige Nutzung» (natürlicher Ressourcen), «nachhaltige Gesellschaft» (oder Wirtschaft), «Entwurf für Nachhaltigkeit», «nachhaltige Herstellung», «nachhaltige Mobilität», «nachhaltiger Tourismus», «nachhaltige Zukunft» oder sogar «nachhaltiges Wachstum». Dieser Trend scheint nichts anderes, als dazu zu dienen, grünes Licht für mehr Konsum, mehr Produktion, mehr Wachstum zu geben, was einer Falsifizierung des Begriffs gleichkommt. Aus einer anderen Perspektive betrachtet, mag dies jedoch ein wichtiger erster Schritt dahin sein, dem Bürger die Idee der Nachhaltigkeit zu verkaufen, vor allem auch den Wählern, die verstehen müssen, warum sie echte Einbußen hinnehmen müssen, um eine wirklich nachhaltige Zukunft zu sichern.

Wenn sich die Verfechter der nachhaltigen Entwicklung in einem Punkt sicher sind, so ist es folgender: Um zu einem nachhaltigen Zustand zu gelangen, wird sich unsere Industriegesellschaft genauso neu erfinden müssen wie die Agrarwirtschaften während der Industriellen Revolution. Meadows et al. (1992) haben daher von einer «Nachhaltigkeits-Revolution» gesprochen. Die Idee der nachhaltigen Entwicklung wird aber nur dann den Weg in die Wirklichkeit finden, wenn sie anerkanntermaßen echte Lösungen zu bekannten Problemen bietet.

Jeder, der nach einer visionären Darstellung dessen sucht, was das alles genau für den Alltag von Regierungen, Unternehmen und Bürgern bedeuten könnte, sollte Hawkens exzellentes Buch *The Ecology of Commerce* (1993) lesen. Dort beschreibt er die Notwendigkeit, den Übergang zu einer «restaurativen Wirtschaft» zu bewältigen, und skizziert das überwältigende Ausmaß der Herausforderung, die auf uns wartet. Beruhigenderweise zeigt er auch, daß es noch immer möglich scheint, diesen Übergang zu schaffen und daß diese Phase womöglich eine der aufregendsten der Geschichte ist. Endlich scheinen wir den Punkt zu erreichen, an dem die Liste der möglichen Lösungen es fast an Länge mit der noch immer wachsenden Liste an Problemen aufnehmen kann.

6. Das Konzept der nachhaltigen Entwicklung

Die Tatsache, daß die bestehenden Beispiele wirtschaftlicher Entwicklung nicht global umsetzbar sind, betont die Bedeutung des Nachhaltigkeitskonzepts. Die derzeitigen Konsumstrukturen, der Rohstoffverbrauch und die Umweltverschmutzung pro Kopf der Bevölkerung in den OECD-Ländern können unmöglich auf die gesamte Weltbevölkerung ausgedehnt werden; noch viel weniger auf zukünftige Generationen, ohne daß das natürliche Kapital, von dem die wirtschaftlichen Aktivitäten der Zukunft abhängen, vollkommen aufgebraucht wird. Nachhaltigkeit wurzelt daher in dem Eingeständnis, daß die verschwenderischen und ungerechten Charakteristiken der heutigen Entwicklung schon in naher Zukunft zu biophysischen Ausweglosigkeiten führen müßten, sollten wir daran nichts ändern. Der Übergang zu einer nachhaltigen Wirtschaftsweise läßt keinen Aufschub zu, da der Verfall der weltweiten lebenserhaltenden Systeme uns zeitliche Grenzen setzt. Wir haben keine Zeit damit zu verlieren, daß wir von neuem Lebensraum oder mehr Umweltflächen träumen, zum Beispiel in Form von Mondkolonien oder unterseeischen Städten. Vielmehr müssen wir die Reste der einzigen Umwelt retten, die wir haben, und Zeit in den Teil investieren, den wir schon beschädigt haben.

Natürliches Kapital und Nachhaltigkeit

Nachhaltigkeit kann in der wirtschaftlichen Begrifflichkeit als «Kapitalerhaltung» beschrieben werden, was manchmal auch als «nicht abnehmendes Kapital» bezeichnet wird. Seit dem Mittelalter

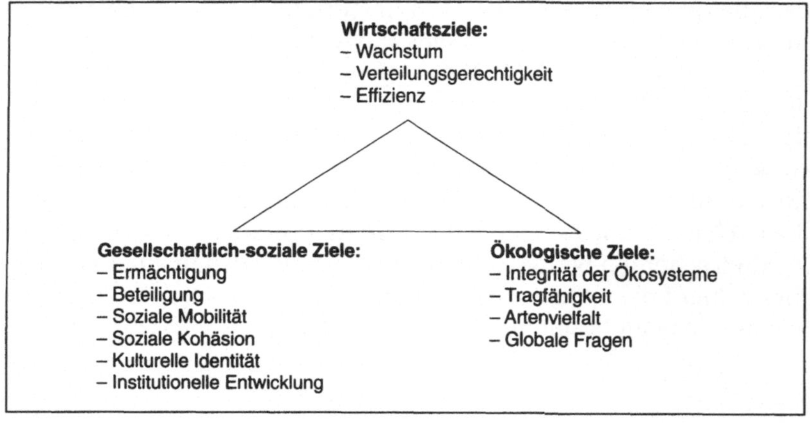

Soziale Nachhaltigkeit (sN)	Wirtschaftliche Nachhaltigkeit (WiN)	Ökologische Nachhaltigkeit (öN)
öN setzt sN voraus: das soziale Gerüst der Organisationen der Menschen, das Selbstbestimmung und die Selbstverwaltung der Menschen über die natürlichen Ressourcen ermöglicht (siehe Cernea, 1993). Ressourcen sollten auf eine Weise genutzt werden, die der Verteilungsgerechtigkeit und der sozialen Gleichberechtigung förderlich ist, wodurch soziale Unruhen reduziert werden. sN wird qualitative Verbesserungen über quantitatives Wachstum stellen und wird die Berechnung der – vor allem auch sozialen – Gesamtkosten eines Produkts in seinem ganzen Lebenslauf fordern. sN kann nur durch starke und systematische Gemeinschaftsbeteiligung oder eine bürgerliche Gesellschaft erreicht werden (Putnam, 1993a, b). Soziales Gefüge, kulturelle Identität, Institutionen, Liebe, ein allgemein anerkannter Standard an Ehrlichkeit, Recht, Disziplin etc. sind Bestandteil des gesellschaftlichen Kapitals, das am wenigsten bemessen wird, aber wahrscheinlich am wichtigsten für sN ist. Dieses «moralische» Kapital, wie es von manchen bezeichnet wird, setzt dessen Pflege und Erfüllung durch die religiösen und gesellschaftlichen Institutionen der Gesellschaft voraus. Ohne diese Fürsorge wird es genauso verfallen wie das natürliche Kapital.	Die weithin akzeptierte Definition wirtschaftlicher Nachhaltigkeit ist der «Erhalt von Kapital». Sie wurde schon von den Buchhaltern des Mittelalters verwendet, wenn Kaufleute herausfinden wollten, wieviel von ihren Erlösen sie und ihre Familien verbrauchen konnten. Die moderne Definition von Einkommen (Hicks, 1946) ist daher schon nachhaltig. Aber von den vier Kapitalformen (menschengemachtes, natürliches, gesellschaftliches und menschliches) haben die Wirtschaftswissenschaftler das natürliche Kapital (z.B. gesunde Wälder, saubere Luft) kaum beachtet, da es bis vor relativ kurzer Zeit kaum knapp war. Darüber hinaus zieht es die Wirtschaftstheorie vor, die Dinge in Geldwerten zu benennen, und hat daher große Schwierigkeiten darin, natürliches Kapital, ungreifbare, generationsübergreifende, allgemein zugängliche Ressourcen zu bewerten. Außerdem war es gebräuchlich, Umweltkosten zu «externalisieren», auch wenn sie inzwischen zunehmend durch bessere umweltpolitische Instrumente und Bemessungsverfahren internalisiert werden. Da es sich um Menschen und irreversible Vorgänge handelt, sollte die Wirtschaftswissenschaft vorausschauend handeln und den Fehlerspielraum auf Seite der Vorsicht festlegen, wenn unsichere und risikobehaftete Faktoren im Spiel sind. Das menschliche Kapital (Investitionen in Erziehung, Gesundheit, die Ernährung einzelner) findet inzwischen unter der wirtschaftlichen Rubrik für Lebensstil Anerkennung (WDR 1990, 1991, 1995), aber das gesellschaftliche Kapital, wie es die sN verwendet, wird nicht angemessen verfolgt.	Umweltgerechte Nachhaltigkeit wird von den Menschen benötigt und entspringt gesellschaftlicher Besorgnis; Ziel der öN ist es, das menschliche Wohlergehen zu verbessern, indem sie die Quellen der Rohstoffe, die für menschliche Bedürfnisse gebraucht werden, schützt und indem sie dafür sorgt daß die Aufnahmekapazitäten der Natur für die Abfälle des Menschen nicht überfördert werden, um Schaden für den Menschen zu verhindern. Die Menschheit muß lernen, in den Grenzen zu leben, die ihre physische Umgebung ihr setzt, sowohl in der Versorgung mit Input (Quellen) als auch als «Speicher» für Abfälle, Abwasser, Abgase (Serageldin, 1993a). Dies bedeutet, daß Emissionen innerhalb der Aufnahmekapazität der Umwelt liegen, bei der diese nicht geschädigt wird. Und es bedeutet, daß die Ernteerträge natürlicher Ressourcen deren Regenerationsfähigkeit nicht überschreiten. Eine Quasi-öN kann erreicht werden, indem die Verbrauchszahlen für nichterneuerbare Energien auf einer Stufe mit den Zuwachsraten für die Entwicklung und Schaffung erneuerbarer Substitute gehalten werden (El Serafy, 1991).

Diese drei Konzepte stehen offensichtlich in enger Beziehung zueinander. Diese Studie konzentriert sich jedoch mehr auf umweltgerechte Nachhaltigkeit als auf nachhaltige Entwicklung. Sobald «Entwicklung» thematisch eingeschlossen wird, verläuft die Diskussion in eine andere Richtung und muß daher einer anderen Gelegenheit überlassen werden.

Abbildung 6.1
Vergleich der gesellschaftlichen, wirtschaftlichen und umweltverträglichen Nachhaltigkeit (aus: Serageldin 1993a, b).

verstehen Kaufleute unter «Kapital» vom Menschen erzeugtes Kapital. Sie wollten wissen, wieviel ihre Familien zum Beispiel von den Verkaufserlösen ihrer Schiffsladungen verbrauchen könnten, ohne daß sich ihr Kapital verringern würde. Von den verschiedenen Formen von Kapital, die in Abbildung 6.1 betrachtet werden, bezieht sich ökologische Nachhaltigkeit auf das natürliche Kapital. Eine solche Definition der ökologischen Nachhaltigkeit schließt mindestens zwei weitere Begriffe ein, «natürliches Kapital» und «Erhalt» und schließlich «nicht abnehmend».

Das natürliche Kapital entspricht im Prinzip unserer natürlichen Umwelt und wird als Bestand an Vermögen definiert, die die Umwelt bietet (z.B. Böden, Luft, Wälder, Wasser, Feuchtgebiete) und als einen Strom nützlicher Güter und Leistungen liefert. Dieser Strom kann aus erneuerbaren oder nicht erneuerbaren, auf dem Markt gehandelten oder nicht gehandelten Gütern oder Leistungen bestehen. Nachhaltigkeit verlangt den Erhalt der ökologischen Vermögen oder zumindest die Verminderung ihrer Erschöpfung. Nachhaltiges «Einkommen» wird nach der allgemein akzeptierten Definition von John Hicks bestimmt. Danach darf jeder Konsum, der auf dem Verbrauch des natürlichen Kapitals basiert, nicht als Einkommen gezählt werden. Die derzeit gebräuchlichen Modelle der wirtschaftlichen Analyse berechnen und fördern aber nicht-nachhaltiges wirtschaftliches Handeln. Der Verbrauch von natürlichem Kapital ist Vernichtung – das Gegenteil von Kapitalanhäufung.

Natürliches Kapital unterscheidet sich von anderen Kapitalformen – menschlichem Kapital, gesellschaftlichem Kapital (Menschen, ihre Fähigkeiten, Institutionen, kulturelle Geschlossenheit, Bildung, Information, Wissen)[2] und menschengemachtem Kapital (Häuser, Straßen, Fabriken, Schiffe). Von den Merkantilisten bis in die jüngste Vergangenheit wurde unter «Kapital» die seltenste

---

2   Die Bildung menschlichen Kapitals wird konventionell aus den Volkswirtschaftlichen Gesamtrechnungen ausgeklammert. Ein Grund ist die Annahme, daß menschliches Kapital, wenn es wirklich produktiv ist, sich letztendlich in höherer Produktivität und daraus folgend in einem höheren BIP niederschlagen wird. Die Umsetzung der Vorteile, die zum Beispiel Erziehung und Verwaltung mit sich bringen, erfolgt mit zeitlicher Verzögerung, wobei traditionell angenommen wird, daß der Wert dieser Vorteile in etwa den entstandenen Kosten entspricht. Der Verlust des natürlichen Kapitals wird sich, solange er – wie heute der Fall – nicht zahlenmäßig belegt wird, mit einer gewissen Zeitverzögerung in den Berechnungen für Einkommen und Produktivität niederschlagen.

Form, nämlich von Menschen erarbeitetes Kapital, verstanden. Es wurde in begrenzte Faktoren investiert, zum Beispiel Sägemühlen und Fischerboote, denn natürliches Kapital, das diese Faktoren ergänzte, war im Überfluß vorhanden. Dieses idyllische Zeitalter ist beendet.

Jetzt, wo die Umwelt so intensiv genutzt wird, ist natürliches Kapital genauso ein begrenzender Faktor wie menschengemachtes Kapital. Beispielsweise in der Hochseefischerei: Die Zahl der Fische ist begrenzt, nicht die der Boote. Dem Holzgewerbe werden seine Grenzen durch fehlende Waldbestände, nicht durch fehlende Sägemühlen gesetzt; die Nutzung von Petroleum wird durch die eingeschränkte Aufnahmefähigkeit der Atmosphäre für CO_2 begrenzt, nicht durch fehlende Raffinierungskapazitäten. Aufgrund der sinkenden Wald- und Fischbestände investieren wir in die Anpflanzung von Bäumen und die Aufzucht von Fischen. Es entsteht eine Zwischenkategorie, in der natürliches und menschengemachtes Kapital kombiniert sind: *kultiviertes natürliches Kapital*.[3] Diese Kategorie ist lebenswichtig für den Menschen, denn wir beziehen den Großteil unserer Nahrungsmittel und die überwiegende Menge der von uns verwendeten Hölzer aus dieser Quelle. Die Tatsache, daß der Mensch imstande ist, natürliches Kapital zu «kultivieren», steigert die Dienstleistungsfähigkeit des natürlichen Kapitals. Dennoch muß berücksichtigt werden, daß die Begrenztheit des natürlichen Kapitals nicht vollständig überwunden werden kann.

Das natürliche Kapital ist inzwischen knapp
In der Zeit, in der das natürliche Kapital, gemessen an der Nutzung durch den Menschen, als unbegrenzt erschien, war es durchaus vernünftig, seinen Verbrauch bei der Berechnung des Einkommens nicht einzubeziehen. Heute sieht das anders aus. Das Ziel ökologischer Nachhaltigkeit im «konservativen» Bemühen; die traditionelle Bedeutung und Messung von Einkommen kann nicht mehr in einer Zeit beibehalten werden, in der natürliches Kapital nicht länger ein freies Gut, sondern mehr und mehr der begrenzende Faktor der Entwicklung ist. Die Schwierigkeiten in der Anwendung des Konzepts werden hauptsächlich durch die operationalen Probleme der

---

3   Die Unterkategorie des vermarkteten natürlichen Kapitals, als Zwischenstufe zwischen menschlichem Kapital und natürlichem Kapital, gehört zum *kultivierten natürlichen Kapital*; Beispiele sind agrarwirtschaftliche Produkte, Zuchtfische, Rinderherden und Nutzwälder.

Messung und Bewertung natürlichen Kapitals verursacht, wie sie in den anderen Kapiteln dieses Berichts betont werden oder zum Beispiel durch Ahmad et al. (1989), Lutz (1993) und El Serafy (1991, 1993).

Definitionen ökologischer Nachhaltigkeit
Nachhaltigkeit kann verschiedene Niveaus aufweisen – ökonomisch, vernünftig umweltbewußt, ökologisch, übertrieben ökologisch – je nachdem, wie streng man das Konzept des Erhalts oder den Maßstab des sich verringernden Kapitals anwendet (Daly & Cobb, 1989). Wir kennen in diesem Zusammenhang mindestens vier verschiedene Formen von Kapital:

- *menschengemachtes Kapital* (das normalerweise in den wirtschaftlichen Bilanzen betrachtet wird);
- *natürliches Kapital* (entsprechend der oben gegebenen Definition, aber hier ohne das «kultivierte natürliche Kapital»);
- *menschliches Kapital* (Investitionen in Bildung und Gesundheit von Individuen);
- *gesellschaftliches Kapital* (die institutionelle und kulturelle Basis, auf der die Gesellschaft beruht).

Ökonomische Nachhaltigkeit zielt auf den Erhalt des Gesamtkapitals, ohne dessen Zusammensetzung hinsichtlich der unterschiedlichen Kapitalformen (natürlich, hergestellt, gesellschaftlich oder menschlich) zu berücksichtigen. Das impliziert, daß die verschiedenen Kapitalformen untereinander substituierbar sind, zumindest innerhalb der Grenzen der derzeitigen wirtschaftlichen Aktivitäten und Ressourcenausstattung.
Vernünftig umweltbewußte Nachhaltigkeit würde darüber hinaus voraussetzen, daß nicht nur der Gesamtbestand des Kapitals erhalten, sondern auch die Zusammensetzung des Gesamtkapitals berücksichtigt würde. Demnach könnte beispielsweise so lange Öl verbraucht werden, wie entsprechende Investitionen in andere Kapitalformen gemacht werden (z.B. in die Entwicklung menschlichen Kapitals). Zusätzlich müßten aber für jede Kapitalform kritische Grenzwerte definiert werden, bei deren Überschreitung die Substituierbarkeit durch andere Kapitalformen gefährdet wird. Um zu verhindern, daß die Entwicklungsstrukturen die Erschöpfung einer bestimmten Form von Kapitalbestand fördern – unabhängig von Kapitalanhäufungen in anderen Bereichen – müssen diese Grenzwerte überwacht werden. Hinter diesen Überlegungen steht die Überzeugung, daß hergestelltes und natürliches Kapital bis zu

einem oft recht weit gesteckten, aber wichtigen Punkt substituierbar, über diesen Punkt hinaus aber komplementär sind. Die volle Funktionsfähigkeit des Systems erfordert eine Mischung der verschiedenen Kapitalformen. Da wir nicht genau wissen, ab wann die kritische Grenze für jede Kapitalform erreicht ist, sollten wir einen Spielraum für Irrtümer lassen und in bezug auf den Ressourcenverbrauch – dies gilt insbesondere für das natürliche Kapital – vorsichtig sein.

Ökologische Nachhaltigkeit fordert den Erhalt jeder einzelnen Kapitalform. Ein Beispiel für natürliches Kapital: Die Erträge aus der Ölnutzung müßten so verwendet werden, daß auch für zukünftige Generationen ausreichende Energiequellen sichergestellt sind, die zumindest dem Nutzen aus der heutigen Ölversorgung entsprechen. Dahinter steht die Überzeugung, daß natürliches und menschengemachtes Kapital in den meisten Produktionsfunktionen nicht echte Substitute, sondern komplementär sind. Eine Sägemühle (menschengemachtes Kapital) ist ohne das komplementäre natürliche Kapital (Wald) wertlos. Mit der gleichen Logik würde man auch argumentieren, daß Kürzungen im Bildungsbereich durch andere Bildungsangebote und nicht durch Straßenbauinvestitionen ersetzt werden müssen.

Übertrieben ökologische Nachhaltigkeit würde überhaupt nichts verbrauchen oder nutzen. Nichterneuerbare Ressourcen könnten gar nicht eingesetzt werden, da nur das jährliche Nettowachstum nachwachsender Rohstoffe, das heißt der «überreife» Teil des Bestandes, geerntet werden könnte.

Diese schematische Übersicht (Serageldin & Steer, 1994a) zeigt die allgemeine Richtung an, in der unsere Diskussion verlaufen soll. Der Einfachheit halber können wir uns bei unseren Überlegungen auf die Abwägung menschengemachten und natürlichen Kapitals beschränken, wohl wissend, daß die angesprochenen Fragen komplexer sind, als in den folgenden Abschnitten dargestellt.

Die wirtschaftliche Logik zwingt uns, in die uns Grenzen auferlegenden Faktoren zu investieren. Investitionen in (nicht vermarktetes) natürliches Kapital sind im Prinzip Infrastrukturinvestitionen größeren Maßstabs, nämlich in die biophysikalische Infrastruktur der ökologischen Nische des Menschen. Investitionen in solch eine «Infra-Infrastruktur» sorgen für den Erhalt der Produktivität aller vorher getätigten wirtschaftlichen Investitionen in menschengemachtes Kapital (öffentlich oder privat), indem sie die natürlichen Kapitalbestände, die zum Engpaß geworden sind, wieder aufbauen. Operationalisiert bedeutet das: Einschränkung des derzeitigen Nutzungsniveaus, um dem natürlichen Kapital die Möglichkeit zu geben, sich wieder zu erholen; Investitionen in Projekte zum Ausbau des kultivierten natürlichen Kapitals, die den Druck auf die natürlichen Kapitalbestände abfangen (z.B. die Anpflanzung von Nutzwäldern, um die Abholzung der natürlichen Wälder zu vermeiden); Erhöhung der Anwendungseffizienz von Produkten (verbesserte Herde, Solarkocher, strohgefeuerte Kocher, Windpumpen, Solarpumpen, biologischer statt chemischer Dünger).

Kriterien für ökologische Nachhaltigkeit
Der oben beschriebene Nachhaltigkeitsansatz des «Erhalts von natürlichem Kapital» kann von uns als Basis für die Aufstellung gewisser Faustregeln genutzt werden, nach denen wir die wirtschaftliche Entwicklung gestalten können. Als erster Schritt sollte der Entwurf von Investitionsstrategien mit den Input-Output-Regeln der Abbildung 6.2 verglichen werden, um abschätzen zu können, inwieweit ein Projekt nachhaltig ist. In einem zweiten, detaillierteren Schritt sollten konkrete Indikatoren für ökologische Nachhaltigkeit angewandt werden, wie die Weltbank und andere Akteure sie derzeit vorbereiten.

Die Umsetzung ökologischer Nachhaltigkeit erfordert ein radikales Umdenken. Wir müssen lernen, wie wir langfristig erneuerbare Ressourcen nutzen können. Wir müssen Abfall und Umweltverschmutzung reduzieren. Wir müssen lernen, wie man Energie und Rohstoffe auf effizienteste Weise nutzen kann. Wir müssen lernen, wie man Solarenergie in all ihren Formen anwenden kann. Und wir müssen in die Wiedergutmachung der Schäden investie-

---

1. Output-Regel:
   Die Abfall-, Abgas- und Abwasseremissionen eines Projekts sollten innerhalb der Grenzwerte liegen, die die lokale Umwelt aufnehmen kann, ohne daß ihre zukünftige Speicherfähigkeit oder sonstige Leistungen auf unannehmbare Weise eingeschränkt werden.

2. Input-Regel:
   (a) Für erneuerbare Ressourcen: Erntemengen von erneuerbaren Ressourcen-Input sollten innerhalb der Regenerationsgrenzen liegen, die dem erzeugenden natürlichen System innewohnen.
   (b) Nichterneuerbare Ressourcen: Die Verbrauchsraten für nichterneuerbares Ressourcen-Input sollten der Rate entsprechen, mit der durch menschliche Erfindungskraft und Investitionen erneuerbare Substitute gefunden werden. Ein Teil der Erträge, die aus der Nutzung nichterneuerbarer Ressourcen hervorgehen, sollte der Forschung gewidmet werden, die sich mit der Entwicklung erneuerbarer Substitute beschäftigt.*

* Eine theoretische Ausführung dieses Ansatzes findet sich bei El Serafy (1991, 1993) und Dasgupta & Heal (1979).

Abbildung 6.2
Faustregeln für umweltverträgliche Nachhaltigkeit *(aus: Serageldin, 1993a, b).*

ren, die der gedankenlose Industrialisierungsprozeß der letzten Jahrzehnte in vielen Teilen der Erde mit sich gebracht hat.

Ökologische Nachhaltigkeit setzt darüber hinaus einige Möglichkeits-Bedingungen voraus, die nicht direkt Teil ökologischer Nachhaltigkeit sind: nicht nur wirtschaftliche und gesellschaftliche Nachhaltigkeit (Abbildung 6.1), sondern auch Demokratie, die Entwicklung menschlicher Ressourcen, verbesserte Möglichkeiten für Frauen und viel größere Investitionen in das menschliche Kapital, als heute üblich sind (z.B. intensivierte Alphabetisierung, vor allem Öko-Alphabetisierung, Orr, 1992).

Je eher wir uns um ökologische Nachhaltigkeit kümmern, um so einfacher wird es werden. Europa, zum Beispiel, benötigte ein Jahrhundert, um den demographischen Übergang zu bewältigen, während Taiwan dazu ein Jahrzehnt brauchte: Technologie und Bildung bewirken große Unterschiede. Je länger wir die nötigen Schritte jedoch aufschieben, um so schlechter wird die Lebensqualität schließlich werden (weniger Wahlmöglichkeiten, weniger Artenvielfalt, mehr Risiken), vor allen Dingen für die Armen, die nicht die Mittel haben, sich von den negativen Auswirkungen der Umweltbelastungen zu isolieren.

Viele Autoren haben ihre Besorgnis darüber ausgedrückt, daß die Welt gegenwärtig vom Weg der ökologischen Nachhaltigkeit abdriftet (Simonis, 1990; Meadows et al., 1992; Brown et al., 1994; Hardin, 1993), obwohl über das Ausmaß noch keine Übereinstimmung herrscht. Es ist aber unwiderlegbar, daß die gegenwärtigen, in den meisten Teilen der Weltwirtschaft üblichen Produktionsverfahren für die Erschöpfung und Zerstörung eines einmaligen Erbes an natürlichem Kapital verantwortlich sind – einschließlich unserer Böden, des Grundwassers, der Regenwälder, der Fischgründe und der Artenvielfalt.

Am ärgerlichsten ist in diesem Zusammenhang, daß – obwohl wir auf Kosten unseres Kapitalerbes und nicht nur von unserem Einkommen leben – der größte Teil der Weltbevölkerung lediglich ein Existenz-Minimum verbraucht. Kann die Menschheit zu einem gerechter verteilten Lebensstandard gelangen, der die Tragfähigkeit des Planeten nicht übersteigt? Der Übergang zu ökologischer Nachhaltigkeit *wird* unvermeidlich stattfinden. Ob die Staaten jedoch die Weisheit und Voraussicht aufbringen, diesen Übergang friedlich und gerecht zu gestalten, anstatt es den biophysikalischen Grenzen zu überlassen, Geschwindigkeit und Ablauf des Übergangs zu diktieren, ist noch zweifelhaft.

Es ist offensichtlich: Wenn Umweltverschmutzung und Erschöpfung der natürlichen Ressourcen im gleichen Maße fortschreiten wie das Wirtschafts- und Bevölkerungswachstum, dann führt das zu einem entsetzlichen Schaden der ökologischen und menschlichen Gesundheit. Dem Wirtschaftswachstum selbst würde der Boden entzogen und der Sinn genommen. Ein Übergang zur Nachhaltigkeit ist jedoch möglich, er setzt allerdings einen Wandel in der Politik und in der menschlichen Bewertung aller Dinge voraus. Der Schlüssel für das verbesserte Wohlergehen von Millionen von Menschen liegt in der erhöhten Wertsteigerung des Outputs, nach angemessener Abschreibung aller Umweltkosten und -gewinne und nach Differenzierung zwischen Beständen und Strömen bei der Nutzung natürlicher Ressourcen. Ohne diese notwendige Anpassung, sowohl im Denken als auch in den Meßmethoden, wird das Anstreben eines Wirtschaftswachstums, das den Abbau des natürlichen Kapitals als Einkommensgröße verbucht, uns nicht auf den Pfad nachhaltiger Entwicklung führen.

Das weltweite Ökosystem, das die Quelle aller Ressourcen ist, die für das wirtschaftliche Subsystem benötigt werden, ist endlich, und es hat jetzt einen Punkt erreicht, an dem es in seiner Regenerierungs- und Aufnahmefähigkeit stark belastet ist. Es erscheint unvermeidlich, daß das nächste Jahrhundert Zeuge einer Verdopplung der Bevölkerung werden wird, die die Rohstoffquellen erschöpfen und die Aufnahmereservoirs mit immer wachsenden Abfallmengen füllen wird. Wenn wir den letzten Punkt dabei besonders betonen, so deshalb, weil die Erfahrung zeigt, daß wir dazu neigen, die Fähigkeit der Umwelt, mit unseren Abfallmengen fertigzuwerden, vielleicht noch stärker zu überschätzen als die «grenzenlose» Fülle solcher Ressourcen wie der Fischbestände im Meer.

Eine einzige Größe – Bevölkerung mal Pro-Kopf-Verbrauch des natürlichen Kapitals – stellt eine zentrale Dimension des Verhältnisses zwischen wirtschaftlicher Aktivität und ökologischer Nachhaltigkeit dar. Das Ausmaß des wachsenden Subsystems der menschlichen Wirtschaft wird, ob groß oder klein, im Vergleich zum endlichen globalen Ökosystem beurteilt, von dem es absolut abhängig und dessen Bestandteil es ist. Das globale Ökosystem ist die Quelle aller Materialien, die als Input in das ökonomische Subsystem eingehen, und es ist das Aufnahmereservoir für all seine Abfälle. Bevölkerung multipliziert mit dem Pro-Kopf-Verbrauch des natürlichen Kapitals entspricht dem Gesamtstrom – «Throughput» (Durchsatz) – der Ressourcen, der aus dem globalen Ökosystem in das ökonomische Subsystem fließt und in Form von Abfall in das globale Ökosystem zurückfließt (siehe Abbildung 6.3).

Im lange zurückliegenden Fall einer «leeren» Welt ist das Ausmaß des Subsystems der menschlichen Wirtschaft klein, setzt man

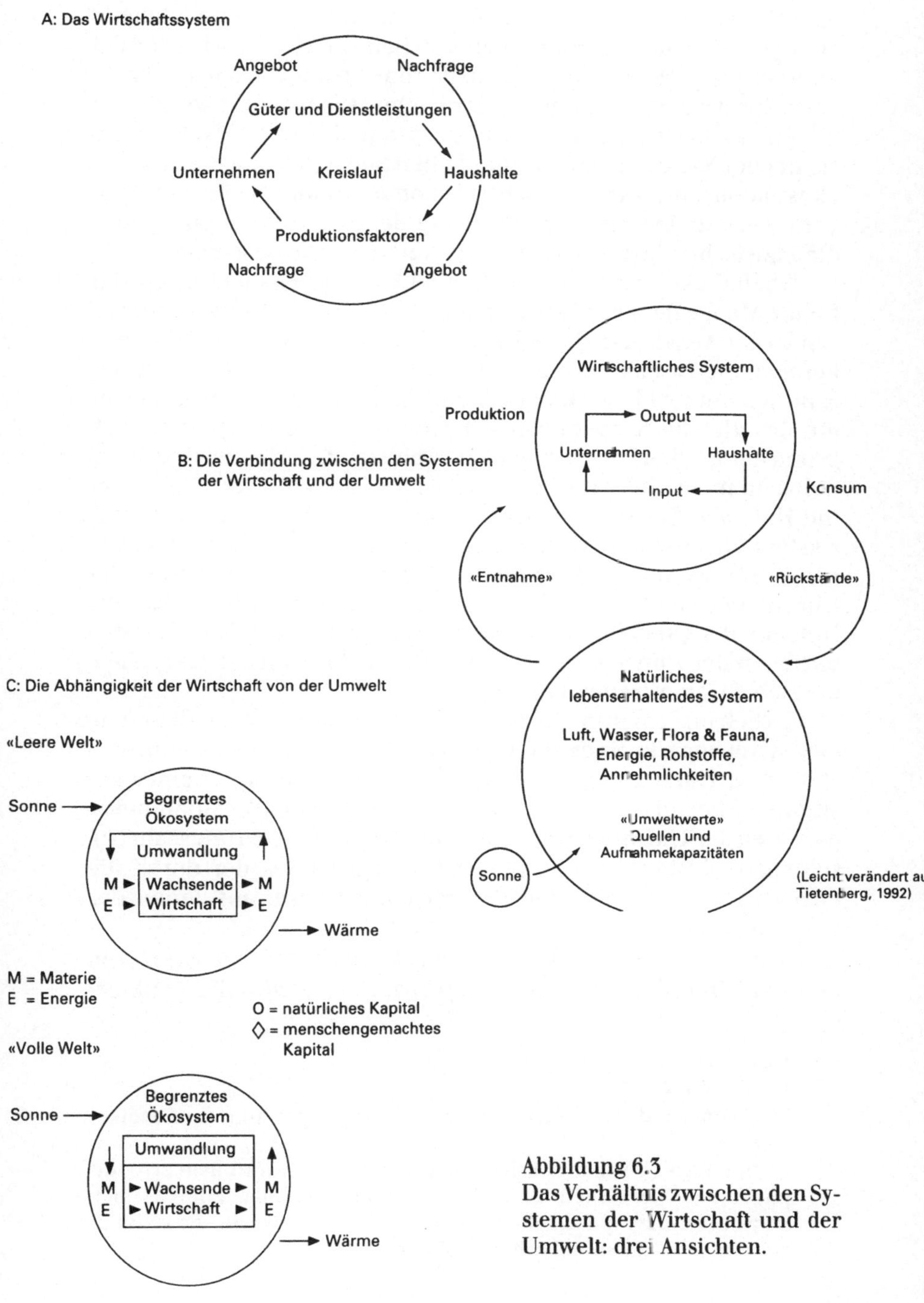

Abbildung 6.3
Das Verhältnis zwischen den Systemen der Wirtschaft und der Umwelt: drei Ansichten.

es in Verhältnis zu dem großen, aber nicht wachsenden globalen Ökosystem. In dem darunter befindlichen Diagramm wird der Fall einer «vollen» Welt dargestellt, in der das Ausmaß des wirtschaftlichen Subsystems groß und immer weiter wachsend ist, verglichen mit einem begrenzten globalen Ökosystem. Im «volle Welt»-Szenario hat der Eingriff des wirtschaftlichen Subsystems in die globalen ökosystemischen Prozesse schon begonnen, zum Beispiel durch die Veränderung der Zusammensetzung der Atmosphäre oder durch die inzwischen fast weltweite Schädigung der Ozonschicht.

Tragfähigkeit, wie wir sie in Kapitel 3 definiert haben, ist ein Maß für die Menge der erneuerbaren Ressourcen in der Umwelt, bemessen an der Anzahl der Organismen, die diese Ressourcen versorgen können. Sie ist daher eine Funktion aus Fläche und Organismen: Eine bestimmte Fläche könnte mehr Eidechsen als Vögel ernähren, die das gleiche Körpergewicht haben. Die Tragfähigkeit ist aufgrund der großen Unterschiede an Wohlstand, Verhalten und Technologien nicht einfach zu bestimmen. Es ist nicht wünschenswert, mit Hilfe von Tierfabriken eine große Anzahl Menschen mit niedrigstem Lebensstandard zu ernähren: Die größtmögliche Bevölkerungszahl ist mit Sicherheit nicht die optimale. Je höher der «throughput» an Energie und Rohstoffen ist, oder: je intensiver die Nutzung der Quellen und die Inanspruchnahme der Aufnahmekapazitäten der Umwelt ist, um so kleiner ist die Zahl der Menschen, die sich daran erfreuen können.

Ehrlich und Holdren (1974) fassen die grundlegenden Elemente dieses Konzepts in einer einfachen und überzeugenden, wenn auch statischen Darstellung zusammen: Die Auswirkung (I) einer bestimmten Bevölkerung oder Nation auf Quellen und Aufnahmekapazitäten der Umwelt ist das Ergebnis seiner Bevölkerungszahl (P), seinem Wohlstandsniveau (A) und dem Schaden, der durch die angewandten Technologien (T) verursacht wird, auf denen der Wohlstand beruht.[4]

Es gibt verschiedene Wege, die negativen Umweltauswirkungen menschlicher Aktivitäten zu verringern. Dazu gehört die Struktur-

---

4    $I = P \times A \times T$

    $[I = P \times Y/P \times I/Y]$

    Der Wohlstand (Y/P) entspricht dem Output (Y) pro Kopf der Bevölkerung.

    Technologie (I/Y) bezieht sich auf die Umweltauswirkungen pro Output-Einheit; der Gegenwert an Energie für einen Dollar, zum Beispiel, ist weniger umweltschädlich, wenn er aus Solarenergie, als wenn er aus einem Braunkohlekraftwerk stammt.

änderung von Produktion und Nachfrage (d.h. langlebige Güter mit niedrigem «throughput» und mehr Dienstleistungen) sowie die Investition in den Umweltschutz.

Wir wollen zunächst mit der statischen Analyse von Ehrlich und Holdren beginnen, bevor wir ein dynamischeres Verständnis der Nachhaltigkeitsfrage anfügen.

Die Umweltauswirkungen menschlichen Handelns können durch die drei Variablen der Gleichung – Begrenzung des Bevölkerungswachstums, Einschränkung des Reichtums und «throughput»-intensitätssenkende Technologie – reduziert werden. Es gibt viele Möglichkeiten, um den Einfluß des Menschen auf die Umwelt zu verringern, auch wenn sich viele dieser Maßnahmen bislang als politisch unpopulär und dadurch als schwer umsetzbar erwiesen haben. Die Modifizierungen der genannten Variablen werden im folgenden vertieft dargestellt.

Bevölkerung
Die Stabilisierung der Bevölkerungszahlen ist für ökologische Nachhaltigkeit von fundamentaler Bedeutung. Die 5,5 Milliarden Menschen, die heute auf der Erde leben, vermehren sich um fast 100 Millionen jährlich. Um nur die Grundbedürfnisse dieser 100 Millionen zusätzlichen Menschen zu befriedigen, wird ein Mindestmaß an «throughput» in Form von Kleidung, Wohnraum, Nahrungsmitteln und Treibstoff benötigt. Bis zum Jahr 2150 wird die Weltbevölkerung auf 11,6 Milliarden gestiegen sein. Da beim gegenwärtigen Ungleichgewicht von Produktion, Konsum und Verteilung etwa ein Fünftel der Menschheit unterversorgt ist, und das bei noch vergleichsweise niedrigen Bevölkerungszahlen, erscheint es unwahrscheinlich, daß wir für die doppelte Menge an Menschen besser sorgen können oder wollen – es sei denn, einige unserer Einstellungen und Handlungsweisen ändern sich grundlegend. Wir wollen nicht ein politisches Problem (die Bereitschaft zu teilen) als ein biophysikalisches Problem (die Grenzen der Gesamtproduktion) darstellen. Wir fordern zu erheblich größerer Teilungsbereitschaft auf. Allerdings wollen wir auch nicht in den entgegengesetzten Irrtum verfallen und so tun, als würde es uns eine gerechtere Verteilung erlauben, die biophysikalischen Grenzen der Gesamtproduktion unberücksichtigt zu lassen. Ein verantwortungsvoller Umgang mit der Erde setzt voraus, daß wir unsere Anstrengungen verdoppeln, das Bevölkerungswachstum einzuschränken. Das gilt vor allem für die ärmsten und dadurch am meisten betroffenen Länder, denn dort wächst die Bevölkerung derzeit am schnellstem, und die Menschen leiden an Hunger und Armut.

Die Menschheit ist fast vollkommen von der Sonnenenergie abhängig, insbesondere aufgrund der Photosynthese (Bildung organischer Stoffe aus Kohlendioxid und Wasser bei grünen Pflanzen). Das wirtschaftliche Subsystem des Menschen bemächtigt sich laut Vitousek et al. (siehe Kapitel 3) inzwischen ca. 40 Prozent dieser Energie. Doch die Sonne versorgt die Erde mit genügend Energie, um das 6.500fache des kommerziellen Energieverbrauchs der Erde abzudecken. Anstatt jedoch diese riesige Quelle sauberer, erneuerbarer Energie zu nutzen, wird noch immer der Großteil der Energieforschungsprogramme der Atomenergie gewidmet. Ein Armutszeugnis für die weltweite Energieforschung, die es immer noch nicht gelernt hat, die richtigen Akzente zu setzen. Dies ist aber auch ein Zeichen dafür, welch weiter Weg noch vor uns liegt, bis wir das Konzept der Nachhaltigkeit auch in den Köpfen derer etabliert haben, die für die Vergabe der Forschungsgelder im Energiebereich zuständig sind.

Es gibt einigen Grund zur Besorgnis, ob dieser Themenkomplex auch die Nutzungsmöglichkeiten der Energiemengen beinhalten wird, die durch die Photosynthese fixiert werden. Eine Reihe von Faktoren tragen zu einer Entwicklung bei, nach der sich die weltweite Energiemenge, die durch Pflanzen zur Verfügung gestellt wird, zunehmend verringert. Der Treibhauseffekt, die Schädigung der Ozonschicht und instabiles Klima bedrohen uns bzw. sind schon im Gange. Je nachdem, auf welche Modelle man sich beruft, werden diese Probleme zu einem Verlust von Agrarerträgen, Wäldern, Fischfangquoten, Weideland und anderen Quellen führen. Die zusätzliche Menge ultravioletter β-Strahlung, die die Erde durch die verdünnte Ozonschicht erreicht, könnte möglicherweise die Speicherfähigkeit des Meeresplanktons, einem der gegenwärtig wichtigsten Kohlenstoffspeicher, einschränken. Außerdem ist es möglich, daß die ultraviolette β-Strahlung junge und keimende Pflanzen schädigt. Laut einigen Studien sind bereits geringfügige Temperaturerhöhungen zu verzeichnen, die die Dekompostierungsraten der weltweit riesigen Ablagerungen von Torf, organischen Bodensubstanzen und Moos anheben, wodurch gespeicherter Kohlenstoff freigesetzt wird. Mitte 1992 wurden die borealen Moor- und Tundragürtel zu einem Nettourheber des weltweiten Kohlenstoffaufkommens (anstatt des Nettospeichers, der sie vorher waren). Es gibt Behauptungen, daß eine mindestens 50prozentige Reduzierung des weltweiten Verbrauchs fossiler Brennstoffe notwendig ist, um die Zusammensetzung der Atmosphäre zu stabilisieren. Ob man diese Behauptung wörtlich nimmt oder nicht, sie unterstreicht auf jeden Fall die Dringlichkeit der Lage. Es gibt wirklich keinen Grund zur Gelassenheit.

Wohlstand

Der übermäßige Konsum in den OECD-Ländern trägt auf vielfältigere und deutlichere Weise zur weltweiten Unnachhaltigkeit bei als das Bevölkerungswachstum der ärmeren Länder (Mies, 1991; Parikh & Parikh, 1991). Wenn der Energieverbrauch als ein grober Indikator für die Umweltauswirkungen auf das lebenerhaltende System der Erde genommen wird (grob auch deshalb, weil die Verschiedenartigkeit der Energiequellen nicht berücksichtigt wird), so «verursacht ein Baby, das in den Vereinigten Staaten geboren wird, den doppelten Effekt auf die Umwelt wie eines, das in Schweden geboren wird, den dreifachen verglichen mit einem italienischen Baby, den 13fachen verglichen mit einem brasilianischen, den 35fachen verglichen mit einem indischen, den 140fachen verglichen mit einem Baby aus Bangladesh oder Kenia und den 280fachen verglichen mit Babies aus dem Tschad, Ruanda, Haiti oder Nepal» (Ehrlich & Ehrlich, 1989a, b). Obwohl beispielsweise die Schweiz, Japan und Skandinavien in letzter Zeit einen enormen Fortschritt hinsichtlich der Reduzierung der Energieintensität ihrer Produktion erzielt haben, so bleibt doch die Kernfrage: Können die Menschen ihre Pro-Kopf-Belastung der Umwelt (vor allem in den OECD-Ländern) ausreichend schnell und umfassend soweit absenken, daß die explosiven Zuwachsraten in der Bevölkerung (hauptsächlich in den ärmeren Ländern) ausgeglichen werden können? Die Wohlstandsgesellschaft akzeptiert das Schiff der Suffizienz nur sehr zögerlich – und den Ansatz, Qualität und nicht-materielle Befriedigungen zu betonen. Die Umverteilung von Reichen zu Armen – zumindest in einem Umfang, der irgendwie erwähnenswert wäre – gilt derzeit als politisch nicht durchsetzbar. Aber die Frage, wie die Ressourcen der Erde gerechter geteilt werden können, muß mit Nachdruck auf die Tagesordnung gebracht werden.

Zunehmender Wohlstand, vor allem der Armen, muß daher nicht zwangsläufig zu einer Mehrbelastung der Umwelt führen. Tatsächlich ist es so, daß wirtschaftliches Wachstum, wenn es weise genutzt wird, die Ressourcen dafür stellen kann, die Umwelt in den ärmsten Ländern, wo Umweltschäden genauso durch fehlende Ressourcen wie durch schnelle Industrialisierung verursacht werden, zu schützen und zu verbessern. Wenn Afrika eine Chance haben soll, seine Wälder und Böden zu schützen, so ist eine stärkere Entwicklung der Wirtschaft und der menschlichen Ressourcen ein Muß.

Es gibt also einen Zusammenhang der Probleme, die mit Armut, Umweltbelastung und schnellem Bevölkerungswachstum verbun-

Das schnellere Durchsetzen der beiden vordringlichsten Ziele: Bevölkerungsstabilität und erneuerbare Energien.

Die wichtigsten Mittel dafür sind:

1. Die Bildung menschlichen Kapitals: Erziehung und Ausbildung, Arbeitsplatzbeschaffung (vor allem gleichberechtigt für Mädchen und Jungen), Befriedigung der bislang nur unzulänglich bedienten Nachfrage nach Familienplanung.
2. Technologietransfer: für den Süden und den Osten, um eine Wiederholung der umweltzerstörerischen Schritte in der wirtschaftlichen Entwicklung des Nordens zu vermeiden. In den Entwicklungsländern setzt dies ein Anreizsystem voraus, das effiziente Investitionen fördert. Von den Industrieländern wird eine offene Handelspolitik und angemessene Investitionen in neue, sauberere Technologien erwartet.
3. Direkte Armutsbekämpfung: Dies schließt die Netze der sozialen Absicherung und gezielte Hilfsmaßnahmen mit ein (siehe u.a. den *World Development Report 1990*, Goodland & Daly, 1993a, b).

Abbildung 6.4
Prioritäten in der Annäherung an umweltverträgliche Nachhaltigkeit.

den sind. Es ist von vorrangiger Bedeutung, diesen Zusammenhang aufzubrechen, wenn die Armen nicht länger die Opfer und ungewollten Verursacher der Umweltzerstörung sein sollen.

Technologie

Technologie spielt weiterhin eine wichtige Rolle, um wirtschaftliches Handeln und Umweltschäden zu entkoppeln. Beispiele dafür kann man in praktisch jedem Bereich menschlichen Handelns finden.

Im Energiesektor zum Beispiel hat die Einführung mechanischer und elektronischer Geräte bei der Energieproduktion in den letzten vier Jahrzehnten zu einer Reduzierung der Partikelemissionen pro erzeugter Energieeinheit bis zu 99 Prozent geführt. Neuere Technologien, wie Rauchgasentschwefelung und Wirbelschichtverbrennung, haben die Emissionen von Schwefel und Stickstoffoxiden erheblich gesenkt. Aber nur der Übergang zu Energiequellen, die nicht auf dem Einsatz fossiler Brennstoffe beruhen, wird dauerhaft einen Unterschied machen. In diesem Bereich sind die technologischen Fortschritte beachtlich gewesen – die Kosten der Solarenergieerzeugung sind beispielsweise in den letzten zwanzig Jahren um 95 Prozent gesunken –, aber immer noch nicht ausreichend. Für erneuerbare Energien wird, wie gesagt, nach wie vor ein viel zu geringer Anteil der öffentlichen Forschungsmittel aufgewendet.

Technische Innovationen und deren Anwendung haben auch stark dazu beigetragen, die Agrarwirtschaft nachhaltiger zu gestalten. Neue Technologien haben eine Verdoppelung der weltweiten Nahrungsmittelproduktion innerhalb von nur 25 Jahren ermöglicht, wobei mehr als 90 Prozent dieses Zuwachses auf Ertragsssteigerungen beruhen und weniger als 10 Prozent auf Flächenerweiterungen. In jüngster Zeit hat die Verbreitung von Ansätzen der integrierten Schädlingsbekämpfung dazu geführt, daß die Anwendung von Pestiziden stark eingeschränkt werden konnte, ohne daß dies zu einem Produktionsrückgang geführt hätte.

Trotz solch beachtlicher Fortschritte wäre es ein Fehler, sich mit zu viel Optimismus allein auf den technologischen Wandel zu verlassen. Neue Technologien werden oft angewandt, um die Arbeitsproduktivität zu verbessern, was wiederum zu einer Steigerung des materiellen Lebensstandards führen kann; oft werden jedoch die Umweltauswirkungen der technologischen Verbesserungen nicht ausreichend berücksichtigt. Die Auswirkungen einer Technologie hängen von ihrer Art sowie der Anzahl und dem Wohlstandsniveau der sie anwendenden Menschen ab. Die Weltbank und andere Institutionen investieren vermehrt in nachhaltige Technologien wie Wind- und Sonnenenergie, die nur geringfügige oder positive Auswirkungen auf die Beziehung des Menschen zur ihn tragenden Umwelt haben.

Das Wohlstandsniveau der Menschen in den OECD-Ländern kann aber nicht auf die ganze übrige Weltbevölkerung übertragen werden, und noch viel weniger auf die wesentlich größeren Bevölkerungsdichten der Entwicklungsländer in etwa 40 Jahren – unabhängig davon, welche technischen Verbesserungen wahrscheinlich sind.

Entwicklungsexperten sind sich darüber im klaren, daß es ein unrealistisches Ziel ist, Länder mit niedrigem Einkommen innerhalb der nächsten 40 oder sogar 100 Jahre auf ein Wohlstandsniveau zu heben, das in etwa dem der OECD-Länder entspricht. Man mag uns vorwerfen, daß wir offene Türen einrennen; wer hätte denn auch behauptet, daß weltweite Gleichverteilung auf Höhe des gegenwärtigen Wohlstandes in der OECD möglich wäre? Wir möchten aber darauf hinweisen, daß die meisten Politiker und Bürger die Unwirklichkeit dieses Ziels noch nicht begriffen haben. Die meisten Menschen nehmen an, daß es für ärmere Länder *wünschenswert* ist, so reich wie der Norden zu sein – und machen von da den Sprung zu der Schlußfolgerung, daß dies deswegen möglich sein *muß*! Sie werden in diesem *non sequitur* durch das Bewußtsein bestärkt, daß Teilen und Geburtenkontrolle notwendig sind, wenn größere Gerechtigkeit nicht durch mehr Wachstum erreicht werden kann. Politiker finden es einfacher, im Wunschdenken zu verharren, anstatt sich diesen beiden Themen – Teilen und Geburtenkontrolle – zu stellen. Wenn wir uns aber einmal der

Wirklichkeit bewußt werden, gibt es keinen Grund, auf dem Unmöglichen zu bestehen, dafür aber guten Grund, sich auf das zu konzentrieren, was möglich *ist*. Man kann überzeugend darlegen (Serageldin, 1993b, S. 141–143), daß es möglich ist, das Einkommensniveau pro Kopf der Bevölkerung in den ärmeren Ländern von 1.500 US$ auf 2.000 US$ (anstatt der im Norden verbreiteten 21.000 US$) anzuheben. Darüber hinaus kann ein solches Einkommensniveau 80 Prozent der wichtigsten Wohlstandsaspekte liefern, die ein US$-20.000-Einkommen voraussetzen – gemessen an Lebenserwartung, Ernährung, Erziehung und anderen Bestandteilen der sozialen Wohlfahrt. Um das Mögliche aber zu erreichen, müssen wir aufhören, das Unmögliche zu idealisieren.

Der Beitrag, den die drei Regionen leisten müssen, um weltweit eine umweltverträgliche Nachhaltigkeit zu gewährleisten, ist sehr verschieden. Der Hauptbeitrag der OECD-Länder muß darin bestehen, ihre weit zurückreichende Geschichte der Umweltzerstörung zu beenden: den übermäßigen Konsum, die Verschmutzung sowie den Treibhauseffekt und die Schädigung der Ozonschicht – alles Begleiterscheinungen des Reichtums. Die Entwicklungsländer müssen das Problem des Bevölkerungswachstums lösen. Der Beitrag der ehemaligen Ostblockstaaten muß in der technischen Modernisierung bestehen: Bekämpfung des Sauren Regens durch Einstellung der kontraproduktiven Kohlesubventionen, Beendigung des Waldsterbens und der Bodenvergiftung, Risikominimierung in der Atomindustrie.

Es liegt ja auch im Eigeninteresse der OECD, den Technologietransfer in die ehemaligen Ostblockstaaten und die Entwicklungsländer zu beschleunigen. Es ist durchaus möglich, daß die Weltwirtschaft mit ihren gegenwärtig existierenden Technologien und Produktionssystemen schon jetzt die Grenzen der Nachhaltigkeit im globalen Ökosystem überschritten hat und daß ihre Expansion uns von der gegenwärtigen, langfristigen Nicht-Nachhaltigkeit zum bevorstehenden Zusammenbruch bringt. Wir glauben, daß bei Konflikten die politische Machbarkeit letztendlich den biophysikalischen Realitäten nachgehen muß – auch wenn wir nicht genau angeben können, wann das sein wird.

Eine dynamische Formulierung: von Nachhaltigkeit zu
nachhaltiger Entwicklung
Die vorhergegangene Diskussion über Bevölkerung, Reichtum und Technologie bezog sich auf die statische Definition von Ehrlich & Holdren, die sie vor etwa zwanzig Jahren vorgelegt haben. Jüngere Arbeiten sehen diese Verallgemeinerung differenzierter.

Vor allem die Beziehungen zwischen den drei Bereichen und ihre Verbindung mit Verschiebungen in der Wirtschaftsstruktur sind von Bedeutung. Eine alternative Definition, die die Beziehungen untereinander berücksichtigt und in Form von Rückkoppelungssystemen darstellt, wird in Abbildung 6.5 skizziert (Steer und Thomas, 1995).

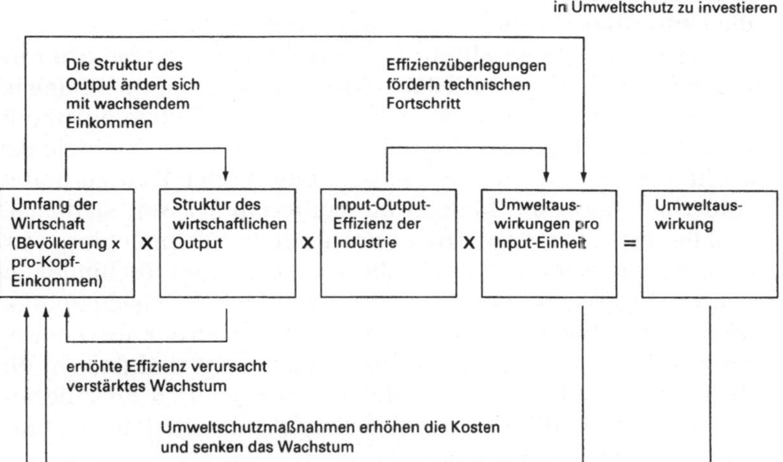

Quelle: A. Steer und V. Thomas: «Promoting Development that Lasts», noch nicht veröffentlicht.

Abbildung 6.5
Wirtschaftliches Handeln und die Umwelt.

Drei Fragen müssen vorab geklärt werden, wenn wir den Fortschritt in Richtung Nachhaltigkeit lenken wollen:

– Berücksichtigt man, daß eine freiwillige Beschränkung des gesamten Reichtums in den Industrieländern politisch unrealistisch ist, wie wird dann das «Muster» der Reichtumsverschiebung verlaufen? Genauer gefragt, wird sich die Wirtschaftsstruktur von umweltschädlichen Aktivitäten (z.B. Schwerindustrie und chemische Industrie) auf weniger «natürliches Kapital erschöpfende» Sektoren (z.B. Dienstleistungen) verlagern? Studien der letzten Jahre zeigen, daß Strukturverlagerungen immense Auswirkungen auf den Verbrauch natürlicher Ressourcen haben können.

– Welche Tendenz weist der Verbrauch natürlicher Ressourcen pro Output-Einheit auf? Um diese Frage zu beantworten, müssen zwei Mechanismen beobachtet werden: Die Verbesserung der wirtschaftlichen Effizienz (Input pro Output-Einheit) und das Ausmaß, in dem umweltschädlicher Input substituiert wird. Politische Instrumente, wie Steuern und Verbrauchsabgaben, können einen solchen Übergang unterstützen, vor allem, wenn die Umweltkosten nicht vom Markt erfaßt werden.

– In welchem Ausmaß nimmt der Verschmutzungsgrad pro Einheit wirtschaftlicher Aktivität ab? In diesem Zusammenhang ist es wichtig, zwischen der Entwicklung neuer Technologien und ihrer Verbreitung und Anwendung zu unterscheiden. Viele der schlimmsten Umweltschäden, die heute in der Welt zu finden sind (Bodenerosion, Mangel an sauberem Wasser, städtische Abfälle, etc.), verlangen nicht nach neuen Technologien, sondern wären durch die Anwendung vorhandener Technologien lösbar. Dies setzt allerdings voraus, daß (a) die Entscheidungsträger davon überzeugt werden, daß der Nutzen der Anwendung solcher Technologien deren Kosten übersteigt und daß (b) die Ressourcen vorhanden sind, die Technologien zu installieren. Gesellschaftspolitik kann so abgestimmt werden, daß beide Bedingungen erfüllt werden.

Die Wechselbeziehungen zwischen den treibenden Kräften – Umfang, Struktur, Effizienz, Technologie und Investitionen in den Umweltschutz – zusammen mit den wichtigsten Rückkoppelungssystemen zwischen wirtschaftlichen Aktivitäten und menschlichem Verhalten – wie der deutlichen Auswirkung des Einkommens auf die Geburtenraten – können erklären, warum in einigen Situationen wirtschaftliches Wachstum und technischer Fortschritt zu größeren Umweltschäden führen und in anderen weniger. Die inzwischen bekannten «Knicke» im Kurvenverlauf der Beziehungen zwischen bestimmten Formen von Umweltverschmutzung und Einkommen können diesen Punkt belegen. Um eine effektive Politik zu gestalten, müssen diese verschiedenen Verläufe entwirrt werden, so daß die Politik zielgerichtet umweltschädliches und ungerecht verteiltes Wachstum verhindern und eine nachhaltige und schnelle Armutsbekämpfung verfolgen kann.

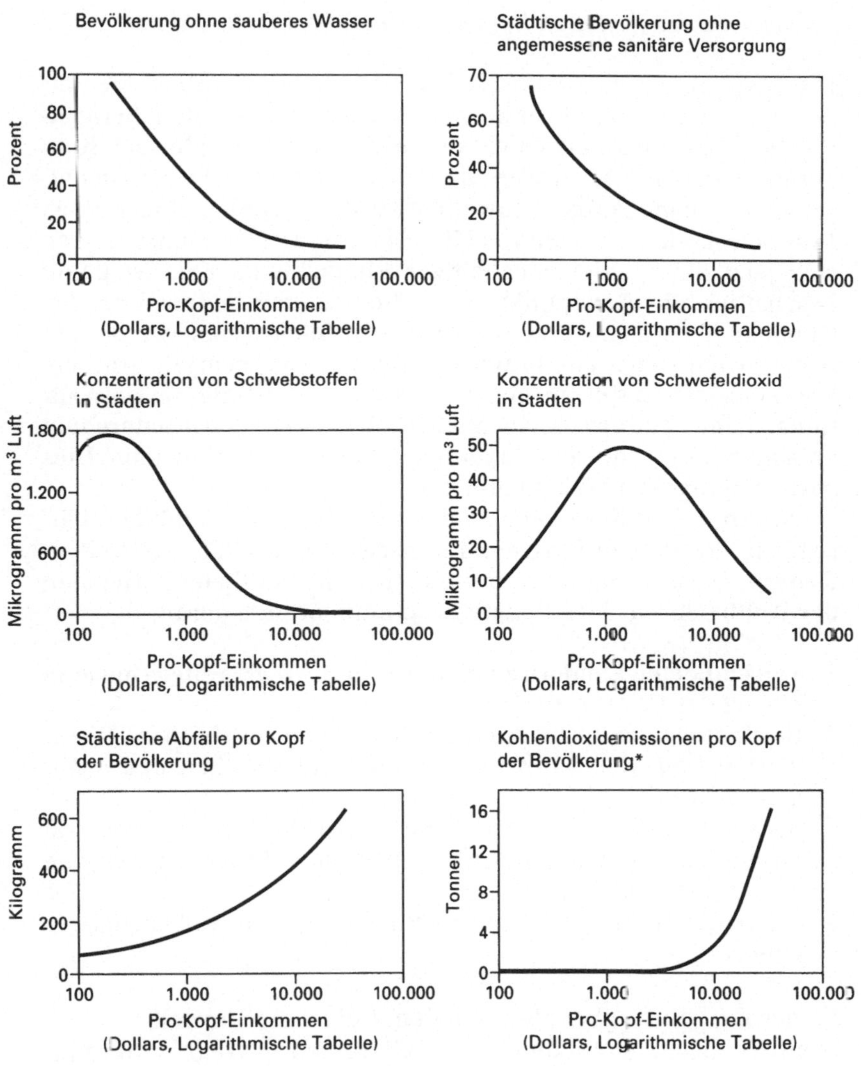

Bemerkung: Diese Schätzungen basieren auf einer landesweiten Regressionsanalyse auf Grundlage von Daten aus dem Jahr 1980.

*Emissionsquelle: fossile Brennstoffe

Quellen: Shafik und Bandyopadhyay, Hintergrundstudie, Weltbankstatistiken.

Abbildung 6.6
Umweltprobleme können sich mit wachsendem Einkommen verschlimmern oder verbessern; manche verschlechtern sich zunächst und verbessern sich später.

Die Position, die die Weltbank heute bezüglich nachhaltiger Entwicklung einnimmt, ist vor kurzem veröffentlicht worden (Serageldin 1993a), sie wird also nicht in diesem Bericht wiederholt. Kurz zusammengefaßt: Es wurde im Januar 1993 eine Vizepräsidentschaft für nachhaltige Umweltentwicklung (ESD) eingerichtet. Eine beträchtliche Anzahl von Mitarbeitern (ca. 200) konzentrieren sich jetzt auf Fragen nachhaltiger Entwicklung. ESD ist damit beschäftigt, die Standpunkte über die drei relevanten Bereiche, Ökonomie, Ökologie und Soziologie, zu integrieren. Vor diesem Hintergrund sollen alle praktischen Vorschläge beurteilt werden. ESD konzentriert sich auf eine verbesserte Bewertung von Umweltthemen, mit dem Zweck, Nachhaltigkeit in das Bruttosozialprodukt aufzunehmen, so daß die Zukunft neu bewertet werden kann. Dies wird in Serageldin (1993a) erörtert.

Neben diesen Konzepten ist die Weltbank aktiv damit beschäftigt, ein Vier-Punkte-Programm umzusetzen, um ESD weltweit zu fördern. Dieses Programm bezieht sich auf sämtliche Aktivitäten der Weltbank. Das Vier-Punkte-Programm besteht daraus:

1. verschuldeten Ländern zu helfen, sich zu Wegbereitern auf dem Gebiet der Umwelt zu entwickeln;
2. die ungünstigen Auswirkungen, die mit von der Weltbank finanzierten Projekten assoziiert werden, zu beurteilen und abzuschwächen;
3. die positiven Synergien zwischen Entwicklung und Umwelt (oft Strategien der doppelten Gewinner oder Win-win-Strategien genannt) zu nutzen;
4. weltweite Herausforderungen im Bereich Umwelt anzusprechen.

Förderung von Wegbereitern auf dem Gebiet der Umwelt
Wenn es darum geht, Ländern zu helfen, sich zu Wegbereitern im Bereich Umwelt zu entwickeln, hilft die Weltbank, die Strategien zu definieren, und sorgt dafür, daß Gelder für Umweltmanagement und für Projekte zur Verfügung stehen. 1993 hat die Weltbank US\$ 173 Millionen zur Unterstützung von Umweltmanagement zur Verfügung gestellt und somit die Gesamtsumme für finanzierte Umweltmanagement-Projekte und Teilprojekte auf einen Gesamtbetrag von ungefähr US\$ 500 Millionen aufgestockt. Dieser Betrag ist in Relation zu sehen zu den Fonds für Umweltdarlehen in einer Gesamthöhe von US\$ 5 Milliarden, von denen allein 1993 ungefähr

Tabelle 6.1
Das Kreditportfolio der Weltbank im Bereich Umweltmanagement und Umweltschutz, das für die Jahre 1989–93 verabschiedet wurde (Weltbank, 1993)

Land	Projekt	Darlehen/ Kreditbeträge
	Neue Verpflichtungen, im Finanzjahr 1993 verabschiedet	*in Millionen US$*
Brasilien	Kontrolle von Wasserqualität und -verschmutzung – São Paulo/Parana	245,0
Brasilien	Kontrolle von Wasserqualität und -verschmutzung – Minas Gerais	145,0
China	Umweltschutz am südlichen Yangtse	250,0
Indien	Entwicklung erneuerbarer Ressourcen	190,0
Republik Korea	Abwassersysteme in Kuangsu und Seoul	110,0
Mexiko	Luftqualitätsmanagement im Verkehrssektor	220,0
Türkei	Wasser- und Kanalisationssysteme in Bursa	129,5
Gesamt		1.289,5
	Durchgeführte Projekte, die in den Finanzjahren 1989–92 verabschiedet wurden	
Angola	Sanierung der städtischen Umwelt in Lobito-Benguela (92)	46,0
Brasilien	Nationaler industrieller Umweltschutz	50,0
Chile	Zweites Wasserversorgungs- und Abwassersystem in Valparaiso (91)	50,0
China	Entsorgung von Schiffsabfällen (92)	15,0
China	Umweltmaßnahmen in Peking (92)	125,0
China	Städtische Entwicklung und Umwelt in Tientsin (92)	100,0
Elfenbeinküste	Umweltschutz in der Lagune von Abidjan (90)	21,9
Tschechische und Slowakische Republiken	Verbesserungen im Energiesektor und im Umweltschutz (92)	246,0
Indien	Industrieller Umweltschutz (91)	155,6
Republik Korea	Abwassersysteme in Pusan und Taejon (92)	40,0
Polen	Entwicklung von Ressourcen im Energiebereich (90)	250,0
Polen	Umstrukturierung und Einsparungsmaßnahmen in der Wärmeversorgung	340,0
Gesamt		1.439,5
Portfolio insgesamt		2.729,0

US$ 2 Milliarden zur Verfügung gestellt wurden. Nähere Informationen gibt Tabelle 6.1. Außerdem versucht die Weltbank, Wissen zu vermitteln und zu vertiefen, indem sie den Austausch von Erfahrungen zwischen Politikern und Experten in den verschiedenen Ländern fördert.

Aber sinnvoll arbeitende gesunde Umwelt-Wegbereiter basieren auf einer zweckentsprechenden Entwicklung und auf zweckmäßigen Umweltstrategien, die auf richtig identifizierten Prioritäten basieren sollen. Diese Prioritäten sind in hohem Maße länderabhängig.

Der entscheidende Punkt dabei ist, daß Umweltprioritäten von Land zu Land verschieden sind. Die Aufgabe der Weltbank ist es, jedem einzelnen Land bei der Entwicklung und Verwirklichung seiner eigenen nachhaltigen Umweltstrategien behilflich zu sein. Jedes Land hat mit spezifischen Problemen zu kämpfen. Luftverschmutzung mag das größte Problem in Mexiko City sein (wo die Weltbank mit einem Darlehen von US$ 280 Millionen behilflich ist), es gibt aber andere Arten der Verschmutzung, die in anderen Großstädten der Dritten Welt das größte Problem darstellen. Giftmüll ist das dringlichste Problem in Teilen der ehemaligen Sowjetunion. Im Niger geht es überwiegend um Überweidung von Grasland. Aber gleich um was für Probleme es geht, das Formulieren von nationalen Strategien sollte das Ergebnis von Beratung und Teilnahme an Entscheidungsprozessen in den Ländern selbst sein. Auf diese Weise werden hoffentlich die National Environmental Action Plans (NEAP) ausgeführt werden.

Beurteilung und Abschwächung nachteiliger Auswirkungen
Der zweite Punkt des Vier-Punkte-Programms ist die Beurteilung und Abschwächung von nicht mehr zu vermeidenden, nachteiligen Auswirkungen von Projekten, die von der Weltbank finanziert werden. Das bedeutet, daß jeder Vorschlag sowohl einer rigorosen Umwelt-Beurteilung als auch den üblichen technischen und wirtschaftlichen Beurteilungen unterzogen werden soll. Darüber hinaus versucht die Weltbank jetzt auch eine soziale Beurteilung einzuführen. Die Weltbank selbst hat viel über das Thema Umwelt-Beurteilungsverfahren veröffentlicht (vgl. World Book 1992); wir werden also hier nicht ausführlich auf das Thema eingehen.

Aufbauen auf Win-win-Strategien
Im Gegensatz dazu müssen wir den dritten Punkt des Vier-Punkte-Programms näher erörtern: Die Frage der Entwicklung von Synergien zwischen Umwelt und Entwicklung. Dadurch, daß man das

Konzept einer nachhaltigen Umweltentwicklung übernimmt, können Entwicklungen der Wirtschaft dem Umweltschutz zugute kommen und umgekehrt: das nennt man die Win-win-Strategie, die Strategie der doppelten Gewinner. Nach Auffassung der Weltbank ist das der vielversprechendste Bereich, auf den sie sich konzentrieren muß. Das Vier-Punkte-Programm besteht aus zwei Teilen: Förderprogramme für die Bevölkerung und die Förderung eines effizienten Gebrauchs von natürlichen Ressourcen.

Förderprogramme für die Bevölkerung sind besonders wichtig. Es sind die Armen, die am meisten unter dem Verfall der Umwelt leiden, insbesondere die Frauen. Im Falle von Trockenheit leiden die Armen. Es sind die Frauen, die dafür verantwortlich sind, das Wasser zu holen, außerdem müssen sie immer größere Entfernungen zurücklegen, um Brennholz zu beschaffen. Selbstverständlich sind sie auch diejenigen, die für die Kinder sorgen. Die Lösungen, um das Management der natürlichen Ressourcen zu verbessern und das Bevölkerungswachstum zu verringern, zielen alle auf eine Partizipation von Frauen. Dies ist wahrscheinlich die wichtigste Einzelmaßnahme, die wir auf Dauer sowohl für die wirtschaftliche Entwicklung als auch für die Förderung einer sinnvollen Umweltpolitik treffen können.

Förderprogramme für die Bevölkerung umfassen auch Bevölkerungsprogramme, um dem Druck, den die wachsende Weltbevölkerung auf uns alle ausübt, zu begegnen. Diese Bevölkerungsprogramme müssen von Fürsorgeprogrammen für Mutter und Kind begleitet werden.

Effizientes Ressourcen-Management bildet den zweiten Pfeiler der Win-win-Strategie. Es ist schockierend zu sehen, wie ineffizient das heutige Ressourcen-Management eigentlich ist. Das Mißmanagement wird zum größten Teil von Behörden verursacht. An Energiesubventionen für die Dritte Welt werden pro Jahr US$ 230 Milliarden ausgegeben. Das ist vier- bis fünfmal so viel wie die Gesamtsumme der Official Development Assistance (ODA), die vom Norden an den Süden gezahlt wird. Dies ist ungesund für die Umwelt, die Wirtschaft und eine Verschwendung von natürlichen Ressourcen, die für andere Zwecke eingesetzt werden könnten.

Dies gilt auch für viele Subventionen, die Natur ausbeutenden oder sogar vernichtenden Wirtschaftszweigen zugute kommen. Im Falle der Abholzung zum Beispiel bilden die Rodungserträge nur einen Bruchteil der Kosten für die Wiederaufforstung. Bei einer Stichprobe in afrikanischen Ländern (1988) stellte sich heraus, daß sich die Erträge im besten Fall auf weniger als ein Viertel der Kosten für Wiederaufforstung belaufen, während sie im ungünstigsten Fall ungefähr ein Prozent der Kosten ausmachen. Subventionen gingen also an private Abholzer, und für die Wiederinstandsetzung der natürlichen Hilfsquellen kam niemand auf.

Wir haben uns hier mit Problemen der Entwicklungsländer befaßt, weil das die Länder sind, die Darlehen bei der Weltbank aufnehmen. Nichtsdestotrotz ist die Weltbank gleichermaßen über die weltweite Verschwendung der natürlichen Ressourcen durch die nördlichen Länder besorgt. Durch Berichte und Diskussionen versucht sie die Aufmerksamkeit der Industriestaaten für die obengenannten Probleme zu wecken.

Hinweise auf weltweite Herausforderungen
Der vierte Teil des Vier-Punkte-Programms verweist auf weltweite Herausforderungen. Hiermit sind auch nationale Aktivitäten gemeint, die eine weltweite Auswirkung haben. In diesen Bereichen wird es noch viel Mühe kosten, das weltweite Programm für eine selbstverantwortliche, nationale Basis für politische Entscheidungen zu fördern. Es gibt selbstverständlich weltweite Aktivitäten, deren Kosten national und deren Nutzen weltweit sind. Für diese Aktivitäten spielen bestimmte Instrumente wie Global Environment Facility (GEF) eine zentrale Rolle. Die GEF wird auch vorläufig als Instrument eingesetzt, aufgrund dessen Gelder zur Verfügung gestellt werden, die auf den Vereinbarungen über Biodiversität und Klimaveränderung beruhen.

Parallel zu der Arbeit an diesen weltweiten Bevölkerungsprogrammen beschäftigt sich die Weltbank auch mit dem Konsum des Nordens und damit, wie die Ungleichheiten zwischen Nord und Süd thematisiert werden sollen. Wir sollten uns daran erinnern, wie der Human Development Report der UNDP diese Problematik so glänzend mit dem heute berühmten «Champagner-Glas-Diagramm» dargestellt hat: 20 Prozent der Weltbevölkerung erhalten ungefähr 83 Prozent des gesamten Einkommens der Welt, die ärmsten 20 Prozent der Weltbevölkerung dagegen nur 1,4 Prozent. Diese Ungleichheit bedeutet einen riesigen Unterschied, sowohl was den Konsum angeht als auch die Verschmutzung. Diese Tatsache schreit nach einer sinnvollen Strategie für die Bevölkerung des Südens und fordert gleichzeitig auch eine Neubewertung des Konsums im Norden. Das heißt nicht, daß wir zu den Zeiten der Pferdefuhrwerke zurückkehren müssen: Ein Land wie die Schweiz zum Beispiel – also kein unterentwickeltes Land – hat einen Pro-Kopf-Wasserkonsum, der nur ein Fünftel des Wasserkonsums der Vereinigten Staaten ausmacht. Was das Niveau des Energie-

144

verbrauches betrifft, ist der Unterschied zwischen der Schweiz (oder Japan) und den Vereinigten Staaten 50 Prozent. Wir sollten also unseren Überlegungen den Pro-Kopf-Verbrauch zugrunde legen.

Dies betrifft auch den Verbrauch der natürlichen Ressourcen, die allgemeine Umweltverschmutzung und das Abfallaufkommen. Der CO_2-Ausstoß und die weltweite Müllproduktion zeigen die gleichen Unterschiede: Indiens Pro-Kopf-Beitrag zum jährlichen Ausstoß von Tonnen an Kohlenmonoxid ist sehr niedrig im Vergleich zu Kanada oder den Vereinigten Staaten. Dies gilt für die meisten Entwicklungsländer, mit Ausnahme der ehemaligen Sowjetunion, wo die Verschmutzung vor allem wegen ihrer veralteten Produktionsverfahren relativ groß ist.

Solche Ungleichheiten ermutigen, über verhandelbare Verschmutzungsrechte nachzudenken. Länder mit niedrigem Einkommen könnten mit reichen Ländern Verschmutzungsrechte tauschen – selbstverständlich mit Rücksicht auf proportionale Bevölkerungsrechte. Obwohl dieses Thema nicht auf der Tagesordnung der internationalen Verhandlungen steht, lohnt es sich für uns alle, darüber nachzudenken.

Neben dem oben erläuterten Programm hat die Weltbank dafür gesorgt, daß die Umweltsubventionen erheblich zugenommen haben – US\$ 2 Milliarden wurden für 23 Projekte zur Unterstützung des Umweltmanagements in Entwicklungsländern ausgegeben. Das heißt eine Verdoppelung im Vergleich zum vergangenen Jahr und eine 35fache Zunahme an Darlehen in den letzten fünf Jahren. Die Finanzierung der Nachhaltigkeitsbedingungen hat ebenfalls zugenommen: US\$ 180 für Bevölkerungsprobleme, US\$ 2 Milliarden für Unterricht, US\$ 5 Milliarden für die Verringerung der Armut. Hinzugefügt sei, daß über 30 Länder, unterstützt von der Weltbank, nationale Umweltpläne aufgestellt haben. Die Weltbank ist davon überzeugt, daß eine nachhaltige Umweltentwicklung notwendig ist und weniger kostet als eine nicht-nachhaltige Entwicklung.

Ein großes Problem bei der Förderung von politischen Maßnahmen, die nachhaltige Entwicklung unterstützen, ist heute, daß das Einkommen und die Investitionen nur sehr unvollständig gemessen werden können. Es ist besonders schwierig, die Zerstörung natürlichen Kapitals (Steer und Lutz, 1993) zu berücksichtigen. Um diese Fehler zu beheben, fördert die Weltbank Verbesserungen der Volkswirtschaftlichen Gesamtrechnungen (SNA) (Ahmed et al., 1989; Lutz et al., 1993; El Serafy, 1993). Nationale Berechnungen, die auch der Vernichtung der Umwelt Rechnung tragen, können zu schwerwiegenden politischen Folgerungen für die meisten Entwicklungsländer führen.[5]

Ohne eine nationale Rechnung, die der Vernichtung der Natur Rechnung trägt, können wir zum Beispiel nicht beurteilen, ob eine Nationalökonomie wirklich wächst oder ob sie nur «unnachhaltig» ihre Reserven an Naturkapital aufbraucht; ob die Zahlungsbilanz positiv oder negativ ist auf Basis der heutigen Rechnung oder ob der Wechselkurs angepaßt werden sollte.

Die begonnene Arbeit muß fortgesetzt werden, teilweise innerhalb der Weltbank, zum größten Teil jedoch von engagierten Wissenschaftlern auf der ganzen Welt. Aufgrund ihrer Tätigkeiten hat die Weltbank deutlich gemacht, daß sie nachhaltige Entwicklung ernst nimmt. Dieses Konzept ist aber keine akademische Fingerübung. Es ist eine gewaltige Herausforderung: sicherzustellen, daß möglicherweise 10 Milliarden Menschen genug zu essen haben und genügend Wohnungen zur Verfügung stehen und dies alles innerhalb von weniger als zwei Generationen realisiert wird – ohne der Umwelt, von der wir alle abhängig sind, Schaden zuzufügen. Das heißt, daß das Ziel der nachhaltigen Entwicklung so schnell, wie es nur menschenmöglich ist, erreicht werden muß.

7. Die Visionen des Südens

Während der Nachkriegszeit, d.h. in den vergangenen fünfzig Jahren, konnten die Industrieländer ein beeindruckendes wirtschaftliches Wachstum verzeichnen, das diese Länder in moderne Gesellschaften mit hohem Lebensstandard verwandelte. Gerade dieses wirtschaftliche Wachstum jedoch hat zwei gewichtige Nachteile. Zum einen hat es zur Zerstörung der Umwelt geführt, und zum anderen hat es nicht vermocht, die Vorteile von Reichtum und Fortschritt auch dem Süden zuteil werden zu lassen. Infolgedessen

---

5   Wirtschaftsnobelpreisträger Robert Solow hat sich vor kurzem von seiner Meinung aus dem Jahr 1973 distanziert, daß natürliches Kapital unwichtig sei: «Die Welt kann im Prinzip auch ohne natürliche Ressourcen auskommen» (Solow, 1974, S. 11). 1992 kommt er zu dem Schluß, daß das Bruttosozialprodukt der USA nur um 1 bis 2 Prozent verringert werden wird, wenn es der Umwelt Rechnung trägt (Solow 1992). Vielleicht erscheint dies nur als eine kleine Konzession, aber in der Diskussion im Anschluß an seine REF-Vorlesung (1992) hat Solow anerkannt, daß die Entwicklungsländer in viel größerem Maße von natürlichen Ressourcen abhängig sind als die Vereinigten Staaten.

146

verharren die Entwicklungsländer in einem Zustand von Armut und Unterentwicklung, der seinerseits wiederum zu Umweltverschmutzung führt. Solch eine Entwicklungsstruktur ist ganz offensichtlich nicht nachhaltig.

Viereinhalb Milliarden Menschen bzw. 85 Prozent der Weltbevölkerung, die 72 Prozent des Landes der Erde bewohnen, leben in einkommensschwachen Ländern oder Ländern mit mittleren Einkommen. Dabei bewegten sich 1991 die Unterschiede im Pro-Kopf-Einkommen zwischen 80 US$ (Mosambik) und 7.820 US$ (Saudi Arabien) (International Bank for Reconstruction and Development, 1993b, S. 238–239). Wenn diese Länder in ihren Bemühungen, ihr Pro-Kopf-Einkommen zu steigern, den gleichen Weg verfolgen wie die Industrieländer, so wird dies katastrophale Auswirkungen auf die globale Umwelt haben. Es ist daher notwendig, daß der Süden einen anderen Entwicklungspfad verfolgt: einen, der es ermöglicht, die Armut zu besiegen, ohne dabei die Umwelt zu zerstören. Das setzt ein ausgeklügeltes Muster für eine nachhaltige Entwicklung voraus, das die Bedürfnisse des Südens erfüllt.

Die Pro-Kopf-Einkommen der verschiedenen Entwicklungsländer weichen stark voneinander ab, wodurch die Unterschiede in Bevölkerungszahl, Ressourcenausstattung, wirtschaftlichem Niveau sowie sozialer, wirtschaftlicher und politischer Struktur offenbar/offensichtlich werden. Allgemein können jedoch eine Reihe gemeinsamer Eigenschaften ausgemacht werden, die den Süden vom Norden unterscheiden. Es gibt viele charakteristische Merkmale für die Unterentwicklung des Südens.

Das erste und auffälligste ist die *Armut*. Laut *World Development Report 1991* ist die Last der Armut sowohl zwischen den einzelnen Entwicklungsländern als auch innerhalb der Länder (Stadt-Land-Gefälle) ungleich verteilt. Südasien weist einen Gesamtanteil von 46,4 Prozent der Armen auf, die 1985 auf der Welt erfaßt wurden, Ostasien 25 Prozent, die afrikanischen Länder südlich der Sahara 16,1 Prozent, Lateinamerika und die Karibik 16,1 Prozent, während Europa, der Mittlere Osten und Nordafrika zusammen lediglich 5,9 Prozent beherbergen (International Bank for Reconstruction and Development, 1990, S. 2). Jede Entwicklung, die an den Armen vorbei verläuft, wird diese Ungleichheiten vergrößern und damit zu einer wachsenden Instabilität beitragen.

Das zweite Merkmal ist die *ungleich gewichtete Struktur der Wirtschaft*, die hauptsächlich auf dem primären Sektor beruht. Die Mehrzahl der Entwicklungsländer ist in ihrem Arbeitsmarkt, ihrem Einkommen und ihren Deviseneinträgen von einem begrenzten Angebot agrarwirtschaftlicher Produkte oder mineralischer Rohstoffe abhängig. Da Kapital und Know-how fehlen, findet die Verarbeitung der Primärgüter außerhalb der Grenzen des Landes statt, wodurch ein Großteil der Wertschöpfung verlorengeht. Auf dem Weltmarkt erleiden die Preise für Rohstoffe Kursverluste, dadurch reduziert sich ihr Beitrag zum Einkommen des jeweiligen Landes.

Das *strukturelle Defizit in der Zahlungsbilanz* ist das dritte Merkmal. Die meisten der Entwicklungsländer importieren mehr, als sie exportieren. Praktisch alle Produktionsgüter, die meisten Produktionsmaterialien, in vielen Ländern auch Nahrungsmittel, werden importiert. Das daraus resultierende Zahlungsbilanzdefizit wird durch Auslandsschulden abgedeckt. Dadurch wird die Abhängigkeit der Wirtschaften des Südens vom Norden vergrößert.

Das nächste Merkmal ist die makro-ökonomische Instabilität, die sich in einer hohen *Inflationsrate* niederschlägt. Inflation kann die Wirtschaft unterhöhlen und zu einer Verschwendung der natürlichen Ressourcen beitragen, was einer nachhaltigen Entwicklung nicht förderlich ist.

Das letzte und oft dominierende Merkmal ist der *Bevölkerungsfaktor*. Es wird erwartet, daß die Raten des Bevölkerungswachstums weiterhin hoch liegen werden, selbst wenn offensive Programme der Familienplanung eingesetzt werden. Die Bevölkerung des Südens wird den Vorhersagen nach von 4,5 Milliarden im Jahr 1991, das sind 85 Prozent der Weltbevölkerung, auf 7,3 Milliarden, bzw. 89 Prozent der Weltbevölkerung, im Jahr 2025 ansteigen. Ein Großteil der Bevölkerung im Süden leidet unter Unterernährung (vor allem in den ersten fünf Lebensjahren) einer hohen Säuglings- und Kindersterblichkeit. Zudem gibt es kaum Bildungsprogramme. Während die quantitativen Zahlen der Bevölkerung hoch sind, ist die qualitative Produktivität niedrig. Durch die Einführung von Gesundheitsförderungsprogrammen und neuen Technologien stehen jetzt die Mittel zur Verfügung, die Sterblichkeitsrate schneller zu senken als die Geburtenrate. Dies reicht einer nachhaltigen Entwicklung eher zum Schaden als zum Nutzen.

Armut

Eine nachhaltige Entwicklung im Süden muß den Schwerpunkt ihrer Bemühungen darauf richten, die Entwicklungsfragen zu lösen, die die Ursache der Umweltzerstörung sind. In diesem Zusammenhang muß es das erste Ziel nachhaltiger Entwicklung sein, die Armut zu besiegen. Armut, wie sie im *World Development Report* aus dem Jahr 1990 definiert wird, bezieht sich auf das

148

Unvermögen, einen Mindestlebensstandard zu halten. Dieses Unvermögen wird durch eine Reihe von Umständen verursacht, die mit den «Armen» selber zusammenhängen, zum Beispiel fehlende Ausbildung und Erziehung, schlechter Gesundheitszustand sowie eine eingeschränkte Fähigkeit, einkommenschaffende Möglichkeiten zu ergreifen. Andererseits wird Armut durch externe Faktoren verursacht, zum Beispiel fehlender Zugriff auf Landbesitz, Mineralien oder andere natürliche Ressourcen, kein Zugang zu Krediten oder anderen Finanzmitteln, kein Marktzutritt, kein Zugriff auf Technologien und kein Zugang zu einer produktiven Infrastruktur wie Bewässerungssystemen, Elektrizität oder Verkehrsmitteln.

Um dieses Unvermögen zu überwinden, sollte Entwicklung darauf abzielen, den Armen die Befriedigung ihrer Grundbedürfnisse zu sichern: Nahrungsmittel, Kleidung, Wohnung, Bildung, Gesundheitseinrichtungen und sauberes Wasser. All dies setzt eine Entwicklungspolitik voraus, die sich bemüht, die Armen in eine produktive Beschäftigung einzubeziehen.

Ungleichgewichtige Wirtschaftsstruktur und Abhängigkeit vom Primärsektor

Produktive Beschäftigung kann geschaffen werden, indem die Wirtschaft vom Primärsektor hin zum Sekundär- und Tertiärsektor ausdifferenziert wird. Die Erfahrungen der Volkswirtschaften von Indonesien, Japan, Korea, Malaysien, Thailand, Taiwan und China haben gezeigt, daß die durchschnittliche jährliche Wachstumsrate des Agrareinkommens in den Jahren 1965–1988 stark angestiegen ist, obwohl der Anteil der Landwirtschaft an Output und Beschäftigung im gleichen Zeitraum deutlich gefallen ist. Die verschiedenen Faktoren, die zu diesem Erfolg im Agrarsektor beigetragen haben, waren Landreformen, erweiterte landwirtschaftliche Leistungen, eine verhältnismäßig gute Infrastruktur und umfangreiche Investitionen in ländliche Gebiete (The International Bank for Reconstruction and Development, 1993a, S. 32). Die hohe Produktivität ihres Agrarsektors stärkte die Wettbewerbsposition dieser Wirtschaften und erlaubte ihnen, ihren Marktanteil auf dem Warenmarkt trotz sinkender Marktpreise zu vergrößern. Der Anteil der Agrarwirtschaft am Bruttoproduktionswert schrumpfte nicht aufgrund eines reduzierten Outputs, sondern aufgrund des steigenden Anteils des nichtagrarischen Output. Von einer ungleichgewichtigen, vom Primärsektor abhängigen Wirtschaft zu einer selbsttragenden Wachstumswirtschaft zu gelangen, ist möglich, wenn eine Diversifizierung stattfindet und verstärkt Mehrwertleistungen erbracht werden. Es ist wichtig, daß wir diese Tatsache verinnerlichen.

Dieser Prozeß einer wirtschaftlichen Entwicklung, die heute für einige asiatische Länder als erfolgreich betrachtet wird, hat das Muster für den angestrebten wirtschaftlichen Zustand der Entwicklungsländer geliefert. Dementsprechend fließt der Strom an Entwicklungsgeldern vom Norden in den Süden, und das expansionistische Verhalten einiger der «neuen Wirtschaften» trägt zum Eindruck bei, daß Entwicklung stattfindet.

Ressourcenströme aus dem Süden in den Norden

Allgemein ist die Meinung vorherrschend, daß der Norden dem Süden umfangreiche Hilfen gewährt, von denen der Süden letztlich profitiert. Tatsächlich findet aber ein massiver Abfluß an finanziellen und wirtschaftlichen Ressourcen aus dem Süden in den Norden statt, verursacht durch das Ungleichgewicht der internationalen Wirtschaftsstrukturen. Nutznießer sind die nördlichen Länder.

Fragen der Auslandsverschuldung, Kurse der Warenbörsen, Handelskonditionen, Investitionen und Auflagen für den Technologietransfer sollten erörtert werden, aber im Vorfeld und auch nach der UNCED bezog der Norden klar Position: Eine Reform der internationalen Strukturen und Beziehungen kommt nicht in Frage. Die UNCED-Verpflichtung der nördlichen Unterzeichnerstaaten, die Hilfsmittel zu vergrößern sowie neue und zusätzliche Töpfe zu öffnen, um das 0,7-Prozent-Ziel[6] zu erreichen, ist ein wichtiger Schritt nach vorn, auch wenn dafür kein bestimmtes Jahr festgelegt wurde. Dies wird jedoch nicht genügen, den *andauernden und massiven Ressourcenverlust* auszugleichen, den der Süden aufgrund der Struktur der Weltwirtschaft erleidet und der die Möglichkeiten vieler südlicher Länder, Programme einzuführen, die den Übergang zu einer nachhaltigen Entwicklung fördern, ernsthaft bedroht.

Wenn wir die verschiedenen Mechanismen betrachten, durch die Ressourcen aus dem Süden in den Norden gelangen, müssen wir nach Wegen suchen, diese Auszehrung zu verlangsamen, ihr Einhalt zu gebieten und (wenn überhaupt möglich) die Richtung der Transfers umzudrehen. Dafür ist eine Reform der internationalen Strukturen und der weltweiten Wirtschaftsbeziehungen unab-

---

6   Die öffentliche Entwicklungshilfe entspricht 0,7% des BSP.

150

dingbar. Die Fakten und Zahlen bewegen sich in den folgenden
Größenordnungen:

Im internationalen Handel ist die Mehrzahl der südlichen Länder
noch immer Exporteur von Rohstoffen und Rohwaren (*für* den
Norden) und Importeur von industriellen Produkten (*aus* dem Norden). Das Kursniveau für Rohwaren ist, verglichen mit dem Preisniveau der fertigen Produkte, gefallen. Dies trifft oft selbst auf
Nominalwerte zu. Das Ergebnis dieser Entwicklung waren schlech-
tere Konditionen für Rohwaren gegenüber gefertigten Erzeugnissen, aufgrund deren der Süden bedeutende Verluste hinnehmen
mußte. Diese Benachteiligung in den Handelsbedingungen beraubt
den Süden seiner Devisen und seines Realeinkommens, denn die
gleichbleibenden Exportmengen müssen für eine immer geringer
werdende Menge an Importen aufkommen.

Nach Erhebungen des UN-Sekretariats ist der kombinierte Preisindex in US-Dollar für Primärerzeugnisse (ohne Treibstoffe), die von
Entwicklungsländern abgesetzt wurden, von 171 im Jahr 1980 auf 100
im Basisjahr 1985 und auf 115 im Jahr 1992 gefallen (Vereinte Nationen, 1991, S. 224; Vereinte Nationen, 1993, S. 227). Im gleichen Zeitraum bewegte sich der Preisindex für Fertigerzeugnisse aus den
Industrieländern von 116 auf 100 und dann auf 164. Als Ergebnis dieser
Entwicklung verschlechterten sich die Handelsbedingungen für Rohwaren gegenüber denen für Fertigerzeugnisse massiv: von 147 im
Jahr 1980 auf 100 im Jahr 1985 bis auf 71 im Jahr 1992.

Diese Zahlen sind so alarmierend, daß man den Grad der Verschlechterung bzw. die Schwere der Verluste für den Süden gar
nicht stark genug betonen kann. Zwischen 1980 und 1992 sind die
Rohwarenkurse (ohne Treibstoffe) durchschnittlich um 52 Prozent
gefallen. Mit anderen Worten: Während 1980 mit durchschnittlich
100 Einheiten einer südlichen Exportware 100 Importeinheiten
gefertigter Erzeugnisse aus dem Norden gekauft werden konnten,
konnten 1992 die gleichen 100 Exporteinheiten lediglich 48 Importeinheiten der gleichen Erzeugnisse bezahlen. Dies kommt einem
Verlust an Realeinkommen von 52 Importeinheiten pro 100 Exporteinheiten gleich, was einen großen Schwund realer Wirtschaftsres-
sourcen des Südens bedeutet.

Die oben genannten Zahlen schließen Treibstoffpreise aus, da
die Fluktuationen der Ölpreise in der Vergangenheit deutliche
Auswirkungen auf die Bewegung der gesamten Warenkurse hatten.
Die Indizes für Warenkurse unter Ausschluß der Treibstoffpreise
geben die Situation der meisten Entwicklungsländer angemesse-

ner wieder. Selbst die ölexportierenden Länder, die in den 70er Jahren durch den scharfen Ölpreisanstieg erhebliche Gewinne verbuchen konnten, erlitten während der 80er Jahre aufgrund des Verfalls der Ölpreise massive Verluste. Der Index für den Rohölpreis fiel von 123 (1981) auf 100 (1985) bis auf 63 (1992), fiel also zwischen 1981 und 1992 um 49 Prozent (Vereinte Nationen, 1992, S. 206; Vereinte Nationen, 1993, S. 227). Der reale Rohölpreis (nach Abzug des Preisindexes für industrielle Erzeuger) fiel sogar noch deutlicher ab: von 113 (1981) auf 100 (1985) bis auf 38 (1992). Der reale Rohölpreis betrug 1992 nur noch ein Drittel seines Wertes aus dem Jahr 1981. Wenn wir die Verluste, die die ölexportierenden Länder hinnehmen mußten, noch hinzufügen würden, würde sich die Situation des Südens noch schlechter darstellen.

Die Auswirkungen der Verschlechterung der Handelsbedingungen auf das Einkommen des Südens sind verheerend. Bedenkt man, wie wichtig dieses Thema ist, ist es erstaunlich, wie wenig Veröffentlichungen es gibt, die sich mit Schätzungen der Einkommensverluste des Südens beschäftigen. Eine der wenigen Schätzungen wurde vom UN-Sekretariat erarbeitet:

«Die Auswirkungen dieser Preisbewegungen auf verschiedene Ländergruppen und einzelne Länder hingen von der Zusammensetzung ihrer Exporte ab. Länder, die vom Export von Rohwaren abhängig waren, verloren Boden, während Länder mit einer breiteren Exportpalette und einem hohen Anteil an gefertigten Waren einer neutralen, in einigen Fällen sogar einer positiven Entwicklung der Handelsbedingungen gegenüberstanden. Dennoch ist es eine Tatsache, daß die Entwicklungsländer von der Veränderung der Handelsbedingungen insgesamt betrachtet negativ betroffen waren. Die Verluste in der Zahlungsbilanz des einen Landes sind die Gewinne in der Zahlungsbilanz eines anderen. Die Industrieländer waren die Gewinner, die aus den Veränderungen der Handelsbedingungen in den 80er Jahren ihren Nutzen zogen» (UNCED, 1991, S. 8).

Die UNCED-Studie untersucht die Wirkung unvorteilhafter Handelsbedingungen auf zwei Ländergruppen: afrikanische Länder südlich der Sahara und hochverschuldete Länder mit mittlerem Einkommen. Die Ergebnisse sind erstaunlich. Für die afrikanischen Länder südlich der Sahara verschlechterten sich die «terms of trade» von 100 (1980) auf 72 (1989). Diese 28prozentige Verschlechterung der «terms of trade» führte allein im Jahr 1989 zu einem Einkommensverlust von 16 Milliarden US$, was 9,1 Prozent

152

des gesamten BIP aller afrikanischen Länder südlich der Sahara entspricht. In den acht Jahren zwischen 1981 und 1989 betrugen die gesamten Einkommensverluste aufgrund des Verfalls der Handelsmärkte 247,3 Milliarden US$. Diese Verluste beliefen sich auf durchschnittlich 45 Milliarden US$ jährlich oder 5 bis 6 Prozent des BIP (UNCED, 1991, S. 10).

Die UNCED-Studie berechnet auch die Nettofinanztransfers aus den 15 höchstverschuldeten Ländern, die sich aus den Investitionen, Schuldenrückzahlungen und Hilfsgeldern ergeben. 1989 betrug der Nettotransfer aus diesen Ländern 35 Milliarden US$ oder 4,4 Prozent des BIP. Wenn dies den Einkommensverlusten aufgrund der Handelsbedingungen von 45,1 Milliarden US$ hinzugezählt wird, so entstand ein Gesamtverlust von 80,1 Milliarden US$ bzw. 10 Prozent des BIP. Diese Länder verloren also lediglich aufgrund dieser Faktoren 10 Prozent ihrer gesamt verfügbaren Inlandsressourcen.

Die addierten Verluste der genannten beiden Ländergruppen betrugen im Jahr 1989 61 Milliarden US$. Die gesamten Einkommensverluste aller südlichen Länder werden noch wesentlich größer gewesen sein, da die meisten Länder in diesen Zahlen gar nicht erfaßt wurden. Außerdem würden die Verluste noch höher liegen, wenn als Basisjahr ein Jahr vor 1980 gewählt worden wäre, denn die realen Warenpreise fallen seit den 50er Jahren.

1972 verloren die Entwicklungsländer (ohne ölexportierende Staaten) 10 Milliarden US$ (über 20 Prozent des Gesamtwertes ihrer Exporte) durch die Verschlechterung der «terms of trade» – verglichen mit dem Niveau der 50er Jahre (Clairmonte, 1975, S. 1186). In den 70er Jahren verschlechterten sich die «terms of trade» noch weiter. Laut Schätzungen der UNCTAD lagen die Einkünfte der Warenexporte der Entwicklungsländer 1978 um 45 Milliarden US$ niedriger, als sie bei einer Bewertung entsprechend dem Preisniveau aus dem Jahr 1969 gelegen hätten. Zu dieser Zeit sagte die UNCTAD voraus, daß die Preise in den 80er Jahren noch weiter fallen würden (was auch wirklich eintrat) und daß bis 1990 das Defizit 186 Milliarden US$ betragen könnte (Khor Kok Peng, 1983, S. 21–23). Augustin Papic, ehemaliges Mitglied der Südkommission, schrieb, daß die «unsichtbaren Transferleistungen» aus dem Süden, die durch die Verschlechterung der «terms of trade» entstehen, sich auf fast 200 Milliarden US$ jährlich belaufen (Papic, 1991, S. 17).

Die Krise der Auslandsverschuldung, die ihren Ursprung in den 70er Jahren hat, ist ein weiterer Grund für die finanzielle Auszehrung des Südens. Das Unvermögen vieler Entwicklungsländer, ihren finanziellen Verpflichtungen nachzukommen, liegt in vielen Faktoren begründet; einschließlich einer Reihe hausgemachter Probleme wie der Realisierung wirtschaftlich unhaltbarer und gesellschaftlich unangemessener (Groß-)Projekte und allgemeines finanzielles Mißmanagement. Viele Probleme sind aber auch außerhalb der Schuldnerländer zu suchen. Insbesondere der Verfall der Warenexportpreise und die daraus resultierenden, verheerenden Folgen für Einkommen und Devisen, aber auch der Anstieg der Zinssätze in den 80er Jahren und für einige Länder die Verschiebungen im Wechselkurs der Währungen, in denen sie ihre Schuldendienste leisten müssen.

Der Abfluß von Ressourcen aus dem Süden aufgrund der Schuldendienste umfaßt enorme Mengen. Wegen des rasanten Anstiegs der Auslandsverschuldung haben die südlichen Länder ihre jährlichen Zinszahlungen um das Zehnfache steigern müssen, von 2,5 Milliarden US$ (1970) auf 25 Milliarden US$ (1979), zwei Jahre später verdoppelte sich der Betrag auf 51 Milliarden US$. Zwischen 1970 und 1982 wurden Zinsen in Höhe von 239 Milliarden US$ zur Deckung der Verschuldungspflichten gezahlt (Khor Kok Peng, 1983, S. 26).

Diese Situation verschlechterte sich in den 80er Jahren zusehends. Nach Erhebungen des UN-Sekretariats betrugen die Zinszahlungen der kapitalimportierenden Entwicklungsländer im Jahr 1980 46 Milliarden US$ und 60 bis 70 Milliarden US$ jährlich zwischen 1981 und 1992 (Vereinte Nationen, 1991, S. 237; Vereinte Nationen, 1993, S. 253). Die gesamten Zinszahlungen zwischen 1980 und 1992 betrugen 771,3 Milliarden US$.

Zinszahlungen machen nur einen Teil der Schulden aus. Ein weiterer Teil sind die Rückzahlungen der Kreditsumme. Die Schuldendienste der kapitalimportierenden Entwicklungsländer stiegen von 90 Milliarden US$ (1980) auf 117 Milliarden US$ (1984), 141 Milliarden US$ (1989) und schließlich 158 Milliarden US$ (1992) an. 1980 bis 1992 betrugen die Gesamtströme der Schuldendienste 1.662,2 Milliarden US$, die sich aus 771,3 Milliarden US$ an Zinszahlungen und 890,9 Milliarden US$ an Rückzahlungsbeträgen der Kreditsummen zusammensetzten.

Trotz dieser riesigen Schuldendienst-Zahlungen waren die betroffenen Länder am Ende dieser Zeitspanne noch mehr verschuldet. Ihre gesamten Auslandsschulden stiegen von 567 Milliarden US$ (1980) auf 1.066 Milliarden US$ (1986) und 1.419 Milliarden US$ (1992) an (Vereinte Nationen, 1991, S. 236; Vereinte Nationen, 1993, S. 249). Zwischen 1980 und 1992 kletterten die Schulden auf US$ 852 Milliarden. Darüber hinaus hatten die Länder Ende 1991 in bezug auf ihre langfristigen Schulden Rückstände in der Kreditsumme von 49,8 Milliarden US$ und Zinsrückstände von 35,4 Milliarden US$.

Zwischen 1980 und 1989 betrugen die Rückzahlungen der Kreditsummen 891 Milliarden US$, während die Schuldenbeträge einen Nettozuwachs von 852 Milliarden US$ verbuchten. Die Bruttoneuverteilung von Krediten betrug in diesem Zeitraum also 1.743 Milliarden US$. Ein großer Teil dieser Summe wurde dafür aufgewendet, alte Kredite abzuzahlen und Zinsverpflichtungen nachzukommen.

Die Situation sah also wie folgt aus: 1980 waren die kapitalimportierenden Entwicklungsländer mit 567 Milliarden US$ verschuldet. In den zwölf Jahren bis 1992 nahmen sie eine zusätzliche Kreditsumme von 1.743 Milliarden US$ auf, wovon aber ein großer Teil dafür verwandt wurde, den Zahlungsverpflichtungen nachzukommen, die aus der Verschuldung erwuchsen, da die gesamten Schuldnerdienste sich auf 1.662 Milliarden US$ beliefen. Am Ende dieser Phase hatten die Länder eine noch größere Schuldenmenge, die entsprechend höhere Zahlungsverpflichtungen für die Zukunft zur Folge hat.

Anders ausgedrückt: 1980 waren die Entwicklungsländer mit 567 Milliarden US$ verschuldet. Innerhalb der darauffolgenden zwölf Jahre zahlten sie 891 Milliarden US$ auf die Kreditsumme zurück und zahlten zusätzlich 771 Milliarden US$ Zinsen. Da aber ein Großteil dieser Schuldendienste nur durch erneute Kreditaufnahmen finanziert werden konnte, waren sie Ende 1992 mit einer noch größeren Auslandsschuld von 1.419 Milliarden US$ geschlagen, der zweieinhalbfachen Menge gegenüber 1980.

Die Kapitalflüsse ausländischer Investitionen werden gemeinhin als Kapitaltransfers des Nordens in den Süden angesehen. Sie können aber genauso zu einem Abzug von Ressourcen aus dem Süden führen. Direkte ausländische Investitionen können nämlich einerseits zu einem Kapitalzuwachs für die südlichen Länder führen, der sich in den Kapitalverkehrsbilanzen dieser Länder niederschlägt. Andererseits führen sie aber auch zu einem Abfluß in Form von Profiten und Dividenden, die an die ausländischen Kapitaleigner ausgezahlt werden. Dies wirkt sich negativ auf die Leistungsbilanz des südlichen Landes aus.

In den letzten Jahren war ein vermehrter Fluß ausländischer Kapitalinvestitionen in den Süden zu verzeichnen. Die Nettodirektinvestitionen aus dem Ausland in die kapitalimportierenden Entwicklungsländer betrugen 1987 9,5 Milliarden US$, stieg 1991 auf 23 Milliarden US$ und 1992 auf 25 Milliarden US$ an (Vereinte

Nationen, 1993, S. 238). Der Großteil dieses Geldes floß allerdings in nur einige wenige Länder.

Wenn sich ausländische Unternehmen in einem Land etabliert haben, steigen letztendlich ihre Gewinne und Dividenden, von denen ein großer Teil in die Mutterunternehmen zurückgeführt – *repatriiert* – werden kann. Dies kann dazu führen, daß der Abfluß von Gewinnen irgendwann den Zustrom neuer Investitionen übersteigt, was einen Nettoabfluß von Ressourcen bedeutet. Zwischen 1987 und 1992 stiegen die neuen Auslandsinvestitionen in den Süden und übertrafen den Abfluß von Profiten; 1980 und 1986 dagegen fielen die neuen Nettoinvestitionen hinter den Nettogewinnen der ausländischen Unternehmen zurück. Zwischen 1980 und 1983 betrug der durchschnittliche jährliche Nettogewinnabfluß aus dem Süden 9 bis 10 Milliarden US$, und zwischen 1989 und 1992 durchschnittlich 10 bis 11 Milliarden US$. Für den Zeitraum zwischen 1980 und 1992 belief sich der gesamte Nettoabfluß von Gewinnen und Dividenden aus den kapitalimportierenden Entwicklungsländern auf 122 Milliarden US$. Zwischen 1980 und 1986 überstieg der Gewinnabfluß die neuen Investitionen um 15,5 Milliarden US$ und zwischen 1987 und 1992 um 48,3 Milliarden US$ (Vereinte Nationen, 1990, S. 82; Vereinte Nationen, 1993, S. 238).

Es kann sein, daß diese Statistiken die Höhe der Kapitalabflüsse noch viel zu niedrig ansetzen, da ausländische Unternehmensgewinne oft auf versteckten Wegen überwiesen werden, zum Beispiel als «Transferkosten», um Steuerabzüge zu erreichen. Ein anderes Beispiel sind sogenannte «local-foreign joint ventures», bei denen die Gewinnanteile, die dem lokalen Geschäftspartner zustehen, aus Gründen der Gewinnmaximierung des ausländischen multinationalen Unternehmens geschmälert werden.

Das Ausmaß der Transferkosten und die Gewinnvolumen, die ausländische Unternehmen aus diesen Vorgehensweisen erzielen, sind schwer zu quantifizieren und können anhand einiger Studien nur ungefähr abgeschätzt werden. August Papic (1991, S. 11) zitiert UNCTAD-Studien, nach denen die Abgaben geschätzt werden, mit denen multinationale pharmazeutische Unternehmen ihre lateinamerikanischen Tochtergesellschaften belegt haben, die zwischen 33 und 314 Prozent oberhalb des Weltmarktpreises geschätzt werden, der für die von ihnen gelieferten Inputs bezahlt wurde; in der elektronischen Industrie lagen diese Werte zwischen 24 und 81 Prozent.

Eine ältere Studie aus Kolumbien (1986) kam zu dem Ergebnis, daß die kolumbianischen Tochtergesellschaften pharmazeutischer

Unternehmer um 155 Prozent übervorteilt wurden (vergleicht man die in Europa und den USA gängigen internationalen Preise) und daß daher die durchschnittlichen Gewinnraten der ausländischen Pharmaunternehmen 79 Prozent und nicht die belegten 6 Prozent betrugen. Wegen des Systems der Transferkosten ist ein großer Teil der realen Profite ausländischer Unternehmen nicht in den Zahlen der Dividendenrückführung enthalten, sondern in den übersteigerten Importwerten und unzureichenden Exportwerten versteckt.

Ein anderer Mechanismus, durch den ausländische Investitionen zu Ressourcenabflüssen aus dem Süden führen, ist die zunehmende Beteiligung der vom Norden dominierten Fonds an den Börsenmärkten der südlichen Länder. Unter dem Begriff der «aufstrebenden Märkte» haben viele der südlichen Aktienmärkte höhere Ertragsraten geboten als ihre nördlichen Vorläufer. Dies führte zu einer starken Zunahme ausländischer Portfolio-Investitionen in diesen südlichen Ländern, und die ausländischen Investoren haben große Gewinne aus den Kapitalerträgen gezogen.

Da die ausländischen Fonds gewöhnlich große Blöcke darstellen und durch erfahrene Anlageagenturen betreut werden, haben sie bessere Möglichkeiten als ihre kleinen, lokalen Konkurrenten, Gewinne aus den Fluktuationen der Aktienmärkte zu ziehen, und können zum spekulativen Geschäft auf den Märkten beitragen. Die Akteure der ausländischen Fonds machen ihre Gewinne daher oft auf Kosten der Einheimischen. Wenn diese Gewinne repatriiert werden, tragen sie zum Süd-Nord-Transfer an Ressourcen bei.

Darüber hinaus gibt es einen umfangreichen Abfluß an Ressourcen aus dem Süden, der durch die Zahlungsforderungen für den Zugang und die Nutzung von Technologien von nördlichen Unternehmen gefordert wird. Diese «technischen Zahlungen» bestehen aus Patentabgaben, Lizenzgebühren und Zahlungen für Prozeßwissen und Markennamen. Zudem zahlen die Tochtergesellschaften im Süden gewöhnlich eine «Managementabgabe» oder «technische Gebühren» an ihre Mutterunternehmen in den Industrieländern. Verträge zwischen Unternehmen des gleichen Konzerns, die in Entwicklungs- und Industrieländern etabliert sind, legen die Höhe der Abgaben und Gebühren fest, die der Muttergesellschaft oder dem Technologielieferanten gezahlt werden müssen, und zwar zumeist in Form von Prozentanteilen der Verkaufserträge.

Die Bedeutung dieser technischen Zahlungen und ihre Auswirkungen auf die realen Auslandsgewinne können anhand einer Studie vermittelt werden, die von Sanjay Lall und Paul Streeten durchgeführt wurde. Sie beschäftigten sich mit multinationalen Unternehmen in sechs Entwicklungsländern und fanden heraus, daß diese technischen Zahlungen ein wichtiges Mittel waren, mit dem die Mutterunternehmen ihre Gewinne aus den Tochterunternehmen abzogen. Die technischen Zahlungen beliefen sich auf 0,5 bis 2,5 Prozent der Verkaufszahlen, wobei der Durchschnitt der sechs Länder bei 1,3 Prozent lag. In Relation zu den überwiesenen Dividenden nach Abzug von Steuern betrugen die technischen Zahlungen 12 bis 16 Prozent in Kenia und Jamaica. In Indien waren es 16 Prozent bei Unternehmen, die von ausländischen Eignern dominiert wurden, und 135 Prozent bei Unternehmen, in denen die ausländischen Eigner die Minderheit stellten. Die entsprechenden Zahlen für den Iran betrugen 420 und 60 Prozent. In Kolumbien lagen die Zahlen bei 66 Prozent für ausländisch dominierte Unternehmen und in Malaysien bei 52 Prozent (Khor Kok Peng, 1983, S. 28).

Eine frühere Studie der UNCTAD (1981, S. 37), die technische Zahlungen und Transferkosten zusammen betrachtet, zeigt den riesigen Transfer von Ressourcen des Südens aufgrund seiner technologischen Abhängigkeit vom Norden: Der Bericht aus dem Jahr 1981 besagt:

«Die Abhängigkeit von Technologien aus dem Ausland fordert einen hohen Preis. Die direkten Zahlungen der Entwicklungsländer für die Nutzung von Patenten, Lizenzen, Markennamen, Prozeßwissen und technischen Leistungen beliefen sich 1986 auf 1,8 Milliarden US$ und liegen heute wohl bei 9 bis 10 Milliarden US$. Die direkten Kosten machen jedoch nur einen Teil der Gesamtkosten aus. Die indirekten Kosten, die auf den überteuerten Preisen für Zwischenprodukte und Ausrüstungen, auf dem Verkauf von Wissen und auf erhöhten Preisen beruhen, wiegen viel schwerer. Zusätzlich gibt es andere reale Kosten oder entgangene Gewinne wegen verzögerter oder ungenügender Transferleistungen, wegen des Transfers veralteter oder wenig nützlicher Technologien und vor allem aufgrund fehlenden Technologietransfers. Man schätzt, daß die Gesamtkosten der technologischen Abhängigkeit sich auf bis zu 30 bis 50 Milliarden US$ jährlich belaufen könnten.»

Seit den Schätzungen der UNCTAD in den frühen 80er Jahren müssen die Kapitalabflüsse aus dem Süden, die durch Transferkosten und technische Zahlungen verursacht wurden, 30 bis 50 Milliarden US$ jährlich weit überschritten haben. Es ist zu erwarten, daß diese Zahlungen weiterhin drastisch ansteigen werden, da infolge der Uruguay-Runde eine Einigung über handelsbezogene Rechte des geistigen Eigentums (TRIPs) erfolgte, die die südlichen Länder dazu verpflichten wird, nationale Gesetze auf dem Gebiet des geistigen Eigentums einzuführen oder zu verschärfen, so daß sie den gesetzlichen Anforderungen des Nordens entsprechen. Die vom Norden dominierten Konzerne werden die Nutznießer der TRIPs sein, da die Zahlungen für Nutzungsrechte, Lizenzgebühren und andere technische Zahlungen heftig ansteigen werden, sobald die neuen Maßnahmen im Süden verabschiedet wurden. Tatsächlich ist es so, daß technische Zahlungen und versteckte Gewinne aus den Transferkosten bald genauso stark zum Ressourcenabfluß aus dem Süden beitragen werden wie die Verluste aufgrund der Handelsbedingungen und der Schuldendienste.

Eine weitere Form des Ressourcentransfers vom Süden in den Norden liegt in der Abwanderung hochqualifizierter Arbeitskräfte, die einen Zustrom «intellektueller Technologie» aus dem Süden in den Norden darstellt. Dieser sogenannte «brain drain» ist so verbreitet und bedeutsam, daß eigentlich nicht der Norden dem Süden technische Hilfestellung leistet, sondern der Süden dem Norden.

Durch den «brain drain» verliert der Süden mindestens auf zweierlei Weise wirtschaftliche Ressourcen. Zunächst einmal wurde in den Entwicklungsländern eine große Summe (meist öffentlichen) Geldes für die Ausbildung professioneller und versierter Arbeitskräfte ausgegeben, in der Erwartung, daß diese wiederum mit ihren Fähigkeiten zur Entwicklung des Landes beitragen würden. Wenn diese Arbeitskräfte abwandern, so sind die investierten Ausbildungskosten für das Land verloren. Zweitens erleidet das Land Verluste durch die entgangenen Möglichkeiten und zukünftigen wirtschaftlichen Vorteile, die aus der Anwendung der Fähigkeiten der ausgewanderten Arbeitskräfte hervorgegangen wären.

Der «brain drain» ist also ein weiterer Kapitalabfluß aus dem Süden in den Norden. 1970 kamen 11.236 hochqualifizierte Immigranten allein in die USA, was einem umgekehrten Technologietransfer von etwa 3,7 Milliarden US$ in diesem Jahr entsprach (Clairmonte, 1975, S. 1187).

Eine UNCTAD-Studie aus dem Jahr 1982 schätzt, daß die Industrieländer zwischen 1961 und 1972 ungefähr 51 Milliarden US$ Gewinn aus «menschlichem Kapital» verbuchen konnten (Khor Kok Peng, 1983, S. 29). Die Studie zeigt auch, daß die USA, Großbritannien und Kanada zwischen 1961 und 1972 46 Milliarden US$ an Entwicklungshilfegeldern an ärmere Länder abtraten, jedoch im gleichen Zeitraum 51 Milliarden US$ «menschliches Kapital» aus dem «brain drain» zogen. Kanada gewann siebenmal mehr an eingewandertem Fachwissen, als es an Erziehungsbeihilfen ausgab, in Großbritannien war es 2,8mal soviel, während der US-Gewinn 86 Prozent der Hilfsgelder im Bildungsbereich betrug. Die Studie kam zu dem Fazit: «Die Abwanderung von Arbeitskraft aus den Entwicklungs- in die Industrieländer ist nicht nur eine Bewegung von Menschen. Es ist ein echter Transfer von produktiven Ressourcen aus den armen in die reichen Länder.»

Die Kapitalflucht oder der Transfer von Ersparnissen oder Investitionsfonds von südlichen Privatbesitzern oder Unternehmen in den Norden stellt eine weitere Form des Süd-Nord-Transfers von Ressourcen dar. Kapitalflucht kann viele Formen annehmen, zum Beispiel den Eigentumserwerb von Häusern, Ländereien oder Hotels im Ausland, Sparanlagen bei ausländischen Banken und Investitionen in ausländischen Aktienmärkten.

Es ist schon ironisch, daß mittlerweile die ausländischen Besitzstände von Politikern, Bürgern und Unternehmen einiger hochverschuldeter Entwicklungsländer einem beachtlichen Teil der Auslandsschulden ihres Landes entsprechen. Nach Schätzungen des International Monetary Fund betrug die Kapitalflucht aus 13 hochverschuldeten Ländern im Jahr 1988 etwa 180 Milliarden US$, was weit über den 47,3 Milliarden US$ aus dem Jahr 1978 liegt (Papic, 1981, S. 10).

Viele Länder der Dritten Welt mußten durch die oft drastischen Kursschwankungen der Leitwährungen massive Verluste hinnehmen. In einigen Fällen waren diese Änderungen das gewollte Ergebnis von Regierungsentscheidungen im Norden, zum Beispiel durch einen Gipfel der G7. Südliche Länder sind von solchen Entscheidungen stark und oft negativ betroffen, werden aber nicht in die Entscheidungen einbezogen oder vorher befragt; oft wird nicht einmal bedacht, daß Entscheidungen Auswirkungen auf diese Länder haben könnten.

Die Auswirkungen können vielfältiger Natur sein. Ein Entwicklungsland kann zum Beispiel seine internationalen Währungsreserven in einer Reihe von Währungen oder in Investitionen in Industrieländern plaziert haben. Sollte die Währung eines Landes, in dem ein Großteil der Reserven plaziert ist, stark in ihrem Wert fallen, so würde das betroffene Entwicklungsland einen ernsten Verlust erleiden. Dies trat zum Beispiel ein, als das Britische Pfund 1993 einen starken Wertverlust hinnehmen mußte. Da viele der Gewinne im Norden erzielt wurden (vielleicht durch Währungshändler und Spekulanten), führte dies wiederum zu einem Ressourcentransfer aus dem Süden in den Norden.

Obwohl auf der UNCED öffentlich erklärt wurde, daß die Hilfs-

gelder ansteigen sollten, sind die Entwicklungshilfen von einem
enttäuschenden auf einen alarmierenden Beitrag gesunken. Anstatt der versprochenen Erhöhungen kündigten viele der nördlichen Regierungen Kürzungen ihrer Entwicklungshilfe an, darunter
auch Länder, die bislang zu den Vorreitern im Entwicklungshilfe-
bereich zählten. Das Sekretariat der Kommission für nachhaltige
Entwicklung (CSD) hat berichtet, daß «viele bilaterale Geberländer
ihre Hilfsprogramme aufgrund des wachsenden Drucks auf die
eigenen Haushalte zurückgeschraubt haben. Dadurch rückt das
Ziel, die offiziellen Entwicklungsgelder auf 0,7 Prozent des BIP
ansteigen zu lassen, in weite Ferne. (...) Die Aussichten für einen
Anstieg der Entwicklungshilfe aus den Industrieländern sind trü-
be.»

Laut eines aktualisierten Berichtes des CSD-Sekretariats (Februar 1993) stieg die Summe der Entwicklungsgelder aus den
OECD-Ländern nominal um 5,8 Prozent auf 59,9 Milliarden US$ im
Jahr 1992 an, was aber einem inflationsbereinigten Rückgang von
0,3 Prozent entspricht. Die bilateralen Hilfen sanken real um 6
Prozent und spezifische bilaterale Hilfen um 12 Prozent. Dies wurde
ausgeglichen durch einen 19prozentigen Anstieg ihrer Beiträge an
multilaterale Agenturen.

Der Bevölkerungsfaktor

Der Bevölkerungsdruck erschwert in den Entwicklungsländern die
Umsetzung einer nachhaltigen Entwicklung. Schätzungsweise 96
Prozent des zu erwartenden Anstiegs der Bevölkerungszahlen (von
5,3 Milliarden Menschen im Jahr 1991 auf prognostizierte 8,2 Milliarden im Jahr 2025) werden in den Entwicklungsländern zu
verbuchen sein. Angesichts dieser Zahlen ist es unabdingbar, daß
der Süden eine aktive Bevölkerungspolitik verfolgt, die zumindest
die folgenden Punkte beinhaltet:

— Eindämmung des Bevölkerungswachstums, um so bald wie
   möglich stabile Bevölkerungszahlen zu erreichen. Das setzt
   nicht nur Familienplanung voraus, sondern vor allem gezielte
   Bildungsprogramme, insbesondere für Frauen, denn daraus resultieren gesteigerter Wohlstand für die ganze Familie, bessere
   Bildungschancen, Mehrbeschäftigung etc.
— Lenkung der Mobilität der Bevölkerung: weg von dichtbesiedel-
   ten Gebieten, um dem Druck der Übernutzung der Natur entgegenzuwirken. Damit ist auch die Notwendigkeit verbunden, den

schnell voranschreitenden Prozeß der Verstädterung zu kontrollieren.
– Verbesserung des allgemeinen Gesundheitszustandes und der Bildung, um die Lebensqualität und Produktivität der Menschen in der Dritten Welt zu steigern.

Für eine nachhaltige Entwicklung

In der ersten Phase der Entwicklung, bis Mitte der 80er Jahre, folgten die meisten Entwicklungsländer planwirtschaftlichen Ansätzen. Die regierungsamtlichen Interventionen waren von großer Bedeutung, doch die Ergebnisse bislang nicht zufriedenstellend. Durch die Anwendung der Strukturellen Anpassungspolitik, die von der Weltbank verfochten wird, bewegen sich inzwischen viele Entwicklungsländer auf eine dereguliertere, freiere Marktwirtschaft zu. Dies trifft vor allem auf die hochproduktiven asiatischen «Tiger»-Staaten zu, die in den letzten Jahren beeindruckende Leistungen vorweisen konnten.

Der Hauptgrund des ostasiatischen Wirtschaftswunders mag dabei im Abbau der Ineffizienz des Wirtschaftsmanagements liegen. Ineffizienz wird durch Marktversagen verursacht, das heißt durch das Versagen des Marktes, die vollen Kosten der Produktion in den Preisen für die gehandelten Produkte und Inputs wiederzugeben. Ineffizienz kann auch durch schlechte Politik bei Interventionen von Regierungsseite bewirkt werden, zum Beispiel durch steuerliche Verzerrungen, Subventionen, Quotenregelungen, Begrenzungen der Zinssätze und andere Faktoren. Diese verhindern das korrekte Funktionieren der Märkte, können bestehendes Marktversagen festschreiben und Rahmenbedingungen verhindern, in denen der Markt angemessen funktionieren kann (Pearce & Warford, 1993, S. 173). Sowohl Marktversagen als auch schlechte Politik sind Ursachen für Umweltzerstörung. Gemeinschaftliche Ressourcen haben keinen Marktwert, und Rückstände und Verschmutzung haben keinen Markt. Umweltkosten werden nicht erfaßt, wenn Regierungen in Märkten intervenieren. Dies ist die Kehrseite der glänzenden ostasiatischen Medaillen: Die Zerstörung der Umwelt ist – wie zu erwarten war – beträchtlich.

Um diese Schwächen zu überwinden und Umweltzerstörung zu vermeiden, schlägt man als «kosteneffektivste Intervention zur Behebung von Marktversagen» vor, «das Funktionieren der Märkte zu verbessern, indem man Verzerrungen durch politische Maßnahmen beseitigt, Eigentumsrechte für Ressourcen regelt, die Kosten externer Nebeneffekte durch Preis- und Steuerinstrumente internalisiert, Wettbewerb fördert, den freien Zugang zu Informationen gewährleistet und Unsicherheiten durch eine stabile und vorhersagbare Politik vermeidet» (Panayotou, 1993, S. 30). Dieser Vorschlag beinhaltet, daß die Umwelt in die wirtschaftliche Entwicklung integriert wird, was die Basis für nachhaltige Entwicklung ist. In Zusammenhang mit diesem Prozeß müssen die gegenwärtigen Maßstäbe für das Bruttoinlandsprodukt neu überdacht und angepaßt werden (Ahmad et al., 1989).

Um vom Pfad der konventionellen Entwicklung auf den Weg der nachhaltigen Entwicklung zu gelangen, wie es oben beschrieben wird, benötigt der Süden wirksame Mittel, um Politik und Umweltanpassungsprogramme zu finanzieren. Diese Programme sollten Maßnahmen enthalten, um

— den Herausforderungen der Entwicklung zu begegnen;
— den Herausforderungen der Umwelt zu begegnen;
— das Ressourcenmanagement zu verbessern;
— Umweltschutzkontrollen und Abfall-Management zu verbessern;
— die Ineffizienz des Managements der nachhaltigen Entwicklung durch Korrekturen des Markt- und Politikversagens einzudämmen.

Dies verlangt gut entwickelte Strategien für die Länder des Südens, da sie wenig Bewegungsspielraum haben. Aber es verlangt mit Sicherheit auch, daß wir uns noch einmal mit der Frage der Konsumstrukturen im Norden beschäftigen. Damit meinen wir nicht, daß wir zu Pferd und Wagen zurückkehren müssen. In der Schweiz, die wohl kaum als ein armes oder rückschrittliches Land bezeichnet werden kann, liegt der Wasserverbrauch pro Kopf bei einem Fünftel des Wasserverbrauchs der USA. Im Bereich des Energieverbrauchs liegen die Zahlen für die Schweiz (wie übrigens auch für Japan) bei der Hälfte der Werte für die USA. Der Pro-Kopf-Verbrauch von Energie in Indien oder China ist immer noch ein kleiner Teil des Verbrauchs der Schweiz oder Japans. Das Thema des Pro-Kopf-Verbrauchs muß hinterfragt werden; und es ist der Rückschluß zulässig, daß wir unsere nördlichen Verhaltensmuster ändern müssen, ebenso wie der Süden gesunde Ansätze braucht.

Das gleiche trifft auch auf den Beitrag der Schuldnerseite zu, was die Verschmutzung und die Nutzung der Umwelt als «Speicher und Auffangbecken» anbelangt. Die Beteiligung am Aufkommen der CO$_2$-Emissionen oder der Beitrag zu weltweitem Müllaufkommen und Umweltverschmutzung weisen die gleichen Verteilungsmuster auf. Indiens durchschnittliche Pro-Kopf-Emissionen an Jahrestonnen CO$_2$ ist gering, verglichen mit denen Kanadas oder der USA; dies trifft auch auf die meisten anderen Entwicklungsländer zu, mit Ausnahme der ehemaligen UdSSR, wo die Emissionswerte aufgrund der Struktur des industriellen Sektors hoch liegen.

Solche Ungleichgewichtungen mögen einen dazu veranlassen, die Einführung handelbarer Emissionsrechte zu erwägen. Länder mit niedrigem Einkommen und einer großen Bevölkerungszahl können ihre bevölkerungsbezogenen Rechte, die Umwelt zu nutzen (für Konsum und Verschmutzung), an einige der reicheren Länder verkaufen. Ein Ansatz, der von uns allen überdacht werden sollte.

Wenn Nord-Süd- und Süd-Süd-Kooperationen durch gezielte Maßnahmen gefördert werden (z.B. Handel, Investitionen, Technologietransfer, Aufbau von Kapazitäten, Schuldenerlaß und zusätzliche Hilfsgelder), können finanzielle Ressourcen mobilisiert werden. Die neugegründete *World Trade Organisation* (WTO) muß die Hindernisse beseitigen, die den Handel größerer Mengen höherwertiger Produkte vom Süden in den Norden behindern. Die Weltbank und der IWF müssen auch die Wirtschaften des Nordens neu bewerten, um eine strukturelle Anpassung ihrer Produktions- und Konsumstrukturen zu ermöglichen, und damit auch den freien Zufluß von Investitionen in den Süden. Der Transfer sauberer Technologien muß gefördert werden, genau wie die Entwicklung erneuerbarer Energien. Die Entwicklung der menschlichen Ressourcen und der Ausbau von Kapazitäten für eine nachhaltige Entwicklung muß stimuliert werden. Die internationalen Finanzinstitutionen und Gläubigerländer müssen die ausstehenden Schulden und Schuldendienste verringern, um diese Ressourcen für nachhaltige Entwicklung freizugeben. Schließlich können zusätzliche Entwicklungshilfegelder mobilisiert werden, indem das Steuersystem umstrukturiert wird, so daß umweltverträgliche Aktivitäten von Steuern entlastet werden (z.B. Einkommen aus Investitionen in nachhaltige Produktions- und Konsumformen). Wenn diese Anstrengungen im Zeichen einer weltweiten Partnerschaft durchgeführt werden, so ist es möglich, auch aus der Perspektive des Südens eine nachhaltige Entwicklung zu erreichen. Darüber hinaus ist die formale Erfassung der Ströme der Entwicklungsgelder vonnöten: Wir schlagen deshalb einen jährlichen Weltbank/IWF-Bericht vor, der eine Übersicht über die tatsächlichen und endgültigen Finanzflüsse von Hilfsgeldern und Kapital gibt.

8. Indikatoren zur Wohlstandsmessung

Es gibt einen breiten Konsens, daß das BSP ein irreführender Maßstab für die Bemessung von Wohlergehen ist, wie es auch in den
vorhergehenden Kapiteln diskutiert wurde. Obwohl Wirtschaftswissenschaftler immer wieder den Vorbehalt geäußert haben, daß das
BSP nie dafür bestimmt war, als Wohlstandsmaß zu dienen, wurde
es bald als primärer gesamtwirtschaftlicher Indikator für Wohlstand
bzw. Fortschritt in der modernen Gesellschaft verwendet. Es wurden
viele Ansätze unternommen, alternative Indikatoren zu entwickeln,
um die gröbsten Schwächen des BSP zu revidieren. In diesem Kapitel
wollen wir verschiedene Forschungsansätze darstellen, die in diesem Zusammenhang verfolgt wurden.

Wohlstand, Wohlergehen und Reichtum

Um die volle Bandbreite der Aufgabenstellung «Wohlstandsmessung» zu erfassen, muß ausdrücklich geklärt werden, was gemessen werden soll[7]:

— *Wohlstand* ist ein Zustand, der sich aus der Befriedigung von
  Wünschen und Bedürfnissen ergibt, und zwar aufgrund unseres
  Umgangs mit knappen Mitteln.
— *Wohlergehen* ist ein Zustand, der sich aus der Befriedigung von
  Wünschen und Bedürfnissen ergibt, und zwar aufgrund unseres
  Umgangs mit knappen Mitteln und nichtwirtschaftlichen Faktoren.

In der Praxis werden heute die Begriffe «Wohlstand» und «Wohlergehen» synonym verwendet. Genaugenommen ist Wohlstand das,
was die Wirtschaftswissenschaftler als das Ziel wirtschaftlichen
Handelns ansehen. Dieses beinhaltet Einkommen, Gesundheit,
Qualität und Quantität von Arbeit und Freizeit sowie persönliche
und gesellschaftliche Sicherheit. Wohlergehen oder Zufriedenheit
sind zwar Funktionen des Wohlstands, sie sind aber nicht automatisch miteinander gekoppelt. Wohlergehen ist ein subjektiver Zu-

---

7   Die folgenden Definitionen basieren auf einem Konzeptpapier zu
    «Real Wealth» von Paul Ekins (Großbritannien), Theo Potma und
    Roefie Hueting (Niederlande) und Eberhard Seifert (Deutschland).

stand: Manche Menschen fühlen sich in Umständen wohl, die anderen als unerträglich erscheinen (Ekins, 1992, S. 46).

Wünsche werden von der Neoklassik (dem heute gängigen wirtschaftstheoretischen Paradigma) mit Bedürfnissen gleichgesetzt. Die Erfüllung von Wünschen (mit Mitteln des Wirtschaftssystems) wird von Wirtschaftlern als uneingeschränkt positiv angesehen – und je mehr Wünsche erfüllt werden, um so besser, egal wie umfangreich sie sind. Ekins (1992) führt eine Unterscheidung zwischen *Wünschen* und *Bedürfnissen* ein. Die Nicht-Befriedigung von Bedürfnissen kann dem Individuum schaden; Wohlstand kann aber nicht nur durch die Befriedigung von Wünschen erwachsen, sondern auch durch deren Verringerung. Dieses Konzept, das in der neo-klassischen Wirtschaftstheorie kaum behandelt wird, ist für Nachhaltigkeit und alle Versuche, Wohlstand auf der Basis von Konsum oder Einkommen zu messen, von grundlegender Bedeutung.

Wohlstand wird normalerweise als die Geldmenge verstanden, über die ein Individuum verfügt. Geld steht dabei für das Recht auf produzierte Waren und Leistungen. Wenn der Zweck der Produktion die Wohlstandserzeugung ist und wenn Reichtum ein Mittel zu diesem Zweck ist, dann sollte der Begriff «Reichtum» weiter gefaßt werden, um alle wirtschaftlichen Faktoren und Bedingungen einschließen zu können, die zum Wohlstand beitragen. In diesem Zusammenhang kann von *realem Reichtum* gesprochen werden. Realer Reichtum kann als «Mittel zum Zweck» verstanden werden, «das Menschen dazu verhilft, das ihnen innewohnende Potential zu verwirklichen und ein erfülltes und zufriedenes Leben zu führen» (Ekins, 1992).

Umweltquantität und -qualität spielen bei der Bestimmung von Reichtum und Wohlstand eine große Rolle. Es ist daher nützlich, eine zusätzliche Definition für die Rolle der Umwelt zu finden: *Umweltfunktionen* bestehen aus der möglichen – aktiven und passiven – Nutzung unserer natürlichen Umgebung, das heißt Wasser, Luft, Boden, Land, Pflanzen, Tiere und natürliche Ressourcen. Sobald Funktionen zu knappen Gütern werden, haben sie Einfluß auf den Wohlstand und damit das Wohlbefinden. Solange sie noch freie Güter darstellen (in Ausnahmen), haben sie lediglich Auswirkungen auf das Wohlbefinden.

Abbildung 8.1 illustriert auf vereinfachte Weise die Einflüsse auf das Wohlergehen. Jeder der Faktoren im äußeren Ring steht für Elemente des wirtschaftlichen und nichtwirtschaftlichen Wohlstandes. Die Messung realen Reichtums muß eine ganze Reihe von Aspekten abdecken, einschließlich der nachhaltigen Entwicklung,

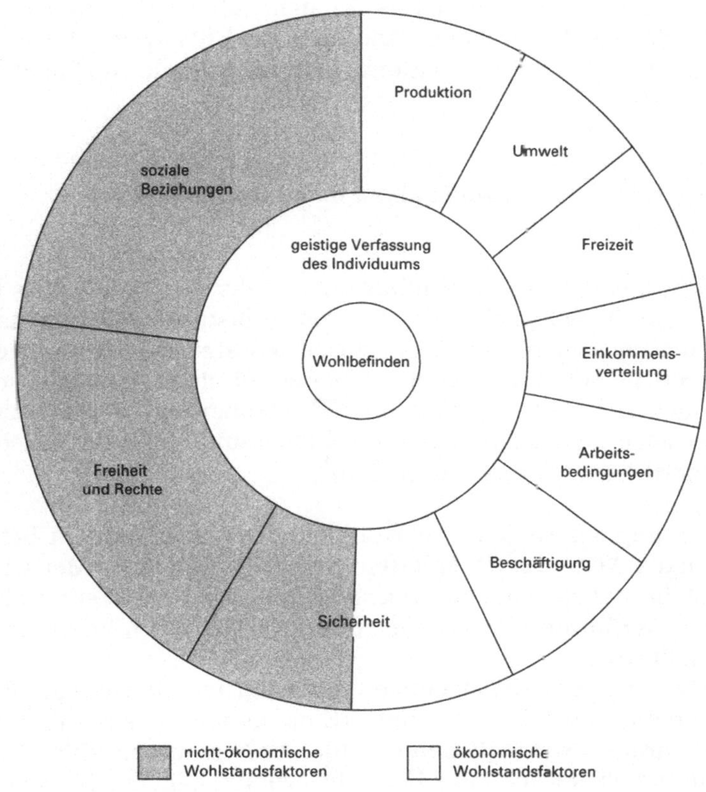

Abbildung 8.1

bei der die Bedürfnisse der heutigen Generation befriedigt werden,
ohne daß die Möglichkeit zukünftiger Generationen, ihre Bedürfnisse zu befriedigen, eingeschränkt wird.

Vor diesem Hintergrund – wirtschaftlicher und nichtwirtschaft-
licher Elemente des Wohlstands – sind eine Reihe verschiedener
Ansätze entstanden. Zusammengenommen bilden sie einen Rahmen komplementärer, oft allerdings auch disparater Konzepte für
die Bemessung und Bewertung gesellschaftlichen Fortschritts. Bei
den Versuchen, die Wohlstandsmessung zu optimieren, sind vor
allem zwei Wege verfolgt worden.

Zum einen bemühte man sich, durch die Messung und Bewertung von Wohlstandsaspekten – mit Hilfe sozialer und ökologischer
Indikatoren (Indikatorenkorb) – das Bruttoinlandsprodukt (BIP) zu

ergänzen; zum anderen gibt es Versuche, alternative Indikatoren
zu entwickeln, die direkt oder indirekt vom BIP abgeleitet wurden.
Die verschiedenen Forschungsrichtungen werden im folgenden
vorgestellt.

*Disaggregierte soziale Indikatoren für Lebensqualität und
Wohlstand*

Das Engagement für die Einführung sozialer Indikatoren (als Reaktion auf die Schwächen des BSP als Wohlstandsindikator) hatte
seinen Ursprung in den 60er Jahren. Es signalisierte das neue
Anliegen, bessere Informationen über gesellschaftliche Ziele, Fortschritte und Erfolge zu bekommen. Es etablierten sich drei sozialwissenschaftliche Richtungen zur Bemessung gesellschaftlichen
Fortschritts bzw. der Lebensqualität[8]:

— Messung des subjektiven Wohlbefindens aufgrund von Befra-
  gungen; Versuche, zu erfassen, welche Gruppen von Menschen
  mit ihrem Leben am meisten zufrieden sind. Dies ist ein subjektives Verfahren, das primär im angelsächsischen Raum angewandt wird.
— Erfassung der Lebensbedingungen aufgrund individueller Ressourcen und Möglichkeiten (Einkommen, Besitz, Bildung,
  Wohnraum) sowie gemeinschaftlicher Ressourcen (öffentliche
  Dienste, Sicherheit etc.). Der Schwerpunkt liegt auf der Annahme, daß materielle und soziale Vorteile zu unterschiedlichen
  Möglichkeiten führen, die wiederum verschiedene Qualitäten
  des Lebensstils anbieten. Diese in Skandinavien entwickelte
  sozialwissenschaftliche Richtung versuchte, einen umfassenden statistischen Rahmen zu erstellen, der inzwischen in allen
  OECD-Ländern angewandt wird.
— Messung gesellschaftlicher Phänomene, die Informationen über
  die Beziehungen zwischen den Individuen geben können. Diese
  vielseitige Richtung wurzelt in der kontinentaleuropäischen So-
  zialwissenschaft (Weber, Durkkeim etc.). Sie ist auch unter der

---

8   Carey (1981) bietet eine gute Einführung zur Sozialindikatoren-Bewe-
     gung. – Dieses Unterkapitel wurde durch die WG 06-Sitzung zur Frage
     «Sozialer Indikatoren» auf dem 13. Weltkongreß der Soziologie in
     Bielefeld (18.–23. Juli 1994) und Diskussionen mit Dag Hareide (1990),
     einem norwegischen NGO-Aktivisten und Autor des Buches «The food
     Norway», genährt.

168

Bezeichnung «Elendsforschung» bekannt, weil sie von Parametern wie Kriminalitätsrate, Gewaltpotential, Drogen- und Alkoholmißbrauch, Geisteskrankheiten, gesellschaftlicher Entfremdung etc. ausgeht.

Die Gewichtung und Auswahl sozialer Indikatoren hängt von den gesellschaftlichen Zielen und Leistungen ab, die erfaßt werden sollen. Eine Vielzahl von Indikatorenlisten ist zusammengestellt worden und wird jährlich veröffentlicht, um wirtschaftliche Daten zu ergänzen, zum Beispiel im *World Development Report* der Weltbank, im *Human Development Report* des UNDP sowie im Bericht *State of the World's Children* der Unicef. Anderson (1991) unterstreicht die fünf wichtigsten Kategorien sozialer Indikatoren: Bildung und Lesevermögen, Arbeit und Arbeitslosigkeit, Konsum, Einkommens- und Vermögensverteilung sowie Gesundheit.

Zusammenstellung isoliert verwendeter Indikatoren: Fallstudie Jacksonville, County Duval, Florida, USA

Die Stadt Jacksonville ist in der Anwendung von Indikatoren noch einen Schritt weitergegangen: Sie hat einen Indikatorenkorb entwickelt, der die Elemente von Wohlstand und Wohlbefinden so erfaßt, daß sie für die örtliche Bevölkerung von Relevanz sind. Der Durchschnittsbürger wird in die Entscheidungsprozesse, welche lokalen Prioritäten gesetzt und welche Werte erfaßt werden sollen, einbezogen. Durch Umfragen sind die Bürger am eigentlichen Erfassungsverfahren beteiligt. Dieser Ansatz wird insbesondere dadurch interessant, daß er die Möglichkeit bietet, bei Aufbau und Anwendung von Wohlfahrtsindikatoren in der politischen Praxis ein demokratisches Mitsprache-Element einzuführen.[9]

Dieses Projekt, 1985 begonnen, entstand aus der Motivation, in der Hauptstadt des County Duval gemeinschaftlich Verbesserungen zu erreichen. Sowohl die Handelskammer als auch die Stadtverwaltung von Jacksonville benennen als ihr erklärtes Ziel die jährliche Erfassung des Fortschritts in ihrem Landkreis – und das, indem ausgewählte repräsentative Indikatoren durch die einzigartige Methode der «interaktiven Beteiligung der Bürger» bewertet werden.

Diese Indikatoren umfassen neun Hauptkategorien mit insge-

---

9   Siehe Hazel Hendersons ausführliche Diskussion dieser Fragen in ihrem *Paradigms in Progress – Life beyond Economics* (1991).

samt 74 Indikatoren zu Fragen der Gesundheit, Bildung, der natürlichen Umwelt, Regierung/Politik, dem sozialen Umfeld, der Kul-
tur/Freizeit, Mobilität, öffentlichen Sicherheit und der Wirtschaft
mit ihren verschiedenen Unterkategorien. Was das «Projekt von
Jacksonville» so herausragend macht, ist die Tatsache, daß ein
demokratischer und lokaler Prozeß benutzt wurde, um Indikatoren
zu entwickeln, die von Bedeutung für die Gemeinschaft sind.

Der «Index der menschlichen Entwicklung»

Der «Index der menschlichen Entwicklung» (HDI, Human Development Index) wird vom UNDP «als eine Alternative zum Bruttosozialprodukt» angeboten, «um den relativen gesellschaftlichen Fortschritt einzelner Staaten zu erfassen. Er ermöglicht Einzelpersonen
und Regierungen, Fortschritt im Zeitverlauf zu bewerten – und die
Prioritäten für politisches Handeln festzulegen. Darüber hinaus
eröffnet er die Möglichkeit, aus den Erfahrungen verschiedener
Länder Vergleiche zu ziehen».[10]
Im HDI sind drei wichtige Parameter vereinigt:

- *Lebenserwartung* (gemessen an der wahrscheinlichen Lebenserwartung bei der Geburt; einziger ungewichteter Indikator).
- *Bildung* (gemessen durch zwei Standardvariablen aus dem Bildungsbereich: Lesefähigkeit im Erwachsenenalter und durchschnittliche Schulzeit. Dieser Maßstab für Bildungserfolg wird
  angeglichen, indem zwei Drittel für das Lesevermögen und ein
  Drittel für die durchschnittliche Schulzeit berechnet werden.)
- *Lebensstandard* (gemessen an der Kaufkraft auf der Grundlage des
  realen Pro-Kopf-BIP – unter Berücksichtigung der örtlichen Le-
  benshaltungskosten (Kaufkraftparität, PPP). Dahinter steht die
  Idee, eine Meßlatte zu erarbeiten, die umfassender als das BSP
  allein den Fortschritt eines Landes erfassen kann.)

Der Durchbruch für eine einzige HDI-Kombination lag darin, daß
sich eine gemeinsame Meßlatte ergab, auf der die «zurückgelegte
Strecke» auf dem Weg der gesellschaftlich-wirtschaftlichen Entwicklung bemessen werden konnte. Der HDI legt daher für jede
Dimension eine Minimal- und einen Maximalwert fest und zeigt
danach, wo jedes Land in bezug auf diese Werte steht.

---

10 *Human Development Report*, UNDP, 1994, S. 91.

Der HDI wurde bezüglich der Methodologie, der Folgerichtigkeit der erfaßten Daten sowie der Interpretation seiner Ergebnisse recht kontrovers diskutiert. Nichtsdestoweniger bietet der HDI einen bemerkenswerten Kontrast zu den traditionellen Maßstäben für Entwicklung, die lediglich auf Pro-Kopf-BIP oder BSP beruhen.

Index des nachhaltigen wirtschaftlichen Wohlstands (ISEW)

Dieser ehrgeizig angelegte Index, der zum ersten Mal von Herman Daly und John B. Cobb Jr. in ihrem 1989 erschienenen Buch *For the Common Good* vorgestellt wurde, ist der jüngste und umfassendste Versuch, einen zusammengefaßten Wohlstandsindex zu erstellen, der das Bruttosozialprodukt (BSP) als Wohlstandsmaß auf theoretischer Ebene in Frage stellt. Nach seinem Muster wurden Werte für diesen Index für Großbritannien, Deutschland, die Niederlande, Dänemark und Österreich ermittelt. Der *Index des nachhaltigen wirtschaftlichen Wohlstands* geht vom persönlichen Konsum als Basis des wirtschaftlichen Wohlstandes aus. Die Größe «persönlicher Konsum» wird von einem Index für Einkommensverteilung korrigiert. Dieser gewichtet den Konsum, wenn die Einkommensverteilung gleichberechtigter verläuft, stärker und bei ungleicher Verteilung schwächer – immer auf der Berechnung von einem Jahr basierend. Im Unterschied zum HDI gibt der ISEW die abnehmenden Konsumerträge nicht wieder.

Auf dieser Grundlage werden Additionen vorgenommen, die den wirtschaftlichen Wohlstand berücksichtigen, der aus der nicht vom Markt erfaßten Arbeitsproduktion (z.B. Produktion der Privathaushalte[11]), aus dem zu Ausgaben führenden staatlichen Wohlstand, aus den Beständen an privaten Gütern und aus der öffentlichen Infrastruktur erwächst. Dann werden die Kosten der aktuellen wirtschaftlichen Aktivitäten abgezogen: Kosten für Arbeitslosigkeit, Berufsverkehr, Verkehrsunfälle, Verschmutzung von Wasser, Luft und Boden sowie Lärmbelästigung.

Die Nachhaltigkeit im Umweltbereich wird dadurch berücksichtigt, daß sowohl die langfristigen Kosten der Verlagerung der Landnutzung von natürlicher zu städtischer Nutzung berechnet werden als auch jene für die Erschöpfung nicht erneuerbarer

---

11 Während das ISEW die Produktion der Haushalte berücksichtigt, beinhaltet es andere nicht vom Markt erfaßte produktive Aktivitäten, wie ehrenamtliche Tätigkeiten, bislang nicht.

Ressourcen, den Einsatz fossiler Brennstoffe und nuklearer Energiequellen sowie für den Rückgang der Ozonschicht. Die Nachhaltigkeit des Wirtschaftssystems selbst wird durch die Berechnung des aktuellen Konsums erfaßt: Der aktuelle Konsum wird auf der Basis des inländischen Kapitalwachstums und der Nettokredite in oder aus dem Ausland berechnet.

Die Daten, die im ISEW eingeschlossen sind oder nicht, variieren von Land zu Land. Dies beruht auf der Verfügbarkeit der Daten, den unterschiedlichen örtlichen Prioritäten (z.B. umweltpolitische Anliegen) und auf der Tatsache, daß sich diese Methode immer noch im Entwicklungs- bzw. Versuchsstadium befindet – was auch den direkten Vergleich der absoluten Wohlstandsmessungen der verschiedenen Länder erschwert. Dennoch ermöglicht der Vergleich der allgemeinen Tendenzen Einsichten in die wirtschaftliche Situation, die weder BSP noch BIP bieten können.

Die Ergebnisse der Analysen des ISEW zeigen, daß in fast allen bisherigen Länderstudien in den ersten Jahren des Erfassungszeitraumes der wirtschaftliche Wohlstand pro Kopf anstieg, um später allerdings wieder zu sinken (außer im Fall Österreich, wo sich die Zahlen größtenteils parallel zum Verlauf des BSP entwickelten). Der genaue Verlauf von Anstieg und Sinken des Pro-Kopf-Wohlstandes unterscheidet sich von Land zu Land. In allen untersuchten Ländern wuchs während des Erhebungszeitraums (1950–1990) dagegen das Pro-Kopf-BSP: in den meisten Industrieländern im Jahresdurchschnitt um zwei Prozent.

Trotz der methodischen Unterschiede demonstrieren die ISEW, die für die verschiedenen Länder untersucht wurden, daß die Kombination von sozialen Faktoren, ungleicher Einkommensverteilung und Umweltbelastungen zu sinkendem bzw. stagnierendem Wohlstand geführt haben, obwohl das BSP wuchs.[12]

Obwohl der ISEW hinsichtlich der Dominanz des Bruttosozialproduktes eine ernstzunehmende Herausforderung darstellt, ist dennoch Kritik angebracht. Vor allem die Entscheidung, Konsum als Schlüssel zum Wohlstand zu definieren, ist in diesem Zusammenhang von Bedeutung. Kritiker des ISEW (und des BSP) führen das Argument an, daß der ISEW als ein einzelner Index dem BSP zu nahe stehe, als daß er die Informationen liefern könnte, die die

---

12 In Deutschland steigt der ISEW seit den späten 80er Jahren wieder an, nachdem er vorher abgefallen war. Dies liegt größtenteils an der Wiedervereinigung und den damit verbundenen umfangreichen aktuellen Investitionen.

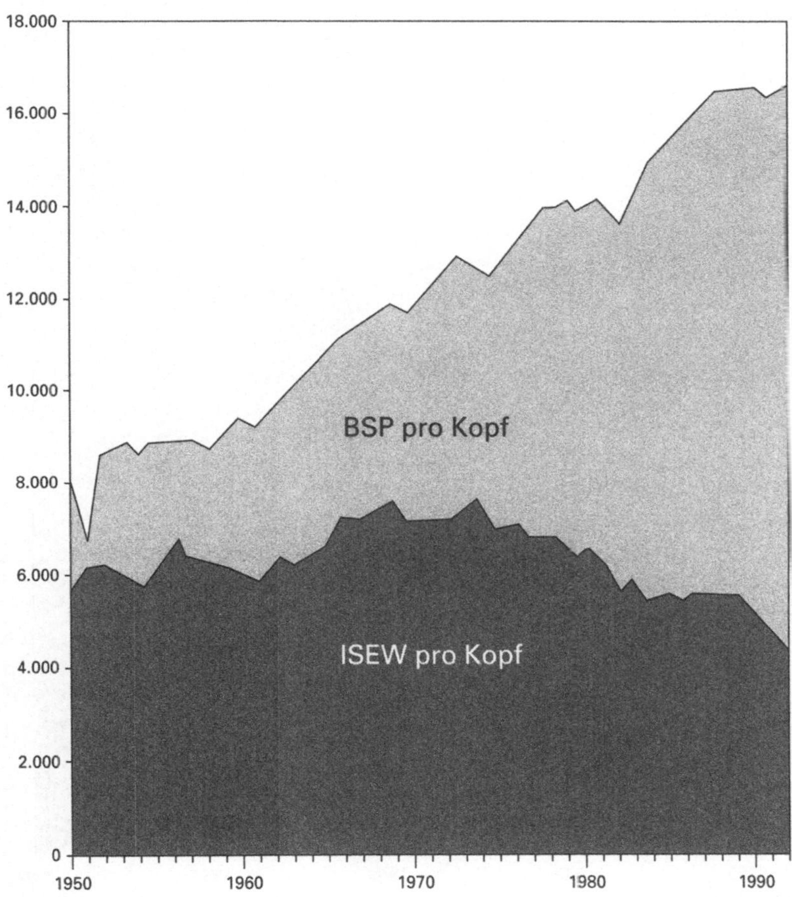

Abbildung 8.2
BSP und ISEW pro Kopf. Vereinigte Staaten, 1950–1992. Preise von 1982 in
US-Dollar.

Gesellschaft braucht. Verteidiger des ISEW pflichten diesem Argument generell bei und argumentieren selbst, daß der Wert des ISEW
in seiner Wegweiserfunktion für politische Maßnahmen liege, die
nicht immer weiteres Wachstum unterstützen. Der ISEW kann als
Zwischenschritt in Richtung eines exakteren Bilanzierungsverfah-
rens und systemisch-dynamischer Modelle angesehen werden, die
uns einen besseren Einblick in die Beziehungen zwischen den
gesellschaftlichen, ökologischen und wirtschaftlichen Komponenten des Wohlstandes und ihren Bezug zur Nachhaltigkeit geben

173

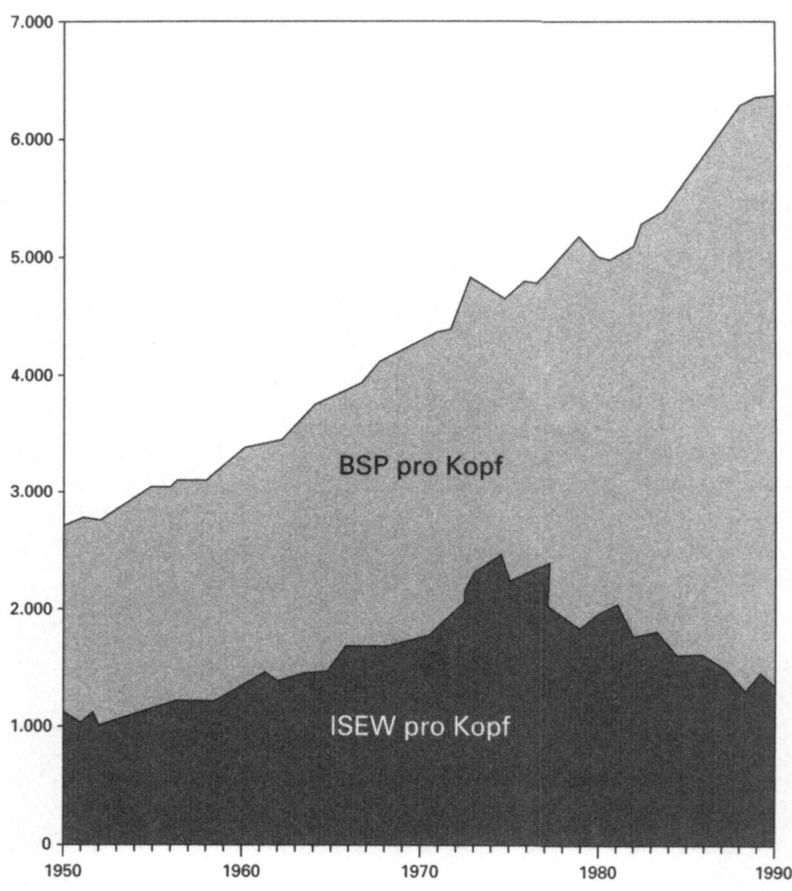

Abbildung 8.3
BSP und ISEW pro Kopf. Großbritannien, 1950–1990. Preise von 1985 in
Pfund.

können. Daly und Cobb gaben in ihren Kommentaren zur ersten
Version des ISEW zu, daß «der ISEW bei weitem nicht perfekt ist.
Alle statistischen Verfahren sind in vielerlei Hinsicht irreführend.
Aber der Unterschied von politischen Maßnahmen, die auf eine
Verbesserung des ISEW zielen, und solchen, die auf eine Verbesse-
rung des BSP abzielen, wäre beträchtlich und würde uns dabei
helfen, die Zeit herauszuschinden, die wir für die tiefergehenden
Veränderungen brauchen werden.»[13]

Der ISEW wird auch wegen seiner ehrgeizigen Absicht angegrif-

174

fen. Ian Miles, Wissenschaftler an der Universität Manchester, schrieb: «Man stößt auf unüberwindliche Schwierigkeiten, wenn man nach einem einzigen, zusammenfassenden Maßstab für Wohlstand oder Lebensqualität sucht. Vielleicht sollten wir froh darüber sein, daß das menschliche Leben zu vielseitig ist, als daß es in eindimensionalen Begriffen erfaßt werden könnte.»[14]

Dennoch gibt es gute Argumente dafür, das Konzept des ISEW weiterzuverfolgen, insbesondere wenn man bedenkt, welchen Stellenwert das BSP in den modernen Volkswirtschaften als Wohlstandsmesser einnimmt. Es gibt Wissenschaftler, die bestreiten, daß die oben beschriebenen Schwierigkeiten unlösbar sind. Es gibt also weiterhin Forschungsbedarf, die Aussagen des ISEW in bezug auf nicht vom Markt erfaßte Werte zu präzisieren – vor allem auch im Hinblick auf Umweltauswirkungen und die Einbeziehung von Bedingungen der Nachhaltigkeit. Auch Cobb und Cobb reagierten auf die Kritik am ISEW: «(...) im Vergleich zu den konventionellen Berechnungsverfahren des BSP, die alle Aktivitäten, die zwar richtig, aber nicht leicht zu berechnen sind, ausklammern, hat der ISEW den Vorteil, daß er eher generell richtig als präzise falsch ist» (Cobb und Cobb, 1994).

Einige Bemerkungen zu Indikatoren nachhaltigen Wirtschaftens (Sustainable Development Indicators, SDI)[15]

Die voranstehenden Ansätze verbleiben mehr oder weniger im Bereich der Debatten über *Wohlergehen* und traditionellen Wohlstand, wenngleich insbesondere der ISEW teilweise schon Elemente des Konzepts der nachhaltigen ökologischen Entwicklung integriert hat. Insbesondere aber berücksichtigen der ISEW und andere ähnliche Indikatoren nicht die spezifischen Ursachen und Auswirkungen in bezug auf die natürlichen Ressourcen. Um aber ein vollständiges Bild über den wahren Zustand der Umwelt sowie

---

13   *For the Common Good*, 1989, S. 373.

14   Zitiert nach Ekins, Paul, *Wealth Beyond Measure*, 1992.

15   Sowohl der Autor dieses Kapitels als auch der Herausgeber sind sich der zunehmenden Bedeutung von Nachhaltigkeits-Indikatoren oder Indikatoren zur nachhaltigen Entwicklung (SDIs) bewußt. Obwohl der spezifische Fokus dieses Berichtes auf der Notwendigkeit der monetären Bewertung von Umweltbelastungen liegt, wird den politikrelevanten SDI-Aspekten in Teil IV, Kapitel 14, und Teil V sowie den nachfolgenden Bemerkungen Rechnung getragen.

ihrer qualitativen Veränderung zu erhalten, sind spezifischere Meßgrößen zur Belastung der Umwelt, ihrem Zustand sowie zu entsprechenden Einwirkungen auf die Ressourcen erforderlich, um für politische Entscheidungen umweltpolitische Entscheidungshilfen zu liefern.

Nicht zuletzt wegen der Kontroversen um Wohlstandsmessung wurden die Umwelt-Bemessungsansätze in den 80er Jahren von der älteren Wohlstands-Debatte abgekoppelt, so daß sich diese beiden Bereiche von Umwelt- und Wohlstandsindikatoren seither getrennt entwickelt haben.

Die Nachfrage nach SDIs hat sich insbesondere seit der UNCED-Konferenz in Rio de Janeiro 1992 beträchtlich erhöht. Ihre Schlüsselrolle sowie die des Ökosozialproduktes zur Messung von Fortschritten auf dem Weg zur Nachhaltigkeit wurde zu einem integralen Element im Aktionsplan der «Agenda 21» erklärt, *der* Haupterrungenschaft der damaligen Weltgipfelkonferenz:

> *«Die üblicherweise verwendeten Indikatoren geben keine hinreichende Auskunft über die nachhaltige Entwicklung. Es ist daher erforderlich, SDIs zu entwickeln, die eine solide Basis für politische Entscheidungen auf allen Ebenen bieten und die somit zu einer sich selbst regulierenden Nachhaltigkeit integrierter Umwelt- und Entwicklungssysteme beitragen.»*

Wie bereits in Kapitel 7 erwähnt, beinhalten SDIs ökonomische, soziale und umweltbezogene Aspekte. Infolgedessen erfordern sie die Entwicklung eines Systems, das all diese Elemente enthält.

In der internationalen wissenschaftlichen Debatte wurde in den letzten Jahren der Entwicklung eines Konzeptes Vorrang eingeräumt, das Veränderungen im Zustand der Umwelt mißt und anzeigt. Einer der bekanntesten Ansätze ist der *pressure-state-response*-Ansatz (Belastung-Zustand-Reaktion). In diesem auch von der OECD (1995) verfolgten Ansatz stellen diese drei Kategorien die entscheidenden Felder dar, innerhalb deren empirische Daten und Indikatoren so zu organisieren sind, daß die Beziehungen zwischen Mensch und Umwelt adäquat abgebildet werden.

Die *pressure*-Kategorie reflektiert den Versuch, die Umwelteinwirkungen von Produktion und wirtschaftlichen Aktivitäten zu messen. Gemessen wird in physischen Einheiten wie Kilogramm an Kohlendioxid-Emissionen oder in Größen wie Waldbestand in einer Region, ermittelt auf der Basis eines geographischen Informationssystems.

Die *state*-Kategorie ist jene, auf die man am meisten aus ist: eine

Maßgröße der Umweltqualität. Diese Größe ist zugleich die am schwierigsten monetär in einem einzigen Index oder Indikator zu ermittelnde.

Die *response*-Kategorie eröffnet am ehesten den Übergang vom Brutto- zum Ökosozialprodukt, da hier sowohl die tatsächlich getätigten Umweltschutzabgaben sowie die zusätzlich kalkulierten Kosten von darüber hinaus erforderlichen Umweltschutzmaßnahmen (aus Sustainability-Perspektive) zu berichten wären.

Es ist zu beachten, daß dieser Ansatz ebenso wie weitere, komplementäre Ansätze wie *Natural Resource Accounting* (NRA-Naturressourcen-Berechnungen) sich ausschließlich auf die physische Dimension zur nachhaltigen Entwicklung beziehen. Im vorliegenden Bericht hingegen wird primär auf die Mängel der Systeme der Volkswirtschaftlichen Gesamtrechnungen hingewiesen sowie auf die Notwendigkeit ihrer Verbesserung als ökonomisches Informationssystem. Einschlägige Ansätze hierzu finden sich in Teil IV und V.

In der internationalen Diskussion findet sich bei manchen Experten die Neigung, entweder ausschließlich den physischen Indikator-Ansatz zu vertreten, oder jenen, der auf eine Berücksichtigung von Wertveränderungen von natürlichen Ressourcen und Umweltqualitäten in den Volkswirtschaftlichen Gesamtrechnungen zielt. Dieser Disput scheint überzogen. Die jeweiligen Vertreter auf diesen Gebieten können scheinbar (oder wollen) nicht verstehen, daß sich diese Ansätze gegenseitig nicht ausschließen. Ganz im Gegenteil. Sie sind komplementär und können sich wechselseitig unterstützen. Sie dienen freilich verschiedenen Zwecken. Der physische Umwelt-Bewertungs-Ansatz zielt auf eine genaue Messung und Erfassung des Umweltzustandes, während der VGR-Reformansatz auf die Verbesserung des ökonomischen Informationssystems abhebt.

Wie im neuen SEEA (*System of integrated Environmental and Economic Accounting*) betont wird, bilden die physischen Daten und Indikatoren die elementaren Bausteine und Voraussetzungen für jegliche monetäre Bewertung. Infolgedessen wird auch aus der Perspektive eines Ökosozialproduktes erheblicher Wert auf Nachhaltigkeits-Indikatoren gelegt.[16]

---

16 Gleiches gilt auch auf (betrieblicher) Unternehmensebene für die *Environmental Performance Indicators in Industry* (EPIs), wie sie im Rahmen der neuen ISO-Norm der 14000er-Serie zu Umweltmanagementsystemen erarbeitet werden. Diese betrieblichen EPIs eröffnen

Ein künftiges Ziel wird darin bestehen, all diese Elemente in ein «Integriertes Umwelt- und Wirtschaftsinformationssystem» einzubauen, wie in den kürzlich verabschiedeten «Leitlinien» der Europäischen Gemeinschaft betont wird:

«Die Kommission hat auf der Grundlage eines Berichtes von ihren Dienststellen ergänzende Aktionen zur Schaffung eines europäischen Rahmens für eine umweltökonomische Gesamtrechnung entwickelt, die folgenden Zielen dienen:
i) Schaffung eines Europäischen Systems integrierter Wirtschafts- und Umweltindizes (ESI), d.h. dringend erforderliche direkte und vergleichbare Einbeziehung der wirtschaftlichen Leistung und der Umweltbelastungen der einzelnen Industriezweige innerhalb von zwei bis drei Jahren;
ii) die umfangreicheren und grundlegenderen Arbeiten für nationale Umweltsatellitenkonten (detaillierte Aufschlüsselung von Umweltausgaben, Schaffung von Konten für natürliche Ressourcen, Verbesserung der methodologischen Kenntnisse über die Bewertung von Umweltschäden und die monetäre Bewertung).»

Zu weiteren Einzelheiten dieser «Leitlinien» empfehlen wir die Lektüre der entsprechenden «Mitteilungen der Kommission an den Rat und das Europäische Parlament – Leitlinien der EU über Umweltindikatoren und ein ‹Grünes› Rechnungssystem. Die Integration von Umwelt- und Wirtschaftsinformationssytemen» (Com 94, 670 endg., Brüssel 21.12.1994).

Über diese angestrebte Integration von Umweltindikatoren mit einem Ökosozialprodukt über EU-Ebene hinaus sind hier noch einige weitere Hinweise auf den Gehalt von SDIs zur Umsetzung der Agenda 21 angebracht. Auf internationaler Ebene befaßt sich insbesondere das DPCSD (Department for Policy Coordination and Sustainable Development) der UN-Abteilung für Sustainable Development in New York mit diesem Thema. Das DPCSD ist damit beauftragt, in Zusammenarbeit mit allen UN-Organisationen sowie

---

gänzlich neue Gelegenheiten der umweltstatistischen Datengewinnung und Berichterstattung. Diese neuen Möglichkeiten zur weitmöglichsten Kompatibilität zwischen einzelwirtschaftlichen und gesamtwirtschaftlichen Informationssystemen werden vom Wuppertal Institut unter der Bezeichnung *macro-micro-link* (Bosch, P., 1992–1995) im Rahmen des von der Europäischen Gemeinschaft geförderten Forschungsprojektes «Methodological problems in the calculation of adjusted national income figures» untersucht.

einer eng begrenzten Anzahl einschlägig tätiger Institutionen.[17] Für den CSD-Prozeß einen sogenannten *«core set of indicators for sustainable development for monitoring progress towards sustainable development at a national level through the implementation of Agenda 21»* zu entwickeln. Dabei ist in Reaktion auf die ausdrückliche Forderung von seiten der Entwicklungsländer eine Erweiterung dieses *«core set»* von ursprünglich ausschließlich umweltorientierten Indikatoren um drei weitere Felder beraten und der «Commission for Sustainable Development» zur Beschlußfassung auf ihrer dritten Sitzung im April 1995 empfohlen worden; diese zusätzlichen drei Felder beinhalten ökonomische, soziale und institutionelle Indikatoren.

Dieser Erweiterung wird mit einer entsprechenden Umbenennung der *pressure*-Kategorie in *driving force* Rechnung getragen, womit zugleich zum Ausdruck gebracht werden soll, daß diese SDIs auf eine nachhaltige menschliche Entwicklung zielen.

In diesem Sinne wird die bevorstehende nächste Phase der nationalen Erprobung dieses *«core set» eine einzigartige* Möglichkeit eröffnen, umweltbezogene Themen und Indikatoren erneut mit sozio-ökonomischen und neuartigen institutionellen Indikatoren zu kombinieren – was einer Art *revival* der früheren Wohlstands-Indikatoren in neuer «Sustainability»-Gestalt gleichkommen würde und die zwischenzeitliche Trennung der Themenfelder unter einer neuen gemeinsamen Perspektive aufheben könnte.

Das bedeutet Herausforderung und Chance zugleich.

Abschließende Bemerkungen

Es wurden verschiedene Ansätze vorgeschlagen, die Wohlstandsmessung zu verbessern. Internationale Institutionen und einzelne Wissenschaftler haben unterschiedliche Möglichkeiten herausgearbeitet und so maßgeblich zur Entwicklung alternativer Indikatoren für gesellschaftlichen Fortschritt beigetragen.

Eine Hauptrichtung ist dabei noch nicht auszumachen. Die verschiedenen Vorschläge unterscheiden sich unter anderem hin-

---

17 Hierzu zählen neben Institutionen wie EUROSTAT/Luxemburg und NGO-Vertretern wie der New Economic Foundation/London zum Beispiel auch Forschungsinstitute wie das WRI/Washington oder das Wuppertal Institut sowie insbesondere das SCOPE (Scientific Committee on Problems of the Environment).

sichtlich ihrer Zielsetzungen, ihrer Aggregationseinheiten und der demokratischen Beteiligung. Bis jetzt gab es wenig Versuche, die Aktivitäten auf diesem Gebiet darzustellen und zu bewerten. Obwohl inzwischen einige Konferenzen zur ökologischen Wirtschaftswissenschaft auch die Indikatorenfrage behandeln, dienen sie primär als Bühne für Experten, die ihre Verfahren präsentieren (und verteidigen). Eine Ausnahme stellte das Seminar «Accounting for Change» dar, das von der New Economics Foundation im Oktober 1994 veranstaltet wurde. Dieses Seminar führte einige der wichtigsten Experten auf diesem Gebiet zusammen. Dabei wurden nicht nur grundlegende Fragen gestellt, um Ziele und Verfahren abzuklären; es wurde auch ein Versuch unternommen, das Ausmaß abzuschätzen, in dem neue Indikatoren, wenn sie eingeführt würden, Entscheidungsprozesse beeinflussen könnten. Der Seminarbericht wird einen umfassenden kritischen Überblick über die wichtigsten Themen im Bereich der Indikatorenfrage geben.

9. Die soziale Bedeutung von Indikatoren

Wenn wir das BSP aufgrund seiner Unvollständigkeit als Maßstab in Frage stellen, dann müssen wir uns dessen bewußt sein, daß es bereits seit mehreren Jahren Bemühungen gibt, neue Indikatoren zu erstellen.

Wir wollen daher auf den folgenden Seiten die verwirrende Anzahl neuer Zählweisen, Statistiken und Indizes für Lebensqualität betrachten, die darauf zielen, Wohlstand und Fortschritt neu zu definieren, damit sich das wirtschaftliche Handeln ändert.

Statistiken bestimmen unser Weltbild. Wir messen, was uns viel bedeutet. Statistiken sind also nie wertfrei, egal, wie genau sie auch sein mögen, sondern sie richten ihre Aufmerksamkeit auf Dinge, die in einer Gesellschaft als wichtige Ziele und Werte betrachtet werden. Die statistischen Navigationsinstrumente steuern daher – im Guten wie im Schlechten – die Entscheidungen von Regierungen, Unternehmen und Individuen. Die Übersicht über das neueste statistische Alphabet, mit seinen neuen Fragestellungen und Zielsetzungen, umfaßt die folgenden Initiativen:

– Das *Handbook of National Accounts* (1993) des Statistischen Büros der Vereinten Nationen bietet das *Environmental Adjusted Net Domestic Product* (um Umweltaspekte korrigiertes Nettoinlandsprodukt – ÖSP, Ökosozialprodukt) an;

180

- seit 1990 vom Entwicklungsprogramm der Vereinten Nationen
  (UNPD) vorgelegt:
  HDI, *Human Development Index* (Index der menschlichen Ent-
  wicklung),
  SNI, *Sustainable National Income* (Ökosozialprodukt),
  FISD, *Framework for Indicators of Sustainable Development*
  (Rahmenkonzept für Indikatoren einer nachhaltigen Entwick-
  lung),
- frühere und neuere Ansätze aus den USA wären zum Beispiel:
  PQLI, *Physical Quality of Life Index* (Index der physischen Le-
  bensqualität),
  MEW, *Measure of Economic Welfare* (Maßstab für wirtschaftli-
  chen Wohlstand),
  ISEW, *Index of Sustainable Economic Welfare* (Index des nachhaltigen wirtschaftlichen Wohlstands),
  CFI, *Country Future's Indicators* (Indikatoren für die Zukunftsfähigkeit einer Region).

Diese neuen Zahlentabellen und die Ökologisierung von BSP, BIP
und der VGR geben teilweise die neuen Bilanzierungsansätze wieder, die in den Unternehmensbilanzen, Berichten und Veröffentlichung über Öko- und Sozialbilanzen zu finden sind.

Welche dieser neuen Zähl- und Bilanzierungsverfahren sowie
Bewertungsmechanismen werden nun als Maßstab für Investoren,
Unternehmen, Regierungen und Wähler im 21. Jahrhundert gelten?
Die Diskussion dreht sich darum, was und wie wir messen wollen
und was wir mit den Werten und Einrichtungen, die keinen Preis
haben, anfangen wollen. Der *World Development Report 1993* der
Weltbank konzentriert sich auf Gesundheitsstatistiken und auf die
Notwendigkeit, Frauen mehr Zugangsmöglichkeiten im Bildungsbereich zu verschaffen. Der Vizepräsident der Weltbank, Ismail
Serageldin, unterstützt einen dreidimensionalen Ansatz, der gleichzeitig auf umweltrelevanten, sozialen und wirtschaftlichen Indikatoren beruht. Derartiges Gedankengut wird die Darlehensvergabe
der neuen Global Environmental Facility (GEF) der Weltbank bestimmen (siehe Kapitel 6).

Nachhaltige Entwicklung wurde 1987 im Brundlandt Report *Our
Common Future* als die «Entwicklung» bezeichnet, bei der «die
Bedürfnisse der Gegenwart befriedigt werden, ohne die Möglichkeiten künftiger Generationen zur Befriedigung ihrer eigenen Bedürfnisse zu beeinträchtigen». Der HDI des UNDP legt seinen
Schwerpunkt daher auf Gesundheit und Bildung sowie größere
wirtschaftliche und demokratische Beteiligungsmöglichkeiten an

einer menschengerechten Entwicklung. Das Treffen der Expertenrunde der UN zu Indikatoren für nachhaltige Entwicklung im Dezember 1993 wiederum zielte auf ein neues Rahmenkonzept für Indikatoren einer nachhaltigen Entwicklung (FISD) ab.

Wir öffnen uns langsam der Einsicht, daß die Gesellschaft die Mittel (d.h. Wachstum des BSP) mit den Zielen verwechselt hat – der menschlichen Entwicklung, dem Überleben und der weiteren Evolution unter drastisch geänderten Bedingungen auf diesem Planeten eine Möglichkeit zu geben.

Hinter allen Veränderungen stehen Ereignisse. Die Beschleunigung der weltweiten Währungsspekulationen zwingt den IWF dazu, das durch das Pro-Kopf-Einkommen festgelegte BIP durch die PPP, Purchasing Power Parity (Kaufkraftparität), zu ersetzen, um Lebensstandards vergleichen zu können. Die Privatisierungswellen zwingen dazu, zusätzliche Kapitalwerte in das BIP aufzunehmen, damit die öffentliche Infrastruktur und Investitionen berücksichtigt werden können – die bislang als Ausgaben eingestuft werden. Ein wichtiges Thema ist bei alledem die Frage, ob die neuen Indikatoren in Geldwerten bemessen werden sollen, um für eine Erweiterung des BIP zu sorgen (wie im Fall von ÖSP und ISEW), oder ob die einzelnen Bestandteile – Gesundheit, Erziehung, Umwelt – aufgegliedert werden sollen, so daß die Öffentlichkeit sie hinsichtlich der eigenen Interessen verfolgen kann. Eine Befragung in den USA aus dem Jahr 1993 kam zu dem Ergebnis, daß 72 Prozent der Amerikaner den letztgenannten Ansatz vorziehen.

Anläßlich des *Earth Day* im April 1993 verfügte US-Präsident Clinton, daß das Büro für Wirtschaftsanalyse des US-Wirtschaftsministeriums das BIP der USA dahingehend korrigieren soll, daß Umweltvermögen und -kosten berücksichtigt werden. Die Schwierigkeiten einer Umsetzung dieser Maßgabe fassen die folgenden Sätze von Dr. Carol S. Carson, der Direktorin des Büros, zusammen:

«Das Bruttoinlandsprodukt (BIP) – das weltweit verwandt wird – ist ein Maßstab für die marktorientierte wirtschaftliche Produktion. Das Produktionsniveau bestimmt wiederum, wieviel eine Gemeinschaft konsumieren kann. Während das Konsumniveau von Waren und Dienstleistungen, sowohl individuell als auch gesellschaftlich, einer der wichtigsten Faktoren ist, der den Wohlstand einer Gemeinschaft bestimmt, gibt es darüber hinaus eine Menge anderer Faktoren – Krieg oder Frieden, Technologie, die Umwelt, Einkommensverteilung, um nur einige zu nennen. Weil diese anderen Faktoren bei der Messung des BIP nicht berücksichtigt werden, sind zusätzliche Maßstäbe notwendig, um Wohlstand

zu bewerten oder um Politik zu gestalten, die auf Wohlstand abzielt. Es ist ausgesprochen schwierig, alle wohlstandsbezogenen Maßstäbe in einem einzigen Indikator «aufzuaddieren», der für alle Zeiten und Gesellschaften angemessen ist; bis das gegeben ist, werden eine Reihe von Maßstäben neben dem BIP gebraucht.»

Die Schwierigkeit der zukünftigen Indizes und der Verfahren, mit denen diese gemessen werden sollen, liegt in der Diskrepanz zwischen Expertenmeinung und öffentlicher Meinung. Bartelmus definiert das Ökosozialprodukt so:

«Das Ökosozialprodukt könnte dazu verwandt werden, nachhaltiges wirtschaftliches Wachstum in operativen Maßstäben auszudrücken, und zwar als Zunahme des ÖSP (welches den Konsum hergestellter Ressourcen sowie die Erschöpfung und die Wertminderung natürlicher Ressourcen anrechnet). Diese Definition unterliegt der Annahme, daß die Abzüge in den Kapitalerhalt investiert werden können und daß die früheren Erschöpfungen und Belastungen durch technologischen Fortschritt, die Entdeckung natürlicher Ressourcen und durch eine Änderung des Konsumverhaltens wieder gutgemacht oder gemildert werden können.»

Solche Definitionen fordern noch immer eine Menge Fragen heraus, soweit eindimensionale Indikatoren betroffen sind: Wie soll der Öffentlichkeit verständlich gemacht werden, welche Annahmen dem Ökosozialprodukt zugrunde liegen oder wie die Wirtschaftswissenschaftler die verschiedenen darin eingeflossenen Faktoren abgewogen haben? Wie soll man ein Gleichgewicht zwischen steuerfinanzierten sozialen Programmen finden, die sich mit Familienproblemen beschäftigen, und Krankheiten, wie sie mit wachsender Arbeitslosigkeit einhergehen – die dadurch verursacht wird, daß Unternehmen Entlassungen zur Verbesserung ihrer Produktivität und Gewinne vornehmen?

Das Interesse von Sozialwissenschaftlern und Umweltbewegung an einer notwendigen Überarbeitung von Systemen der VGR, die auf BIP- und BSP-Messungen beruhen, erwachte schon vor 25 Jahren (Henderson, 1981 und 1991, Kapitel 6). In den 60er Jahren versuchte Emile van Lennep, ehemaliger Generalsekretär der OECD, soziale Indikatoren in die hauptsächlich wirtschaftlich angelegten Analysen seiner Organisation einzubauen. Van Lennep stieß auf solche Einsprüche wie den, daß solche sozialen Indikatoren «normativ» seien. Obwohl natürlich alle wirtschaftlichen Indikatoren normativ sind.

Ein frühes, gutes Beispiel für alternative Indikatoren ist der *Index für sozialen Fortschritt* (ISP), der von Estes erarbeitet wurde. Dieser begann seine Arbeit 1974 und faßte sie in «Trends in World Social Development: the Social Progress of Nations, 1970–1987» zusammen. Ein weiteres Beispiel ist der *Index der physischen Lebensqualität* (PQLI), den Morris für das Overseas Development Council of Washington D.C. entwickelte. Keiner der beiden Ansätze traf seinerzeit auf viel Interesse. Die (seit 1990) jährliche Veröffentlichung des *Index der menschlichen Entwicklung* (HDI) durch das Entwicklungsprogramm der Vereinten Nationen (UNDP) hat bei den Medien jedoch großes Interesse hervorgerufen – wobei auch viel Kritik geübt wurde. Der (in diesem *Human Development Report* ebenfalls enthaltene) *Index für menschliche Freiheit* (Human Freedom Index) beispielsweise wurde von vielen Entwicklungsländern dahingehend kritisiert, daß er lediglich westliche Werte widerspiegeln würde.

Der «HDI 1991» wurde kritisiert, weil die Entwicklungsländer in der Betonung der Menschenrechte einen erneuten Versuch der Weltbank und anderer nördlicher Banken sahen, weitere «soziale und ökologische Bedingungen» an die Kreditvergabe zu knüpfen. Daran, daß die Geldvergabe generell mit Bedingungen verbunden wird, war man bereits durch die Auflagen zum Strukturwandel gewöhnt.

Ein Nachtrag zum *World Economic Outlook* des Internationalen Währungsfonds erfuhr noch mehr Interesse als der HDI. In diesem Nachtrag wurden die konventionellen Berechnungen des Pro-Kopf-BIP um Kaufkraftparitäten bereinigt, damit Währungsschwankungen wiedergegeben werden konnten. Diese Neueinschätzung katapultierte China auf Rang 3 der Handelsmächte, hinter den USA und Japan.

Es reicht nicht aus, nur die Effekte und Symptome des heutigen unnachhaltigen wirtschaftlichen und geopolitischen Weltsystems zu benennen, wie beispielsweise Wüstenbildung, Umweltverschmutzung, Armut und Ungerechtigkeit. Es ist auch notwendig, einen Blick auf die Gründe und die strukturellen Barrieren zu werfen, die eine ökologisch nachhaltige, gerechte menschliche Entwicklung verhindern. Zu diesen Hindernissen gehören eine ungerechte Weltwirtschaftsordnung, die durch die finanziellen Institutionen des Bretton Woods Systems verstärkt wird (z.B. den Internationalen Währungsfond IWF und die GATT-Vereinbarungen), ungleichgewichtete Handelsbedingungen, die Dominanz der G7 in der UN sowie der weltweite Rüstungswettlauf, der noch immer zu Ausgaben von etwa 3 Billionen US$ jährlich führt. Dies

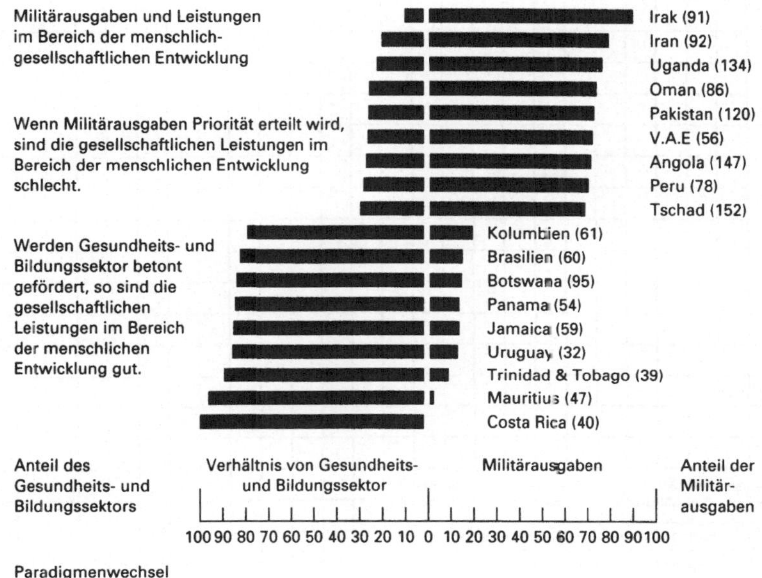

Abbildung 9.1
Das Verhältnis von militärischen zu zivilen Ausgaben.

belegt, wie nützlich der Indikator des HD-Report für das Verhältnis von militärischen zu zivilen Ausgaben ist (siehe Abbildung 9.1) und wie wichtig die Arbeiten von Sivard und ihre auf Washingtoner Zahlen beruhenden Indikatoren für weltweite Militärausgaben sind (Sivard, 1991).

Ein weiterer, neuer Indikator ist der des *World Game*, der die weltweiten Ausgaben für Waffen mit den weltweiten Bedürfnissen vergleicht (siehe Abbildung 9.2).

Ein Beispiel dafür, inwieweit die Indikatoren die langfristigen Strukturen aufdecken können, die das durchschnittliche Pro-Kopf-Einkommen übertünchen kann, ist die Darstellung der wachsenden Armutsschere, die der HDI in seinem Bericht von 1992 belegte; ein weiteres Beispiel (in der 1993er Ausgabe) ist die Darstellung des weltweiten Wirtschaftswachstums, das dennoch keine Arbeitsplätze schafft.

Wo sind aber die sozialen und strukturellen Ansatzpunkte, die Druck auf die Debatte ausüben?

Der Vorwurf trifft die neo-klassische Schule der Wirtschafts-

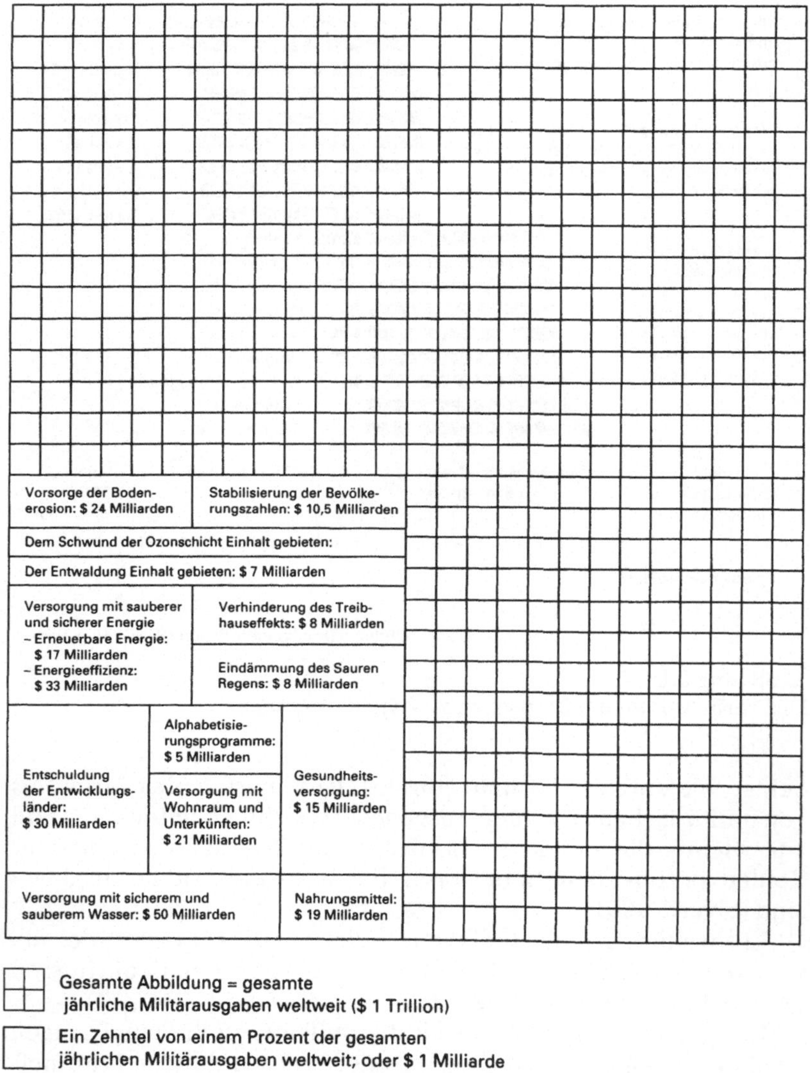

Quelle: «Paradigms in Progress», Hazel Henderson (1991). Abdruck autorisiert.

Abbildung 9.2
Was die Welt braucht – und wie dafür gezahlt werden kann.

theorie und ihren Ansatz, der sich von anderen Disziplinen unterscheidet. Sie stellt eine Gedankenwelt dar, die vor 300 Jahren entstand, um die Ziele der damals in Großbritannien beginnenden Industriellen Revolution verständlich zu machen und zu unterstützen.

Adam Smith beschrieb einfach (mit unverhohlener Zustimmung), was er sah: eine Art gesellschaftlichen Fortschritt, der – seiner Meinung nach – endlich die Möglichkeit eröffnete, Fortschritt auf menschliche Schwächen zu begründen (Besitzdenken, Gier, Egozentrik und Rivalität), anstatt abzuwarten, bis die Menschen vernünftig geworden sind (Henderson, 1981, Kapitel 8).

Die erfolgreiche Entwicklung von Indikatoren für nachhaltige Entwicklung setzt voraus, daß diese weiter gefaßten Indikatoren interdisziplinär angelegt sind. Zu versuchen, den Fortschritt komplexer Gesellschaften und der vielen Aspekte ihrer Lebensqualität mit einem Ansatz zu erfassen, der sich lediglich auf eine einzige Disziplin stützt, ist absurd. Zu den interdisziplinären Ansätzen gehören auch die Fortschrittsindikatoren aus Jacksonville (Florida), die seit 1985 angewandt werden (siehe Abbildung 9.3). Die Stadt Seattle entwickelt neue Indikatoren für ein Nachhaltiges Seattle (Sustainable Seattle Indicators) auf der Basis der Indikatoren aus Jacksonville. Die nationalen statistischen Bedürfnisse der Entwicklungsländer sind ebenfalls interdisziplinär, denn alle Länder haben ihre eigenen kulturellen Ziele und Werte, die sich im Kern ihrer Indikatoren niederschlagen sollten (Caracas Report, 1990). Die Südkommission wählte diesen Ansatz, als sie ihren Bericht «Challenge to the South» (1990) veröffentlichte.

Die Indikatoren für eine nachhaltige Entwicklung werden daher methodisch auf vielerlei Weise von den traditionellen Verfahren der Volkswirtschaftlichen Gesamtrechnung abweichen. Solche Verfahren scheinen – da sie normativ, undurchsichtig und durch den Wähler nicht kontrollierbar sind – die demokratischen Prozesse zu verhindern. Die Befürchtungen vieler Politiker aus dem Süden sind daher verständlich.

Die primäre Schwäche des HDI besteht darin, daß er immer noch auf jenen statistischen Methoden beruht, die versuchen, verschiedene Element zu addieren – oftmals, indem traditionelle Gewichtungsverfahren angewandt werden, um eine Analogie zu BIP und BSP herstellen zu können. Daly (1990) räumte diese Schwäche auch für den von ihm erstellten Index für nachhaltigen wirtschaftlichen Wohlstand (ISEW) ein und verlieh seiner Besorgnis mit dem Werbeslogan der Zigarettenmarke *Carlton* Ausdruck: «Wenn Sie schon rauchen, versuchen Sie es doch bitte mit Carlton» – da alle

*Dies sind die Indikatoren, die Jacksonville gewählt hat, um seine Lebens-
qualität zu messen. Seit 1985 werden in diesen Kategorien statistische Daten
erfaßt.*

The economy
(includes individual well-being and community economic health)

Total unemployment rate
Black unemployment rate
Teenage unemployment rate
Effective buying income per capita
Annual retail sales per capita
Average price of previous owned, single fami-
ly home
Revenue generated by the Bed tax
Taxed taxable value of real estate
Cost of 1,000 kw hours of electricity (DEA)
New housing starts

Public safety
(includes the perception of publik safety, and
the quantity and quality of
law enforcement, fire protection and rescue
services)

Index crimes per 100,000 population
Percentage who have been victims of a crime
Percentage who feel safe walking alone at
night
Rescue call response time
Fire call response time
Police call response time
Motor vehicle accidents per 1,000 population
Fire and rescue operating expenditures per
capita
Law enforcement operating expenditures per
capita

Health
(refers to the physical and mental health of re-
sidents and the local system of health care)

Age-adjusted deaths per 100,000 population
Infants deaths per 1,000 live birth
Deaths due to heart diseas per 100,000 popu-
lation
Suicides per 100,000 population
Deaths due to cirrhosis of the liver per
100,000 population
Packs of cigarettes sold per capita
Percentage who exercise three times per
week
Percentage who rate the medical health care
system good or excellent
Percentage who rate their own health good or
excellent

Education
(includes the system of public education (kin-
dergarten through 12th grade), higher education, including adult education, and the overall
literacy and educational attainment of the population)

K-12:
– Standard Achievement Test Scores
– Student dropout rate
– Educational expenditure per student
– Average public school teacher salaries
– Percentage of teachers holding advenced
degrees
Higher education:
– Percentage of faculty holding terminal
degrees
– Average faculty salaries at public institu-
tions
– Total student enrollment
Academic degrees award
Educational attainment:
– Percentage who are higher school gradua-
tes or above
– Percentage who are college graduates or
above

Natural environment
(includes the natural elements of the earths
ecosystem, the quality and quantity of water,
air, green space, and landscaping and visual
aesthetics)

Days when the Air Quality index is in the
Good range
Frequency of compliance of St. Johns river
with water quality standards
Frequency of compliance of tributaries with
water quality standards
(desolved oxygen)
New sewer permits issued
Sign permits issued
Environmental public employees per 100,000
population
Per capita tons of solid waste

Mobility
(refers to opportunities for people to travel
freely within Jacksonville and between Jacksonville and other locations)

Total weekday commercial flights in and out
of JLA
Direct flight destination to and from JIA
Average weekday ridership on JTA buses

188

Average miles of JTA bus service per week-
day
Commuting time from downtown along J. Tur-
ner Butlrt/I-95
Commuting time from downtown along Atlan-
tic Blvd
Commuting time from downtown along San
Jose Blvd
Commuting time from downtown along Roo-
sevelt Blvd
Commuting time from downtown along I-95
North

Government/politics
(includes an informed and activity citizenry,
professionalism and performance of local government)

Percentage of population eighteen and over
registered to vote
Percentage of registered voters who vote
Percentage of houshold purchasing local Sun-
day newspaper
Percentage who can name accurately two
City Council members
City capital outlay expenditures per capita
Total City revenues per capita
Percentage of City Council members who are
black
Percentage of City Council members who are
female
Rate of Planning Depart/City Council concur-
rence on rezoning petitions
Percentage who rate the quality of local go-
vernment leadership good or excellent
Days from arrest to disposition of criminal
cases

Social environment
(encompasses collective or group concerns
such as equality of opportunity, racial harmo-
ny, family life, human services, philantrophy
and volunteerism)

Child abuse and neglect reports per 1,000
children under 18
Employment discimination complaints filed
with the Jacksonville Equal Opportunity Commission
Percentage of white persons who believe racism to be a problem
Percentage of non-white persons who believe
racism to be a problem
City government human services expenditures per capita
Contributions per capita to the United Way
and its member agencies
Percentage who volunteered time during the
past year
Licensed day-care spaces per 1,000 children
under 5 years

Culture/recreation
(includes the available supply and use of
sports and entertainment events, the per-
forming and visual arts, public recreation, and
leisure activities)

Annual expenditures of major arts organiza-
tions
Public parks acreage per 1,000 population
City parks and recreation facilities per
100,000 population
Public library materials per capita
Public library book circulation per capita
Days of booking of major city facilities
Zoo attendance per 1,000 population

Abbildung 9.3
Leben in Jacksonville, Florida. Qualitätsindikatoren für Fortschritt.

Länder Indizes wie BIP und BSP verwenden, sollten sie zumindest
einen Ansatz verwenden, der geringfügig besser ist als die anderen.
Im Prinzip jedoch waren sich Daly, Sachs und andere Wirtschaftswissenschaftler darin einig, daß Gesellschaften solche eindimensionalen Indikatoren nicht verwenden sollten. Um dieses Problem
zu lösen, werden die Indikatoren für die Zukunftsfähigkeit einer
Region (siehe Abbildung 9.4) aufgeschlüsselt, so daß sie transpa-
renter und multidisziplinär werden und der Öffentlichkeit besser
verständlich sind. Darüber hinaus wird der Versuch gemacht, andere Korrekturen hinsichtlich sozialer Brennpunkte vorzunehmen:
unbezahlte Arbeit, Armutsschere etc.

«Über ein in Geldwerten ausgedrücktes BSP-Wachstum, das als Durchschnittswert pro Kopf der Bevölkerung berechnet wird.»

<table>
<tr><td>

Neuformuliertes BSP, um Irrtümer auszugleichen und mehr Information zu erlangen:

– **Kaufkraftparität (PPP):** gleicht Währungsschwankungen aus.
– **Einkommensverteilung:** erweitert sich die Armutsschere oder schließt sie sich?
– **Gemeinschaftsbezogene Bilanzen:** um die gegenwärtige Unternehmensbasis zu ergänzen.
– **Informelle Produktion im Haushaltssektor:** erfaßt alle Arbeitsstunden (bezahlte und unbezahlte).
– **Abzug der gesellschaftlichen und umweltbezogenen Kosten:** eine «Netto»-Bilanzierung vermeidet Doppelzählungen.
– **Berücksichtigung der nichterneuerbaren Ressourcen:** analog zur Abschreibung der Kapitalinvestitionen.
– **Verhältnis von Energieverbrauch und BIP:** bemißt Energieeffizienz und Recycling.
– **Verhältnis militärischer und nichtmilitärischer Ausgaben:** mißt die Effektivität einer Regierung.
– **Kapitalwertebilanz für aufgebaute Infrastruktur und öffentliche Ressourcen:** viele Wirtschaftsfachleute sind sich darüber einig, daß dies notwendig ist; einige schließen dabei die Umwelt als Ressource mit ein.

Copyright © 1989 Hazel Henderson

</td><td>

Ergänzende Indikatoren für den Fortschritt gesellschaftlicher Ziele:

Bevölkerung: Geburtenrate, Dichte, Altersverteilung.
Bildung: Lesevermögen, Schulabbrüche und Wiederholungsrate.
Gesundheit: Kindersterblichkeit, Frühgeburten, Gewicht/Größe/Alter.
Ernährung: z.B. Kalorien pro Tag, Verhältnis von Eiweiß und Kohlehydraten etc.
Grundleistungen: z.B. Zugang zu sauberem Wasser etc.
Unterkunft: Verfügbarkeit und Qualität von Wohnungen Obdachlosigkeit, etc.
Öffentliche Sicherheit: Verbrechen.
Entwicklung von Kindern: WHO, UNESCO etc.
Politische Beteiligung und demokratische Prozesse: z.B. Amnesty International.
Internationale Daten: Einfluß von Geldern während Wahlkampagnen, Raten der Wählerbeteiligung.
Status von Minderheiten, ethnischen Gruppierungen und Frauen: z.B. Daten zu Menschenrechten.
Luft- und Wasserqualität, Grad der Umweltverschmutzung: städtische Luftverschmutzung.
Erschöpfung der Umweltressourcen: Hektar des jährlich verlorenen Landes und der Wälder.
Artenvielfalt und aussterbende Arten: z.B. Kanadas Umweltindikatoren.
Kultur und Freizeitressourcen: z.B. Jacksonville, Florida.

</td></tr>
</table>

Abbildung 9.4
Indikatoren für die Zukunftsfähigkeit eines Landes.

Es wurden und werden viele Versuche unternommen, entsprechende Indikatoren zu entwerfen: Repettos Bewertung der Waldbestände in Indonesien und Costa Rica; Costanzas Arbeiten über den Wert von Feuchtgebieten; Fallstudien von Lutz, El Serafy, Pezzey, von Amsberg und anderen Wirtschaftswissenschaftlern der Weltbank. Diese Versuche müssen definitionsgemäß als Teilaspekte von Indikatoren einer nachhaltigen Entwicklung angesehen werden, da solche Indikatoren das gesamte Spektrum des menschlichen Wohlbefindens erfassen sollen.

Wir versuchen daher, die methodologische Anknüpfung an

ganzheitliche und gesellschaftliche Ansätze zu finden wie die des
HDI, der Society for the Advancement of Social Economics (Gesellschaft zur Förderung sozialer Wirtschaftswissenschaften) und Kanadas Ökologische Indikatoren (Green Indicators), um nur ein paar
zu nennen.

Der in diesem Kapitel gegebene Überblick ist nicht vollständig.
Anstatt im einzelnen alle Bemühungen, die derzeit laufen, zu bewerten und zu analysieren, war unser Ziel, einem breiten Publikum
zur Kenntnis zu bringen, daß die Suche nach neuen Indikatoren und
Indizes inzwischen weltweit läuft.

IV
Umweltgerechte Anpassung des Systems der Volkswirtschaftlichen Gesamtrechnungen (VGR)

Nachdem wir die historischen Wurzeln des wirtschaftlichen Wachstums aufgedeckt haben (I) und die Auswirkungen des gegenwärtigen Niveaus und der Struktur der wirtschaftlichen Aktivität auf Umwelt und Lebensqualität benannt sowie den Prozeß der nachhaltigen Entwicklung dargestellt haben (II, III), wollen wir uns in Teil IV und V dieses Berichtes mit dem BIP und dem System der Volkswirtschaftlichen Gesamtrechnungen (VGR) beschäftigen.

In den Kapiteln 2 und 3 wurde der historische Hintergrund der Entwicklung der VGR beschrieben und der gesellschaftliche Einfluß des BIP diskutiert. Ferner wurden die Unzulänglichkeiten des BIP als Fortschrittsindikator aufgezeigt. Kapitel 9 erörterte darüber hinaus die notwendige Verbesserung der Indikatoren für eine nachhaltige Entwicklung.

Während die Indikatoren für nachhaltige Entwicklung Aussagen über wirtschaftliche, ökologische und soziale Phänomene ermöglichen, konzentrieren wir uns im folgenden auf einen der wirtschaftlichen Indikatoren: das BIP. Die Gründe für diese Schwerpunktsetzung sind schon in den vorhergehenden Kapiteln dargelegt worden: die dominierende Stellung des BIP als Indikator für wirtschaftlichen Fortschritt. Zweierlei ist notwendig, um diese Dominanz zu relativieren: Zum einen eine Modifikation des BIP als Wirtschaftsindikator und zum anderen die Beschränkung des BIP auf die ihm ursprünglich zugewiesene Funktion. Denn das BIP ist lediglich *einer* von vielen wirtschaftlichen Indikatoren, die zu dem im Zusammenhang mit ökologischen und gesellschaftlichen Indikatoren gesehen werden müssen.

Im folgenden werden wir uns deshalb mit der Integration von Umweltdimensionen in die Volkswirtschaftlichen Gesamtrechnungen und mit der Berechnung des BIP im besonderen beschäftigen. In diesem Zusammenhang sind sowohl Ansätze einer Umwelt- und Ressourcenbilanzierung als auch Methoden zur Bewertung des

Verbrauchs natürlicher Ressourcen und von Umweltbelastungen von Relevanz.

Auf dem Gebiet der Bilanzierung natürlicher Ressourcen und der Umwelt ist bereits viel gearbeitet worden. Das World Resource Institute zum Beispiel hat wichtige Fallstudien über Costa Rica und Indonesien durchgeführt (Repetto et al., 1989). Zwischen 1983 und 1988 haben das UNEP und die Weltbank eine Reihe von Workshops organisiert, an denen herausragende Wissenschaftler teilnahmen. Die Ergebnisse dieser Veranstaltungen wurden in *Environmental Accounting for Sustainable Development* veröffentlicht (Ahmad et al., 1989). 1993 veranstalteten UNSTAT und die Weltbank ein Symposium zur Umweltbilanzierung und veröffentlichten *Towards Improved Accounting for the Environment* (Lutz, 1993). Diese Publikation beschreibt die jüngsten Entwicklungen im Bereich der konzeptionellen und methodischen Fragen und enthält eine Zusammenfassung des «UN-Systems für eine Integrierte Volkswirtschaftliche und Umweltgesamtrechnung» sowie Kommentare von verschiedenen Experten. Darüber hinaus bezieht sie die Ergebnisse zweier neuer Fallstudien über Papua Neu-Guinea und Mexiko ein.

1993 wurde das *UN-Handbuch über eine Integrierte Volkswirtschaftliche und Umweltgesamtrechnung* (SNA) veröffentlicht (Vereinte Nationen, 1993), das den nationalen statistischen Ämtern Richtlinien für einen allgemeinen Rahmen der ökologischen Bilanzierung an die Hand gibt. Im SNA gibt es ein Unterkapitel über Umwelt-Satellitensysteme.

In den vergangenen Jahren haben viele statistische Behörden Erfahrungen im Bereich der ökologischen Bilanzierung sammeln können. Diese bezogen sich primär auf die Erfassung physischer Daten über die Bestände und Ströme natürlicher Ressourcen und Emissionen in Luft, Wasser und Boden sowie ihre Verknüpfung mit monetären Größen der VGR.

Die ökologische Bilanzierung mit Hilfe physischer Einheiten liefert wichtige Informationen über die Nutzung der natürlichen Ressourcen, die Schadstoffströme und den Zustand der Umwelt. Aber sie schafft für die Politiker nicht die Voraussetzungen dafür, um zwischen wirtschaftlichen und ökologischen Vorteilen und Verlusten abzuwägen. Und darüber hinaus kann sie offensichtlich auch nicht die fundamentalen Mängel der Berechnung des BIP beseitigen. Das *UN-Handbuch über Integrierte Volkswirtschaftliche und Umweltgesamtrechnung* räumt dies auch ein. Seine Autoren vertreten deswegen die Position, daß physische Daten benötigt werden, die den Zustand der Umwelt beschreiben und dadurch eine solide Basis für jeden Versuch schaffen, Veränderungen der natürlichen

Vermögenswerte in monetären Einheiten zu bewerten. Die zentrale Frage lautet: Wie sollen die beobachteten Veränderungen bewertet werden?

Es wurde viel Arbeit in die Entwicklung von Methoden investiert, die die natürlichen Ressourcen und die Umwelt in Geldeinheiten bewerten. Die meisten Fachpublikationen zur Umweltökonomie enthalten Beschreibungen und Beurteilungen der vertrauten Bewertungsmethoden wie Zahlungsbereitschaftsanalyse (Contingent Valuation Method), hedonic pricing und die Travel-cost-Methode.

Die Zahlungsbereitschaftsanalyse ist der bekannteste Ansatz. In Fragebögen oder Spielsituationen werden Testpersonen gebeten, Geldbeträge zu nennen, die sie für den Erhalt oder die Verbesserung bestimmter Elemente der Umwelt bereit wären zu zahlen. Bei einer anderen Form der Fragestellung wird gefragt, wieviel Geld die Testperson erhalten sollte, um für einen bestimmten Verlust an Umweltqualität entschädigt zu werden. Auf diese Weise entsteht hypothetisch ein Als-ob-Markt, und die Menschen können hier ihre Präferenzen artikulieren. Auch wenn sie gewisse Vorteile wie technische Umsetzbarkeit und die direkte Erfassung der Bewertungen der Testpersonen hat, so hat die Zahlungsbereitschaftsanalyse doch auch gravierende Nachteile. Beispiele sind die Diskrepanz zwischen der angegebenen Zahlungsbereitschaft und dem Geldbetrag, den die Testpersonen tatsächlich zahlen würden, und der Umstand, daß die Zahlungsbereitschaft in erster Linie vom Einkommen abhängig ist. Darüber hinaus ist das Wissen im Umweltbereich bei den meisten begrenzt. Dies erschwert es, den Wert der abgegebenen Wertungen einzuschätzen.

Das hedonic pricing erfaßt Veränderungen von Eigentumswerten wie beispielsweise Grundstücken und Häusern, die durch Unterschiede in der Umweltqualität hervorgerufen werden. Die Differenz in den Eigentumswerten dient als Schätzwert für den monetären Wert der Veränderungen der Umweltqualität.

Mit der Travel-cost-Methode können die ökonomischen Nutzen eines bestimmten Standortes – zum Beispiel eines Erholungszentrums – abgeschätzt werden. Hauptinformationen sind hier die (zusätzliche) Zeit, die der Besucher bereit ist, für die Hin- und Rückreise aufzuwenden, die effektiven Reisekosten (z.B. für Benzin) und die Relation von Reise- und Aufenthaltszeit. Der Ansatz könnte dahingehend erweitert werden, daß die Erholungssuchenden auch zu dem Betrag befragt werden, den sie für den Erhalt oder die Verbesserung des jeweiligen Ortes ausgeben würden. Pearce und Turner (1990) haben einen ausgezeichneten Überblick über die Zahlungsbereitschaftsanalyse, hedonic pricing und die Travel-cost-Methode vorgelegt.

Die genannten Bewertungsmethoden vermitteln Einsichten, die bei Entscheidungen hilfreich sein könnten, die gleichzeitig wirtschaftliche Umweltaspekte zu berücksichtigen suchen – allerdings nur in sehr spezifischer Situation. Es wurden Fallstudien durchgeführt, um den Erholungswert von Seen und Wäldern sowie den Eigentumswert von Privathäusern, öffentlichen Gebäuden und Grundstücken zu ermitteln. Es ist evident, daß die beschriebenen Methoden objekt-, projekt- oder auf die Mikroebene orientiert sind. Ein weiteres, wichtiges Charakteristikum besteht darin, daß sie die geäußerten Präferenzen der Individuen abbilden wollen. Dies kann man als Vorteil ansehen in dem Sinne, daß es sich hier um einen mehr oder weniger demokratischen Ansatz handelt. Die direkte Einbeziehung von Personen kann allerdings auch aus den obengenannten Gründen (begrenztes Wissen, Vorurteile) ein Nachteil sein.

Es ist offensichtlich, daß die beschriebenen Bewertungsmethoden nicht einfach im Kontext einer ökologischen Korrektur des BIP und der VGR, wo es sich um Sektor- oder Makrogrößen handelt, angewendet werden können. Die Abschätzung der Kosten der Minderung von Qualität und Umfang des Naturvermögens erfordert andere, meso- und makroorientierte Bewertungsmethoden.

Teil IV dieses Berichtes stellt die Arbeit von Experten zu den wichtigsten Themen im Bereich der umweltgerechten Korrektur des BIP vor.

Kapitel 10 behandelt die Diskussionen über die Rolle der umweltbezogenen Defensivausgaben in einem Konzept eines ökologisch korrigierten BIP. Seit einigen Jahren wird eine angeregte Debatte darüber geführt, ob diese Ausgaben vom BIP abgezogen werden sollten. Umweltbezogene Defensivausgaben sollen Umweltschäden beheben oder vermeiden. Tatsächlich werden aber einige Kategorien als Wertschöpfung verbucht. Christian Leipert legt in diesem Kapitel seinen Standpunkt zu dieser Frage dar.

In *Kapitel 11* legt Salah El Serafy seine Position zur Erfassung des Abbaus natürlicher Ressourcen im Ökosozialprodukt dar. Serafys Argumentation basiert auf Hicks' Einkommensdefinition. Und ausdrücklich orientiert er sich am Kriterium der «weak sustainability». Darüber hinaus führt Serafy Gründe gegen die Anwendung der Nettopreismethode an, einer marktbezogenen Bewertungsmethode, die vom *World Resource Institute* in seinen Fallstudien über Costa Rica und Indonesien angewandt wurde. Serafy selbst entwickelte die Methode der Nutzungskosten, deren Ziel es ist, das Wertschöpfungselement (echtes Einkommen) und das Nutzungskostenelement (Erschöpfungskosten) in den Rohstoffpreisen zu ermitteln. Der Nettopreis- und Nutzungskostenansatz sind zwei Beispiele für marktorientierte Bewertungsmethoden.

Kapitel 12 befaßt sich mit den Arbeiten Huetings und seiner Kollegen, das Sozialprodukt in einer hypothetischen, ökologischnachhaltigen Wirtschaft zu ermitteln. Eine grundlegende Annahme ihres Ansatzes ist, daß es in der Gesellschaft eine Präferenz für nachhaltige Entwicklung gibt. Dann kann man Nachhaltigkeitsstandards bestimmen, statt eine Nachfragekurve zu konstruieren (was nach Auffassung der Autoren sowieso nicht möglich ist). In einem weiteren Schritt können dann die Kosten von Maßnahmen berechnet werden, mit denen man diese Standards erreichen kann.

Kapitel 13 enthält das Konzept Carsten Stahmers, der maßgeblich zur Erstellung des *UN-Handbuchs über Integrierte Volkswirtschaftliche und Umweltgesamtrechnung* beigetragen hat. Außer einer Zusammenfassung der dort vorgeschlagenen Erweiterung der Volkswirtschaftlichen Gesamtrechnungen ist Stahmer auch um eine Beurteilung der Übereinstimmungen, Unterschiede, Stärken und Schwächen der vorgeschlagenen Bewertungsmethoden gebeten worden.

10. Defensivausgaben

Der traditionelle Indikator für wirtschaftliches Wachstum verwandelt einen Mißerfolg in einen Erfolg: das Bruttosozialprodukt wächst im Zuge eines Produktionsprozesses, der die Umwelt belastet; und es wächst ferner, wenn die entstandenen Umweltschäden durch wirtschaftliche Aktivitäten bekämpft werden. Die Ausgaben, die mit diesen Gegenmaßnahmen verbunden sind, werden allgemein als kompensatorische oder defensive Ausgaben bezeichnet.

In diesem Kapitel wollen wir uns mit der Frage beschäftigen, was (umweltbezogene) Defensivausgaben sind. Von Interesse sind sowohl die Theorie des Konzeptes als auch die empirischen Ergebnisse in diesem Bericht. Vor diesem Hintergrund befassen wir uns dann mit dem Problem, wie Defensivausgaben im Kontext einer ökologisch korrigierten BIP-Größe definiert und gemessen werden sollten.

Die VGR-Konzepte des BSP und des wirtschaftlichen Wachstums diskriminieren nicht. Alle Wirtschaftsaktivitäten, die scheinbar Endnachfragekategorien sind, werden im Bruttosozialprodukt aufaddiert, unabhängig von dem Zweck und der Funktion, die sie in Produktion und Konsum spielen. Die Aggregierung monetärer Wirtschaftsaktivitäten zum BSP ist zweifellos von Nutzen für die Stabilitäts- und Finanzpolitik, die Informationen über Stand und Entwicklung der Marktproduktion, der Einkommensverteilung und über Konsumenten- und Investitionausgaben benötigt – unabhängig von ihrem Beitrag zur Lebensqualität. Dieses eindimensionale Konzept ist jedoch unzulässig, wenn es darum geht, eine Ziffer des «wahren » Nettoeinkommens zu ermitteln, das heißt eine Einkommensgröße nach Abzug aller Kosten, die notwendig sind, um die Kapitalbestände (einschließlich des natürlichen Kapitals) zu erhalten. Das BSP enthält in steigendem Maße Transaktionen, denen kein positiver Wert zugeschrieben werden kann. Ihre ausschließliche Funktion besteht darin, Schäden zu reparieren und Umweltbelastungen zu vermeiden, die durch die negativen Auswirkungen wirtschaftlichen Handelns verursacht werden (Defensivausgaben).

Defensivausgaben umfassen jene wirtschaftlichen Aktivitäten, mit denen wir uns gegen die unerwünschten Nebeneffekte (negative externe Effekte) unserer Produktion und unseres Konsums schützen (siehe z.B. Olson, 1977, und Daly, 1989). Man versteht darunter die Ausgaben, mit denen Belastungen und Schäden der Umwelt (und der Lebensbedingungen im allgemeinen), die durch den Wirtschaftsprozeß in den Industriegesellschaften hervorgerufen werden, kursiert, neutralisiert und eliminiert sowie vermieden und antizipiert werden sollen.

In kurzfristiger Sicht sind defensive Ausgaben nicht überflüssig. Sie sind unter den gegebenen wirtschaftlichen und technischen Bedingungen notwendig und nützlich. Aufwendungen, die den Erhalt und die Wiederherstellung einer intakten Umwelt fördern, erfüllen hier und jetzt positive Funktionen. Erst eine Kausalanalyse erlaubt es, den Kostencharakter dieser Ausgaben aufzudecken: die Beeinträchtigung bestimmter Umwelt- und Lebensbedingungen geht Hand in Hand mit der industriellen Produktion, deren Marktergebnisse unverändert im BSP registriert werden. Die Ausgaben allerdings, mit denen Umweltbelastungen kompensiert werden sollen oder versucht wird, diese mit Blick auf die schweren Risiken zu vermeiden, sind zusätzlich monetärer Aufwand, um das konventionelle Sortiment von Gütern und Dienstleistungen zu produzieren inklusive der Umweltqualität, die wir früher kostenlos oder nahezu kostenlos hatten.

Umweltbezogene Defensivausgaben entstehen mit dem Übergang von der Umwelt als freiem Gut zur Umwelt als knappem Gut. Durch die steigende Umweltbelastung und den wachsenden Bedarf an natürlichen Ressourcen, die mit dem wirtschaftlichen Wachstumsprozeß der Industrieländer verbunden waren, wurden die produktiven und konsumtiven Leistungen der Umwelt immer kostspieliger, die wir früher nahezu gratis in Anspruch genommen haben. In den 70er Jahren, sozusagen zu Beginn der «Ära der knappen Umweltleistungen», mußten wir vor allem für die Reinigung von Luft und Wasser und für die Abwehr der Negativfolgen der Lärmbelastung zahlen. In den 80er Jahren waren wir darüber hinaus gezwungen, verschmutzte Böden zu reinigen, kontaminiertes Grundwasser zu entgiften, Gebäudeschäden zu reparieren, historische Bauwerke zu erhalten, geschädigte Wälder zu pflegen und strenge Emissionsgrenzwerte einzuhalten. Das alles war mit hohen und ständig steigenden Ausgaben verbunden.

Seit Ende der 80er Jahre haben wir eine neue, höhere Stufe auf der Kostenleiter erreicht und zahlen nunmehr auch für die Ersetzung ozonschädigender FCKW, die Bekämpfung des Treibhauseffektes, die Ausdehnung des Technologie- und Finanztransfers vom Norden in den Süden, den Erhalt der Artenvielfalt in den Ökosystemen der Kontinente und der Meere und für die Entwicklung umweltverträglicher Systeme in den Bereichen Verkehr, Chemie und Agrarwirtschaft.

Aus einer dynamischen Perspektive betrachtet, sind Defensivausgaben zusätzliche wirtschaftliche Kosten, die durch ein spezifisches Wachstums- und Entwicklungsmuster verursacht werden. Teile der Endproduktion, die im Sozialprodukt registriert wird, sind keine Outputs, sondern Inputs – das heißt Produktions- und Konsumkosten. Die zusätzlichen Defensivausgaben können als realer Einkommenstransfer aus der Wirtschaftssphäre in die Umwelt interpretiert werden. Sie sind mit dem realen Einkommenstransfer aus den ölverbrauchenden Ländern in die OPEC-Staaten zu vergleichen, der nach der Explosion der Ölpreise (1973/74, 1979/80) stattgefunden hat. Diese realen Einkommenstransfers bedeuten einen Einkommensverlust, dessen Geldwert nicht noch einmal für Konsum oder Investitionen im Inland ausgegeben werden kann.

Die Öffentlichkeit in den Industrieländern ist sich dieser Situation aber immer noch nicht bewußt. In den Verteilungskämpfen wird die Umwelt nicht als ein Akteur angesehen, der – im Gegenzug für die wertvollen Leistungen, die er für die Wirtschaft erbringt –

ein legitimes Anrecht auf einen bestimmten Anteil der Produktion bzw. von dessen Wachstum hat. Die Preissteigerungen, die durch umweltbezogene Defensivausgaben verursacht werden, werden nicht von anderen Ursachen, wie zum Beispiel rein inflationär verursachten Preissteigerungen, unterschieden. Normalerweise führen sie zu höheren Lohn- und Gehaltsforderungen, mit denen die Preissteigerungen wieder ausgeglichen werden sollen. Die Berechnung und regelmäßige Veröffentlichung eines um Umweltaspekte korrigierten Volkseinkommens (Ökosozialprodukt) würde dazu beitragen, die Öffentlichkeit für den Kostencharakter der umweltspezifischen Defensivausgaben in unserer Welt knapper und immer teurer werdender Umweltressourcen und für die oben beschriebenen Kosten zu sensibilisieren.

Das Konzept der Defensivausgaben ist ein Beispiel dafür, daß in einigen Fällen weniger mehr sein kann – und umgekehrt. Die Entwicklung umweltzerstörerischer, rohstoff- und energieverschwendender und räumlich zentralisierter Wirtschaftsstrukturen macht zusätzliche kompensierende Maßnahmen notwendig, um unveränderte wirtschaftliche, soziale und umweltbezogene Ziele zu erreichen. Eine Umgestaltung derartiger kostenverursachender Wirtschaftsstrukturen könnte zur Reduzierung von (kompensatorischen) Ausgaben führen, ohne daß dies eine Verschlechterung der Lebensqualität bedeuten müßte.

Das Konzept der umweltbezogenen Defensivausgaben

Ein sinnvolles Konzept für umweltbezogene Defensivausgaben sollte mit der Auflistung aller umweltrelevanter Ausgaben beginnen:

a) Behandlung und Ausgleich von Schäden, die durch Umweltbelastungen verursacht werden (z.B. Reparaturen an Gebäuden und Produktionsstätten, Restaurierung von historischen Bauwerken, Behandlung von Gesundheitsschäden, Pflege geschädigter Wälder, zusätzliche Reinigungsaktivitäten u.a.);
b) Renaturierungs- und Sanierungsmaßnahmen (z.B. Renaturierung verschandelter und zerstörter Landschaften und Ökosysteme, Reinigung von Giftmülldeponien und verseuchten Produktionsstätten, Aufbereitung von verschmutztem Oberflächen- und Grundwasser durch Wasserwerke);
c) Ausweichmaßnahmen zur Vermeidung von umweltbedingten Schäden (z.B. von Lärm);

d) Umweltschutz- und Entsorgungsaktivitäten (Zurückhaltung, Behandlung und Recycling von Schadstoffen, Abwasser und Sondermüll), bevor sie in die Umwelt freigesetzt werden;

e) prozeßorientierte Maßnahmen, Technologien zur Einsparung von Energie und Rohstoffen, umweltfreundliche Produkte;

f) Maßnahmen, mit denen die bestehenden umweltschädigenden Konsum- und Produktionsstrukturen umweltverträglich umgestaltet werden sollen.

Die Kategorien *d* und *e*, teilweise auch *c*, zielen vorrangig auf die Vermeidung von Emissionen, während *a* und *b* – und teilweise auch *c* – sich vor allem auf wirtschaftliche Aktivitäten beziehen, mit denen Umweltschäden und dadurch verursachte Schäden an Wirtschafts-, Kultur- und Gesundheitsvermögen kompensiert, repariert und behandelt werden. Die Aktivitäten der Kategorie *f* (bedingt auch *e*) können als offensive, vorausschauende und strukturverändernde Maßnahmen verstanden werden, die dazu dienen, Reparatur-, Behandlungs- und Schutzmaßnahmen mittel- und langfristig überflüssig zu machen. Ein sehr weites Konzept umweltbezogener Defensivausgaben würde die Kategorie *a* bis *e* umfassen. Ein (absoluter und relativer) Anstieg von aktiven und offensiven Ausgaben kann als Erfolg einer Wirtschaftspolitik, die von vornherein Umweltaspekte integral berücksichtigt, betrachtet werden.

Die meisten umweltbezogenen Ausgaben sind immer noch Defensivausgaben. Der erwünschte Strukturwandel sollte sich daher von den reaktiven Maßnahmen der Kategorien *a* und *b* über die weniger defensiven der Kategorie *d* bis hin zu jenen proaktiven und offensiven der Kategorien *e* und *f* entwickeln.

Die aktuellen nationalen und internationalen Systeme der Umweltstatistik beziehen sich primär auf die Kategorien *d* und *e* und manchmal auf *b*. Sie decken also nur einen Teil der gesamten umweltbezogenen Defensivmaßnahmen ab. Eine Ausnahme ist die Klassifikation von umweltbezogenen Defensivmaßnahmen, die im bereits erwähnten *UN-Handbuch zur Integrierten Volkswirtschaftlichen und Umweltgesamtrechnung* publiziert wurde (Vereinte Nationen, 1993, S. 41). Sie deckt das gesamte Spektrum ab.

Empirische Belege für Defensivausgaben am Beispiel der Bundesrepublik Deutschland

Nach empirischen Berechnungen für die alten Bundesländer war in den beiden Hauptkategorien der umweltbezogenen Defensiv-

Tabelle 10.1 Umweltbezogene Defensivausgaben in der (alten) Bundesrepublik Deutschland, von 1970 bis 1988, in Milliarden DM zu konstanten Preisen (bereinigt mit dem Deflator der volkswirtschaftlichen Endnachfrage, Basisjahr 1980). Quelle: Leipert, 1989.

		1970	1980	1985	1988
A.	Ausgaben für Umweltschutz				
1.	Ausgaben für Umweltschutz durch die Industrie (Investitionen, laufende Ausgaben, Kauf von Umweltschutzleistungen)	5,70	8,90	14,00	19,30
2.	Ausgaben für Umweltschutz durch die öffentlichen Haushalte (Investitionen, laufende Ausgaben)	6,00	12,80	11,80	15,00
3.	Mehrkosten für den Einbau von Katalysatoren in Autos	–	–	–	1,00
4.	Höhere Kosten der atomtechnischen Sicherheitsstandards	–	–	2,30	2,30
Gesamtausgaben für A		11,70	21,70	28,10	37,60
B.	Ausgaben zur Kompensation nicht-vermiedener Umweltschäden				
1.	Zusatzkosten aufgrund von Lärmbelästigung	–	2,00	2,00	2,00
2.	Kosten der Altlastensanierung	–	0,05	0,15	1,00
3.	Kosten der Asbestsanierung	–	–	–	0,40
4.	Kosten des Ersatzes von PCB-haltigen Kondensatoren	–	–	–	0,10
5.	Aufbereitungskosten von Wasserwerken:	1,60	3,30	4,80	5,00
	a) Verschmutzung von Oberflächenwasser	0,11	0,14	0,15	–
	b) Verschmutzung von Grundwasser	–	–	0,94	1,00
	c) Beseitigung von chlorierten Kohlenwasserstoffen	–	–	0,50	1,00
	d) Beseitigung von Nitraten				
6.	Wassertransportkosten aufgrund der Grundwasserbelastung	1,00	1,00	1,00	1,00
7.	Kosten zur Beseitigung von Schäden durch Schiffsunfälle	–	–	0,10	0,10
8.	Mehraufwendungen in der Forstwirtschaft aufgrund des Waldsterbens	–	–	0,40	0,50
9.	Kosten von Maßnahmen zur Bekämpfung der Erosion	–	–	0,30	0,50
10.	Zusätzliche Kosten aufgrund von Material-, Gebäude- und Anlageschäden	2,40	2,40	2,40	2,40

	1970	1980	1985	1988
11. Zusatzkosten für die Sanierung von Kunstwerken	–	0,05	0,15	0,15
12. Zusatzaufwand bei Autos aufgrund straßensalzbedingter Korrosionsschäden	–	2,55	2,85	3,10
Gesamtausgaben für B	5,10	11,50	17,20	19,85
Gesamtausgaben für A und B	16,80	33,20	45,30	57,45
Zum Vergleich: BSP zu Marktpreisen	1134,00	1485,20	1578,10	1699,40

ausgaben ein absoluter und auch ein relativer Zuwachs zu verzeichnen (Leipert, 1989):

– Umweltschutz- und Entsorgungsaktivitäten sowie
– Reparatur, Behandlung und Ausgleich von Schäden, die durch Umweltbelastungen verursacht wurden.

Die gesamte wirtschaftliche Belastung, die der Gesellschaft durch umweltbezogene Defensivausgaben entstand, stieg in den alten Bundesländern – bezogen auf das BSP – von 1,5 Prozent im Jahre 1970 auf 3,4 Prozent im Jahre 1988[1] an. Während das BSP in diesen fast 20 Jahren um ca. 50 Prozent angestiegen ist, sind die gesamten umweltbezogenen Defensivausgaben um mehr als 300 Prozent in die Höhe geschossen. Die absoluten Zahlen sind in Tabelle 10.1 wiedergegeben.

Am Ende der 80er Jahre wurde fast ein Fünfundzwanzigstel der Produktion, die in das BSP eingeht, für die Vermeidung, Beseitigung oder Wiedergutmachung von Umweltbelastungen bzw. -schäden verwendet, die aus den durch die negativen Nebenwirkungen des wirtschaftlichen Wachstumsprozesses ausgelöst worden sind.

---

1   Eine genaue Anteilsgröße konnte nicht ermittelt werden, da viele Teilgrößen sowohl Endverwendungskategorien als auch Vorleistungen enthalten, die nur schwer oder gar nicht voneinander abgegrenzt werden können. Man spricht deswegen besser von einer Relation zwischen Defensivausgaben und BSP und nicht von einem exakten Anteil. Berücksichtigt man jedoch, daß die Berechnungen überwiegend Minimalwerte darstellen und daß eine ganze Reihe von weiteren Defensivausgabenkategorien nicht erfaßt werden konnte, so ist davon auszugehen, daß auch die tatsächliche Anteilsgröße den hier ermittelten Wert keineswegs unterschreitet.

Die empirischen Anhaltspunkte der letzten Jahre deuten darauf hin, daß die Tendenz steigender Defensivausgaben bis heute ungebrochen anhält und daß sie sich innerhalb des nächsten Jahrzehnts wahrscheinlich nur noch deutlicher bemerkbar machen wird. Eine beschleunigte Zunahme der Maßnahmen im Bereich des Umweltschutzes, des Recyclings, der Entsorgung, der Wiederaufbereitung, der Umweltreparaturen und -restaurierung scheint für die nächsten zehn bis fünfzehn Jahre vorprogrammiert zu sein. Seit der zweiten Hälfte der 80er Jahre haben die neuen, im allgemeinen strengeren Umweltgrenzwerte aus den frühen 80er Jahren zu rapide ansteigenden Investitionen durch Industrie und Kommunen im Bereich des Umweltschutzes geführt. Die Dynamik dieses Wachstums wird durch eine typische Nachricht in der Tagespresse belegt, demzufolge das Chemieunternehmen BASF in den kommenden Jahren doppelt soviel in den Umweltschutz investieren wird wie in den zehn zurückliegenden Jahren – und zwar 2 Milliarden DM verglichen mit 1 Milliarde DM zuvor.

Bemerkenswert ist, daß die laufenden Ausgaben für den Betrieb der in den letzten Jahren stark angewachsenen Umweltschutz- und Entsorgungsanlagen von Jahr zu Jahr ansteigen, und zwar mit Wachstumsraten von 10 Prozent und mehr. Entschwefelungsanlagen für Kohlekraftwerke, der Aufbau einer «sicheren» Infrastruktur im Bereich der Abfallentsorgung (kontrollierte Deponien für Giftmüll sowie Anlagen für Recycling, Trennung und Verbrennung) etc. sind teuer, und sie ziehen auch langfristig höhere laufende Ausgaben nach sich, die die gesamten Betriebskosten für den Umweltschutz in der Industrie und im Staatssektor beträchtlich aufblähen werden.

Umweltbezogene Defensivausgaben und das Ökosozialprodukt

Umweltbezogene Defensivausgaben und Netto-Umweltschäden
Die jährlichen Berechnungen der umweltbezogenen Defensivausgaben, in absoluten Werten und auch in Relation zum BSP, enthalten wichtige wirtschaftliche und politische Informationen für die Industrieländer. Sie sollten daher regelmäßig von den nationalen statistischen Behörden und auch von den supranationalen Organisationen EU und OECD veröffentlicht werden. Diese Ausgabengröße ist jedoch nicht so definiert, daß sie unverändert für die Berechnung des Ökosozialprodukts verwendet werden kann. Ziel dieses Abschnitts ist es aufzuzeigen, welche Rolle die umweltbezogenen Defensivausgaben bei der Berechnung des Ökosozialproduktes spielen.

Grundsätzlich gilt, daß mit den umweltbezogenen Defensivausgaben Umfang, Qualität und Variationsbreite des Naturvermögens nicht gesichert werden können. Ohne die Maßnahmen, die durch sie finanziert werden, wäre jedoch das Ausmaß an Umweltschäden und Ressourcenerschöpfung noch größer, als es gegenwärtig der Fall ist.

Wir müssen deswegen zusätzlich die Netto-Umweltschäden und den Netto-Abbau bei den natürlichen Ressourcen, die tatsächlich eingetreten sind, in Rechnung stellen. Die gesamten ökonomischen Kosten des Umweltverbrauchs – gemessen an der Erreichung von Standards einer nachhaltigen Umweltnutzung – ergeben sich dann also aus der Summe von tatsächlichen Sicherungs- und Ersatz-«Investitionen», als die der tatsächliche defensive Aufwand interpretiert werden kann, und den monetarisierten Kosten der darüber hinaus eingetretenen Beeinträchtigungen des Naturvermögens (Umweltschäden und Ressourcenabbau). Die Berechnung der Umweltkosten folgt also auch der allgemein gültigen Maxime der «Kapitalerhaltung» (Keep Capital Intact).

Umweltbezogene Defensivkosten und Vermeidungskosten
Umweltbezogene Defensivausgaben sind Ausgaben, die in der Rechnungsperiode tatsächlich getätigt worden sind. Potentielle Vermeidungskosten dagegen sind hypothetische Ausgaben, die hätten getätigt werden müssen, um das Naturkapital während der Rechnungsperiode zu erhalten bzw. einen bestimmten Zustand der Umwelt zu erreichen. Richtig definiert, ergänzen sich die Konzepte der umweltbezogenen Defensivausgaben und der potentiellen Vermeidungskosten.

Defensive Ausgaben vermeiden zum einen sonst akut auftretende Schadstoffemissionen und zum anderen reparieren und behandeln sie Schäden und Belastungen, die durch Schadstoffströme in früheren Perioden verursacht worden sind. Mit potentiellen Vermeidungskosten verhält es sich ähnlich. Einmal gibt es jene Vermeidungsmaßnahmen, die auf Schadstoffströme des laufenden Jahres, als auf die Vermeidung aktueller Emissionen bezogen sind. Und zum anderen gibt es solche, die Schäden beseitigen und neutralisieren, die in den zurückliegenden Perioden durch die Akkumulation von Schadstoffen in der Umwelt entstanden sind.

Die potentiellen Kosten zur Vermeidung von Emissionen in der Rechnungsperiode stellen dann einen Bewertungsansatz der Kosten der Minderung der Umweltqualität dar, die durch die tatsächlich getätigten umweltbezogenen Defensivausgaben *nicht* verhindert worden ist.

Umweltbezogene Defensivausgaben in Relation zum
Bruttoinlandsprodukt
Zum Verständnis der Rolle von umweltbezogenen Defensivausgaben in einem Konzept eines ökologisch korrigierten BSP sind einige
konzeptionelle Überlegungen hilfreich.

– Erstens: Umweltbezogene spezifische Defensivausgaben sind
  funktionell mit Reparaturmaßnahmen und Ersatzinvestitionen
  vergleichbar, mit denen der Verschleiß des menschengemachten Anlagevermögens kompensiert werden soll. Derartige Abschreibungen müssen zur Berechnung des NSP vom BSP abgezogen werden.
– Zweitens: Das BSP ist eine periodenbezogene Stromgröße. Folglich paßt nur ein periodenbezogenes Konzept von umweltbezogenen Defensivausgaben in ein Ökosozialproduktkonzept. Es
  sollte nur *der* Teil der umweltbezogen orientierten Defensivausgaben in die ökologische Korrektur des BSP eingehen, der jene
  Umweltbelastungen vermeidet, die sonst durch Produktion und
  Konsum in der Rechnungsperiode erzeugt worden wären. Hierfür muß das Periodisierungsproblem zwischen gegenwartsbezogenen und vergangenheitsorientierten Defensivausgaben gelöst werden.

Für unsere Zwecke sollten die verschiedenen Kategorien von umweltbezogenen Defensivausgaben nach folgenden Kategorien differenziert werden:
Welches sind die (primär) gegenwartsbezogenen Defensivausgaben, die auf (potentielle) Schadstoffströme in der Rechnungsperiode gerichtet sind? Und welches sind die (primär) vergangenheitsbezogenen Defensivausgaben, die als Reaktion auf die negativen Auswirkungen der Schadstoffströme aus früheren Perioden
getätigt werden?

– Drittens: Für die Zwecke der Korrektur des BSP benötigen wir
  defensive Kosten – und keine Ausgabengrößen. In den entsprechenden Berechnungen müssen also Abschreibungswerte und
  nicht die Investitionsbeträge verwendet werden. In einigen Fällen, insbesondere bei großen strategischen Unternehmensinvestitionen, ist es nicht einfach, zwischen den üblichen Investitionskosten und den umweltspezifischen Zusatzkosten zu unterscheiden.

Welche umweltbezogenen Defensivausgaben sollen abgezogen
werden?
Die Abschreibungen für die industriellen und staatlichen Umweltschutzanlagen – den «Umweltschutz-Kapitalstock» – sind bereits in
den Abschreibungswerten für das gesamte Produktionsvermögen
enthalten. Diesem Typus von defensiven Kapitalkosten ist also
bereits beim Übergang vom BIP zum NIP Rechnung getragen.

Damit bleibt noch der Verbleib der Kosten für umweltbezogene
Dienstleistungen von Beratern und Ingenieurbüros, der defensiven
Ausgaben der privaten Haushalte und der laufenden Umwelt-
schutzausgaben in der Industrie und in den Kommunen zu klären.

Die Aufwendungen zum Betrieb des Umweltschutz-Kapital-
stocks im industriellen Sektor, die in der VGR als Vorleistungen
verbucht werden, fallen bei der Ermittlung der volkswirtschaftlichen Wertschöpfung automatisch heraus. Würde man sie nochmals
abziehen, implizierte dies eine Doppelzählung. Christian Leipert
zufolge sollten nur jene Aufwendungen der Industrie abgezogen
werden, die Teil der volkswirtschaftlichen Endproduktionsgröße
geworden sind.

Die laufenden Umweltschutzkosten des Staatssektors sind im
Prinzip im BSP enthalten. Sie sollten identifiziert und vom NIP
abgezogen werden. In dem Maße, in dem diese Umweltschutzleistungen jedoch durch Gebühren finanziert werden, die von der
Industrie und von privaten Haushalten – private Haushalte werden
als Wohnungsnutzer in der VGR als Teil des Unternehmenssektor
behandelt – bezahlt werden, gehen sie nicht als Endproduktion in
das BIP ein. Auch hier müssen Doppelzählungen vermieden werden.

Es bleiben zwei Kategorien umweltbezogener Defensivausgaben, die gegenwärtig fälschlicherweise als Wertschöpfung verbucht werden. Sie sollten vom Bruttoinlandsprodukt abgezogen
werden. Es handelt sich erstens um die Wertschöpfungskomponen-
te von umweltorientierten Dienstleistungen von Firmen für andere
Firmen und den öffentlichen Sektor und zweitens um die umweltbezogenen defensiven Käufe der privaten Haushalte. Beispiel für
ersteres sind die Umweltschutzleistungen von Beratungs- und Ingenieurbüros für private und kommunale Betriebe. Beispiele für
die zweite Kategorie sind die zusätzlichen Gesundheitsausgaben
aufgrund von luftverschmutzungsbedingten Krankheiten und die
höheren Ausgaben für katalysatorbestückte Autos.

Politiker, Berater und Wissenschaftler, die an umweltorientierten Veränderungen der Wirtschaftspolitik arbeiten, brauchen eine volkswirtschaftliche Produktions- und Wachstumsgröße, die um die wirtschaftsbedingten Umweltkosten bereinigt ist.

Diese Aufgabe ist politisch und wissenschaftlich so dringlich, daß wir auch unvollkommene Lösungen in Kauf nehmen müssen. Wir müssen der Öffentlichkeit verdeutlichen, daß die gegenwärtigen Produktions-, Einkommens- und Wachstumskonzepte, die gegenwärtig verwendet werden, nur scheinbar objektiv sind, nur scheinbar zutreffen und nur scheinbar «modern» sind. All diese Konzepte profitieren von der Tatsache, daß die produzierten Waren und Dienstleistungen zu Marktpreisen bewertet werden, die selbstverständlich erscheinen. Die Krux ist jedoch, daß die heutigen Marktpreise bestimmt werden, ohne die externen Umweltkosten von Produktion und Konsum in irgendeiner Weise zu berücksichtigen. Sie sind daher weit davon entfernt, die ökonomisch-ökologische «Wahrheit» zu sagen.

Die praktizierte Form der Berechnung der wirtschaftlichen Produktions- und Wachstumsdaten beruht auf «Konventionen» und althergebrachten Übereinkünften. Ihr konventioneller Charakter wird sich in Zukunft immer deutlicher offenbaren, denn der Berechnung des Ökosozialproduktes fehlt die Selbstverständlichkeit der aktuellen auf Marktpreisen beruhenden Bilanzierungssysteme. Gleichzeitig mit diesem Wandel vollzieht sich im Zeitalter der Umweltknappheiten eine Komplexitätssteigerung des wirtschaftlichen Diskurses. Der Wert der privaten und einzelwirtschaftlichen Unternehmensaktivitäten hängt immer stärker von der öffentlichen (kollektiv-politischen) Bewertung des Umweltverbrauchs und der Umweltbelastungen dieser Aktivitäten ab. Die gesellschaftlichen Unsicherheiten, die mit diesem neuen Phänomen verbunden sind, können nicht einfach dadurch überwunden werden, daß Umweltverluste mit Hilfe einer scheinbar korrekten Bewertungsmethode monetarisiert werden.

Durch die ökologische Korrektur des Sozialproduktes werden die Umweltkosten von Produktion und Einkommensverwendung in Rechnung gestellt, die bisher ausgeblendet waren. Die grundlegende Maxime, die bei der Berechnung des NIP anzuwenden ist, muß in Zukunft auf eine zusätzliche Kapitaldimension ausgedehnt werden: *die knappen Umweltpotentiale und Naturressourcen.* Diese erweiterte Kostenrechnung des Wirtschaftens ist ein wichtiger Schritt zu einer zeitgemäßen Interpretation der Wohlfahrtwirkun-

gen unserer gegenwärtigen umweltschädigenden Produktions-
und Konsumweise. Ein derartiges System der Rechnungslegung
dient jedoch nicht der Ermittlung *einer* umfassenden Größe des
wirtschaftlichen Wohlstandes in der Tradition der «Nettowohl-
fahrtsmessung», die Anfang der 70er Jahre en vogue war.

Christian Leipert entscheidet sich bei der Berechnung der Umweltkosten für ein Konzept, das die jeweils gegenwartsbezogenen
Defensivausgaben und die potentiellen Vermeidungs-/Substitu-
tionskosten berücksichtigt. Sozialprodukt und Volkseinkommen
sind Stromgrößen. Wir sollten deshalb das BIP lediglich um jene
Umweltkosten korrigieren, die durch die Produktion und den Konsum in der laufenden Periode verursacht worden sind. Es ergeben
sich dann folgende Rechenschritte:

    Bruttoinlandsprodukt
 – Abschreibung auf das Produktivvermögen
    (inklusive des Umweltschutz-Kapitalstocks)
 = NIP
 – umweltspezifische Defensivausgaben (~ periodenbezogene
    Sicherungs- und Ersatzinvestitionen in den natürlichen
    Kapitalstock)
 – potentielle Vermeidungskosten (~ potentielle Ersatz-
    investitionen in das Naturkapital ~ (Monetarisierung des
    Nettoverlustes an Naturkapital)
 = ökologisch korrigiertes NIP = Ökosozialprodukt.

Die Berechnung der realen Umweltverluste mittels der Vermei-
dungskostenmethode sollte sich auf die größten und dringendsten
Probleme konzentrieren. Die ersten Versuche zur Berechnung eines Ökosozialproduktes sollten nicht von vornherein den Anspruch
haben, alle Dimensionen von Umweltverlusten und Ressourcen-
verbräuchen lückenlos zu bewerten. Es wird vielmehr einen Prozeß
von «trial and error» geben. Die ersten Schätzungen werden dementsprechend eher Modellrechnungen sein. Mit der Zeit aber werden wir die notwendigen Erfahrungen sammeln, um die problem-
adäquaten «Konventionen» für die Berechnung einer ökologisch
korrigierten Sozialproduktgröße entwickeln zu können.

11. Der Abbau natürlicher Ressourcen

Alle natürlichen Ressourcen sind endlich und können zerstört werden, wenn nicht Sorge dafür getragen wird, daß sie erhalten werden oder zumindest ihr Gleichgewicht nicht nachhaltig gestört wird.

Man unterscheidet zwischen (bedingt) regenerierbaren (z.B. Wälder, Tierbestände)[2] und nicht regenerierbaren (erschöpfbaren) Ressourcen. Nicht erneuerbare Ressourcen sind solche, die durch den Produktionsprozeß im Laufe der Zeit vollständig verbraucht werden und keine Regenerationsfähigkeit besitzen, z.B. fossile Energieträger und Mineralien.

Die Aufnahmefähigkeit der Natur für den vom Menschen verursachten Abfall ist ebenfalls beschränkt und kann mithin auch als «Ressource» verstanden werden. Die Chance, die Erschöpfung nicht regenerierbarer Ressourcen zu verhindern bzw. aufzuhalten, verbessert sich bei technischem Fortschritt – vorausgesetzt, die Ressource ist noch nicht völlig vernichtet.

Der Schwerpunkt dieses Kapitels liegt jedoch auf den erschöpfbaren Ressourcen, die vermarktbar sind, mit mineralischen Rohstoffen als primärem Beispiel solcher Ressourcen.

Konventionelle Rechnungslegung

Erschöpfbare Ressourcen, die als Kollektivgüter genutzt werden, wurden bislang als *Geschenk* der Natur betrachtet. Den Nutzern entstanden keine Kosten, da weder durch steuerliche noch durch andere Maßnahmen Vorsorge getroffen wurde, einen Teil der aus der Nutzung resultierenden Einnahmen für produktive Investitionen zu reservieren, die auch nach der Erschöpfung der Ressourcen den Wohlstand garantieren. Diese Vorgehensweise entspricht weitgehend der Version der Volkswirtschaftlichen Gesamtrechnungen, die 1968 von den Vereinten Nationen eingeführt wurde. Bei der Überarbeitung der VGR im Jahr 1993 wurde ein neuer Ansatz vorgeschlagen, der in einem sogenannten «Umweltsatellitensystem» ausgearbeitet werden soll.

Privatunternehmen, die nicht-regenerierbare Ressourcen abbauen, stellen in der Regel den Abbau in Rechnung, da ein Rückgang der Reserven offensichtlich den Wert des verbleibenden Roh-

---

2   Bevölkerungsdruck und massive Armut können die Zeitpräferenz (d.h. die Gegenwartsverhältnisse) drastisch steigern und die betroffenen Menschen dazu zwingen, Naturkapital zu zerstören, um zu überleben.

stoffvermögens vermindert. Steuerbehörden erlaubten in einigen
Ländern die Kalkukierung einer Art Abschreibung, die zur Ermittlung der Nettogewinne vom Bruttogewinn abgezogen werden durf-
te. In dem Maße, in dem der Rohstoffabbau im Privatsektor der
Wirtschaft stattfand und die Abschreibungen auf den Rückgang der
Rohstoffbestände korrekt ermittelt wurde, waren die Werte der VGR
auch ökologisch in Ordnung. In den meisten Entwicklungsländern,
in denen die natürlichen Ressourcen im Staatssektor abgebaut
werden, wurden die Einnahmen aus dem Abbau der natürlichen
Ressourcen als Einnahmen verbucht. Je schneller die Ressourcen
abgebaut werden, um so wohlhabender erscheint dann das Land
und umso höher scheint das wirtschaftliche Wachstum zu sein. Die
Tatsache, daß ein derartiger Wohlstand nur sehr flüchtig sein kann
und daß das scheinbare Wachstum ein irreführender Fehlschluß
ist, schien die Wirtschaftswissenschaftler nicht weiter zu kümmern.
Sie fuhren damit fort, ihre Länderanalysen und Politikvorschläge
unkritisch auf die falsch berechneten volkswirtschaftlichen Bilanzen zu gründen.

Konzepte der Nachhaltigkeit

Eine bessere Volkswirtschaftliche Gesamtrechnung ist ein erster
Schritt in Richtung Nachhaltigkeit. Ein Land, das einen bedeuten-
den Teil seines wirtschaftlichen Wohlstandes aus dem Abbau seiner
natürlichen Ressourcen zieht, wirtschaftet über seine Verhältnisse,
wenn die Erträge aus der Vernichtung dieser Ressourcen als laufendes Einkommen behandelt werden. Eine Korrektur der Bilanzen, die den Verkauf von Vermögenswerten nicht mit Einkommen
verwechselt, würde die Botschaft vermitteln, daß die betroffene
Volkswirtschaft ärmer ist als zunächst angenommen, daß sie sich
auf einem nicht-nachhaltigen Pfad befindet und daß das gegenwärtige Konsumniveau unausweichlich vermindert werden muß,
wenn nicht korrigierende Maßnahmen ergriffen werden.[3]
Man kann hier drei unterschiedliche Nachhaltigkeitskonzepte
unterscheiden: ökonomische («weak»), ökologische («strong») und
«absurde» Nachhaltigkeit.
Eine verbesserte VGR würde das Kriterium der ökonomischen
(«schwachen») *Nachhaltigkeit* erfüllen. Die Gründe, um ökonomi-

---

3   Korrigierende Maßnahmen schließen oft eine Abwertung der nationa-
    len Währung und eine Anhebung der Spar- und Investitionsquoten ein.

sche Nachhaltigkeit anzustreben, sind ausschließlich ökonomischer Natur. Es geht um die korrekte Einkommensmessung, bei der auch der Abbau von Kapital berücksichtigt werden muß. Unter Kapital wird hier «Vorräte» verstanden, wie bei Hicks definiert. Der 1974 verstorbene Professor Hicks lenkte die Aufmerksamkeit auf die verschiedenen Kapital-Konzepte zweier ökonomischer Schulen: den «Fonds»-Theoretikern, die unter Kapital einen Vorrat oder Vermögenswert verstehen, der alle Werte repräsentiert, und den Materialisten, die unter Kapital konkrete Objekte wie Maschinen, Gebäude, Vorräte etc. verstehen.

Wenn das Fonds-Kapital intakt erhalten soll, dann würde ein Rückgang einer bestimmten Kapitalart keine Rolle spielen, solange eine andere Kapitalart entsprechend zunimmt, so daß das Gesamtkapital unverändert bleibt. Das Konzept eines Fonds-Kapital ist damit konsistent mit den Anforderungen ökonomischer Nachhaltigkeit.

Ökologische (starke) Nachhaltigkeit baut auf ökonomischer (schwacher) Nachhaltigkeit auf, zielt aber dabei nicht ausschließlich auf den Erhalt des Gesamtkapitals, sondern auch auf den Erhalt eigenständiger Unterkategorien – vor allem auf das natürliche Kapital. Das ist zweifellos eine sehr restrikte Beschränkung, und sie wird gewöhnlich damit begründet, daß natürliches Kapital und andere Kapitalformen nur bedingt substituierbar sind. Von den Verfechtern der starken Nachhaltigkeit wird darauf hingewiesen, daß beispielsweise Fangboote nicht Fischbestände ersetzen können und Holz nicht durch Sägemühlen ersetzt werden kann. Diese Argumentation berücksichtigt allerdings nicht, daß sich Wünsche und Bedürfnisse so ändern können, daß Fisch durch andere Formen von Eiweiß und Holz durch andere Materialien ersetzt wird. Letztlich wird jedoch, vor allem auf globaler Ebene, die verminderte Substituierbarkeit sichtbar werden.

Entsprechend dem Konzept der ökologischen (starken) Nachhaltigkeit muß ein Abbau von Naturkapital durch Neuinvestitionen in *erneuerbare* Naturkapital*substitute* kompensiert werden, wie zum Beispiel in Zuckerrohrplantagen und nicht bloß in irgendeine Kapitalform. Die Tatsache, daß knappe Wasser- und Bodenressourcen, die zur Produktion von Zuckerrohr benötigt werden, selbst unter Umständen nicht nachhaltig regeneriert werden, wird dagegen selten beobachtet.

«Absurde» Nachhaltigkeit würde bedeuten, die Umwelt, einschließlich der vermarktbaren natürlichen Ressourcen, vollkommen unangetastet zu lassen. Dies entspricht einem extremen Naturschutzgedanken.

Das Konzept der Nachhaltigkeit, das in diesem Kapitel behandelt wird, ist das der ökonomischen Nachhaltigkeit, das völlig in das Aussagengebäude der positiven (oder analytische, bzw. deskriptiven) Ökonomie paßt. Dabei spielt die VGR eine wesentliche Rolle.

Verschiedene Ziele

Sobald anerkannt wird, daß die Umwelt als Rohstoff- und Energiequelle unersetzlich ist und wir sie als «Senke» für die Emissionen des wirtschaftlichen Handelns benötigen, dann kann der Erhalt der Umwelt als existentielle Voraussetzung anhaltenden wirtschaftlichen Wohlstandes aufgefaßt werden. Ein Standardinstrument zur Ermittlung des wirtschaftlichen Wohlstandes ist die Ermittlung des Volkseinkommens und des Sozialprodukts, die irreführende Aussagen ergibt, wenn die Kosten der Umweltzerstörung nicht berücksichtigt werden (El Serafy, 1991).

Aber nicht alle, die sich um eine umweltgerechte Korrektur der Volkswirtschaftlichen Gesamtrechnungen bemühen, verfolgen die selben Ziele.

Ein Ziel, das häufig als Grund der Korrektur der Gesamtrechnungen genannt wird, ist Produktion umfassender zu ermitteln. Denn die konventionellen Berechnungen des BSP schließen eine ganze Reihe von Aktivitäten aus; zum Beispiel illegale wirtschaftliche Transaktionen. Sie erfassen ebenfalls nicht die Hausarbeit in den privaten Haushalten. Unberücksichtigt bleiben auch Veränderungen des Humankapitals, einschließlich verbesserter Fähigkeiten durch Ausbildung und Verlusten aufgrund von Alter und Todesfällen. Während es begründete Überlegungen gibt, derartige Veränderungen nicht zu berücksichtigen, sollten Rückgänge bei den vermarkteten natürlichen Ressourcen explizit einbezogen werden.[4]

---

4   Die Gründe für den Ausschluß solcher Aktivitäten sind unterschiedlich. Die neuen, von den Vereinten Nationen entworfenen Volkswirtschaftlichen Gesamtrechnungen schlagen Umweltsatellitensysteme vor und eine schrittweise Ausdehnung der Satellitensysteme auch auf andere, bislang unberücksichtigte Aktivitäten. Eine Überlegung, die sich vor allem auf nicht erneuerbare Ressourcen bezieht, ist es, *Verluste* zu erfassen, sobald sie auftreten, selbst dann, wenn keine tatsächlichen Transaktionen stattfinden. Bei der Verbuchung von Gewinnen sollte man sich solange zurückhalten, bis sie tatsächlich realisiert worden sind. Dieser Vorschlag resultiert aus der Sorge, daß die Bezeichnung von noch nicht realisierten Gewinnen als Einkommen zu höherem Konsum verführen kann, so daß ein Preisverfall den Kapitalbestand gefährden würde. Was Veränderungen des Humankapitals betrifft, so

Die VGR kann nicht allumfassend sein; und die Berechnung von Umweltkosten der Produktion wird immer unzureichend bleiben. Es wird schwierig bleiben oder sogar unmöglich sein, bestimmte Umweltverluste monetär zu bewerten. Dies sollte akzeptiert werden.

Ein anderes, in vielen Beiträgen zu dieser Debatte zu findendes Ziel ist es, den Verlust an *Wohlstand* zu bewerten, der mit dem Verfall von Umweltwerten der Verschmutzung der Umwelt und der Ressourcenerschöpfung einhergeht. Ohne dieses Ziel abzuwerten, sollte es doch das primäre Anliegen der Ökonomen sein, die irreführende Gesamtrechnung zum Zwecke einer besseren Wirtschaftsanalyse zu korrigieren.

Wieder ein anderes Ziel ist es, die jährlichen Veränderung des Vermögens zu schätzen. Das entspricht auch dem Anliegen vieler Umweltschützer, die periodische Zustandsverschlechterung der Umwelt in Geldwerten auszudrücken. Weil man nicht mit den physischen Indikatoren dieser Veränderungen zufrieden ist, bewertet man die Umweltbestände in Geld. Dies verdeutlicht der Gesellschaft das Ausmaß der Umweltzerstörung.

Das Anliegen, die Umweltbestände zu bewerten, droht dabei die Berechnung des Einkommens für die Umwelt zu entwerten.

Dieser Punkt ist sehr wichtig und wird später detaillierter behandelt. *Einkommens*berechnungen sind für den Ökonomen wesentlich nützlicher als *Vermögens*berechnungen. Bei dem Versuch, beide Ziele in ein System zu integrieren, würde die Einkommensberechnung auf dem Altar zweifelhafter und (für den Ökonomen) unnötiger Vermögensberechnungen geopfert werden. Selbst der Bestand des Anlagevermögens wird selten vollständig – wenn überhaupt – innerhalb der VGR erfaßt.

Die Notwendigkeit, die Gesamtrechnungen um Umweltkosten zu korrigieren, variiert von Land zu Land – je nachdem, welche Bedeutung die Umweltveränderungen für den Erhalt der wirtschaftlichen Aktivitäten des jeweiligen Landes haben. Priorität sollte jedoch der Bewertung der Kosten des Abbaus vermarkteter natürlicher Ressourcen geben werden, die in den Entwicklungslän-

---

gibt es triftige Gründe, warum diese aus der Einkommensberechnung ausgeschlossen werden sollten. Wenn Investitionen in Fähigkeiten produktiv sind, so wird sich das unmittelbar in einer höheren Produktivität niederschlagen und daraus folgend in höherem Einkommen, ohne daß besondere Korrekturen an den Bilanzen vorgenommen werden müßten. Das heißt: Es ist besser, Bilanzen nur teilweise zu korrigieren als gar nicht.

214

dern eine wesentlich größere Rolle spielen als in den Industriestaaten.

Die herkömmlichen Schätzungen sollten also vorrangig um die Faktoren korrigiert werden, die wirtschaftlich wichtig und aussagekräftig analysierbar sind. Im Laufe der Zeit können dann auch die bisher unberücksichtigten volkswirtschaftlichen Bilanzen korrigiert werden. Dennoch müssen wir uns dessen bewußt sein, daß Volkswirtschaftliche Gesamtrechnungen nie vollständig sein können.[5]

Von daher ist es durchaus sinnvoll, die Korrekturrechnung auf einige zentrale, für die nachhaltige Entwicklung eines Landes bedeutende Ressourcen zu konzentrieren. Dieser Ansatz wurde zum ersten Mal in Fallstudien des *World Resources Institute* für Indonesien und Costa Rica angewandt (Repetto et al., 1989; Solorzano et al., 1991).[6]

Einkommendefinition
Einkommen, genauer gesagt Nettoeinkommen, ist per definitionem nachhaltig. Um das Nettoeinkommen einer Einzelperson, eines Unternehmens oder eines Landes in einem bestimmten Zeitraum zu ermitteln, müssen Kapitalverbrauch und Abschreibungen berücksichtigt werden. Im buchhalterischen Sinne sollten genügend Rücklagen gebildet werden und in die Kapitalerhaltung invertiert werden, so daß die Möglichkeit, auch in Zukunft Einkommen zu erzielen, nicht eingeschränkt wird. Wenn genügend Rücklagen gebildet wurden, können Einkommensbesitzer ihre Nettoeinkommen für Konsumausgaben verbrauchen, im Wissen, daß sich auch

---

5   Dies ist mit Pigous Interpretation der Wohlfahrtstheorie vergleichbar. Für Pigou ist wirtschaftlicher Wohlstand ein Teil des *menschlichen Wohlstandes*, der nur bedingt analysierbar ist. Wirtschaftlicher Wohlstand wurde von ihm als der Teil des menschlichen Wohlstandes interpretiert, der «in Bezug zum Maßstab Geld» gesetzt werden kann. Beginnen wir unsere Korrektur der Bilanzen mit jenem Bereich der Umwelt, der in Bezug zu Geld gesetzt werden kann, so könnte es sein, daß sich die Korrekturen im Laufe der Zeit auf immer mehr Umweltbereiche ausdehnen lassen.

6   Die Konzentration auf einige wenige natürliche Ressourcen, die für die betreffende Wirtschaft zentral hinsichtlich der Schrumpfung der natürlichen Ressourcenbestände sind, ist zu loben. Die Methode jedoch, die bei der indonesischen Fallstudie für die Korrektur des BIP bezüglich der nicht erneuerbaren Ressourcen angewandt wurden, ist angreifbar. Der Irrtum bestand vor allem in der Integration der Neubewertung der Ölreserven in die Einkommensmessung.

in Zukunft ihr Konsum nicht vermindern wird. Wird ein höheres Konsumniveau angestrebt, muß es positive Nettoinvestitionen geben. Das bedeutet, daß nicht das gesamte Nettoeinkommen konsumiert werden sollte, sondern daß ein Teil davon investiert werden sollte, um den gewünschten Anstieg des Zukunftskonsums zu ermitteln.

Traditionell wird in der VGR der Verschleiß des Anlagevermögens erfaßt. Die Abschreibungen auf das menschengemachte Kapital werden vom BSP abgezogen, bevor sich das NSP ergibt, das den maximalen Konsum für die Rechnungsperiode angibt, ohne daß die Kapazitäten für die Generierung zukünftiger Einkommen beeinträchtigt werden.

Dieses Nettoeinkommen stellt das eigentliche bzw. nachhaltige Einkommen dar, nicht das Bruttoeinkommen, denn dieses kann nicht dauerhaft erhalten werden. Ungeachtet dessen wird das Bruttoeinkommen in der VGR ermittelt, sei es als Bruttosozialprodukt und Bruttoinlandsprodukt, und immer wieder für internationale Vergleiche sowie für die Ermittlung des Wirtschaftswachstums herangezogen. Begründen läßt sich dies damit, daß die Abschreibungen auf das Anlagevermögen nur sehr ungenaue Schätzwerte darstellen! Und in vielen Ländern liegen nicht einmal diese vor. Darüber hinaus geht man davon aus, daß die geschätzte Größenordnung des Kapitalverbrauchs internationale Vergleiche nicht allzusehr verzerren wird, wenn man ihn einfach nicht beachtet, und daß auch die ermittelten Wachstumsraten nicht deutlich betroffen sein werden, solange bei den Bemessungen eine zeitliche Einheitlichkeit gewährleistet ist.

Einkommen und Wertschöpfung
Die Korrektur des Bruttoeinkommens um die erschöpflichen natürlichen Ressourcen geht einen völlig anderen Weg als die Berechnung der Abschreibungen. Während die Abschreibungen auf das Anlagevermögen innerhalb typischer proportionaler Grenzen liegen, gibt es für die Berechnung der Kosten des Abbaus von Naturressourcen keine Normen. Es können zu einem bestimmten Zeitpunkt mehrere oder auch nur eine einzelne Ressource betroffen sein. Daher sind Untersuchungen zur Bestimmung der Größenordnung erforderlich.

Das für Einkommens- und Produktionsberechnungen grundlegende Konzept ist das der Wertschöpfung. Die Einkommen, die von den Mitgliedern einer Wirtschaft bezogen werden, ergeben sich aus der Schaffung von Werten, die *zusätzlich* zu den Inputs in den Produktionsprozeß entstehen. Wertschöpfung entsteht durch die

216

Leistungen der Produktionsfaktoren (hauptsächlich Arbeit und Kapital), die die Nicht-Faktor-Inputs umwandeln. Aus dieser Wertschöpfung beziehen die Eigner der Produktionsfaktoren, d.h. die Arbeiter und Kapitalbesitzer, ihr Einkommen. Tatsächlich besteht das Inlandsprodukt aus der Gesamtsumme der Wertschöpfungsbeiträge in allen Produktionseinheiten einer Volkswirtschaft. Wenn natürliche Ressourcen aufgebraucht werden und die Erträge aus dieser Nutzung als Wertschöpfung angesehen werden, obwohl sie – zumindest teilweise – aus der Vernichtung von Umweltwerten herrühren, dann verstoßen die Rechnungen gegen das grundlegende Prinzip, daß Einkommen aus der Wertschöpfung hervorgehen muß. Mit anderen Worten: Das, was als Einkommen hier ermittelt wird, enthält Kapitalelemente, von denen es völlig frei sein soll. Ein unkorrigiertes BIP, das derartige Kapitalbestände aufweist, ist falsch bemessen, und das Präfix «Brutto» trägt nichts dazu bei, diesen Fehler zu beseitigen.

Wären nicht erneuerbare Ressourcen in Privatbesitz und würde auch ihre Nutzung ausschließlich im Bereich der Privatwirtschaft stattfinden, dann gäbe es bei ihrer Bewertung innerhalb der BSP-Berechnung kaum Probleme, wenn solche Erträge aus der Vernichtung von Umweltwerten in der BSP-Berechnung als laufendes Einkommen und in den Steuerbilanzen als Einkünfte verbucht würden. In der Handelsbilanz werden sie als laufende Einnahmen dargestellt, obwohl sie ganz offensichtlich einmalige Exporte von Kapital bedeuten.

Die Ermittlung der Kosten des Abbaus erschöpflicher
Naturressourcen
Berechnungsmethode
Der Abbau von natürlichen Ressourcen wird meist als Kapitalverbrauch oder Abschreibung erfaßt. Dieses Verfahren stimmt weitgehend mit dem Ansatz überein, der in den neuen Volkswirtschaftlichen Gesamtrechnungen vorgeschlagen wird.

Es gibt einige Bedenken, den Abbau der natürlichen Ressourcen als Kapitalverbrauch zu behandeln, der vom konventionellen Bruttoinlandsprodukt abgezogen werden muß, um das Nettoprodukt zu berechnen. Erstens spricht dagegen, daß das BIP weiterhin unkorrigiert bleiben würde und der Schwerpunkt auf eine Anpassung des Nettoproduktes gelegt würde. Für die meisten Länder wird jedoch erst gar kein Nettoprodukt berechnet. Ein zweiter grundlegender Einwand besteht darin, daß das unkorrigierte Bruttoinlandsprodukt die Erträge aus der Vernichtung von Werten beinhalten würde, was keiner Wertschöpfung entspricht. Drittens ist eine Analogie zu menschengemachtem Kapital nicht gerechtfertigt, weil der Verbrauch dieses Kapitals einen vergleichsweise kleinen Anteil des BIP ausmacht, während der Abbau der natürlichen Ressourcen beträchtliche Größenordnungen erreichen kann und große Schwankungsbreiten aufweist, die von der Relation der Nutzungsintensität zur Größe der Bestände abhängen. Viertens haben die Ergebnisse aus der Perspektive der Einkommensmessung nicht viel Sinn, sobald sich die Aufmerksamkeit vom Brutto- auf das Nettoprodukt verlagert. Das folgende Beispiel mag dies illustrieren:

Man stelle sich den Extremfall vor, Saudi-Arabien bezöge sein gesamtes BIP aus einer natürlichen Ressource, deren Förderkosten gegen Null tendieren. Wenn die Erträge 100 betragen, würde auch das konventionell berechnete BIP 100 betragen. Und da genau diese Ziffer die Bestandsverminderung der nicht erneuerbaren Ressource bezeichnet, würde ihr Abzug vom BIP als Abschreibung zu einem Nettoinlandsprodukt von genau Null führen. Mit anderen Worten:

Tabelle 11.1
«Unsinnige» Anpassung

	Bestände (in Tonnen)	Förderung (in Tonnen)	Preis (in US$)	Konventionelles BIP (in US$)	Wert der Bestände (in US$)	Abschreibungen (Bestandsänderungen) (in US$)	Konventionelles Netto-sozialprodukt (BIP + Bestandsänderungen) (in US$)
Fall 1							
1. Jan.	10000		1,0		10000		
		100	⌀ 1,0	100		– 100	100 – 100 = 0
31. Dez.	9900		1,0		9900		
Fall 2							
1. Jan.	10000		1,0		10000		
		100	⌀ 1,1	110		+ 1880	110 + 1880 = 1990
31. Dez.	9900		1,2		11880		
Fall 3							
1. Jan.	10000		1,0		10000		
		100	⌀ 0,9	90		– 2080	90 – 2080 = – 1990
31. Dez.	9900		0,8		7920		

Das nachhaltige Einkommen eines solchen Landes wäre Null
(siehe Fall 1 in Tabelle 11.1).

Die Berechnung in diesem Beispiel beruht auf der Annahme,
daß der Preis für die Ressource im Verlauf des Jahres konstant
bleibt. Das Problem wird komplexer, wenn sich die Preise verändern, was normalerweise passiert. Ein verbreitetes Verfahren ist es
daher, die Anfangsbestände (Bestandswert zu Marktpreisen am
1.1.) und die Endbestände (Bestandswert zu Marktpreisen am
31.12.) zu bewerten. Geht man davon aus, daß die Preise im Laufe
des Jahres schrittweise um 20% steigen (von 1,0 auf 1,2), so steigt
das BIP grob ausgedrückt von 100 auf 110. Wenn die Anfangsbestände das Hundertfache der jährlichen Förderung betragen würden,
so würde die Anpassung des Bruttoinlandsprodukts (jetzt 110)
+1.880 betragen, so daß das Nettoinlandsprodukt +1.990 betragen
würde (siehe Fall 2 in Tabelle 11.1). Wenn aber eine Preissenkung
von 20 Prozent eintritt, würde das Bruttoinlandsprodukt ca. 90
betragen und das Nettoinlandsprodukt –1.990 (siehe Fall 3 in Tabelle 11.1). Ein offensichtlich unhaltbares Ergebnis.

Neubewertung der Reservemengen
Es kommt relativ häufig vor, daß die Bestände einer erschöpflichen
Ressource neu bewertet werden müssen und dabei für größer oder
kleiner befunden werden als angenommen. Die Neubewertung von
Beständen konfrontiert die volkswirtschaftlichen Gesamtrechner
mit einem Dilemma. Es ist offensichtlich, daß solche Neubewertungen in den Wohlstandsberechnungen einer Gesellschaft erscheinen
würden, sobald die Kosten von Umweltverlusten ermittelt würden.
Sollen sich aber Veränderungen in diesen Vermögensbilanzen automatisch in den Tabellen der Stromgrößen niederschlagen? Dann
müßten nämlich die Einkommensschätzungen des entsprechenden
Jahres um die Veränderung der Umweltwerte bereinigt werden.

Eine der ersten Studien zu diesem Thema wurde vom *World
Resources Institute* für Indonesien erstellt. Wie oben beschrieben,
wurden die Bewertungen der Bestände in die Berechnung des
Nettoeinkommens integriert, was zu «unsinnigen» Anpassungen
führte. Die Revision der Volkswirtschaftlichen Gesamtrechnungen
von 1993 erfaßte zwar Bestandsneubewertungen in Form von Bilanzen, trennte diese aber von den Konten der Stromgrößen. Trotzdem beruft sich die neue VGR darauf, einen «integrierten» Ansatz
anzubieten. Diese sogenannte Integration bezieht sich jedoch offensichtlich nicht auf die Versöhnung von Bestands- und Stromgrößen in den Konten.[7]

Während also die neuen VGR in bezug auf die Wiedergabe der

Bestandsbewertungen in den Konten der Stromgrößen etwas halbherzig erscheinen – sie bringen ihre Neubewertungen in sogenannten *«Reconciliation Accounts»* unter, deren Status nicht ganz klar wird –, gehen die USA einen Schritt weiter. Sie integrieren die Neubewertungen der Bestände vollständig in die Berechnungen ihres Inlandsproduktes. Für das erste Quartal 1994 beispielsweise wurde die Abnahme der Bestände der natürlichen Ressourcen voll vom Bruttoinlandsprodukt abgezogen. Im Gegenzug wurde dem Bruttoinlandsprodukt die nach oben korrigierte Bewertung der Reserven des gleichen Quartals addiert. Dies führte zu der anzweifelbaren Aussage, die Konten seien um die Bestandsveränderungen der natürlichen Ressourcen bereinigt und die vorzunehmenden Anpassungen seien vernachlässigbar, da die Korrekturen nach oben den Rückgang der Bestände ausgleichen (US Departement of Commerce, 1994).

Weitere Ansätze

Unter den weiteren Ansätzen zur Erfassung der Abbaukosten von erschöpflichen Ressourcen sind zwei bemerkenswerte Beispiele.

Zum einen ein in Frankreich praktizierter Ansatz, der versucht, Bilanzaufstellungen in Form von physischen Einheiten wiederzugeben – ohne diese jedoch in Einkommens- oder Wohlstandsmessungen zu integrieren. Die Bemühungen, die Veränderungen der physikalischen Bestände der natürlichen Ressourcen in «Naturvermögensbilanzen» festzuhalten, sind ein solcher Versuch. Er ist ebenso ehrgeizig wie (bis jetzt zumindest) nicht erfolgreich, was verwertbare Ergebnisse betrifft.

Ein weiterer Ansatz kommt aus den Niederlanden. Dort werden einerseits physische Indikatoren für die Bestandsveränderungen erarbeitet und andererseits die Korrektur des Volkseinkommens um eben diese Bestandsveränderungen angestrebt. Für den zweiten Schritt werden Vorschläge Huetings zu Rate gezogen, der mehr

---

7 Laut El Serafy kann der «integrierte» Ansatz der neuen VGR als die Integration (in Satellitenkonten) von *Umwelt*veränderungen in die traditionellen Bilanzen verstanden werden; letztere werden von der Statistischen Abteilung der UN (UNSTAT) als *wirtschaftliche* Bilanzen bezeichnet, als ob die Umwelt keine Auswirkungen auf wirtschaftliche Werte und Bemessungen hätte! Das neue SNA *Handbook on Integrated Environmental and Economic Accounting* (Vereinte Nationen, 1993) scheint daher die falsche Auffassung zu bestärken, daß die Umwelt außerhalb der Wirtschaft liegt. Siehe P. Bartelmus, E. Lutz und J. van Tongeren (1993).

daran interessiert ist, Wohlstand zu ermitteln, als positivistische wirtschaftliche Werte. Hueting hat das Konzept der «Umweltfunktionen» entwickelt, die verlorengehen oder eingeschränkt werden und deren Reparaturkosten (um sie wieder auf ihr ursprüngliches Niveau zu heben oder um gesellschaftlich definierte Standards zu erreichen) mit der Einkommensbildung verrechnet werden sollten. Dort, wo diese Reparaturkosten auf dem Markt nicht bewertet werden können, schlägt Hueting Schattenpreise vor. Doch der Prozeß, durch den die Schattenpreise ermittelt werden sollen, ist nicht immer praktizierbar. Hueting schlägt vor, die Kosten einzuschätzen, die entstehen, wenn eine erschöpfliche Ressource durch eine erneuerbare ersetzt wird. Man muß jedoch berücksichtigen, daß Aussagen über die zukünftige wirtschaftliche und technologische Entwicklung spekulativen Charakter haben. Insofern ist die Kritik an diesem Ansatz berechtigt (Hueting, 1993)[8].

Der Ansatz der Nutzerkosten «user cost approach»

In einer 1981 von El Serafy veröffentlichten Studie schlägt dieser eine Methode vor, wie das Volkseinkommen der Länder, die von erschöpflichen Ressourcen abhängig sind, so angepaßt werden kann, daß ihr nachhaltiges Einkommen ermittelt. Diese Methode geht von den Nutzungskosten einer erschöpflichen Ressource aus.

Die Nutzungskosten entsprechen der von Alfred Marshall benannten *Schürfungs-Abgabe*, die von der Ricardianischen Rente unterschieden werden muß, die per definitionem aus den «unzerstörbaren Kräften des Bodens» erwirtschaftet wird. Die Gesamtsumme der «Gebühren» und «Renten» macht den Überschuß aus, den der Minenbesitzer aus dem Abbau der erschöpflichen Ressource – nach Abzug der Förderkosten – bezieht. Viele bezeichnen diesen Überschuß als «Rente», was leider häufig mit dem von Ricardo geprägten Begriff der Rente verwechselt wird.

Die Ricardianischen Renten stellen wirkliches Einkommen dar, während die Nutzungskosten ein Kapitalelement sind, das nicht mit Einkommen verwechselt werden sollte (Marshall, 1974). Marshall, der der Argumentation Ricardos folgt, betont den Unterschied zwischen Renten aus Minen und solchen aus Agrarland wie folgt:

---

8   Hueting ist im großen und ganzen skeptisch, was die Skontierung zukünftiger Stromgrößen betrifft.

«(...) wenn die Bodenschätze einer Mine einmal verbraucht sind, so sind sie unwiederbringlich verloren. Dieser Unterschied zwischen Minen und Ackerland wird durch die Tatsache unterstrichen, daß die Rente einer Mine nach einem anderen Prinzip berechnet wird als die einer Farm. Der Farmer schließt einen Vertrag darüber ab, daß er das Land so reich hinterläßt, wie er es vorgefunden hat; ein Bergbauunternehmen kann das nicht. Während die Renten eines Farmers jeweils für ein Jahr berechnet wird, berechnen sich die Renten aus Minen vor allem aus «Abgaben», die in Relation zu den Mengen erhoben werden, die aus dem Bestand der Natur genommen werden.»[9]

Die Methode der Nutzungskosten behandelt die Bodenreserven als Bestände (oder Inventar), das innerhalb des Berechnungszeitraums vollständig oder teilweise dem Boden entnommen werden kann. Ob das Förderungsprofil «wirtschaftlich optimal» ist oder nicht, ist in diesem Zusammenhang irrelevant. Selbst wenn die Entscheidung des Besitzers, wieviel in einer bestimmten Zeit gefördert werden soll, sich im nachhinein als falsch herausstellt, muß der Buchhalter die Verantwortung tragen. Die Nutzungskostenmethode reagiert jedoch auf die gewählten Diskontierungsraten.

Hicks hat vorgeschlagen, das Einkommen, das aus einem «abnehmenden Wert» bezogen wird, dahingehend ermittelt werden kann, indem man die Erträge in einem dauerhaft aufrechterhaltbaren Einkommensstrom umwandelt (Hicks, 1946). El Serafy hat Hicks Vorschlag weiterverfolgt. Er entwirft bestimmte Bewertungsverfahren und behandelt Reserven als Inventar und nicht als festes Kapital: X (das wahre Einkommen) bewertet er als eine Größe von R (Erträge aus einem schwindenden Wert abzüglich der Förderungskosten) unter Zuhilfenahme von zwei weiteren Parametern: n (die «Lebenserwartung» der Ressource zur gegebenen Förderungsrate) und r (die erwartete, wirkliche Ertragsrate aus den Investitionen der Nutzungskosten, R-X, in Form materieller oder finanzieller Werte im In- und Ausland, die benötigt wird, um das gleiche Einkommensniveau X zu erhalten, wenn die Ressource erschöpft wurde).

---

9   Es ist interessant, daß Marshall Ricardo selbst wie folgt zitiert, um diese Unterscheidung zu unterstreichen: «Die Kompensationen, die (vom Pächter) für die Mine oder den Steinbruch gezahlt werden, hängen mit dem Wert der Kohle oder des Steins zusammen, der dem Land entnommen werden kann, und haben keine Verbindung mit den ursprünglichen oder unzerstörbaren Kräften des Landes.»

Die Anwendung der Nutzungskostenmethode hat verschiedene Vorteile.

Erstens zeigt sie immer eine negative Anpassung des konventionell berechneten NSPs an, auch wenn neue Ressourcenvorkommen entdeckt werden. Entdeckungen von Reserven und Neubewertungen können durch die veränderte «Lebenserwartung» der Ressource direkt in die Korrekturen integriert werden. Zweitens führt die Nutzungskostenmethode nicht zu dem unsinnigen Ergebnis eines Netto-Nulleinkommens, wie es oben beschrieben wurde. Drittens ist die Methode flexibel, denn sie beruht auf Buchungsverfahren, die das jährliche Einkommen ermitteln. Wenn sich die Bedingungen ändern, können auch die Parameter entsprechend geändert werden.

Es ist jedoch ausgesprochen wichtig, die Diskontierungsrate korrekt einzuschätzen. Als die Nutzungskostenmethode beispielsweise in den Fallstudien für Mexiko und Papua Neu-Guinea angewandt wurde, hat man eine nicht angemessene Diskontierungsrate (r) verwendet. Diese Diskontierungsrate r bezeichnet in der Formel El Serafys eine Vorsorgerate, die einen erwünschten Ertrag wiedergibt, der aus jenen Investitionen der Nutzungskosten erbracht werden soll, die der Schaffung eines zukünftigen Einkommensstromes dienen. Während El Serafy einen (optimistischen) Leitsatz vorschlug, wurde in den obengenannten Studien ein Prozentsatz von 10 Prozent veranschlagt, was zu einer drastischen Unterbewertung der Nutzungskosten führte (siehe Tabelle 11.2). Daraus wurde der falsche Schluß gezogen, daß die Anwendung der Nutzungskosten-

Tabelle 11.2

Nutzungskosten als Prozentsatz der Verkaufseinnahmen (Quelle: El Serafy, 1989)

«Lebenserwartung» in Jahren	Skontierungsrate		
	2%	5%	10%
2	94	86	68
5	89	75	56
10	80	58	35
15	73	46	22
25	60	28	8
50	36	8	1
100	14	1	0

methode in diesen Studien zu keiner nennenswerten Korrektur der Einkommensbeträge geführt hat.

Wie die letzte Reihe der Tabelle zeigt, werden die Nutzungskosten (die dem Korrekturwert entsprechen, der für das BIP angewandt werden soll) bedeutend reduziert, sobald eine Diskontierungsrate von 10 Prozent angewandt wird. Bei einer Diskontierungsrate von 10 Prozent und einer «Nutzungsdauer» der Ressource von 25 Jahren, machen die Nutzungskosten nur 8 Prozent der Verkaufseinnahmen aus, während sie auf 60 Prozent der Verkaufseinnahmen steigen, wenn eine Diskontierungsrate von 2 Prozent angewandt wird.

Auch wenn wir Gefahr laufen, uns zu wiederholen: Die Diskontierungsrate, die für die Berechnung der Nutzungskosten angelegt wird, sollte kein übertrieben ehrgeiziges Ertragsziel sein, sondern ein realistischer und vorsorgender Betrag in realen Werten, die aufgrund der Investitionen erwartet werden können.

Anwendbarbeit auf erneuerbare Ressourcen
Die Nutzungskostenmethode ist auch bei erneuerbaren Ressourcen anwendbar. Wenn die Nutzung erneuerbarer Ressourcen innerhalb der Grenzen ihrer Regenerationsfähigkeit liegen, sind keine Einkommensanpassungen notwendig. Was der Ressource entnommen wird, ist Einkommen. Überschreitet die Nutzung allerdings die Regenerationsfähigkeit, können die Nutzungskosten mit Hilfe der beschriebenen Methode abgeschätzt und wieder so investiert werden, daß das Einkommen beibehalten wird.

Politische Implikationen
Die Einkommensmessung ist von großer Bedeutung. Ist sie falsch, kann enormer Schaden angerichtet werden, denn es wird ein falsches Bild der betreffenden Wirtschaft vermittelt, was wiederum zu politischen Fehlentscheidungen führen kann. Dies gilt insbesondere für die Entwicklungsländer, in denen natürliche Ressourcen naturgemäß einen Großteil zur Wirtschaft beitragen. Die Vernichtung von Umweltwerten als Wachstum zu bezeichnen, ist falsch. Die Einkommenswerte werden überschätzt, verleiten zu ungerechtfertigtem Konsum und verhindern Spareinlagen und Investitionen.

Abschließende Bemerkungen
In der gegenwärtigen kritischen Phase der Überarbeitung der Methoden der BSP-Berechnungen bringen viele Experten die Perspektiven ihrer Fachrichtungen in die Diskussion ein. Dementsprechend groß ist die Verwirrung in den Arbeiten zu diesem Thema.

Diese Verwirrung wird sich jedoch im Lauf der Debatte auflösen. Volkswirtschaftliche Gesamtrechner und Ökonomen haben generell unterschiedliche Sichtweisen. Letztere neigen eher dazu, Ressourcen als Mittel zur Optimierung von Entscheidungen anzusehen, und beschäftigen sich mit Fragen der Preisbildung, der Marktformen und der idealen Abbaurate für erschöpfliche Ressourcen. Volkswirtschaftliche Gesamtrechner versuchen zu beschreiben, was innerhalb eines Berechnungszeitraumes stattgefunden hat. *Kapitalerhalt* ist einer der Grundpfeiler der Bilanzierungsmethoden. Kapital und Abschreibungen sind nicht leicht zu messen und haben die Experten der VGR mit erheblichen Bewertungsproblemen konfrontiert. Diese sind darin begründet, daß die Nutzungsdauer von Kapital per definitionem über einen Berechnungszeitraum reicht und damit den sonst eher rückblickenden Bilanzexperten dazu zwingt, in die Zukunft zu schauen, um herauszufinden, wie lange der Kapitalwert erhalten bleiben wird.

Kapital ist die Vorraussetzung für die Dauerhaftigkeit zukünftigen Einkommens. Dementsprechend wird es ein Bilanzexperte immer vorziehen, seinen Irrtumsspielraum möglichst vorsichtig zu bemessen und Einkommen eher unter- als überschätzen. Dadurch wird er zum wertvollen Hüter der Nachhaltigkeit.

Noch einige abschließende Bemerkungen zum Konzept der ökonomischen Nachhaltigkeit.

Sicherlich ziehen viele Umweltschützer ein ökologisches Nachhaltigkeitskonzept vor, und die Autoren dieses Berichts stimmen diesem Wunsch auch innerlich zu, aber die Volkseinkommensbilanzierung ist nicht das richtige Mittel. Um nämlich *Einkommen* bis in die Zukunft hinein zu sichern, muß Kapital, egal in welcher Form, erhalten bleiben.

Darüber hinaus vertreten viele Wirtschaftler die Meinung, daß beide Kapitalformen substituierbar sind, auch wenn das mit zunehmender Verringerung des Kapitals immer schwieriger wird. Die Grenzen, auf die wir durch das Konsumeinkommen stoßen, zwingen uns alle dazu, eine Substitution auf den Endmärkten zu bewirken, die im Gegenzug als Input gewertet werden kann. Während das letztgenannte Argument theoretische Gültigkeit hat, liegt seine praktische Schwäche darin, daß die Märkte meist nicht in der Lage sind, die Knappheit der natürlichen Ressourcen angemessen wiederzugeben. Daher sind politische Maßnahmen gefragt, die den Erhalt des natürlichen Kapitals fördern. Diese Aufgabe kann aber nicht mit Hilfe der volkswirtschaftlichen Bilanzen gelöst werden. Nicht alle Umweltaspekte können in den volkswirtschaftlichen Bilanzen, die immer in Geldwerten ausgedrückt werden, erfaßt werden. Die Volkseinkommensbilanzierung kann zwar Einkommen erfassen, aber nicht die Umweltwerte in ihrer Gesamtheit wiedergeben. Für diese Aufgabe sind physikalische Indikatoren vonnöten.

12. Schätzung des nachhaltigen Volkseinkommens (NVE)

Ein Maßstab für wirtschaftliche Entwicklung

Die Bedeutung eines guten Maßstabes für wirtschaftliche Entwicklung ist offensichtlich. Denn durch den Verweis auf einen oder mehrere Indikatoren ist sofort erkennbar, ob in einem Jahr ein wirtschaftlicher Fort- oder Rückschritt stattgefunden hat oder ob die Wirtschaft stagnierte. Idealerweise sollte solch ein Maßstab die Entwicklung des wirklichen Wohlstandes messen können, wobei unter «Wohlstand» die Befriedigung der Bedürfnisse verstanden wird, die wir aufgrund des Handelns mit knappen (wirtschaftlichen) Gütern erzielen. Kern der Wirtschaft ist die subjektive Befriedigung der Wirtschaftssubjekte – die Lebensqualität, soweit sie von knappen Gütern abhängt. Diese «knappen Güter» umfassen nicht nur die wirtschaftliche Produktion, sondern auch andere wohlstandserzeugende Faktoren, wie die Länge von Arbeits- und Freizeit, die Sicherheit der Zukunft und die Einkommensverteilung.

Die Wirtschaftswissenschaftler sind sich darin einig, daß solche subjektiven Zustände nur bedingt objektiv erfaßt werden können. Es ist jedoch möglich, die Veränderungen relativ genau zu verfolgen. Das bedeutet, daß verschiedene Indikatoren benötigt werden: für den Produktionsverlauf, die Entwicklung der Arbeitslosenzahlen etc. Welche Indikatoren addiert werden, kann dann frei bestimmt werden.

Jeder Indikator zur Wohlstandsberechnung muß selbstverständlich ein möglichst genaues Bild des Faktors vermitteln, den er repräsentiert: ein Maß für die Produktion, für die Einkommensverteilung etc. Das Bruttosozialprodukt bzw. Volkseinkommen dient schon seit geraumer Zeit als Indikator für die Produktion. Aufgrund der zunehmenden Zerstörung von Umweltfunktionen (die als normale wirtschaftliche Güter verstanden und in Geldwerten ausgedrückt werden können) und aufgrund der steigenden Zahl asymmetrischer Buchungen erlaubt die BSP-Größe immer weniger Einblicke in die «Netto»-Zunahme der Produktion. Dies wurde in Kapitel 10 dieses Berichtes vertieft behandelt. Die asymmetrischen Buchungen bestehen, insoweit sie durch den Staat oder die Privat-

226

haushalte geleistet werden, aus den Ausgaben für die Wiederherstellung von Umweltfunktionen (defensive Ausgaben).

Der weitaus größte Teil der knappen Umweltwerte wird jedoch nicht wiederhergestellt oder ersetzt. Dieser Vermögensverlust wird auch nicht innerhalb des BSP erfaßt. Die Daten für das Volkseinkommen geben daher ein unvollständiges Bild über die jährlich verfügbare Menge an Gütern. Die Informationen über die Verfügbarkeit wirtschaftlicher Güter würden erheblich verbessert, wenn die Verluste der knappen Umweltfunktionen in Geldwerten ausgedrückt werden würden. Denn durch den Vergleich solcher Berechnungen mit Zahlen des BSP könnte man einen Eindruck vom wirtschaftlichen Nettoergebnis der produktiven und konsumtiven Aktivitäten gewinnen.

Wir möchten in diesem Kapitel beschreiben, wie eine solche Quantifizierung vorgenommen werden könnte.

Dieser Bericht beschreibt die Suche nach einem Indikator, der den Verbrauch und die Wertminderung der Umwelt erfaßt: Ein Indikator also, der das Niveau wirtschaftlichen Handelns identifiziert, das langfristig und dauerhaft ausgeübt werden kann. Ein solcher Indikator ist das nachhaltige Volkseinkommen. Wie wir bereits hervorgehoben haben, hat das NVE fast schon den Charakter einer gesellschaftlichen Bedrohung, denn die meisten Wirtschaftswissenschaftler und Politiker sind immer noch auf Wachstum im traditionellen Sinn fixiert. Ein NVE, das anzeigt, daß der Fortschritt nicht so ausgeprägt stattgefunden hat wie angenommen und vielleicht sogar ein Rückschritt zu verzeichnen ist, ist wie ein «Stich ins Herz der westlichen Erfolgsstory» (Potma, 1990).

Hueting und seine Kollegen haben bei der Erstellung eines theoretischen Rahmens für die Berechnung des nachhaltigen Volkseinkommens große Fortschritte erzielt. Ein noch zu klärender Aspekt ist die Quantifizierung der Auswirkungen, die das Sozialprodukt durch direkte Verlagerung von umweltschädlichen auf umweltfreundliche Aktivitäten erfährt. Solch eine Verlagerung ist notwendig, wenn sich technische Maßnahmen als unzureichend oder zu teuer für das Erreichen von Nachhaltigkeitszielen herausstellen. Bevor diese Arbeiten des Niederländischen Zentralbüros für Statistik (CBS) in ein praktisches Instrument umgesetzt und erste Zahlen des NVE veröffentlicht werden können, müssen noch umfangreiche Forschungsarbeiten geleistet werden.

Das ist nicht erstaunlich, wenn man den ausführlichen Ansatz des CBS näher betrachtet. Die Berechnungen beziehen sich auf nahezu alle Aspekte, die mit unserem Konsum der Umwelt und der natürlichen Ressourcen zusammenhängen und die für die Frage der Nachhaltigkeit von Bedeutung sind. Der Begriff der «Umweltfunktionen» wird sehr weit gefaßt: und zwar als die möglichen Nutzungen unserer physischen Umwelt, die sowohl erneuerbare als auch nicht erneuerbare Ressourcen enthält. Nachhaltigkeit heißt in diesem Zusammenhang, daß Umweltfunktionen unendlich lange verfügbar bleiben, in welcher Form auch immer, Substitution ist nur eine von vielen Möglichkeiten. Im Vergleich zu diesem sind viele andere Ansätze partieller Natur. Darüber hinaus zeichnet sich der CBS-Ansatz dadurch aus, daß er bei der Bewertung der Umweltauswirkungen in Geldeinheiten von einem nachhaltigen Umgang mit der Umwelt ausgeht.

Voraussetzung für die Monetarisierung ist das Erstellen einer Angebots- und Nachfragekurve. Die Angebotskurve bezeichnet die wachsenden Kosten pro Einheit an Umweltbelastung, die vermieden wird. Frühere Studien (Hueting, 1974) haben gezeigt, daß die Präferenzen für Umweltfunktionen (die Nachfragekurve) nur in Ausnahmefällen quantifiziert werden können. Ausgaben für die Kompensation einer Funktion können als offengelegte Präferenzen angesehen werden, da Vorkehrungen getroffen wurden, die ursprüngliche Funktion zu ersetzen. Auch finanzielle Schäden können als offengelegte Präferenzen verstanden werden, da sie Verluste indizieren, die durch den Wegfall einer Funktion entstanden sind. Es werden allerdings nur wenige Verluste von Umweltfunktionen kompensiert, und nur wenige schlagen sich direkt als finanzielle Schäden nieder.

Zudem gibt es oft keine Möglichkeit, verlorengegangene Funktionen zu ersetzen. Bei von Chemikalien verseuchtem Wasser zum Beispiel sind die Funktionen «Trinkwasser» oder «Wasserversorgung im Agrarbereich» nur bis zu einem gewissen Grad ersetzbar, indem nämlich das Grund- oder Oberflächenwasser geklärt wird. Langfristig ist es jedoch aufgrund der kumulativen Effekte notwendig, die Ursachen der Verschmutzung zu beseitigen. Der Verlust an Boden durch Erosion, um ein weiteres Beispiel zu nennen, kann nicht ersetzt werden.

Einer der wichtigsten Aspekte ist die Erkenntnis, daß ein Großteil der Schäden durch Funktionsverluste erst in Zukunft sichtbar werden wird. Beispiele hierfür sind u.a. Schäden durch den Verlust der Klimastabilität, der Funktionen des tropischen Regenwaldes (Genreserve, Regulativ für Wasserströme und Klima etc.) sowie die Zerstörung von Ökosystemen. Die Risiken zukünftiger Schäden und die daraus resultierenden verschlechterten Zukunftsaussichten werden durch die heutigen Märkte nicht indiziert. Hueting (1992) zeigt auf, warum vor allem in bezug auf die genannten Beispiele

228

Erfassungsmethoden wie die «Zahlungsbereitschaftsmethode» keine verläßlichen Ergebnisse bringen können.

Daher muß jede geldliche Bewertung von Umweltfunktionen und ihrer Verluste auf Annahmen über die diesbezügliche Nachfrage beruhen. Hueting (1986/1989) schlug vor, einfach davon auszugehen, daß einzelne Wirtschaftssubjekte das Bedürfnis haben, die Umwelt (einschließlich der natürlichen Ressourcen) nachhaltig zu nutzen. Der Grund für diese Annahme ist der Umstand, daß sich in der letzten Zeit zahllose Institutionen für eine nachhaltige wirtschaftliche Nutzung der Umwelt ausgesprochen haben.

Im folgenden wollen wir Umweltfunktionen näher erläutern. Umweltfunktionen werden als die mögliche Nutzung unserer Umwelt definiert: Wasser, Boden, Luft, Pflanzen- und Tierarten und alle erneuerbaren und nicht erneuerbaren Ressourcen. So ausgedrückt bedeutet Nachhaltigkeit, daß die Umwelt (und ihre Ressourcen) so genutzt wird, daß die Funktionen dauerhaft verfügbar sind.

Für erneuerbare Ressourcen kann Nachhaltigkeit erreicht werden, indem die Regenerationsfähigkeit der betroffenen natürlichen Prozesse erhalten bzw. wiederhergestellt wird. Für nicht erneuerbare Ressourcen bedeutet das, daß die Funktionen dann erhalten bleiben, wenn der jährliche Verbrauch der Ressource nicht den Gesamtbetrag übersteigt, der unbegrenzt bereitgestellt werden kann, wenn man die Ressourcenreserven, Recycling und Ressourcensubstitute sowie Effizienzsteigerungen in der Anwendung der Ressource nutzt. Wenn sowohl das Produktionsniveau als auch die gesamte Entwicklungsrate von Recycling, Substitution und Effizienzsteigerungen konstant bleiben, muß diese Entwicklungsrate dem jährlichen Verbrauch der Ressource – ausgedrückt in Prozent der bekannten Reserven – entsprechen (Tinbergen & Hueting). In diesem Fall nehmen der jährliche Verbrauch der Reserven und auch die verbleibenden Reserven exponentiell ab, wobei die Erschöpfung der Reserven nach und nach nur noch durch Substitute kompensiert wird.

Die Methode des niederländischen Zentralbüros für Statistik umfaßt also die folgenden Schritte:

— Erstellen einer Angebotskurve für Umweltfunktionen, indem Kurven für Eliminierungskosten entwickelt werden.
  Eliminierungskosten sind Kosten, die bei Maßnahmen zur Vermeidung von Umweltbelastungen anfallen, wodurch die Umweltfunktionen erhalten werden. Auf Ressourcen bezogen versteht man darunter die Entwicklung von Substituten, Effizienzverbesserungen und Recycling.

– Erstellen einer Nachfragekurve, die die Nachfrage der Gesellschaft nach Umweltfunktionen wiedergibt. Ausgangspunkt ist
  der weltweit zu verzeichnende Wunsch nach einer Entwicklung,
  die auf nachhaltiger Nutzung der Umwelt beruht.
– Verknüpfung von Angebots- und Nachfragekurven, zur Berechnung der aggregierten Kosten zur Erreichung von Nachhaltigkeit, die dann vom traditionell berechneten BSP abgezogen
  werden.

Um die Methodendiskussion verständlicher zu gestalten, werden
wir im folgenden einige der Grundbausteine des nachhaltigen
Volkseinkommens betrachten, bevor wir den Gesamtzusammen-
hang erläutern. Zum Schluß können wir abwägen: Was wissen wir,
wenn wir über ein nachhaltiges Volkseinkommen verfügen? Wie
kann es angewandt werden? Welche weiteren Entwicklungen müssen in Angriff genommen werden?

*Umwelt und Wirtschaft: Die Grundbausteine des nachhaltigen
Volkseinkommens*

Umweltfunktionen
Die Begriffe «Umwelt» und «Umweltgüter» sind zu wenig differenziert, wenn es darum geht, die Kosten von Umweltverlusten oder
von Nachhaltigkeit zu bewerten. Das Konzept der «Umweltgüter»,
das 1970 von Hueting vorgestellt und in *New Scarcity and Economic
Growth* (1980) weiterentwickelt wurde, ist ein gelungener Ansatz-
punkt für weitergehende wirtschaftliche Analysen.
   Die Umwelt, das heißt unsere physikalische Umgebung, bietet
eine Vielzahl an Funktionen und Nutzungsmöglichkeiten. Wenn die
Nutzung einer Umweltfunktion zu Lasten ihrer selbst oder einer
anderen Funktion geht, erfüllt sie die Definitionsmerkmale eines
wirtschaftlichen Gutes. Ein Gut ist knapp, wenn etwas anderes
geopfert werden muß, um es zu erlangen. Knappe Umweltfunktionen sind die grundlegendsten wirtschaftlichen Güter, die der
Menschheit zur Verfügung stehen, denn wir sind bei all unseren
Aktivitäten von der Verfügbarkeit dieser Umweltfunktionen abhängig – auch bei Produktion und Konsum.
   Wir wollen das anhand einiger Beispiele verdeutlichen: Wasser
erfüllt eine Reihe wichtiger Umweltfunktionen. Es kann als Trinkwasser genutzt werden, als Reinigungs- und Kühlwasser, zum
Schwimmen etc. Durch die wirtschaftliche Entwicklung jedoch
sind diese Funktionen knapp geworden. Wasser, das als Auffang-

becken für Abfälle und Abwasser genutzt wird, ist als Trinkwasser
oder zum Schwimmen ungeeignet. Das gleiche gilt für andere
Ökosysteme, die durch intensive Nutzung beispielsweise ihre Le-
bensraumfunktion für Pflanzen und Tiere verlieren.

Außer den qualitativen Aspekten (Verschmutzung) und Fragen
des Lebensraums spielen auch quantitative Aspekte eine Rolle.
Jeder Verbrauch von Wasser, Stahl, Boden oder Energie zieht un-
weigerlich ein Stück veränderte Umwelt nach sich, deren Funktionen verlorengegangen oder zumindest eingeschränkt sind. Die
einzelnen Umweltfunktionen treten aufgrund ihrer Knappheit miteinander oder zu sich selbst in Konkurrenz und können somit als
Wirtschaftsgüter verstanden werden, bei denen es ein bestimmtes
Angebot und eine bestimmte Nachfrage gibt. Der Verlust von Umweltfunktionen ist also mit Kosten verbunden, wobei es im Moment
unerheblich ist, ob diese Kosten in Geldwerten oder physischen
Einheiten ausgedrückt werden. Wie können die Kosten für verlorengegangene Umweltfunktionen, die bis jetzt in physischen Größen gemessen wurden, in Geldwerten ausgedrückt werden? Mit
anderen Worten: Welches sind die Kosten einer nachhaltigen Nutzung von Umweltfunktionen? Das ist die zentrale Frage, die wir uns
bei der Entwicklung einer Methode zur Berechnung des nachhaltigen Volkseinkommens stellen müssen.

Einige Umweltfunktionen können mit Konsumgütern verglichen werden: Trinkwasser und See- und Meerwasser zum Schwimmen zum Beispiel oder Brennstoffe. Andere gleichen eher Kapitalgütern, die im Produktionsprozeß genutzt werden, wie zum Beispiel
die Böden, die zur Erzeugung agrarischer Produkte genutzt werden, oder Prozeß- und Kühlwasser.

Durch die Einführung dieses «Konzepts der Umweltfunktionen»
wird das Spektrum der wirtschaftlichen Güter erweitert, wodurch
Umwelt und Produktion innerhalb des gleichen Betrachtungsrah-
mens gesehen werden können. Die Bewertung von Umweltverlusten in Geldgrößen ermöglicht den Vergleich mit dem herkömmlichen BSP.

Der Wert der Umweltfunktionen
Wenn die Regenerierungsfähigkeit der Umwelt erhalten und Pflanzen und Tieren genügend Lebensraum bleibt, wenn die Erschöpfung der natürlichen Ressourcen durch die Entwicklung von Substituten und durch die Effizienzsteigerung ihrer Nutzung ausgeglichen wird, dann sind Umweltfunktionen jahrein, jahraus gleich-
bleibend verfügbar. Das Ziel der Nachhaltigkeit wäre damit erreicht.

Wenn die Tragfähigkeit der Umwelt überschritten und damit der
Verlust der Umweltfunktionen in Kauf genommen wird, dann steigt
der Wert dieser Funktionen. Makroökonomisch betrachtet drückt
ein steigender Wert immer einen Verlust aus. Aus dem freien Gut
Umweltfunktionen wird ein knappes Gut. Dieser Wohlfahrtsverlust
ist das Ergebnis eines Prozesses, der die hergestellten Güter immer
mehr verbilligt. Dieser Prozeß ist das Produktivitätswachstum, das
den Umfang der Produktion von Waren- und Dienstleistungen immer noch ansteigen läßt. Anders ausgedrückt: Wir können mit dem
gleichen Einkommen immer mehr kaufen. Es gilt als ein Wachstum
des realen Volkseinkommens. Preissenkungen bedeuteten auf makroökonomischer Ebene eine Steigerung des Wohlstandes.

Diese Wohlstandssteigerung wird reflektiert im Wachstum des
realen BSP. Der damit einhergehende Verlust wirtschaftlicher Güter und der Rückgang des Wohlstandes in anderen Bereichen werden aber nicht erfaßt. Wir nennen diesen Verlust jetzt die Kosten
des Wachstums des BSP, wie es traditionell berechnet wird. Ökonomisch gesehen erscheint dieses Wachstum nicht sehr relevant, da
ja der Verlust der wichtigsten wirtschaftlichen Güter – der Umweltfunktionen – bei der Berechnung vernachlässigt wird. Dennoch
wird dieses Wachstum in jedem Land der Welt als Indikator für
wirtschaftlichen Erfolg anerkannt. Von daher ist es sinnvoll, eine
korrigierte Größe zu erstellen, die die Verluste an Umweltfunktionen einbezieht. Ein solcher Indikator ist das nachhaltige Volkseinkommen.

Der zugrundeliegende Gedankengang ist inzwischen hinläng-
lich bekannt: Das BSP ist der aggregierte Marktwert, der von allen
Produktionszweigen erstellt wird. Umweltfunktionen sind kollekti-
ve Güter, die nicht einzeln gehandelt werden können und infolgedessen außerhalb der Marktmechanismen stehen. Wenn Umweltfunktionen gehandelt werden könnten, würde durch den Marktme-
chanismus automatisch ein Preis fixiert. Wir müssen allerdings
einräumen, daß nicht sicher ist, ob dies zu Nachhaltigkeit führen
würde. Denn letztendlich ist es eine Hypothese, daß die Menschheit
nachhaltig handeln will.

Abweichungen in den Berechnungen des «Preises der Umwelt»
sind immer auf unterschiedlichen Annahmen zurückzuführen. In
den meisten Berechnungen werden hinsichtlich der Nachfrage
nach Umweltfunktionen keine Angaben darüber gemacht; dadurch
kommt es zu erheblichen Verwirrungen. Analysiert man die Berechnungen genauer, so stellt sich oft heraus, daß eine nahezu
gegen Null tendierende Präferenz für die nachhaltige Nutzung von
Umweltfunktionen unterstellt wurde (siehe z.B. Hueting, 1991).

Der Ansatz des niederländischen Zentralbüros für Statistik (CBS) geht im Kern davon aus, daß der Standard nachhaltiger Entwicklung genau der Nachfragekurve der Umweltfunktionen entspricht. Eine Schätzung der Kosten für die nachhaltige Nutzung der Umwelt ist auch für politische Entscheidungen von existentieller Bedeutung. Denn die so ermittelten Zahlen können auch bei der Festsetzung von Steuerhöhe und -struktur sinnvoll sein und sollten eine Grundlage der ökologischen Steuerreform bilden. Die Idee der ökologischen Steuerreform beruht auf der Überlegung, Umweltfaktoren steuerlich zu belasten, zum Beispiel den Verbrauch natürlicher Ressourcen und Abfälle. Im Gegenzug sollen die Steuern, die den Faktor Arbeit belasten, gesenkt werden.

Umweltfunktionen: Die Angebotskurve
Die Angebotskurve ist ein ausgesprochen arbeitsintensiver Bestandteil der Methode des CBS, das nachhaltige Volkseinkommen zu berechnen. Sie setzt sich aus den Kosten für den Erhalt und die Wiederherstellung der Umweltfunktionen zusammen. Eine derartige Kurve könnte auch «Kurve der Eliminierungskosten» genannt werden, denn in ihr schlagen sich jene Kosten nieder, die aufgrund der Eliminierung von Umweltschäden entstehen; und zwar pro Einheit an Umweltbelastung, die vermieden wird.

In der Praxis ist es unmöglich, eine einzige Eliminierungskurve zu erstellen. Daher müssen mehrere Kurven erarbeitet werden. Für:

— die Kosten «räumlicher Neuordnung». Hierzu zählt zum Beispiel Wiederherstellung natürlicher Ökosysteme zum Erhalt bestimmter Tier- und Pflanzenarten;
— die Kosten des langfristigen Erhalts der Umweltfunktionen, die auf natürlichen Ressourcen beruhen (Energiequellen eingeschlossen);
— die Kosten der Eliminierung biologischer, chemischer und physikalischer «Stoffe». Unter «Stoffen» verstehen wir Substanzen oder Energiemengen, die vom Menschen in irgendeiner Form in die Umwelt eingebracht oder abgebaut werden, was zu einem Funktionsverlust der Umwelt führt. «Stoffe» in diesem Sinne können zum Beispiel Chemikalien, Pflanzen, Tiere, Wärme oder Radioaktivität sein. Die wichtigsten chemischen «Stoffe» sind saure Emissionen, Treibhausgase und mineralische Nährstoffe. Ein wichtiger biologischer «Stoff» ist zum Beispiel die Abholzung des Regenwaldes.

Die Kurven der Eliminierungskosten listen also die verschiedensten Formen potentieller Umweltschutzmaßnahmen auf. Zum Beispiel Rauchgasfilteranlagen, Katalysatoren, Substituierung fossiler Brennstoffe durch verschiedene Formen der Solarenergie (Wind, Wasser, Photovoltaik), Terrassenbau, Aufforstung, Renaturierungsprojekte etc. Auf diese Art und Weise entsteht ein Register der Maßnahmen (Techniken, die heute schon anwendbar sind), die zu den jeweils gültigen Marktpreisen bewertet werden. Im Rahmen der Methode des CBS werden die notwendigen Maßnahmen Stück für Stück so lange angewandt, bis ein Umweltschutzniveau, das eine nachhaltige Nutzung der Umweltfunktionen gewährleistet, erreicht worden ist.

Methodologische Probleme
Entscheidet man sich für die oben beschriebene Angebotskurve, stößt man auf ein methodologisches Problem. Es ist durchaus möglich, daß die Realisierung des gewünschten Maßes an Umweltschutz in einigen Fällen die Durchführung umfangreicher und teurer Maßnahmen notwendig macht. Zumindest so teuer, daß das Gros der Gesellschaft ihnen nicht zustimmen und andere Maßnahmen einfordern würde. Wenn damit geringere finanzielle Opfer oder weniger umfangreiche Einschränkungen im Lebensstil verbunden sind, wird die Masse der Verbraucher eine Veränderung der Produktions- und Konsummuster sicherlich dem teuren Erhalt der bestehenden Strukturen vorziehen. Zudem muß bedacht werden, daß technische Eliminierungsmaßnahmen auch nur zu ungenügenden Verbesserungen führen können. Für einige Umweltprobleme mag es sogar zutreffen, daß selbst die Einführung eines umfassenden Maßnahmenkatalogs nicht ausreicht, um eine nachhaltige Nutzung der Umweltfunktionen sicherzustellen.

Vor diesem Hintergrund stellt sich insbesondere die Frage, wie nicht-technische Maßnahmen – wie beispielsweise die Verlagerung der wirtschaftlichen Strukturen oder Produktionseinschränkungen – innerhalb der Berechnungen des nachhaltigen Volkseinkommens gehandhabt werden sollen. Wie können die Auswirkungen einer Verlagerung von umweltschädlichen zu umweltfreundlichen Aktivitäten auf das Volkseinkommen kalkuliert werden?

Als ersten Lösungsschritt dieses Problems kann man der ökonomischen Rationalität möglichst nah bleiben. Dementsprechend wurde angenommen, daß das Potential an Arbeitskräften, das aus den umweltschädlichen Wirtschaftszweigen freigestellt wird, nicht tatenlos zu Hause bleibt, sondern in weniger umweltschädlichen Produktionszweigen tätig wird. Wenn zum Beispiel saubere und effiziente Autos (mit Katalysatoren, Recyclinggarantie und bleifreiem Benzin) nicht ausreichen, um die Anforderungen der Nachhaltigkeit zu erfüllen, bleibt nur eine Lösung: weniger Fahrkilometer. Da jedoch der Wunsch nach Mobilität nicht plötzlich nachläßt, werden wahrscheinlich mehr Menschen mit öffentlichen Verkehrsmitteln fahren und, um im Beispiel zu bleiben, die in der Automobilbranche Tätigen suchen sich Arbeit im öffentlichen Nahverkehr oder anderen umweltschonenden Bereichen. Die Mobilität wird also nicht reduziert, sie wird vielmehr verlagert. Die daraus resultierende Frage lautet: Wie kann eine derartige Verlagerung in Geldwerten ausgedrückt werden?

Es wurde der Versuch gemacht, diese Frage auf der Grundlage einer Langfristanalyse der Beziehung zwischen Wachstum und Umwelt zu beantworten. Hueting et al. (1981, 1991) haben das BSP in die Beiträge verschiedener Sektoren aufgeteilt und analysiert, welche Sektoren am deutlichsten zu Wachstum beitrugen. Es stellte sich heraus, daß zwischen 1965 und 1985 etwa zwei Drittel des Wachstums des Nettosozialprodukts nur einem Viertel aller wirtschaftlichen Aktivitäten zuzuschreiben waren (in menschlicher Arbeitskraft gerechnet): nämlich den Sektoren, in denen die Arbeitsproduktivität (Output pro Beschäftigten) am meisten angestiegen ist. Nicht zufällig haben diese Sektoren auch die größten Umweltschäden verursacht; und das sowohl durch die Produktion als auch durch den Konsum: Industrie (Metall, Petrochemie, Chemie), Agrarwirtschaft und Bergbau.

Produktionswachstum – zumindest in einem geschlossenen System, in dem die gesamte menschliche Arbeitskraft konstant bleibt – ist also nichts weiter als Ersatz von Arbeit durch Nutzung der Umwelt mit Hilfe von Kapitalgütern. Diese Kapitalgüter wiederum können als Akkumulierung von Arbeit und Umwelt angesehen werden.

Der größte Teil des Produktionswachstums ist den umweltschädlichsten Sektoren zuzuschreiben, und durch Angebot und Nachfrage und durch die Mechanismen der Einkommensübertragung verteilt sich dieses Wachstum auf die gesamte Wirtschaft. Das Produktionsvolumen eines Friseurs zum Beispiel ist nicht wesentlich höher als das seines Kollegen vor vierzig Jahren, aber sein reales (preisbereinigtes) Einkommen, sein mengenmäßiger Anspruch auf produzierte Güter, hat sich in diesem Zeitraum um etwa einen Faktor vier vergrößert.

Im Umkehrschluß würde das bedeuten, daß die Verlagerung eines bestimmten Umfangs an menschlicher Arbeitskraft von einem umweltschädlichen Sektor in einen weniger umweltschädlichen Sektor (der über Jahre hinweg ein geringes oder gar kein Produktivitätswachstum aufgewiesen hat) zu einem disproportionalen Rückgang des BSP führt. Diese Lösung der Verlagerungs- oder Reallokationsprobleme ist von verschiedenen Seiten kritisiert worden, und das zu Recht. Die Auswirkungen der Verlagerung auf das BSP sind einerseits maßgeblich vom Referenzjahr abhängig, während es andererseits keine objektiven Auswahlkriterien gibt. Aus diesem Grunde kann die Größenordnung des Effekts nicht kalkuliert werden.

Nach Meinung einiger Kritiker ist der Effekt nahezu Null. Wir halten diese Position für einen Irrtum. Erstens ist es unwahrscheinlich, daß der Rückgang von Aktivitäten, die in den letzten Jahrzehnten zu unglaublichen Steigerungen der Produktivität geführt haben, durch Aktivitäten ausgeglichen werden kann, deren Produktivität kaum oder gar nicht gestiegen ist. Zweitens offenbart diese Beurteilung merkwürdige Widersprüche: Da die Kurve für die Eliminierungskosten in der Annahme erstellt wurde, daß die Kosten pro Einheit vermiedener negativer Umweltauswirkung steigen, würde es für die Berechnung des nachhaltigen Volkseinkommens genügen, Verlagerungen vorzunehmen, um Nachhaltigkeit zu erreichen – damit wäre das Ökosozialprodukt mit dem Bruttosozialprodukt identisch. Mit der Verlagerung sind, nach Auffassung der Kritiker, auch keine Kosten verbunden. Die Auswirkungen einer Verlagerung rufen aber mit Sicherheit Kosten hervor, und diese sind nicht vernachlässigbar.[10]

Charakteristik und Prämissen der NVE-Studie
Die NVE-Studie stellt einen Vergleich zwischen der gegenwärtigen und einer zukünftigen, nachhaltigen Situation dar (komparativ-statische Analyse). Der Übergang wird so dargestellt, als würde er sich im Bruchteil einer Sekunde vollziehen, gleichgültig, wie lange dieser Prozeß in der Realität dauert. Das heißt, Zeit ist irrelevant. Daraus ergeben sich die folgenden Implikationen:

---

10 Auf seine Anfrage hin hatte Hueting 1992 eine Reihe von Begegnungen mit Jan Tinbergen, der sich sehr interessiert an der Berechnung eines nachhaltigen Niveaus wirtschaftlicher Aktivitäten zeigte. Tinbergen schloß sich der Meinung an, daß in einer geschlossenen Wirtschaft eine solche Verlagerung notwendigerweise zu negativen Auswirkungen auf das Volkseinkommen führen müßte. (Den Überlegungen in diesem Kapitel liegt die Annahme zugrunde, daß alle Länder die vorgeschlagenen Maßnahmen parallel ergreifen.)

- Der Stand der Technik bleibt konstant. Es ist einleuchtend, daß
  die Technologien der Zukunft – des Jahres 2010 zum Beispiel –
  nicht im Berechnungsjahr 1995 berücksichtigt werden können.
- Während der Herstellungsphase der Produktionsmittel zur Umsetzung technischer Umweltschutzmaßnahmen besteht keine
  Notwendigkeit, bestehende Kapitalgüter im voraus abzuschrei-
  ben. Aufgrund dessen gibt es keine Kapitalzerstörung, und der
  Übergang verursacht keine zusätzlichen Kosten.
- Das gleiche gilt für die Umschulungen der Arbeitskräfte. Der
  Transfer von Arbeit in die Herstellung, Wartung und Bedienung
  technischer Umweltschutzmaßnahmen wird nicht von den hierfür erforderlichen Kenntnissen und Fähigkeiten diskutiert. Arbeitskräfte können daher aus jedem beliebigen Sektor abgezogen werden.
- In jedem Wirtschaftssektor sind die aus dem Übergang zur
  Nachhaltigkeit entstehenden prozentualen Verluste an Arbeit,
  Kapital- und Hilfsgütern sowie Produktion. Denn jedes Unternehmen wird im Laufe der Zeit seine optimale Größe erreichen,
  und die Anpassung an ein niedrigeres Niveau der Konsumgüter-
  versorgung wird dadurch gewährleistet, daß sich die Anzahl der
  Unternehmen im betreffenden Sektor verringert. Eine komparativ-statische Analyse impliziert also eine Produktionsstruktur,
  deren Kennzeichen die lineare Beziehung zwischen allen Produktionsfaktoren, Vorleistungen und Produktionsmengen eines
  Sektors ist.

Das nachhaltige Volkseinkommen beruht auf einer Reihe von Annahmen, von denen wir einige bereits erwähnt haben (z.B. die
Präferenz für Nachhaltigkeit). An dieser Stelle möchten wir fünf
weitere Annahmen aufzählen, die dem komparativ-statischen Modell zugrunde liegen:

- Umweltmaßnahmen werden gleichzeitig in allen Ländern der
  Welt eingeführt. Das macht es zum Beispiel für die Niederlande
  unmöglich, auf eine saubere Produktion hochqualitativer
  Dienstleistungen umzusteigen und gleichzeitig Güter zu importieren, die umweltschädigend produziert wurden. Letzteres ist
  jedoch derzeit der Fall, wodurch nachhaltige Lösungen für globale Probleme wie das Artensterben oder den Treibhauseffekt
  massiv behindert werden.
- Insofern die Auswirkungen der Einführung von Umweltmaßnahmen betrachtet werden, wird die Wirtschaft als geschlossen
  betrachtet. Daraus folgt, daß Umweltschutzmaßnahmen (tech-

nische Maßnahmen oder direkte Verlagerung) nicht zu Veränderungen der Import- und Exportströme führen. Um im Beispiel der Niederlande zu bleiben, heißt das, daß alle Technologien zur Umsetzung der Umweltschutzmaßnahmen in den Niederlanden produziert und angewandt werden.
Es ist offensichtlich, daß diese Annahmen unrealistisch sind. Denn die Niederlande kommen nicht ohne den Import einer Reihe von Rohstoffen aus. Wenn man die Annahmen 1 und 2 jedoch verwirft, ist man gezwungen, alle Im- und Exporte, die mit Umweltmaßnahmen und ihren Auswirkungen zusammenhängen, möglichst genau abzuschätzen. Das wäre für den Anfang eine zu komplexe Aufgabe. Die Berechnung des nachhaltigen Volkseinkommens kann zur Zeit jedoch nur grobe Schätzungen bieten.

— Die Beschäftigung bleibt konstant. In dem hier zugrundeliegenden Rahmen ist diese Annahme nachvollziehbar, denn sie geht davon aus, daß das Ergebnis der Studie (ein Vergleich des herkömmlichen Volkseinkommens mit seinem nachhaltigen Äquivalent) nicht durch Faktoren verfälscht wird, die nichts mit den Ursachen der nicht-nachhaltigen Nutzung der Umwelt zu tun haben. (Es ist nicht schwierig, Annahmen einzubeziehen, die zu mehr oder weniger Beschäftigung führen, wodurch der Unterschied zwischen den beiden Einkommensgrößen kleiner oder größer wird.)
— Die relativen Präferenzen für markterstellte Güter und Leistungen und die angenommene absolute Präferenz für eine nachhaltige Nutzung der knappen Umweltfunktionen werden sowohl vor als auch nach dem Übergang zur Nachhaltigkeit als gleich angenommen.
— Die physische Zusammensetzung der Güter, die vom Markt zur Verfügung gestellt werden, reflektiert die Präferenzen der Verbraucher unabhängig von der Umwelt.

Gleichheit der Ausgaben für technische Maßnahmen und Auswirkungen auf das Sozialprodukt
Die Erreichung von Nachhaltigkeitszielen setzt Ausgaben für technische Maßnahmen voraus. Bei der Berechnung des nachhaltigen Volkseinkommens können die benötigten Produktionsfaktoren aus der aktuellen Produktion entnommen werden, ohne daß Transaktionskosten entstehen. Um die Auswirkungen dieser Ausgaben auf das Sozialprodukt zu bestimmen, müßten wir im Idealfall wissen, in welchem Umfang Produktionsfaktoren aus den einzelnen Wirtschaftssektoren abgezogen werden. Dann könnte die Summe der

Wertschöpfung der abgezogenen Faktoren berechnet werden und damit einhergehend die Größenordnung des Produktionsrückgangs, mit anderen Worten die geopferten Alternativgüter, das heißt die Kosten.

Wir wissen jedoch nicht, aus welchen Wirtschaftssektoren Produktionsfaktoren abgezogen werden. Eine Lösung dieses Problems besteht darin, Annahmen zu treffen, unter denen die Ausgaben für Maßnahmen genau dem Effekt auf das BSP entsprechen. Der Abzug von Produktionsfaktoren aus der heutigen Produktionsstruktur muß offensichtlich mit den Präferenzen der wirtschaftlichen Akteure übereinstimmen. Zudem können wir von linearen Beziehungen zwischen allen Faktoren, Hilfsgütern und Produktionsmengen ausgehen.

Da wir die Präferenzmuster nicht kennen, müssen wir an diesem Punkt Annahmen treffen. Die naheliegendste Annahme ist die von Präferenzmustern, die (parallel zu den erwähnten linearen Produktionsbeziehungen) zu einem Abzug derart führen, daß der prozentuale Rückgang der Produktion in allen Wirtschaftssektoren gleich ist (gilt gleichermaßen für die Produktion von Konsumgütern). Dieser Fall trifft zu, wenn die Präferenzrelationen im Falle eines proportionalen Rückgangs aller Konsumgüter unverändert bleiben.

Ein proportionaler Produktionsrückgang in allen Sektoren schließt Extreme aus wie einen Abzug aller erforderlichen Produktionsfaktoren und Vorleistungen aus ein und demselben Wirtschaftssektor.

Dem muß eine weitere Annahme hinzugefügt werden, nämlich daß die Produktionsfaktoren, die für das Verarbeitende Gewerbe und für die Schaffung der technischen Umweltmaßnahmen benötigt werden, den für die Gesamtwirtschaft durchschnittlich benötigten Produktionsfaktoren entsprechen (das ergibt sich aus dem proportionalen Abzug).

Unter diesen Annahmen wird ein wirtschaftliches Gleichgewicht erreicht, in dem der Effekt auf das Sozialprodukt den Ausgaben für technische Umweltmaßnahmen entspricht.

Sicherlich können Preiseffekte entstehen. Entsprechend muß eine Finanzierungsform der technischen Umweltmaßnahmen vorausgesetzt werden, die nicht zu Verlagerungen innerhalb der allgemeinen Konsummuster (oder der Produktionsstruktur) führt. Das ist erreichbar, wenn alle wirtschaftlichen Akteure und Produkte mit Abgaben belegt werden, durch die sämtliche Löhne und Gehälter proportional abnehmen bzw. alle Preise proportional steigen (was unter Vernachlässigung aller Verteilungseffekte auf der makroökonomischen Ebene zum gleichen Ergebnis führt).

Es muß nicht explizit betont werden, daß bei der Kalkulierung der Ausgaben für technische Umweltmaßnahmen die durch den reduzierten Output (aufgrund des Abzugs der Produktionsfaktoren) niedrigere Umweltbelastung angemessen berücksichtigt werden muß.

Grundsätzlich müssen die Ausgaben für Umweltmaßnahmen als Vorleistungen verbucht werden; also als Kosten, egal, ob die jeweiligen Maßnahmen innerhalb der umweltbelastenden Sektoren selbst oder in anderen Sektoren durchgeführt werden – und unabhängig davon, ob sie Produktion oder Konsum (z.B. Katalysatoren von Autos) betreffen. Die Erfassung solcher Ausgaben als Endproduktion, das heißt als Ertrag, würde zu Asymmetrien führen, da die Umweltverluste nicht abgeschrieben wurden und aufgrund dessen die Wiederherstellung der Umwelt nicht positiv verzeichnet werden kann.

Die Zusammensetzung des Produktions- und Warenpakets nach Einführung der Umweltmaßnahmen ist unbekannt. Für das NVE spielt das keine Rolle, denn dessen Ziel ist es, das Aktivitätsniveau zu ermitteln, das nachhaltig erreicht werden kann, und nicht die genaue Güterstruktur, die es beinhaltet.

Solange keine befriedigende Lösung gefunden worden ist, Näherungswerte für die Auswirkungen einer Verlagerung von umweltschädigenden zu umweltfreundlichen Aktivitäten auf das Sozialprodukt zu finden, kann die Berechnung eines NVE sich nur darauf beschränken, eine Ziffer zu ermitteln, die den Mindestbetrag für die Distanz wiedergibt, die überwunden werden muß, um den Punkt der Nachhaltigkeit zu erreichen, der in Abbildung 12.1 angegeben wird und damit den Höchstbetrag für das nachhaltige Volkseinkommen.

Wissenschaftler des niederländischen Zentralbüros für Statistik wollen erforschen, ob die Annahmen bezüglich der technischen Umweltmaßnahmen und der Verlagerungen mit Hilfe eines Gesamtwirtschaftlichen Gleichgewichtsmodells bestätigt oder verbessert werden können.

Erstellung der Angebotskurve
Die Vorarbeiten zur Erstellung von Eliminierungskurven sind mit praktischen Schwierigkeiten verbunden, die unter anderem die Anzahl der Arbeitsstunden betreffen, die notwendig sind, um verläßliche und belegbare Maßnahmen für jedes einzelne Umweltproblem zu erfassen. Nicht alle Maßnahmen sind ausreichend bekannt, Kostenschätzungen können voneinander abweichen, und es ist umstritten, inwieweit eine bestimmte Maßnahme überhaupt zu

den erwünschten Umweltverbesserungen führt. Zudem können sich Umweltmaßnahmen überschneiden, gegenseitig verstärken oder aber ausschließen. Darüber hinaus muß beachtet werden, daß Maßnahmen, die das Umweltproblem A beheben sollen, zu einer Verschlimmerung des Umweltproblems B beitragen können. Viele nachgeordnete Umweltmaßnahmen, wie beispielsweise Entschwefelungsanlagen, können zu steigendem Energieverbrauch (und damit CO_2-Aufkommen) und größeren Abfallproblemen führen. Dennoch sollte es mit viel Einsatz möglich sein, das Gros dieser Probleme zu lösen und die Zahl auf eine Weise zu strukturieren, die zu einem eindeutigen Verfahren zur Berechnung des nachhaltigen Volkseinkommens führt.

Ein Indikator als Zwischenprodukt
Auf dem Weg zum NVE soll ein Index veröffentlicht werden, der aus der Summe der Ausgaben für technische Maßnahmen besteht. Dieser Index kann als Indikator für die Umweltbelastung dienen, als Ergänzung zu den – unersetzlichen – Indikatoren, die in physikalischen Einheiten ausgedrückt werden und die nie in einer einzigen physikalischen Größe zusammengefaßt werden können. Welche (relative) Gewichtung soll beispielsweise Smog bzw. seinen Auswirkungen auf die Gesundheit beigemessen werden, wenn man ihn mit den Konsequenzen des Artensterbens, den Risiken der Atomenergie oder mit den Risiken des Klimawandels vergleicht? Dieser monetarisierte Indikator ist statistisch gesehen verläßlicher als das NVE, was einleuchtend ist, wenn man bedenkt, daß die Größenordnung der Auswirkungen einer Verlagerung von umweltschädlichen zu umweltfreundlichen Aktivitäten auf das Sozialprodukt wahrscheinlich immer nur als sehr grober Schätzwert ermittelt werden kann. Der Indikator identifiziert die Summen, die mit der Einführung technischer Maßnahmen verbunden sind, und jene, die sich aus der Reduzierung umweltschädlicher Aktivitäten ergeben, die im Verlauf der Reallokation zur Erreichung der Nachhaltigkeit vorgenommen werden muß.

Die Nachfragekurve

Das Erstellen einer Nachfragekurve für Umweltfunktionen erleichert die Situation nicht. Im Gegenteil: Es zeigt sich, daß es unmöglich ist, eine Nachfragekurve anhand der Summe der Präferenzen zu erstellen, die der einzelne Konsument in bezug auf Umweltfunktionen hat. Das wäre die gängige Nachfragekurve für «normale»

Produkte. Unglücklicherweise gibt es jedoch keinen Markt, auf dem die Konsumenten ihre Präferenz für das Produkt «Umweltfunktionen» in Relation zu anderen Produkten ausdrücken können. Eine Messung solcher Präferenzen – zum Beispiel in Form von Umfragen – ist immer unzuverlässig und deckt nicht mehr als einen oder zwei Umweltaspekte ab (Hueting, 1989 und 1992).

In einigen Fällen kann die Nachfragekurve teilweise aufgrund der Tatsache erstellt werden, daß sich Menschen, wenn der Verlust an Umweltfunktionen erst einmal so weit fortgeschritten ist, daß Leidensdruck entsteht, für kompensierende Maßnahmen entscheiden. Zum Beispiel für den Bau eines Schwimmbades, weil die natürlichen Gewässer verseucht sind. Wenn Schäden direkt der Umweltverschmutzung zuzuschreiben sind – wie im Fall der durch Bodenozon hervorgerufenen Ernteverluste –, kann die Nachfragekurve ebenfalls teilweise abgeleitet werden. Es handelt sich dann um sogenannte «geoffenbarte Präferenzen». Im allgemeinen kann der Verlust von Umweltfunktionen nur bis zu einem bestimmten Grad ersetzt werden – wenn überhaupt; und nicht in allen Fällen führen Umweltschäden zu direkten finanziellen Verlusten.

Die Intensität der Präferenzen für die zukünftige Verfügbarkeit von Umweltfunktionen ist nicht ermittelbar. Das bedeutet, daß die Höhe der Diskontierungsraten bei der Berechnung der langfristigen Umweltauswirkungen nicht festgelegt werden kann. Zieht man die Marktzinsen als Diskontrate heran, um den gegenwärtigen Wert langfristiger Umweltkosten und -nutzen zu ermitteln, heißt das, daß die Präferenzen für die nachhaltige Nutzung der Umwelt gegen Null tendieren, da der gegenwärtige Wert eines US-Dollars, der in hundert Jahren verdient wird, praktisch Null ist. Eine gewagte Unterstellung, deren Richtigkeit nicht bewiesen werden kann. Doch die meisten Kosten-Nutzen-Analysen beruhen auf dieser Unterstellung (Hueting, 1991).

Ein Standard als Nachfragekurve
Es gibt jedoch einen Ausweg. Wenn die Gesellschaft als ganzes, als Kollektiv, eine Präferenz für ein bestimmtes Maß an Umweltschutz ausdrückt, kann dieser Wunsch oder Standard als Nachfragekurve angesehen werden. Solch ein Standard ist *de facto* aus den Arbeiten der «Weltkommission für Umwelt und Entwicklung» (WCED) der Vereinten Nationen unter dem Vorsitz von Gro Harlem Brundtland zustande gekommen. Er wurde auf der Rio-Konferenz 1992 (UNCED) von internationalen Vertretern unterschrieben. Dieser Standard besagt, daß sich die Unterzeichner bemühen

werden, eine nachhaltige Entwicklung und Nutzung der Umwelt
und der natürlichen Ressourcen zu erreichen.

Die Umwelt soll nur noch bis zu dem Maß belastet werden, das
ihre Regenerationsfähigkeit sichert und bis zu dem die erwünschten Umweltfunktionen auch in der Zukunft erhalten bleiben. Für
die natürlichen Ressourcen bedeutet Regenerationsfähigkeit, daß
Effizienz und Wiederverwendung und -verwertung gesteigert werden und, vor allem, daß Substitute entwickelt werden. Verluste von
Umweltfunktionen, die der Art der Bodennutzung angelastet werden können, können nur durch den Abbau oder die Regulierung
von Aktivitäten vermieden werden. In den Worten der Brundtland-
Kommission heißt es darum, daß «die Bedürfnisse der Gegenwart
nur befriedigt werden dürfen, ohne die Möglichkeiten zukünftiger
Generationen zur Befriedigung ihrer Bedürfnisse zu beeinträchtigen».

Auch hier bewahrheitet es sich, daß die Theorie leichter als die
Praxis ist. Es geht um die Ermittlung des Niveaus an Umweltbelastung, das die Regenerierungsfähigkeit nicht einschränkt. Wo aber
liegen die Grenzen? Es kann nicht ausschließlich die Aufgabe der
Wirtschaftswissenschaftler sein, auf diese wichtige Frage eine Antwort zu finden. Vielmehr ist eine breit angelegte naturwissenschaft-
liche Diskussion Voraussetzung dafür, daß das Konzept der Nachhaltigkeit in seiner allgemeinen Form tatsächlich als Instrument
angewandt werden kann, um die Umweltkosten einzuschätzen. Für
jede Umweltfunktion (in der Praxis: für jedes Umweltproblem)
muß eine Eliminierungskostenkurve erstellt und ein Nachhaltigkeitsniveau festgelegt werden.

Aber was zählt als nachhaltig und was nicht? Die Umweltwis-
senschaften sind noch nicht weit genug entwickelt, um diese Frage
eindeutig beantworten zu können. Und in bezug auf manche Probleme ist es fraglich, ob sie je gelöst werden können. Die Frage der
Nachhaltigkeit ist bei jedem Umweltproblem unterschiedlich zu
beantworten. Im Fall der Bodenerosion zum Beispiel ist die Lage
eindeutig: Früher oder später werden die «Bodenfunktionen» verlorengehen, solange das Ausmaß der Erosion das der Bodenbildung
überschreitet. In anderen Fällen ist die Situation komplexer. Beim
Treibhauseffekt beispielsweise sind sich die Wissenschaftler zwar
darüber einig, daß das Risiko eines irreversiblen Klimawandels
besteht; wie diese Einsicht jedoch in einen Nachhaltigkeitsstandard
für CO_2-Emissionen übertragen werden kann, ist noch immer unklar.

Es sollte daher grundsätzlich eine Ober- und eine Untergrenze
festgelegt werden. Die Wahl sollte dabei immer auf jene Lösungen

fallen, die mit dem geringsten Risiko verbunden sind, denn Risikoreduzierung entspricht dem Konzept der Nachhaltigkeit. Es wird
jedoch immer einen gewissen Spielraum an Ungewißheit geben,
innerhalb dessen Entscheidungen getroffen werden müssen: bis
hierher und nicht weiter!

Der Ansatz, der vom niederländischen Zentralbüro für Statistik
gewählt wurde, versucht Nachhaltigkeitsstandards auf einer fundierten wissenschaftlichen Grundlage festzusetzen. Selbstverständlich kann Kritik geübt werden, aber der Ball sollte dann auch
ins Lager der Wissenschaftler gespielt werden.

Die Grundelemente der Methode

Wir können jetzt die vier Grundelemente der Methode aufzählen,
die Hueting und seine Kollegen vorgeschlagen haben.

Zunächst einmal werden die relevanten Umweltfunktionen aufgelistet. Um mit Eliminierungskosten arbeiten zu können, werden
diese jedoch nicht als Umweltfunktionen dargestellt, sondern als
Emissionen der Schadstoffe, die Funktionsverluste verursachen,
und als Verbrauch von Ressourcen und Flächen. Für das Jahr, für
das das ÖSP berechnet wird, sollten diese Faktoren (Emissionen,
Ressourcen- und Flächenverbrauch) in physischen Einheiten verfügbar sein. Es sind also jene Umweltfunktionen von Relevanz, die
vor dem Hintergrund der zeitlichen Unbegrenztheit von Bedeutung
sind.

Des weiteren müssen Nachhaltigkeitsstandards für die entsprechenden Schadstoffe, Ressourcen und Flächen festgelegt werden:
Wo soll die kritische Grenze gezogen werden? Wie stark kann die
Umwelt mit einem bestimmten Schadstoff belastet werden, ohne
daß das Ökosystem bleibende Schäden davonträgt?

Im dritten Schritt wird für jede Umweltfunktion bzw. jedes
Umweltproblem eine Eliminierungskostenkurve aufgestellt – insofern die Notwendigkeit besteht, die Differenz zwischen der Umweltbelastung im Untersuchungsjahr (Schritt 1) und dem Nachhaltigkeitsstandard (Schritt 2) zu überbrücken. Drei Formen von Maßnahmen können in die Vermeidungskostenkurve aufgenommen
werden:

– Technische Maßnahmen.
  Es gibt ein breites Spektrum solcher Maßnahmen, das vom
  Einbau nachgeschalteter Umweltschutzanlagen bis zu neuen
  Produktionsverfahren, der Entwicklung von Substituten für

nichterneuerbare Ressourcen und der Neuordnung von Flächen
reicht.
— Mengenverlagerungen.
Verlagerung von umweltschädlichen auf umweltfreundliche
Aktivitäten, die dann durchgeführt werden sollte, wenn technische Maßnahmen unzureichend oder zu kostenintensiv sind.
— Wenn die unter 1 und 2 aufgeführten Maßnahmen zu einem
unannehmbar niedrigen Lebensstandard führen, der beispielsweise unterhalb des Subsistenzniveaus liegt, ist daran zu denken, daß *langfristig* eine Bevölkerungsschrumpfung die einzige
Möglichkeit ist, den Nachhaltigkeitsstandard zu erreichen.

Als vierter Schritt werden die Mindestkosten bestimmt, die gezahlt
werden müßten, um die Umweltbelastung im Untersuchungsjahr
bis auf die als nachhaltig definierte Umweltbelastung zu reduzieren.

Die in Abbildung 12.1 dargestellte Angebotskurve verdeutlicht,
durch welche Maßnahmen und zu welchen Kosten Umweltfunktionen «hergestellt», das heißt erstellt und erhalten werden. Die Nachfragekurve d' gibt das Maß an Umweltschädigung wider, das von
der Gesellschaft, unabhängig vom Preis der Maßnahmen, als akzeptabel hingenommen wird. B ist der Umfang an Umweltfunktionen, die jetzt – oder im Referenzjahr – zur Verfügung stehen. Jetzt
sind weniger Funktionen verfügbar als in einer nachhaltigen Situation. Die Umweltbelastung ist also größer als gewünscht. Um von
der gegenwärtigen zu einer nachhaltigen Situation zu gelangen,
müssen alle Maßnahmen ergriffen werden, die auf der Angebotskurve zwischen B und D liegen. Die aggregierten Kosten betragen
EF, also die Nachhaltigkeitskosten der Wiederherstellung und Erhaltung der Umweltfunktionen.

Bei Auswirkungen regionaler oder globaler Größenordnung
werden die nationalen Kosten in Relation zu den Auswirkungen auf
das betreffende Land berechnet.

Der Wert des NVE

Die oben beschriebene Methode liefert einen Indikator, der Ökosozialprodukt genannt wird. Die Frage lautet: Was für Erkenntnisse
kann uns dieser Indikator bieten? Das NVE ist vor allem ein Indikator für den Umfang der Waren und Dienstleistungen, die jährlich
produziert und konsumiert werden können, ohne die Grenze der
Umweltbelastung zu überschreiten, die die Produktions- und Kon-

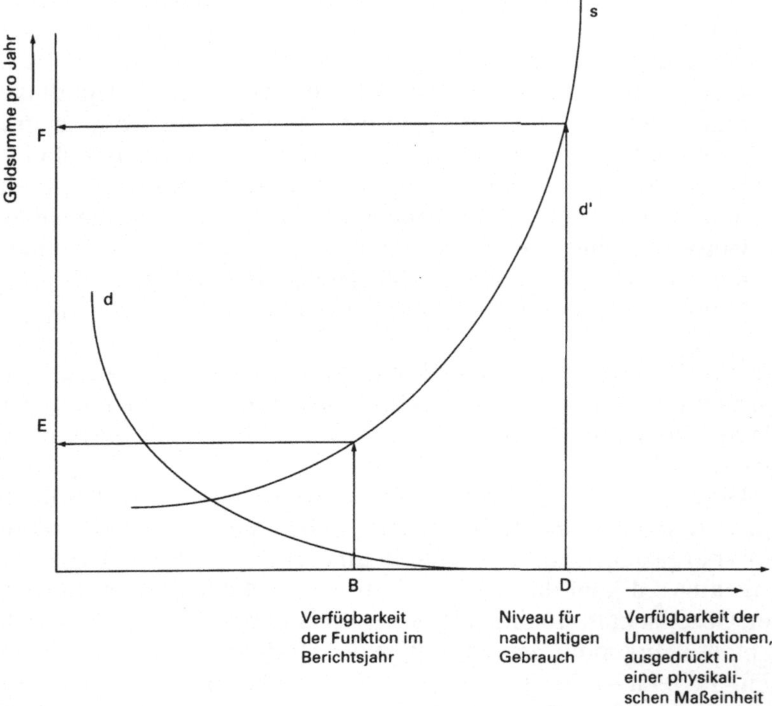

s   = Angebotskurve (Kurve der Eliminierungskosten; Gesamtkosten)

d   = unvollstände Nachfragekurve, auf der Basis individueller Präferenzen (ermittelbar durch die
      Ausgaben, die für die Kompensation der Funktion aufgewandt werden, etc.)

d' = Nachfragekurve, auf das Nachhaltigkeitsniveau ausgerichtet

BD = Der Abstand, der überbrückt werden muß, um zu einer nachhaltigen Nutzung
      der Umweltfunktionen zu gelangen

EF = Kosten des Verlustes der Funktionen, in Geldwerten ausgedrückt (= Auswirkung auf das
      Volkseinkommen)

Die Pfeile deuten an, wie die Verluste der Umweltfunktionen, die sich in physikalischen Größen
niederschlagen, in Geldwerte übertragen werden.

Abbildung 12.1

sumfähigkeit zukünftiger Generationen gefährdet. In allen Fällen
gibt die Verminderungskostenkurve die Auswirkungen auf das Sozialprodukt wieder, das heißt die Kosten der Umweltverluste.

Das nachhaltige Volkseinkommen wird bestimmt, indem vom
konventionellen Sozialprodukt die Differenz (in physischen Einheiten gemessen und als Umweltkosten ausgedrückt) zwischen gegenwärtiger und nachhaltiger Situation abgezogen wird.

Das NVE bezieht seine Bedeutung aus dem Vergleich mit anderen wirtschaftlichen Indikatoren bzw. aus dem Vergleich mit sich
selbst im Zeitverlauf. Es sind die Veränderungen von Produktionsgrößen, die interessante Informationen liefern: Nimmt der Umfang
der Produktion ab oder zu? *Mutatis mutandi* treffen ähnliche Überlegungen auch auf das nachhaltige Volkseinkommen zu. Für ein
bestimmtes Jahr betrachtet, liefert es als absolute Größe genauso
wenig Informationen wie das BSP. Der Unterschied zwischen beiden Größen ist jedoch bedeutungsvoll.

Wie bereits gesagt, führt der gewählte Ansatz zu wiederholbaren
Ergebnissen, die formalen Ansprüchen genügen und nützliche Einblicke gewähren. Es fehlen aber noch befriedigende Lösungen für
eine Anzahl von Problembereichen. Vor allen Dingen ist die Frage
noch ungelöst, wie mit der Reallokation eines Teils des Arbeitsangebots, das sich von umweltschädlichen auf umweltschonende
Sektoren verlagert, umgegangen werden soll.

13. Umweltberichterstattung und das System der Volkswirtschaftlichen Gesamtrechnungen (VGR)

Es besteht schon länger eine teilweise hitzig geführte Diskussion
darüber, wie die Volkswirtschaftlichen Gesamtrechnungen im Hinblick auf eine Umweltberichterstattung erweitert werden sollten
(siehe z.B. Ahmad, El Serafy, Lutz, 1989; Costanza, 1991; Lutz, 1993;
Franz und Stahmer, 1993).

Die Revision des *System of National Accounts* (SNA, Vereinte
Nationen, 1994) bot eine einmalige Gelegenheit zu untersuchen,
wie die verschiedenen Konzepte, Definitionen, Klassifizierungen
und Darstellungsformen einer Berichterstattung über die Umwelt
in das SNA eingebunden werden könnten. Eine solche Einbindung
wurde 1989 im Rahmen eines SNA-Satellitensystems zur Integrierten Volkswirtschaftlichen und Umweltgesamtrechnung vorgeschlagen (Bartelmus, Stahmer, van Tongeren, 1991). Aufgrund der
damaligen Wissenslage zur Umweltberichterstattung und wegen
der auseinandergehenden Meinungen hinsichtlich einer Reihe von

konzeptionellen und praktischen Fragen war es nicht möglich, eine internationale Übereinstimmung für eine grundlegende Änderung des SNA zu erzielen. Dennoch war man sich darüber einig, daß die Beziehung des SNA zu *Umweltfragen* auch im SNA selbst angesprochen werden müßte. Das 1993er SNA widmete daher den ökologisch-ökonomischen Satellitsystemen eine eigene Sektion (Kapitel XXI, Sektion D) und führte Verfeinerungen hinsichtlich der Kosten-, Vermögens- und Bewertungskonzepte der Bereiche des Kernsystems, die sich mit Naturvermögen beschäftigen, ein. Dieser Schritt wird es erleichtern, das SNA als Ausgangspunkt für die Entwicklung einer Umweltberichterstattung zu nutzen.

Der Ansatz, Satellitensysteme zur Umweltberichterstattung einzuführen, erweitert die analytischen Möglichkeiten der Volkswirtschaftlichen Gesamtrechnungen, ohne das Kernsystem des SNA zu überfrachten. Die Statistische Kommission gab dem Satellitenansatz ihre Zustimmung, wie im Bericht zu ihrer 26. Sitzung (Vereinte Nationen, 1991) nachzulesen ist, und forderte dazu auf, daß die Konzepte und Methoden der Integrierten Volkswirtschaftlichen und Umweltgesamtrechnung mit Hilfe von Satellitensystemen weiterentwickelt würden. Dieser Ansatz wurde von der UN-Konferenz zu Umwelt und Entwicklung (UNCED) in Rio bestätigt, die in der Agenda 21 die Empfehlung aussprach, daß Systeme der Integrierten Volkswirtschaftlichen und Umweltgesamtrechnung, die in allen Unterzeichnerstaaten zum frühest möglichen Zeitpunkt eingeführt werden sollten, zumindest in naher Zukunft als Ergänzung zu traditionellen VGR-Verfahren angesehen werden sollten, und nicht als Alternative (Vereinte Nationen, 1992, Resolution 1, Annex II, Abschnitt 8.42).

Als konzeptionelle Basis für die Einführung eines SNA-(Satelliten-)Systems zur Integrierten Volkswirtschaftlichen und Umweltgesamtrechnung (SEEA) wurde von den Vereinten Nationen ein *Handbuch* zu den Volkswirtschaftlichen Gesamtrechnungen veröffentlicht (Vereinte Nationen, 1993).

Dieses Handbuch dient nicht dem Ziel, einfach einen weiteren Ansatz zur Umweltberichterstattung vorzulegen. Vielmehr werden in dem Handbuch soweit wie möglich die verschiedenen Konzepte und Methoden einbezogen, die in den vergangenen Jahren diskutiert und angewandt wurden. Die Hauptaufgabe des Handbuchs war es, eine Synthese der Ansätze verschiedener Denkschulen im Bereich der Berichterstattung über natürliche Ressourcen und die Umwelt zu erreichen. Eine genauere Analyse dieser Ansätze zeigt, daß sie sich oft eher gegenseitig ergänzen als ausschließen. Dies trifft nicht nur auf die physische Berichterstattung zu, sondern auch

248

auf die Bewertung des wirtschaftlichen Nutzens der natürlichen Umwelt. Unterschiedliche analytische Ziele führen zu unterschiedlichen Bewertungsmethoden. Das Fehlen eines allgemein gehaltenen Ansatzes scheint weniger an widersprüchlichen Konzepten zu liegen als vielmehr an fehlenden Verbindungen zwischen den verschiedenen Ansätzen. Das Handbuch strebt daher nicht an, existierende Datensysteme – wie die Bilanzierung natürlicher Ressourcen oder das SNA – zu ersetzen, sondern verfolgt die Absicht, ihre Elemente möglichst weitgehend zu integrieren, um ein umfassendes Datensystem aufzubauen.

Dieses Kapitel schließt sich dieser Denkweise an und beschreibt einige Konzepte für die Verknüpfung von Volkswirtschaftlichen Gesamtrechnungen und Umweltberichterstattung, die weitgehend auf dem SEEA basiert. Es werden mögliche Schritte beschrieben, wie das SNA im Hinblick auf Umweltberichterstattung erweitert werden könnte. Darüber hinaus werden verschiedene Bewertungsmethoden und ihre Implikationen für die Erlangung verschiedener Formen des («grünen») Ökoinlandsprodukts angegeben. In diesem Zusammenhang werden die Unterschiede ebenso wie die Ergänzungsmöglichkeiten zwischen den verschiedenen Ansätzen diskutiert. Außerdem werden die Schwierigkeiten der empirischen Umsetzung kurz angesprochen.

Bausteine für die Erweiterung der Volkswirtschaftlichen Gesamtrechnungen

Ein SNA-Satellitensystem, das die umweltbezogenen Ergänzungen des traditionellen Rechenwerkes beschreibt, sollte einen hohen Grad an *Flexibilität* aufweisen. Die Bedürfnisse verschiedener Länder sind so unterschiedlich, daß jedes Land in den Stand versetzt werden sollte, ein Datensystem zu entwickeln, das seinen speziellen Fragestellungen entspricht. Solche Unterschiede beziehen sich beispielsweise auf den Entwicklungsstand der Wirtschaft. Darüber hinaus werden Länder mit großen Reserven an Bodenschätzen andere Probleme haben als Länder, die besonders unter Luftverschmutzung leiden. Auf jeden Fall sind drei Arten von Datensätzen zu unterscheiden, die zusammengenommen eine umfassende Analyse der Beziehungen zwischen Wirtschaft und Umwelt erlauben sollten:

— Geht man vom konventionellen SNA-Rahmen, der in Geldwerten ausgedrückt wird, aus, so könnten umweltbezogene Bestände und Ströme durch eine Disaggregierung identifiziert werden. Dieses Verfahren würde darauf abzielen, Umweltschutzaktivitäten zu beschreiben, die Umweltbelastungen verhindern bzw. mildern, oder die Schäden (die sich zum Beispiel in Gesundheitskosten und Materialkorrosion niederschlagen) beheben, die durch die Rückwirkungen einer geschädigten Umwelt auf den Menschen und seine Wirtschaftsaktivitäten entstanden sind. Solch eine Analyse der *umweltbezogenen Defensivaktivitäten* würde die zunehmende Bedeutung von Ausgaben belegen, die nicht zu einer Steigerung des Wohlstands der Bevölkerung führen, sondern lediglich den Versuch darstellen, die negativen Auswirkungen einer wachsenden Wirtschaft zu vermindern (siehe Leipert, 1991). In diesem Zusammenhang sind die Umweltschutzmaßnahmen des Staates von besonderer Bedeutung. In der revidierten Ausgabe des SNA sind sowohl Konten für produziertes Naturvermögen als auch für *nicht-produziertes Naturvermögen* enthalten. Produziertes Naturvermögen umfaßt Tiere und Pflanzen, die im Agrar- bzw. Forstsektor kultiviert werden. Nicht-produziertes Naturvermögen beinhaltet wilde Tiere und Pflanzen, Bodenschätze, wirtschaftlich genutzte Flächen und Wasserreserven. Dieses Vermögen wird so weit erfaßt, als es über Marktwerte verfügt. Solche Vermögensrechnungen könnten erarbeitet werden, ohne daß dafür die Reichweite der konventionellen Volkswirtschaftlichen Gesamtrechnungen und die Abgrenzung ihres Vermögensbegriffs erweitert werden müßten.

— Während die monetären Bausteine, die oben beschrieben wurden, einfach aus dem konventionellen SNA-Rahmenwerk herausgelöst werden können, indem die monetären Bestände und Ströme des SNA disaggregiert werden, bedeutet eine *verknüpfte physische und monetäre Gesamtrechnung* eine Erweiterung des konventionellen VGR-Systems um zusätzliche physische Größen. Eine solche Verknüpfung bedeutet nicht unbedingt, daß die traditionellen SNA-Konzepte geändert werden müßten. Die zusätzlichen Informationen könnten dem traditionellen, in Geldwerten ausgedrückten SNA-Rahmen hinzugefügt werden, ohne daß konzeptionelle Modifizierungen notwendig wären.
Physische Konten könnten die relevanten Konzepte und Methoden der Bilanzierung natürlicher Ressourcen, der Material- und Energiebilanzen und der Input-Output-Tabellen einbringen. Dabei sollten die *Rohstoff*ströme als Input des Wirtschaftssystems besonders beachtet werden; ebenso die wirtschaftliche *Raumnutzung* und die Ströme der *Rest- und Schadstoffe*, die aus

dem Wirtschaftsprozeß in die Natur zurück entlassen werden. Der Input an Rohmaterialien und der Output an Rest- und Schadstoffen sollten soweit wie möglich verknüpft werden, dadurch daß die verschiedenen Stufen der wirtschaftlichen Umwandlung von Rohstoffen dargestellt werden, die früher oder später zu Rest- und Schadstoffen führen, die im Wirtschaftsbereich nicht mehr benutzt werden können.

Es scheint offensichtlich, daß dieser Teil *nicht* der *aufregendste* innerhalb eines SNA-Satellitensystems zur Beschreibung der Umweltprobleme ist. Versuche, die wirtschaftlichen Nutzungskosten der Natur zu bewerten, gelten in den internationalen Diskussionen als wesentlich attraktiver. Dennoch scheint dieser Teil des zu entwickelnden Datensystems der *wichtigste* zu sein. Diese Auffassung stützt sich auf zwei Beobachtungen: Die natürliche Umwelt kann nur in physischen Begriffen angemessen und umfassend dargestellt werden. Und: alle Versuche, die wirtschaftliche Nutzung der Natur zu bewerten, setzten eine ausreichende Basis physischer Daten voraus und könnten nur eine begrenzte Sichtweise von Umweltproblemen bieten.

— Eine dritte Art von umweltbezogenen Erweiterungen der VGR bezieht sich auf die *unterstellte Bewertung* der wirtschaftlichen Nutzung der natürlichen Umwelt. Derartige Ansätze laufen auf eine Korrektur des Nettoinlandsprodukts in Richtung auf ein Ökoinlandsprodukt hinaus. Wie im SEEA vorgeschlagen wurde, können verschiedene Bewertungsformen angewandt werden, abhängig davon, welche analytischen Ziele verfolgt werden. Dieser Bericht behandelt vor allem diese Fragestellung einer Bewertung der Nutzungskosten der Natur. Dennoch sollten wir die physische Datenbasis nicht vernachlässigen, die wir für derartige Verfahren dringend benötigen. Alle Versuche, das Nettoinlandsprodukt zu korrigieren, werden kontrovers diskutiert werden. Ein gutfundiertes Datensystem in physischen Einheiten könnte eine gute Basis dafür liefern, die Entscheidungen bezüglich verschiedener Bewertungskonzepte zu erleichtern.

Schritte in Richtung auf ein Ökoinlandsprodukt

Unterstellte Umweltkosten wirtschaftlicher Aktivitäten
In den 70er Jahren waren Nordhaus/Tobin (1973) und das Japanische Komitee zur Messung des gesamtwirtschaftlichen Nettowohlstands davon überzeugt, daß das Brutto- (oder Netto-) inlandsprodukt so modifiziert werden könnte, daß es möglich sein würde, den

Wohlstand, der mit der wirtschaftlichen Leistung verbunden ist, zu messen. Sie beabsichtigten, das Sozialprodukt zu «reinigen», indem sie «bedauernswerte» Bestandteile (wie nationale Verteidigungsausgaben) abzogen und Werte für die marktmäßige Produktion (z.B. Hausarbeit oder Freizeitaktivitäten), die als wohlstandssteigernd angesehen wurden, hinzuzählten.

Der optimistische Glauben, daß die wirtschaftliche Produktion – wenn man sie nur geringfügig modifiziert – den wirtschaftlichen Wohlstand widerspiegelt, hat keine Zukunft mehr. Die zunehmende Qualitätsminderung der Umwelt stellt die Prinzipien der konventionellen Messung wirtschaftlicher Aktivitäten grundlegend in Frage. Wirtschaftlicher Output muß nicht nur produzierte Güter (goods) umfassen, sondern auch «Un»-Güter (bads) wie die unerwünschten Nebenwirkungen wirtschaftlicher Aktivitäten, zum Beispiel den Abbau der natürlichen Ressourcen und die Qualitätsminderung von Land, Luft und Wasser durch die Rest- und Schadstoffe aus dem wirtschaftlichen Handeln.

Auf ähnliche Weise müssen als Inputs der Produktionsaktivitäten nicht nur die Kosten für die genutzten produzierten Vermögenswerte einberechnet werden, sondern auch die Kosten für die verwendeten nicht-produzierten Naturvermögen. Es erscheint nicht mehr so wichtig, all die Produkte zu identifizieren, die noch zum Wohlstand beitragen. Viel wichtiger ist es, eine umfassendere *Kostenrechnung* für die wirtschaftlichen Aktivitäten zu bewerkstelligen. In diesem Zusammenhang ist es nicht unsere Absicht, umweltbezogenen wirtschaftlichen Wohlstand zu berechnen, sondern den verbleibenden Teil des Sozialprodukts zu zeigen, der übrigbleibt, nachdem die Kosten der Nutzung der natürlichen Umwelt für wirtschaftliche Zwecke abgezogen sind.

Folgt man dieser Argumentationslinie, kann ein *Ökoinlandsprodukt (oder grünes oder umweltgerecht korrigiertes Inlandsprodukt)* folgendermaßen berechnet werden:

Bruttoinlandsprodukt (BIP)
- durch wirtschaftliche Aktivitäten verursachte Wertminderung des produzierten Anlagevermögens
= Nettoinlandsprodukt (NIP)
- durch wirtschaftliche Aktivitäten verursachte Wertminderung des nicht-produzierten Naturvermögens
= Ökoinlandsprodukt (ÖIP).

Ein Vergleich des Nettoinlandsprodukts mit dem Ökoinlandsprodukt könnte aufzeigen, in welchem Ausmaß die Ergebnisse unserer

Produktionsaktivitäten nur dadurch erreicht werden, daß wir die natürliche Umwelt zerstören. Falls wirtschaftliche Aktivitäten nicht zu einem Abbau oder einer Qualitätsminderung der natürlichen Umwelt führen würden, wären das Nettoinlandsprodukt und das Ökoinlandsprodukt identisch.

Das Einkommenskonzept von Hicks wurde zu einer Zeit entwikkelt, in der es noch keine dringenden, weltweiten und langfristigen Umweltprobleme gab. Wir zögern an dieser Stelle, dieses Konzept in diesem Fall auf ein umweltgerecht angepaßtes Inlandsprodukt anzuwenden, auch wenn andere dies (auch in diesem Bericht) vorschlagen.

Innerhalb des SNA werden zwei Konzepte angewandt, die wirtschaftliche Leistung zu beschreiben: Das Brutto- (oder Netto-)inlandsprodukt gibt die Wertschöpfung wieder, die von allen institutionellen Einheiten, die sich im Land befinden, produziert wurden. Das Brutto-(oder Netto-)sozialprodukt gibt die wirtschaftliche Leistung wieder, unabhängig davon, ob sie im In- oder Ausland erwirtschaftet wurde. Für eine umweltbezogene Analyse scheint es sinnvoller, sich auf ein geographisches Gebiet zu beziehen und auf die Produktion und den Konsum der Privathaushalte in diesem Gebiet. Es scheint unmöglich zu sein, eine vollständige Beschreibung der ökonomisch-ökologischen Beziehungen der Bevölkerung außerhalb des Landes darzustellen und gleichzeitig die der Ausländer in diesem Gebiet auszuschließen (siehe Vereinte Nationen, 1993). Das SEEA wendet daher das Konzept eines Inlandsprodukts und nicht eines Volkseinkommens (Nettosozialprodukts) an. Da sich allerdings der Begriff des «Ökosozialprodukts» in Deutschland als der populärste Ausdruck für eine Korrektur der gesamtwirtschaftlichen Aggregate entwickelt hat und die größenmäßigen Unterschiede zwischen Inlands- und Sozialprodukt sehr gering sind, wurde darauf verzichtet, in diesem Bericht konsequent den Terminus «Ökoinlandsprodukt» zu verwenden.

Es ist das Argument vorgebracht worden (El Serafy, 1993), daß der Betrag der Wertminderung des nicht-produzierten Naturvermögens vom BIP und nicht vom NIP abgezogen werden sollte. Im Fall des Abbaus von Naturvermögen kann argumentiert werden, daß er ähnlich anzusehen ist wie eine Verminderung der Vorratsbestände, die als intermediärer Verbrauch behandelt werden. Im Fall einer Qualitätsminderung von Naturvermögen scheint dieses Argument keine Gültigkeit zu haben, da das Vermögen weiter genutzt wird (bei niedrigerer Qualität). Dieses Vermögen weist daher ähnliche Eigenschaften auf wie das produzierte Anlagevermögen; ihre Wertminderung sollte daher ähnlich behandelt werden wie Abschreibungen von produzierten Anlagen. Darüber hinaus ist selbst der Abbau natürlicher Ressourcen normalerweise mit einer Qualitätsminderung verbunden, zum Beispiel der Landschaft, oder mit der Zerstörung von Funktionen des Naturvermögens (die Abholzung eines Waldes bedeutet zum Beispiel, daß seine Funktion als Lebensraum für wilde Tiere zerstört wird). Es scheint daher mehr Gründe dafür zu geben, das Naturvermögen als komplexes Ökosystem anzusehen, das durch Abbau und Qualitätsminderung eine Wertminderung erfährt. Dieser Ansatz bedeutet natürlich nicht, daß der Betrag der Wertminderung des Naturvermögens nicht auch direkt vom BIP abgezogen werden kann, wenn keine Schätzungen für die Abschreibung von produzierten Anlagegütern zur Verfügung stehen.

Grundprinzipien der Bewertung von Umweltkosten[11]
In Abbildung 13.1 werden verschiedene Wege zur Bewertung der Umweltkosten von wirtschaftlichen Aktivitäten gezeigt. Dabei gibt es zwei Ansätze, die sich grundlegend unterscheiden:

- Soll sich die Analyse schwerpunktmäßig auf den Zustand der Umwelt und seine Auswirkungen auf die Bevölkerung in einem bestimmten Land und in einem bestimmten Zeitraum beziehen, unabhängig davon, welche wirtschaftlichen Aktivitäten wann diese Umweltbelastungen verursacht haben (linke Seite von Abbildung 13.1)?
  In diesem Fall werden die unterstellten Umweltnutzungskosten, die von Unternehmen, Staat und privaten Haushalten *getragen* werden müssen (belastungsbezogene Umweltnutzungskosten), bewertet und von der Nettowertschöpfung der wirtschaftlichen Einheiten, die durch die Umweltbelastungen *beeinträchtigt* werden, abgezogen. Nur die Belastung der natürlichen Umwelt im *Inland* wird berücksichtigt.
- Soll der Schwerpunkt der Analyse auf den Umweltauswirkungen der wirtschaftlichen Aktivitäten eines bestimmten Landes in einem bestimmten Zeitraum liegen, unabhängig davon, wann und in welchem Land diese Umweltbelastungen zum Tragen kommen (rechte Seite von Abbildung 13.1)?
  In diesem Fall werden die unterstellten Umweltnutzungskosten, die von den genannten wirtschaftlichen Aktivitäten *verursacht*

---

11 Wir danken Christian Leipert und Eberhard Seifert für ihre hilfreichen Kommentare während der Erstellung dieses Kapitels.

werden (verursachungsbezogene Nutzungskosten), von der Nettowertschöpfung derjenigen wirtschaftlichen Einheiten, die als *verantwortlich* gesehen werden, abgezogen. Die Auswirkungen auf die Natur im *Ausland* werden dabei insoweit erfaßt, als sie durch wirtschaftliche Aktivitäten im Inland verursacht werden.

Die Bewertung bezieht sich im ersten Fall nur auf den inländischen Wohlstand, wohingegen im zweiten Fall das Leitbild für die Bewertung der Wirtschaftsaktivitäten an der Verantwortung für alle Länder ausgerichtet ist.

Das Konzept der verursachungsbezogenen Umweltnutzungskosten basiert auf dem Prinzip der Verantwortung für die *langfristige* Entwicklung unserer Erde. Diese Haltung erkennt die gleichen Rechte für alle Lebewesen an, unabhängig davon, ob sie in unserem Land oder im Ausland leben; und sie beruft sich auf das ethische Postulat, daß wir auf eine Weise handeln sollten, die andere Lebewesen weder in der Zukunft noch jetzt beeinträchtigt. Dieses Prinzip

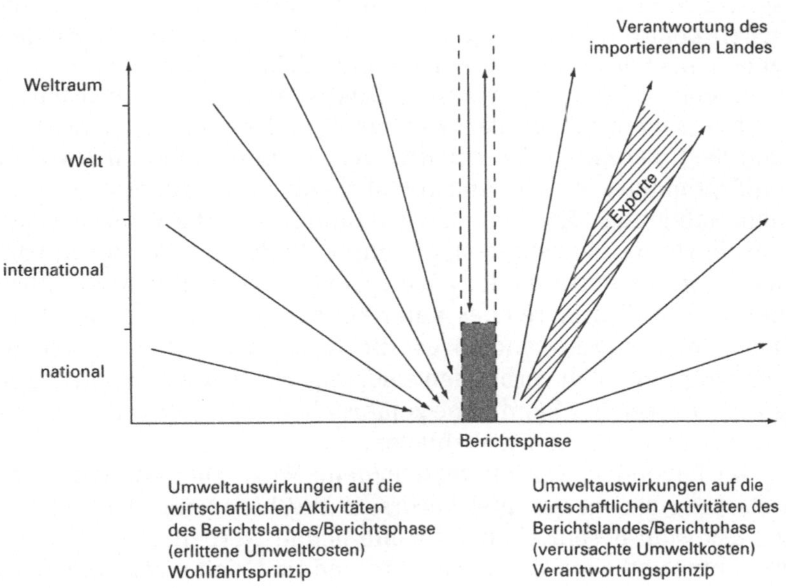

Abbildung 13.1
Bewertungskonzepte der wirtschaftlichen Umweltunterstützung.

255

entspricht dem *Konzept der ökologischen Nachhaltigkeit (strong sustainability)*: Unsere wirtschaftlichen Aktivitäten sollten danach auf jene beschränkt werden, die nicht zu einer Verminderung des Naturvermögens führen. Dieses Konzept gesteht die Substitution einer Form natürlichen Kapitals mit einer anderen zu, schließt jedoch den Ersatz durch vom Menschen hergestellten Kapitals aus.

Es scheint immer schwieriger zu werden, die zwei Formen von Umweltnutzungskosten zu *verbinden*. Nur wenn Wirtschaftsaktivitäten Umweltbelastungen im gleichen Land und in der gleichen Berichtsperiode verursachen, können solche Verknüpfungen ohne größere Schwierigkeiten hergestellt werden. Es ist jedoch für die meisten Umweltwirkungen wirtschaftlicher Aktivitäten typisch, daß sie langfristige und internationale Probleme verursachen. Die traditionelle *Kosten-Nutzen-Analyse*, die von der Möglichkeit der Verknüpfung von Verursachung und Betroffenheit ausgeht, beschränkt sich heutzutage mehr und mehr auf spezifische regionale Umweltprobleme (z.B. Lärm, Raumnutzung). Im SEEA wird kein Versuch gemacht, die Ansätze von verursachungsbezogenen und belastungsbezogenen Umweltnutzungskosten miteinander zu verbinden. Die optimistischen Versuche, Nutzen und Kosten der wirtschaftlichen Aktivitäten in einem bestimmten Land und in spezifischen Zeiträumen zu vergleichen, werden mehr und mehr aufgegeben, nachdem die langfristigen und globalen Probleme der Umweltbelastungen durch Wirtschaftsaktivitäten deutlich wurden.

Es erscheint von großer Wichtigkeit, daß die Umweltauswirkungen des *internationalen Handels* bei der Berechnung des Ökoinlandsproduktes der Ein- und Ausfuhrländer mit berücksichtigt werden. Abbildung 13.1 zeigt, daß das Einfuhrland die Verantwortung für die Umweltbelastungen, die durch die Produktion der Importwaren im (exportierenden) Lieferland verursacht werden, übernehmen muß. Ein reiches Land könnte seine Umweltprobleme sonst «exportieren», indem es alle Güter, deren Produktion mit Umweltproblemen verbunden sind, importiert. Auf ähnliche Weise könnte ein reiches Land seine gefährlichen Abfälle exportieren, um sie in ärmeren Ländern abzuladen.

Im folgenden werden verschiedene Wege zur Bewertung von belastungsbezogenen und verursachungsbezogenen Umweltnutzungskosten beschrieben. Es sollte betont werden, daß diese Bewertungsmethoden *komplementär* sind und sich *nicht gegenseitig ausschließen*. Es erscheint unmöglich, den wahren Wert der natürlichen Umwelt und der Veränderungen, denen sie unterworfen ist, herauszufinden. Die Bewertung kann nur aus bestimmten Analysezielen abgeleitet werden und muß unterschiedliche Formen annehmen, je nachdem, auf welche Aspekte der ökologisch-ökonomischen Wechselbeziehungen die Analyse ihren Schwerpunkt legt. Mit einem Kampf zwischen verschiedenen Bewertungsschulen wird nur Zeit verschwendet. Es sollte daher soweit wie möglich zurückgeschraubt werden. Es ist schon erwähnt worden, daß es eine der Hauptaufgaben des Handbuchs der Vereinten Nationen (Vereinte Nationen, 1993) ist, Konzepte zu unterstützen, die auf einer Synthese von verschiedenen Bewertungsmethoden basieren. Die Probleme der Umweltzerstörung sind so dringend, daß eine enge Zusammenarbeit aller Wissenschaftler, die an einer Analyse dieser Probleme arbeiten, wünschenswert ist.

In diesem Zusammenhang wird es die besondere Aufgabe der statistischen Behörden sein, die Kernsysteme der VGR so weiterzuentwickeln, daß die umweltbezogenen Ströme und Bestände identifiziert werden können. Die Erarbeitung von Satellitensystemen könnte eine gemeinsame Aufgabe der statistischen Behörden und Forschungsinstitute sein: Die Bewertung der wirtschaftlichen Nutzung der natürlichen Umwelt setzt eine umfangreichere Modellierung voraus. Dies trifft vor allem auch auf das Konzept der verursachungsbezogenen Kosten zu, die es erfordern, über alternative Strategien zur Erbringung wirtschaftlicher Leistung und über die gesellschaftlichen und wirtschaftlichen Kosten, die damit verbunden sind, nachzudenken.

Belastungsbezogene Umweltnutzungskosten
In diesem Unterkapitel werden zwei Arten von Bewertungsmethoden diskutiert, Marktwerte und marktnahe Bewertung (contingent valuation). Dies führt uns zu einer Korrektur des Nettoinlandsprodukts um zwei mögliche Schritte näher.

Marktwerte: ÖIP 1
Im revidierten SNA (Vereinte Nationen, 1994) sind nicht nur Stromkonten, sondern auch Bestandskonten ein integraler Bestandteil des Gesamtsystems. Die Bestandskonten enthalten produziertes Vermögen, dessen Zunahme als Bruttoinvestitionen (Anstieg des BIP) gemessen wird und dessen Abnahme als Verbrauch von Anlagevermögen bzw. Abbau von Vorräten (Abnahme des NIP) festgehalten wird. Die Bestandskonten des revidierten SNA schließen auch nicht-produziertes Naturvermögen ein (z.B. Bodenschätze, Wasser, wildlebende Tiere und Pflanzen sowie Land), insoweit dieses Vermögen zu *Marktwerten* bewertet werden kann.

Die Volumensänderungen des nicht-produzierten Naturvermögens werden in dem SNA als eigenständige Bestandskonten aufgeführt und beeinflussen die Stromkonten, die für die Berechnung des NIP von Bedeutung sind, nicht. Ein erster Schritt, das Ökoinlandsprodukt (ÖIP) zu berechnen, könnte darin bestehen, die Wertänderungen (aufgrund wirtschaftlicher Ursachen) des nicht-produzierten Naturvermögens innerhalb der Bestandskonten des SNA zu identifizieren und sie gleichzeitig als *zusätzliche Kosten* (Nutzungskosten des nicht-produzierten Naturvermögens) in der Stromrechnung wiederzugeben.

Solche Erweiterungen der Produktions- und Einkommensentstehungskonten führen zu folgendem Konzept für ein Ökoinlandsprodukt:

Nettoinlandsprodukt (NIP)
– Wertminderung des nicht-produzierten Naturvermögens zu
  Marktwerten
= Ökoinlandsprodukt (ÖIP 1)

Die Höhe der Wertminderung von nicht-produziertem Naturvermögen könnte den Abbau von Bodenschätzen, von Wasser und nicht-produzierten biologischen Ressourcen oder die Qualitätsminderung von Land durch Bodenerosion einschließen. Deren Marktwerte könnten durch die Verwendung beobachtbarer Marktpreise abgeleitet werden, indem der diskontierte Wert der erwarteten Nettoerträge geschätzt wird oder – im Fall von erschöpflichen natürlichen Ressourcen – die Nettorendite der Ressourcen geschätzt wird (tatsächlicher Marktpreis minus tatsächliche Abbaukosten einschließlich der normalen Ertragsrate des investierten produzierten Kapitals). Natürlich deckt solch eine Form der Bewertung nur die ökologischen Probleme ab, die sich in einer Änderung der wirtschaftlichen Werte widerspiegeln. Nur wenn wirtschaftliche Einheiten wie Unternehmen oder die Gesellschaft als Ganzes die abnehmenden Marktwerte ihres Vermögens wahrnehmen, wird ein Ökoinlandsprodukt vom Nettoinlandsprodukt abweichen.

Die Grenzen dieses Ansatzes, der vor allem vom World Resources Institute (siehe z.B. Repetto, 1989) unterstützt und angewandt wurde, sind offensichtlich: Marktwerte können nur den Druck wiedergeben, der auf eine Ausbeutung des Naturvermögens ausgeübt wird; sie können aber nicht die gesamte Bandbreite der wirtschaftlichen Nutzung der natürlichen Umwelt reflektieren. Auf der anderen Seite kann eine solche Bewertungsform relativ einfach von den beobachtbaren statistischen Angaben abgeleitet werden und setzt keine zusätzlichen Unterstellungen in den Volkswirtschaftlichen Gesamtrechnungen voraus. Die Werte sind schon – zumindest nach vollständiger Einführung des revidierten SNA 1993 – in den Bestandskonten aufgeführt.

Außerdem kann die Beobachtung einer Veränderung der Marktwerte genau die Bewertungsmethode sein, die eine Diskussion über die ökonomisch bedingten Umweltbeeinträchtigungen Politikern gegenüber erleichtert: Wenn diese erst einmal verstehen, daß ihr Land nach und nach seinen natürlichen Reichtum verliert, selbst wenn man es von einem streng wirtschaftlichen Standpunkt aus betrachtet, sind sie vielleicht eher dazu bereit, Umweltprobleme zu berücksichtigen. Das gleiche gilt für Unternehmen, die den Verfall des Marktwertes ihres nicht-produzierten Naturvermögens hinnehmen müssen (z.B. Landeigentum oder Bodenschätze, für deren Ausbeutung sie Konzessionen besitzen).

Der Vorschlag von Hill und Harrison zur Berechnung des Marktwertes des Abbaus natürlicher Ressourcen (Hill und Harrison, 1994) ist ein wichtiger Schritt in die Richtung spezifischer Empfehlungen, wie diese Bewertungsmethode angewandt werden sollte. Sie unterstützen eine Berücksichtigung des Wertes des Abbaus bei der Berechnung des Nettoinlandsprodukts sogar im Kernsystem. Solange allerdings das gegenwärtige SNA 1993 verwendet wird, scheint ihr Vorschlag nur innerhalb eines Satellitensystems anwendbar. Dennoch kann man darüber diskutieren, ob in der nächsten Revision des SNA-Systems die vorgeschlagenen Modifizierungen im Kernsystem eingeführt werden sollten. In der Zwischenzeit sollten Erfahrungen in der Sammlung entsprechender Daten gesammelt werden, die dafür verwendet werden könnten, allgemein anerkannte internationale Empfehlungen zu erarbeiten.

Ein anderer interessanter Ansatz zur Berechnung des Marktwertes des Abbaus natürlicher Ressourcen wurde von Salah El Serafy entwickelt (siehe z.B. El Serafy, 1993). Seine Berechnungsmethode, die einen Spezialfall der Formel von Hill und Harrison darstellt, erlaubt eine Einkommensanalyse in Anwendung des ökonomischen («schwachen») Nachhaltigkeitsprinzips.

Solch ein Ansatz ist vor allem bei der Ermittlung von belastungsbezogenen Umweltnutzungskosten nützlich, die auf einem umfassenden wirtschaftlichen Standpunkt beruhen. Ein solches Konzept muß eine Substitution von produziertem und nicht-produziertem (natürlichem) Kapital erlauben, denn es verfolgt das Ziel, Einkommen und Konsum der Bevölkerung eines bestimmten Landes langfristig bei Erhaltung des gesamten Kapitalstocks zu maximieren, ohne die dabei durch die Umwelt gesetzten Grenzen zu berücksichtigen. In diesem Sinne kann der Ansatz von El Serafy als angemessenes Konzept für jene Fälle empfohlen werden, in denen ausschließlich wirtschaftlich ausgerichtetes Denken auf Umweltfragen angewandt werden soll.

Das dargestellte Konzept der belastungsbezogenen Umweltnutzungskosten zu Marktwerten ist auf die vermarkteten Bestandteile der natürlichen Umwelt beschränkt. Solch ein Ansatz ist vor allem für die Identifizierung der Umweltkosten, die von Unternehmen getragen werden, nützlich, da diese wirtschaftlichen Einheiten normalerweise nur die Umweltveränderungen berücksichtigen, die sich auf den Märkten niederschlagen. Bis zu einem gewissen Grade werden auch private Haushalte durch umweltbedingte Marktwertänderungen in Mitleidenschaft gezogen, zum Beispiel bei Änderungen von Gebäudewerten aufgrund steigenden Verkehrslärms oder Luftverschmutzung. Ein Großteil der Umweltauswirkungen auf das menschliche Wohlergehen (z.B. Luft- und Wasserverschmutzung, Lärm, Zerstörung der für touristische Zwecke genutzten Landschaften etc.) werden jedoch nicht angemessen von Änderungen der Marktwerte wiedergegeben. Für diese Fälle müssen indirekte Methoden für die Bewertung der Änderungen der Umweltfunktionen entwickelt werden. Solche Schätzungen könnten zu den Berechnungen von Marktwerten hinzugefügt werden, um ein umfassenderes Konzept der belastungsbezogenen Umweltnutzungskosten zu erhalten.

Marktnahe Bewertung: ÖIP 2
Die bekannteste Bewertungsmethode für die Einschätzung der nicht vom Markt wiedergegebenen belastungsbezogenen Umweltnutzungskosten sind verschiedene Formen der *marktnahen Bewertung (contingent valuation)*, vor allem der Ansatz der Zahlungsbereitschaftsanalyse (OECD, 1989). Die Methode der Zahlungsbereitschaftsanalyse ist nicht unumstritten. Vor allem wurde argumentiert, daß der Geldbetrag, den Menschen bereit sind zu zahlen, um die natürliche Umwelt zu verbessern, nicht notwendigerweise dem Betrag entspricht, den sie tatsächlich zahlen würden (Trittbrettfahrer-Problem). Darüber hinaus wissen die Befragten häufig wenig über die wirkliche Qualität der natürlichen Umwelt und ihrer möglichen Auswirkungen, zum Beispiel auf die menschliche Gesundheit. Daher ist es schwierig, Umweltauswirkungen in monetäre Ausgaben zu übersetzen. Die Zahlungsbereitschaft hängt natürlich auch von der Einkommenslage der befragten Personen ab.

Dennoch scheint es innerhalb eines demokratischen und auf Mitsprache ausgerichteten Ansatzes wichtig zu sein, die Meinungen der Menschen zu berücksichtigen, selbst wenn deren Wissen um die natürliche Umwelt unvollständig ist. Das SEEA (Vereinte

Nationen, 1993, § 320–331) schlägt vor, die Leute zu befragen, bis zu welchem Ausmaß sie bereit wären, ihr *Konsum*niveau *einzuschränken* oder zumindest die Zusammensetzung ihrer Konsumausgaben zu verändern, wenn ein solches Verhalten eine verbesserte Qualität der natürlichen Umwelt nach sich ziehen würde. Dann könnte die Differenz zwischen den Ausgaben, die mit dem gegenwärtigen Konsumverhalten verbunden sind, und den Ausgaben, die mit den angebotenen Veränderungen dieses Verhaltens verbunden sind, als Wiedergabe des Wertes der verlorenen Umweltqualität angesehen werden. Dies entspräche einem fiktiven Marktwert für Umweltqualität.

Die Bereitschaft, Konsum einzuschränken, ist sicherlich zumindest in Höhe der *tatsächlichen Schadenskosten* für die privaten Haushalte (z.B. umweltbezogene Gesundheitsausgaben, zusätzliche Kosten für Pendeln und Wohnen) vorhanden. Falls eine Verschlechterung der Umwelt vermieden werden könnte, wären die privaten Haushalte sicherlich auf jeden Fall dazu bereit, ihre mit dieser Verschlechterung verbundenen Defensivausgaben zu reduzieren. Untersuchungen bezüglich der Bereitschaft, das Konsumniveau der Privathaushalte zu senken, könnten daher die tatsächlichen Schadenskosten als Teil des Gesamtbetrages des freiwilligen Konsumverzichts identifizieren und, in einem zweiten Schritt, die Aufmerksamkeit auf die Zahlungsbereitschaft für weitergehende Reduktionen richten. Dieser Ansatz unterstreicht ein weiteres Mal, wie wichtig es ist, die tatsächlichen umweltbezogenen Defensivausgaben zu identifizieren, da damit auch die tatsächlichen Schadenskosten als bedeutende Teilgröße ermittelt werden.

Wann immer marktnahe Bewertungen angewandt werden, führen die umfassenderen Schätzungen der belastungsbezogenen Umweltnutzungskosten zu einer zweiten Form von Ökoinlandsprodukt:

Nettoinlandsprodukt (NIP)
– Wertminderung des nicht-produzierten Naturvermögens zu Marktwerten
– Wertminderung des nicht-produzierten Naturvermögens zu marktnahen Werten
= Ökoinlandsprodukt (ÖIP 2)

Natürlich dürfen sich die Schätzungen zu marktnahen Werten lediglich auf Umweltveränderungen beziehen, die noch nicht in Marktwerten erfaßt wurden.

Es sind weitere Untersuchungen dazu notwendig, wie der Ansatz der marktnahen Bewertung innerhalb eines wirtschaftlichen Informationssystems umgesetzt werden kann. Das Konzept wurde auf mikroökonomischer Ebene erarbeitet und scheint nur schwer auf makroökonomischer Ebene anwendbar zu sein. Ein pragmatisches Verfahren für die Volkswirtschaftlichen Gesamtrechnungen könnte darin liegen, die tatsächlichen Schadenskosten als Teil der marktnahen Werte abzuschätzen und umfassendere Schätzungen späteren Forschungen zu überlassen.

Verursachungsbezogene Umweltnutzungskosten

Wie bereits erwähnt, basiert das Konzept der verursachungsbezogenen Umweltnutzungskosten auf dem Prinzip der ökologischen («starken») Nachhaltigkeit: Unsere wirtschaftlichen Aktivitäten sollten sich auf jene beschränken, die nicht zu einer Verminderung des natürlichen Kapitals führen.

Ansatz der Vermeidungskosten: ÖIP 3

Das angemessene Bewertungskonzept für eine verursachungsbezogene Sichtweise ist der Ansatz der Vermeidungskosten (siehe vor allem Hueting, 1980, 1993). Dabei werden die (hypothetischen) gesellschaftlichen Kosten gemessen, die zusätzlich anfallen würden, wenn die ökonomischen Aktivitäten das ökologische Nachhaltigkeitsprinzip befolgen würden.

Das ökologische Nachhaltigkeitsprinzip bezieht sich dabei nicht nur auf Auswirkungen der Wirtschaftsaktivitäten auf die natürliche Umwelt in der Berichtsperiode, sondern auch auf zukünftige Wirkungen, unabhängig davon, ob sie im In- oder Ausland auftreten. Dieses Konzept wird auf der rechten Seite von Abbildung 13.1 wiedergegeben.

Nettoinlandsprodukt (NIP)
– Wertminderung des nicht-produzierten Naturvermögens zu Vermeidungskosten
= Ökoinlandsprodukt (ÖIP 3)

Es sollte dabei betont werden, daß sich die notwendigen Vermeidungskosten nur auf die Auswirkungen beziehen, die von Wirtschaftsaktivitäten *im Inland* und *in der Berichtsperiode* ausgehen. Es könnte daher vorkommen, daß sich die Umweltqualität, selbst wenn keine zusätzlichen negativen Effekte von den gegenwärtigen Aktivitäten hinzugefügt würden, verringert. In diesem Fall hätten die negativen Entwicklungen der natürlichen Umwelt in der Berichtsperiode bereits in der Vergangenheit erfaßt werden müssen, und zwar in Form der Berechnung von Vermeidungskosten für die wirtschaftlichen Aktivitäten vergangener Perioden, in denen die negativen Wirkungen ausgelöst wurden.

Die Berechnung von Vermeidungskosten ist nur auf Grundlage von *Modellen* möglich. Der Prozeß, sich über alternative und nachhaltigere Formen wirtschaftlicher Leistung Gedanken zu machen, und alle Vergleiche zwischen tatsächlicher und wünschenswerter Entwicklung können nur hypothetischer Natur sein. Die notwendige Arbeit an Modellen kann sich dabei eher an mikroökonomischen oder makroökonomischen Gesichtspunkten orientieren.

Im ersten Fall werden die wirtschaftlichen Aktivitäten hinsichtlich ihrer Umweltauswirkungen untersucht. In einem zweiten Schritt werden Alternativen entwickelt, die die möglichen negativen Umweltauswirkungen der tatsächlichen Aktivitäten vermeiden würden. Die Differenz zwischen der Nettowertschöpfung der beiden Aktivitätsformen wird als (unterstellte) Umweltnutzungskosten angesehen. Wenn die Differenzen in der Wertschöpfung bei allen untersuchten Wirtschaftsaktivitäten aufaddiert werden, erhalten wir die Gesamtsumme der Umweltnutzungskosten, die vom Nettoinlandsprodukt abgezogen werden. Das Hauptproblem dieses Ansatzes liegt in den Wechselbeziehungen zwischen den wirtschaftlichen Aktivitäten und ihren Auswirkungen auf die Umwelt, die es nur begrenzt zulassen, die Umweltkosten, die auf mikroökonomischer Ebene berechnet wurden, aufzuaddieren.

Ein alternatives Verfahren zur Berechnung von Vermeidungskosten setzt, wie das mikroökonomische Verfahren, zunächst die Festlegung von Grenzwerten (Standards) für die Umweltauswirkungen von Wirtschaftsaktivitäten voraus. Auf ihrer Grundlage wird dann innerhalb eines makroökonomischen Modells ein Niveau wirtschaftlicher Aktivitäten berechnet, das die Kriterien der ökologischen Nachhaltigkeit erfüllt. Die Differenz zwischen dem tatsächlichen Nettoinlandsprodukt und dem hypothetischen Nettoinlandsprodukt kann dann als die benötigten Umweltkosten interpretiert werden. In diesem Fall entspräche das Ökoinlandsprodukt dem Nettoinlandsprodukt einer hypothetischen Wirtschaft, die keine negativen Auswirkungen auf die natürliche Umwelt hat.

Ein zentraler Punkt aller Schätzungen der Vermeidungskosten liegt in der Festlegung der Grenzen, bis zu denen die Auswirkungen der Wirtschaftsaktivitäten auf die natürliche Umwelt von dieser noch ausgeglichen werden könnten, ohne daß sich daraus langfristige negative Folgen ergeben würden. Diese Festlegung ist vor allem deswegen schwierig, weil wir Auswirkungen berücksichtigen müssen, die langfristig und weltweit sein können. Wenn das

Wissen um diese Auswirkungen begrenzt ist, sollte eine risikovermeidende Haltung eingenommen werden.

Darüber hinaus bedeutet die Festlegung von *Nachhaltigkeitsstandards*, daß Verteilungsprobleme gelöst werden müssen. Wenn, zum Beispiel, weltweite Standards für Kohlendioxidemissionen gesetzt worden sind, dann muß darüber entschieden werden, welcher Anteil an der weltweit erlaubten Verschmutzung mit Kohlendioxid den einzelnen Ländern zugestanden werden soll. Theoretisch scheint das Prinzip einer weltweit gleichmäßigen Verteilung pro Kopf der Bevölkerung sinnvoll. Wenn allerdings die Entwicklungsländer ein niedrigeres Verschmutzungsniveau akzeptieren würden (was der Umwelt zugute käme), sollten sie eine Kompensation von den (normalerweise reicheren) Ländern beziehen, deren Verschmutzung pro Kopf der Bevölkerung den erwünschten Durchschnitt übersteigt.

Die Strategien zur Vermeidung von negativen Umweltauswirkungen auf wirtschaftliche Aktivitäten unterscheiden sich hinsichtlich der *Formen* der *wirtschaftlichen Nutzung* der *natürlichen Umwelt*:

— Im Fall des Abbaus von *nichterneuerbaren* natürlichen Ressourcen (insbesondere von Bodenschätzen) könnte der quantitative Abbau dieser Ressourcen verlangsamt werden, indem effizientere Wege der Nutzung von Rohstoffen gefunden werden. Dennoch wird ein Abbau dieser Vermögensbestandteile normalerweise unvermeidlich sein. In diesem Fall wäre ein Ersatz durch andere Formen von natürlichem Kapital notwendig, um zumindest ein konstantes Niveau des natürlichen Kapitals als ganzes zu gewährleisten (Daly, 1991). Die Substitutionskosten könnten als Schätzwert für die Umweltnutzungskosten angewendet werden.

— Im Fall des Abbaus von *erneuerbaren bzw. zyklisch anfallenden* natürlichen Ressourcen sollten das natürliche Wachstum (biologischer Rohstoffe) oder die natürlichen Zuströme (von Grundwasser) die Entnahme von Ressourcen ausgleichen. Wenn der Abbau die natürlichen Zuwächse übersteigt, kann die notwendige Reduktion der Nettowertschöpfung der verursachenden Wirtschaftszweige als Schätzwert für die Umweltnutzungskosten verwendet werden.

— Im Fall der Landnutzung bedeutet Nachhaltigkeit ein konstantes qualitatives und quantitatives Niveau der Landschaften und ihrer Ökosysteme, einschließlich ihrer Artenvielfalt. Wenn ein Anstieg der wirtschaftlichen Aktivitäten dieses Niveau senkt, müßte die notwendige Reduzierung der Wirtschaftsaktivitäten und ihrer jeweiligen Nettowertschöpfung berechnet werden.

– Hinsichtlich der in die Umwelt *entlassenen Rest- und Schadstoffe* muß eine Vielzahl möglicher Vermeidungsaktivitäten analysiert werden. Diese beinhalten den Ersatz von Produkten (durch zunehmend umweltfreundliche Waren und Dienstleistungen), technologischen Wandel (umweltschonendere Technologien) sowie – als ultima ratio – eine Reduktion der Wirtschaftsleistung, die mit einem Rückgang des Konsumniveaus der Bevölkerung einhergehen würde. Um bestimmte Standards zu erreichen, sollte die Strategie gewählt werden, die zu den niedrigsten Kosten führt. Die Vermeidungskosten geben dann die durch Umweltverschmutzung verursachte Wertminderung des nicht-produzierten Naturvermögens wieder.

Modellrechnungen, die mit dem Ansatz der Vermeidungskosten verbunden sind, setzen eine Reihe von Annahmen voraus, die nicht in das traditionelle System der VGR passen, das in erster Linie Vergangenes beschreiben und nicht Zukünftiges simulieren. Sie überschreiten damit die Grenzen, die der traditionellen Arbeit der statistischen Behörden vorgegeben sind. Diese Tatsache sollte nicht als Nachteil ausgelegt werden. Die drängenden Umweltprobleme erfordern dringend eine enge Zusammenarbeit zwischen Statistikern und Modelltheoretikern. Wir können nur dann ein verbessertes Wissen über umweltbezogene Analysen erlangen, wenn die Spezialisierung aufgegeben wird und Schnittstellen zwischen den verschiedenen Wissenschaftszweigen definiert werden.

Alternative Entwicklungen von Umweltqualität
In Abbildung 13.2 werden alternative Entwicklungen der Umweltqualität in der Berichtsperiode t gezeigt. Die tatsächliche Entwicklung (2) zeigt eine geringere Abnahme der Umweltqualität an, im Vergleich zu einer (hypothetischen) Situation, in der während der Berichtsperiode t keine Umweltschutzmaßnahmen durchgeführt worden wären (1). Wenn die Wirtschaftsaktivitäten im Zeitraum t keine negativen Umweltauswirkungen gehabt hätten, wäre die Entwicklung entsprechend der (hypothetischen) Linie (3) verlaufen. Um ein konstantes Niveau der Umweltqualität während t zu erreichen, wären während des Zeitraums t Wiederherstellungstätigkeiten notwendig gewesen (4), die nicht nur die negativen Auswirkungen der Wirtschaftsaktivitäten des Zeitraums t ausgeglichen hätten (3), sondern auch die negativen Auswirkungen der Vergangenheit hätten wiedergutmachen müssen. Es kann sein, daß die

natürliche Umwelt schon in einem solchen Ausmaß zerstört ist, daß
eine Verbesserung der Umweltqualität (5) dringend erforderlich ist.
In diesem Fall sind weitergehende Wiederherstellungsaktivitäten
notwendig. Natürlich sind die Szenarien (4) und (5) nur dann
möglich, wenn die Zerstörung der natürlichen Umwelt reversibel
wäre. Diese Annahme erscheint aber in einem zunehmenden Maße
als unrealistisch.

Zusätzliche Wiederherstellungsaktivitäten: ÖIP 4
Wenn zusätzliche Wiederherstellungstätigkeiten unternommen
würden, die zum Beispiel die qualitätsmindernden Auswirkungen
der gegenwärtigen Wirtschaftsaktivitäten ausgleichen (siehe (3) in
Abbildung 13.2) oder die sogar eine Verminderung der Umweltqualität verhindern (4) oder die Umweltqualität verbessern (5), so
könnten die dabei entstandenen Kosten als *Bruttoinvestitionen* des
nicht-produzierten Naturvermögens behandelt werden, die die
Wertminderung des Naturvermögens, die durch die Auswirkungen
der Wirtschaftsaktivitäten der betreffenden Berichtsperiode verursacht wurde, ausgleichen oder sogar übersteigen können. Es ist
wichtig, in einer Integrierten Volkswirtschaftlichen und Umweltgesamtrechnung nicht nur Fälle des Versagens im Hinblick auf die
Lösungen anstehender Umweltprobleme aufzuzeigen, sondern
auch alle Versuche, die Qualität der natürlichen Umwelt zu verbessern, deutlich zu machen. Dies könnte insbesondere im Hinblick
auf die Umweltschutzmaßnahmen durch den Staat eine zentrale
Rolle spielen. Wenn Wiederherstellungsmaßnahmen beobachtet
würden, könnte ein Ökoinlandsprodukt folgendermaßen abgeleitet
werden:

Nettoinlandsprodukt (NIP)
– Wertminderung des nicht-produzierten Naturvermögens zu
  Vermeidungskosten
+ Zunahme des nicht-produzierten Naturvermögens durch
  Wiederherstellungsaktivitäten (Bruttoinvestitionen)
= Ökoinlandsprodukt (ÖIP 4)

Für den Fall, daß positive Nettoinvestitionen in bezug auf das
nicht-produzierte Naturvermögen zu beobachten sind (Bruttoinvestitionen abzüglich der Wertminderung), übersteigt das Ökoinlandsprodukt das Nettoinlandsprodukt.
  Die Einführung des Konzepts der Bruttoinvestitionen für nicht-
produziertes Naturvermögen stellt einen sehr wichtigen Schritt von
defensiven zu offensiven Maßnahmen auf dem Gebiet der Umwelt-

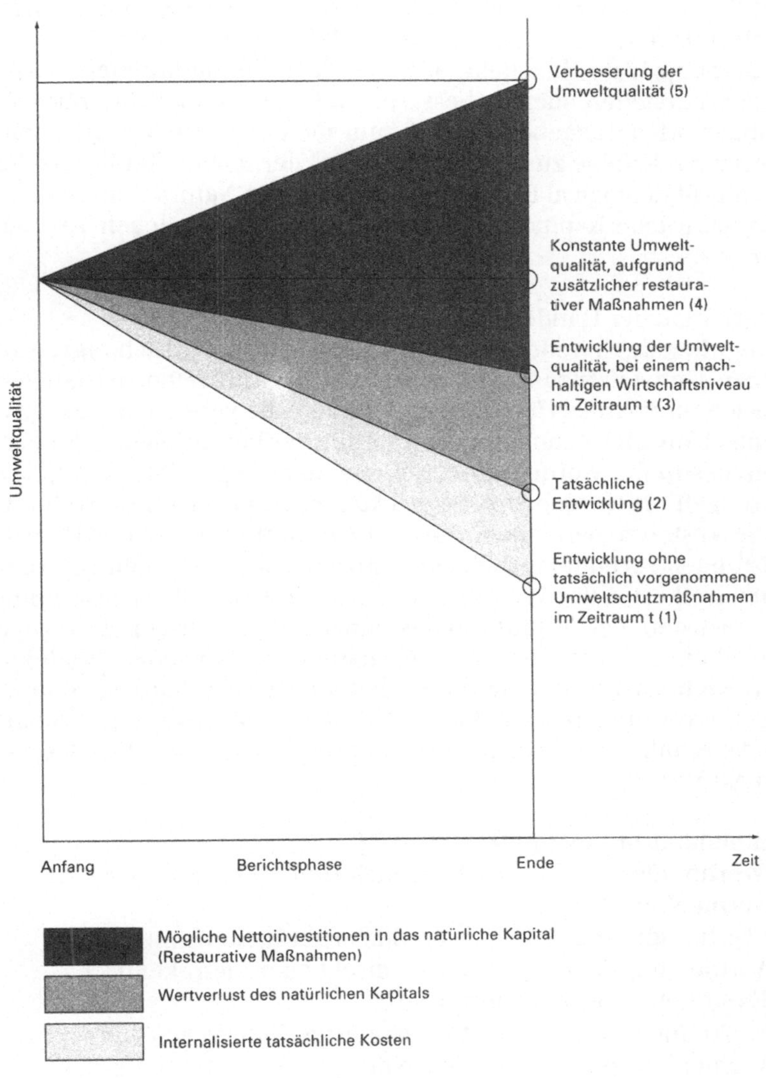

Abbildung 13.2
Entwicklung der Umweltqualität in Berichtsperiode t.

267

politik dar. Die Konzepte der Umweltbilanzierung sollten ihren
Beitrag zu einer derartigen aktiven Haltung leisten. Wenn Unternehmen, private Haushalte oder der Staat die natürliche Umwelt
wiederherstellen oder verbessern, sollte dies in den Gesamtrechnungen wiedergegeben werden, um nicht nur Niederlagen, sondern auch Erfolge zu belegen. Der Titel der letzten Konferenz der
Society of Ecological Economics, «Investing in Natural Capital» («In
das natürliche Kapital investieren»), stellt einen solchen Versuch
dar.

Internationaler Handel: ÖIP 5
Eine wichtige Erweiterung des Konzeptes der verursachungsbezogenen Umweltnutzungskosten bezieht die Umweltauswirkungen
des *internationalen Handels* ein. Nachdem die verursachungsbezogenen Umweltnutzungskosten mit Hilfe der beschriebenen Methoden bestimmt worden sind, könnte eine Input-Output-Analyse
durchgeführt werden, um die direkten und indirekten Umweltnutzungskosten zu berechnen, die mit exportierten Waren und Dienstleistungen verbunden sind. Diese Kosten sollten von den Umweltnutzungskosten des Ausfuhrlandes abgezogen und den Umweltnutzungskosten des Einfuhrlandes hinzugefügt werden. Derartige
Korrekturen sollten für alle international gehandelten Produkte
durchgeführt werden, deren Produktion mit ernsten Umweltproblemen verbunden ist. In diesem Fall würde das korrigierte Ökoinlandsprodukt wie folgt aussehen (unter Ausschluß der Beseiti-
gungsaktivitäten):

Nettoinlandsprodukt (NIP)
– Wertminderung des nicht-produzierten Naturvermögens zu
  Vermeidungskosten
+ Wertminderung des nicht-produzierten Naturvermögens zu
  Vermeidungskosten, soweit sie direkt oder indirekt durch
  Exportgüter verursacht werden
– Wertminderung des nicht-produzierten Naturvermögens zu
  Vermeidungskosten, soweit sie direkt oder indirekt durch
  Importgüter verursacht werden
= Ökoinlandsprodukt (ÖIP 5)

Das Konzept des ÖIP 5 betont die Bedeutung des internationalen
Handels für die Umweltanalyse und gestattet eine umfassendere
Auffassung des Konzeptes der Verantwortung. Darüber hinaus ermöglicht es die notwendige Diskussion der Frage, inwieweit Umweltprobleme aus Industrieländern in die Entwicklungsländer ex-

portiert werden. Der Nachteil dieses Ansatzes liegt vor allem in der Notwendigkeit, Modelle zur Ermittlung der indirekten Umweltnutzungskosten anzuwenden. Auch das Problem der Datenverfügbarkeit stellt sich in besonderem Maße, wenn die internationalen Handelsverbindungen zwischen den Ländern abgebildet werden sollen.

Abschließende Bemerkungen

Realisierung der Integrierten Volkswirtschaftlichen und Umweltgesamtrechnung

Um das SEEA an die unterschiedlichen Umweltsituationen und gesellschaftlich-wirtschaftlichen Bedingungen in den einzelnen Länden anzupassen, ist es so umfassend, flexibel und konsistent wie möglich gestaltet worden. Das Ziel eines *umfassenden konzeptionellen Rahmens* bezieht sich sowohl auf die Vielzahl wirtschaftlicher Entwicklungsmuster als auch auf verschiedene Kategorien der Umweltbelastung sowie alternative theoretische Ansätze. Die Verfügbarkeit von Daten und die Grenzen einer Verbesserung der Datengrundlage führen allerdings zu Einschränkungen bei der Umsetzung des SEEA-Konzeptes. Diese Einschränkungen machen ein *flexibles* System erforderlich, das eine Vielzahl von Bausteinen enthält, die unabhängig voneinander verwendet werden können. Diese notwendige Flexibilität des SEEA sollte die Konsistenz des gesamten Systems nicht beeinträchtigen. Ein *in sich stimmiges* Datensystem kann dadurch gewährleistet werden, daß die verschiedenen Versionen des SEEA stets eine Erweiterung der (ökonomischen) Volkswirtschaftlichen Gesamtrechnungen bleiben und daß die Konzepte, Definitionen, Gliederungen des ökonomischen Kernsystems der VGR möglichst für das Satellitensystem übernommen werden.

Die eingeschränkten Mittel für statistische Arbeiten schaffen keine ausreichenden Voraussetzungen für eine vollständige Beschreibung der ökologisch-ökonomischen Wechselbeziehungen. In Abbildung 13.3 werden mögliche Prioritätssetzungen für die Umsetzung des SEEA aufgezeigt (Vereinte Nationen, 1993, S. 153). Diese Liste unterteilt die Prioritäten entsprechend der Art der verwendeten statistischen Einheit (Daten in physischen oder monetären Einheiten) und entsprechend von Länderkategorien (Industrie- oder Entwicklungsländer).

Die Umsetzung des SEEA sollte ihren Schwerpunkt auf die *wichtigsten Fragen* und die damit verbundenen Wirtschaftsaktivi-

Tabelle 13.1
Prioritäten für die Realisierung des SEEA (Satellite System for Integrated Environmental and Economic Accounting)

Aspekte der Umweltnutzung	Berechnung in physischen Einheiten		Berechnung in monetären Einheiten	
	entwickelte Länder	Entwicklungs- länder	entwickelte Länder	Entwicklungs- länder
1 Abbau natürlicher Rohstoffe				
1.1 Biologische Rohstoffe	+	+	+	+
1.2 Bodenschätze	+	+	+	+
1.3 Wasser	0	+	0	+
Qualitätsänderungen durch Boden- und Landschaftsnutzung				
1.5 Änderungen der Nutzungsform der Flächen	+	+	+	0
1.6 Qualitätsänderung des Bodens	0	+	0	+
1.7 Touristische Nutzung	+	+	+	+
2 Güterstrombilanzierung	+	0	0	0
3 Beeinträchtigung der natürlichen Umwelt durch:				
3.1 Abfälle, Bodenvergiftung	+	0	+	+
3.2 Abwässer	+	+	+	+
3.3 Luftemissionen	+	+	+	+
4 Tatsächliche umweltbezogene Ausgaben bzw. Aufwendungen				
4.1 Umweltschutzleistungen			+	+
4.2 Schadenskosten			+	0

++: hohe Priorität; +: mittlere Priorität; 0: geringe Priorität.

täten legen. Darüber hinaus ist die Umsetzung noch immer durch die *Verfügbarkeit von Daten* begrenzt. Es erscheint daher sinnvoll, mit der Umsetzung der Teile des SEEA zu beginnen, die eine hohe Priorität aufweisen und über eine ausreichende Datenbasis verfügen. Sobald die Datenbasis verbessert worden ist, können vollständigere Versionen des SEEA erstellt werden. In Abbildung 13.3 wird

270

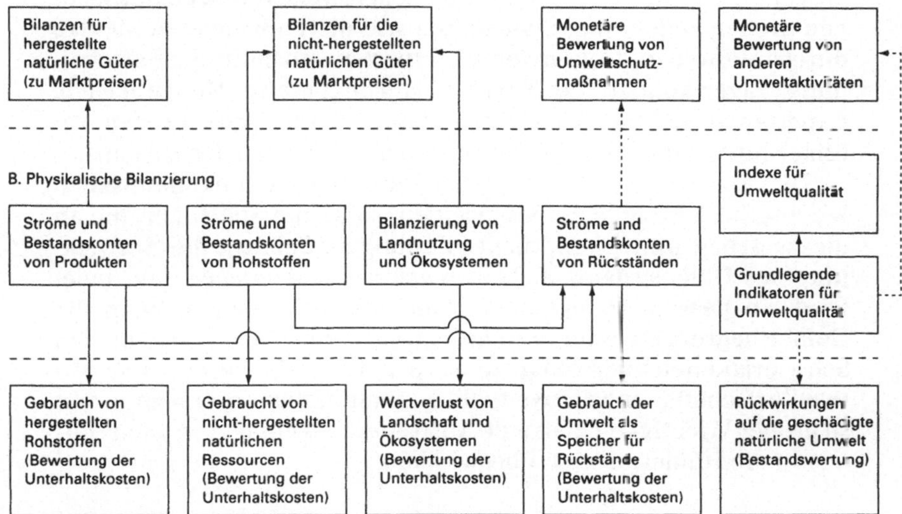

Abbildung 13.3

eine Übersicht über mögliche Bausteine des SEEA gegeben. Jeder dieser Bausteine beinhaltet eine Reihe spezifischer Tatbestände, bei denen sich auch unterschiedliche Datenprobleme ergeben (z.B. verschiedene Produktkategorien, Arten von Rohstoffen und Rest- und Schadstoffe).

Die Pfeile stellen die Abhängigkeiten bei der Erstellung verschiedener Bausteine dar. Die Berechnung einiger Bausteine kann zunächst die Erstellung anderer Teile des Systems voraussetzen. Monetäre Daten zum Beispiel können oft nur auf der Basis ausreichender physischer Daten ermittelt werden.

Die Wechselbeziehungen zwischen verschiedenen Teilen des SEEA im Bereich der Datenerhebung deuten darauf hin, daß die physischen Daten und Konten als erstes ermittelt werden müssen. Monetäre Größen könnten dann in einem zweiten Schritt bestimmt werden. Dieses Verfahren schließt nicht aus, daß die monetären Bausteine, die entweder schon verfügbar oder unabhängiger von physischen Daten sind, sofort erstellt werden können.

Das oben Gesagte bezieht sich auf den Weg, auf dem das SEEA eingeführt werden kann. Neben der schrittweisen Umsetzung ist es von großer Bedeutung, Pilotstudien wie die Fallstudie zu Mexiko durchzuführen und auszuwerten. Experten und politsche Entscheidungsträger können aus diesen Erfahrungen eine Menge lernen: Experten hinsichtlich konzeptioneller und empirischer Fragen, Politiker hinsichtlich der Möglichkeiten und Grenzen des Systems.

Die Komplexität der Aufgabe, die ökologisch-ökonomischen Wechselbeziehungen zu beschreiben, sollte die Statistiker, die an dieser Arbeit mitwirken, nicht entmutigen. Solange die Entwicklung des Datensystems auf ein *schrittweises Vorgehen* gegründet wird, an dessen Anfang überschaubare Ziele stehen, kann die Gefahr begrenzt werden, Enttäuschungen zu erleben und von den Schwierigkeiten überwältigt zu werden. Die Aufgabe, eine integrative Wirtschafts- und Umweltpolitik zu unterstützen, erscheint von so großer Wichtigkeit, daß jede Anstrengung gemacht werden sollte, um die Hindernisse zu überwinden.

V
Schlußfolgerungen und Empfehlungen

1. Hintergründe des ÖSP-Projektes

Der vorliegende Club-of-Rome-Bericht über das Ökosozialprodukt wurde vor einigen Jahren von Mitgliedern des Club of Rome initiiert: Wouter van Dieren (unterstützt von Ernst Ulrich von Weizsäkker und Martin Lees). Das Institut für Umwelt- und System-Analyse (IMSA) in Amsterdam erstellte diesen Bericht in enger Kooperation mit einer großen Zahl internationaler Experten und beschäftigte sich intensiv mit der Frage, welche Vorschläge zur umweltgerechten Korrektur des Brutto- bzw. Nettoinlandsproduktes (BIP bzw. NIP) sinnvoll sind. Die folgenden Schlußfolgerungen und Empfehlungen basieren auf der Bewertung der vorhergegangenen Kapitel, auf Studien, Interviews und Diskussionen mit Wissenschaftlern.

Ausgangspunkt sind die Arbeiten Huetings und seiner Kollegen zur Berechnung des Sozialproduktes in einer (hypothetischen) umweltgerecht-nachhaltigen Wirtschaft: dem Ökosozialprodukt (ÖSP). Sie gehen davon aus, daß die Differenz zwischen traditionellem Sozialprodukt und ihren Schätzungen des ÖSP in Geldwerten den Abstand wiedergibt, der noch zu überbrücken ist, um zu einer nachhaltigen Nutzung der Umweltfunktionen zu gelangen.

Als Herausgeber dieses Berichtes wurde ich Zeuge der ausführlichen und intensiven Diskussionen über Konzepte und Methoden, die zwischen rein ökonomisch orientierten Wissenschaftlern und Umweltökonomen, zwischen Experten der Volkswirtschaftlichen Gesamtrechnungen, Statistikern und weitblickenden Ökologen geführt wurden. Die Vielfalt an Themen und Meinungen war, der Vielfalt der Teilnehmer entsprechend, enorm. Aus diesem Grund möchte ich, sozusagen aus der «Vogelperspektive», eine Übersicht geben.

Es gibt eine inzwischen schon alte Tradition, das Bruttoinlandsprodukt so zu modifizieren, daß mit ihm die Entwicklung von Wohlstand bzw. Fortschritt gemessen werden kann. Dieser «Indexansatz» wird von denjenigen kritisiert, die sich für die Entwicklung disaggregierter Wohlstandsindikatoren einsetzen. Andere unterstützen den Vorschlag Hicks', ein korrigiertes Nettoinlandsprodukt anzustreben. Insbesondere die Experten der Volkswirtschaftlichen Gesamtrechnungen kritisieren jedoch auch das Hickssche Einkommenskonzept, da es ihrer Meinung nach nicht mit dem System der VGR vereinbar ist. Das Gros der statistischen Behörden zögert, die ökonomische Umweltnutzung (monetär) zu bewerten und das Ergebnis dieser Berechnung mit den Volkswirtschaftlichen Gesamtrechnungen im allgemeinen und dem Bruttoinlandsprodukt im besonderen zu verknüpfen. Sie ziehen es vor, eine Umweltberichterstattung in physischen Werten aufzubauen. Einige statistische Behörden haben ihre eigenen Systeme für die Bilanzierung natürlicher Ressourcen bzw. der Umwelt entwickelt. Die UN-Kommission für nachhaltige Entwicklung (CSD) arbeitet mittlerweile an umweltbezogenen Indikatoren, die es ermöglichen sollen, den Fortschritt und die noch zurückzulegende Wegstrecke in Richtung Nachhaltigkeit einzuschätzen. Das *System of National Accounts* wurde 1993 revidiert, und die Vereinten Nationen haben ein Handbuch zur Integrierten Volkswirtschaftlichen und Umweltgesamtrechnung (*Handbook on Integrated Environmental and Economic Accounting*) veröffentlicht. Parallel zur Erarbeitung des Handbuchs wurden die darin vorgeschlagenen Methoden durch Fallstudien in Mexiko und Papua-Neuguinea überprüft.

Es ist offensichtlich, daß der vorliegende Bericht weit über den ursprünglich gesetzten Ausgangspunkt (das NVE nach Hueting) hinausgeht. In *Mit der Natur rechnen* wurde eine Vielzahl von Expertenmeinungen zusammengetragen, und in den einzelnen Kapiteln haben wir bestimmte Themen ausgearbeitet. Letztendlich zeichne ich als Herausgeber jedoch für den Inhalt aller Kapitel verantwortlich.

Auf der Basis der einzelnen Untersuchungen habe ich die nun folgenden Schlußfolgerungen gezogen, die sich auf die Rolle des Bruttoinlandsproduktes, alternative Meßverfahren, die Anpassung des Brutto- und des Nettoinlandsproduktes, den Widerstand gegen den Wandel und die Stärkung der internationalen Zusammenarbeit beziehen.

Vom falschen Kompaß geleitet

Das Bruttoinlandsprodukt (BIP) ist ein wichtiger Indikator des wirtschaftlichen Wachstums, das mit einem hohen Lebensstandard und vermehrtem Wohlstand für die Bevölkerung eines Landes assoziiert wird. Das überrascht nicht, wenn man sich vor Augen hält, daß in den westlichen Ländern zwischen 1950 und 1970 der Anstieg des BIP zu einer Wohlstandssteigerung im weitesten Sinne geführt hat.

Während des gleichen Zeitraums wurden die internationalen Empfehlungen zu den Volkswirtschaftlichen Gesamtrechnungen, vor allem das SNA der Vereinten Nationen, das aus dem Jahr 1947 stammt, laufend verbessert. Dadurch wurde gewährleistet, daß der Strukturwandel in der Wirtschaft wiedergegeben werden konnte und man auf veränderte analytische und politische Fragestellungen eingehen konnte. Das System der Volkswirtschaftlichen Gesamtrechnungen ist unbestritten ein hochentwickeltes Instrument für wirtschaftliche Analysen und politische Entscheidungen. Der wirtschaftliche Erfolg ging Hand in Hand mit der Entwicklung eines differenzierten Systems zum Verständnis und zur Lenkung der Wirtschaft.

Gegen Ende der 60er und Anfang der 70er Jahre zeigte sich jedoch, daß das Niveau und die Struktur unserer Wirtschaftsaktivitäten einen deutlichen Einfluß auf die natürlichen Ressourcen und die Umwelt haben. Diese sogenannten *externen Effekte*[1], die damals als vernachlässigbar eingestuft wurden, haben inzwischen enorme Ausmaße angenommen. Wie wir in Kapitel 5 beschrieben haben, gibt das BIP nicht die wirtschaftliche Realität wieder, da es das natürliche Kapital unberücksichtigt läßt. Obwohl sich die meisten Wirtschaftswissenschaftler, Statistiker und einige Politiker dieser Schwäche durchaus bewußt sind, veröffentlichen die statistischen Behörden weiterhin jährliche und vierteljährliche Berichte über das Bruttoinlandsprodukt, ohne auf seine grundlegenden Schwächen hinzuweisen. Auch die Medien interpretieren einen Zuwachs des BIP grundsätzlich als Wirtschaftswachstum, was in der Öffentlichkeit als wirtschaftlicher Erfolg verstanden und mit Fortschritt oder sogar gestiegener Wohlfahrt assoziiert wird. Politiker unterstützen diese Interpretation gern, um in der Gunst der Wähler zu steigen: Ein Anstieg des Bruttoinlandsproduktes wird mit erfolgreicher Wirtschaftspolitik gleichgesetzt. Tinbergen und Hueting haben das folgendermaßen ausgedrückt: «Die Gesellschaft wird vom falschen Kompaß geleitet.»

---

1   Die negativen Effekte der Wirtschaftsaktivitäten sind bislang weitgehend bei der Messung des wirtschaftlichen Wachstums ausgeschlossen worden. Sie werden externe Effekte genannt, weil sie in den Marktpreisen nicht reflektiert werden: sind dem Markt extern.

Empfehlung 1

Es müssen neue Maßstäbe für gesellschaftlichen Fortschritt entwickelt werden. Dafür gilt es, BIP und NIP als Indikatoren für wirtschaftlichen Fortschritt zu verbessern.

2. Den richtigen Kompaß als Wegweiser wählen

Um die dominierende Rolle, die das traditionelle BIP spielt, zu korrigieren, befürworten wir die Entwicklung, Anwendung und jährliche Veröffentlichung einer Reihe von wirtschaftlichen, sozialen und umweltbezogenen Indikatoren. Dieses Bündel von Indikatoren könnte uns ein umfassenderes Bild der Gesellschaft liefern und ermöglicht daher eine bessere Beurteilung des gesellschaftlichen Fortschritts.

Wir schlagen vor, zwischen deskriptiven Indikatoren, die die tatsächliche Entwicklung wiedergeben (mit Momentaufnahmen), und komparativen (oder normativen) Indikatoren zu unterscheiden, die die Entwicklung in Richtung Nachhaltigkeit durch einen Vergleich des Zustandes der heutigen Gesellschaft mit einer imaginären Gesellschaft, die wirtschaftlich, sozial und umweltgerecht nachhaltig ist, beschreiben.

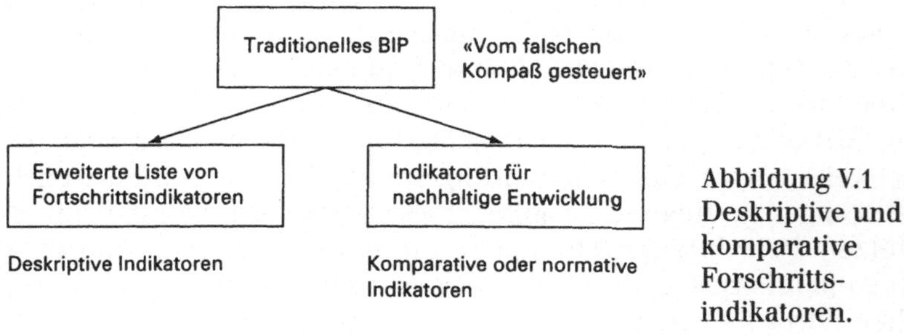

Abbildung V.1 Deskriptive und komparative Forschrittsindikatoren.

Deskriptive Fortschrittsindikatoren

Wir können zwei Formen von deskriptiven Ansätzen unterscheiden: Ansätze, die ein System von Indikatoren vorsehen, in dem die verschiedenen Fortschrittsaspekte getrennt wiedergegeben werden (Indikatorenbündel), und Ansätze, die die Erarbeitung eines eindimensionalen Index anstreben.

Ein umfassenderes Indikatorenbündel könnte zum Beispiel ein

276

modifiziertes Brutto- bzw. Nettoinlandsprodukt einschließen sowie
Beschäftigungs- und Arbeitslosenquoten, Einkommensverteilung,
natürliche Ressourcen und Umweltqualität, Gesundheit, Bildung
sowie das soziale Netz.

Ein Beispiel für einen Indikatorenkorb ist das Konzept der Indikatoren für die Zukunftsfähigkeit eines Landes (*CFI – Country
Futures Indicators*), das von Hazel Henderson und anderen erarbeitet wurde (siehe Kapitel 8). Beispiele für eindimensionale zusam-
menfassende Indizes, die durch monetäre Bewertung oder durch
Gewichtung physischer Einzelindikatoren gewonnen werden, sind
der Index für nachhaltige Wohlfahrt (*ISEW – Index of Sustainable
Economic Welfare*)[2] sowie der Index für die Entwicklung der Gesellschaft (*HDI – Human Development Index*).

Obwohl die Terminologie voneinander abweicht (Indikatoren für
Lebensqualität, Wohlfahrt, materiellen Wohlstand, Fortschritt, Entwicklung), ist die Grundaussage aller, die derartige Vorschläge vor-
bringen, im Kern identisch: Die Gesellschaft braucht ein umfassenderes Indikatorenbündel, um gesellschaftlichen Fortschritt zu bewerten.

Empfehlung 2

Statt wie bisher die Vielzahl der vorgeschlagenen Methoden unabhängig voneinander zu entwickeln, sollte eine internationale Arbeitsgruppe ins Leben gerufen werden. Diese nimmt eine Bestands-
aufnahme und kritische Bewertung der vorgeschlagenen Ansätze
vor. Als nächster Schritt sollte ein allgemein anerkanntes Rahmenwerk erstellt werden (zu den meisten der obengenannten Wohl-
standsaspekte stehen die Daten zur Verfügung), und zwar sowohl für
mehrdimensionale Indikatorenbündel als auch für den (eindimensionalen) Index-Ansatz. Wir rufen daher die statistischen Behörden,
die Politiker und die Medien dazu auf, das BIP nicht länger isoliert
zu veröffentlichen, sondern im Zusammenhang mit wirtschaftlichen, sozialen und umweltbezogenen Indikatoren.

Indikatoren für eine nachhaltige Entwicklung

Auf der UNCED 1992 in Rio de Janeiro war man sich über die
Schlüsselfunktion, aber auch die Begrenztheit rein wirtschaftlich

---

2 Der Name für diesen Index wurde kürzlich (Ende 1994) in «Unver-
   fälschter Fortschrittsindikator (Genuine Progress Indicator – GPI)»
   geändert.

orientierter Indizes als Maßstab für Fortschritt einig. Mit dem Konzept der Nachhaltigen Entwicklung wurde eine neue Definition von Fortschritt vorgeschlagen. Das Ergebnis war ein dringlicher Aufruf (in der Agenda 21), sogenannte Indikatoren für eine nachhaltige Entwicklung *(Sustainable Development Indicators – SDIs)* zu entwickeln, da die gemeinhin verwendeten Indikatoren nicht genügend Aufschluß über Nachhaltigkeitsfragen geben. Es müssen Indikatoren für eine nachhaltige Entwicklung erarbeitet werden, damit auf allen Ebenen eine solide Basis für politische Entscheidungen geschaffen werden kann.

Um die Fortschritte bei der Umsetzung der Agenda 21 verfolgen zu können und um den Regierungen und internationalen Institutionen Empfehlungen geben zu können, wurde die UN-Kommission für Nachhaltige Entwicklung (CSD) gegründet. Sie koordiniert auch die Entwicklung eines allgemeinen Rahmens für Nachhaltigkeitsindikatoren.

Da sich die meisten Regierungen zur Anwendung des Konzeptes der Nachhaltigen Entwicklung als richtungweisend bei politischen Entscheidungen verpflichtet haben, wird die zentrale Rolle der SDIs bei der Bewertung des Erfolgs zukünftiger politischer Entscheidungen weitgehend anerkannt.

Der Unterschied zwischen deskriptiven Fortschrittsindikatoren und Indikatoren für Nachhaltige Entwicklung liegt hauptsächlich in der Einführung von wirtschaftlichen, sozialen und umweltgerechten Nachhaltigkeitsstandards. Die SDIs ermöglichen es, die Distanz einzuschätzen, die uns noch von der Nachhaltigkeit trennt. Die Standards dienen daher als Bezugspunkt, aufgrund dessen wir die gegenwärtige Situation beurteilen können. In diesem Sinne sind SDIs handlungsorientierter und zukunftsbezogener als deskriptive Indikatoren. Die Entwicklung von SDIs setzt die Entwicklung eines integrierten Rahmenwerks voraus, das deskriptive Statistiken und auf dem Konzept der Nachhaltigkeit basierende Standards enthält.

Diese Standards werden auf einer gleichberechtigten Verteilung der Ansprüche an die weltweit vorhandenen Gemeinschaftsgüter (Gleichberechtigung innerhalb einer Generation) beruhen, die ebenso den Bedürfnissen zukünftiger Generationen (Gleichberechtigung zwischen den Generationen) Rechnung trägt. Wie bereits gesagt, hat nachhaltige Entwicklung wirtschaftliche, soziale und umweltbezogene Aspekte. Dies wird in Abbildung V.2 veranschaulicht.

Jede Art von Indikator hat eine ihr gemäße Dimension: wirtschaftliche Indikatoren wurden in monetären Größen, soziale Indi-

Abbildung V.2
Vergleich der wirtschaftlichen, sozialen und umweltbezogenen Aspekte von Nachhaltigkeit (Serageldin 1993a, b).

katoren in auf den Menschen bezogenen Kategorien und Umweltindikatoren in physischen Einheiten gemessen.

Im Moment betonen sowohl wissenschaftliche als auch politische Kreise die Notwendigkeit, Umweltindikatoren für eine nachhaltige Entwicklung zu erarbeiten. Bedenkt man die Dringlichkeit der weltweiten Umweltprobleme und das Fehlen eines konsistenten konzeptionellen Rahmens für die Bewertung der Umweltbelastungen, ist es vertretbar, hier Prioritäten zu setzen. Schließlich werden der sozio-ökonomischen Entwicklung durch die natürlichen Umweltbedingungen Grenzen gesetzt.

Empfehlung 3

Die Agenda 21 betont die Notwendigkeit, für eine nachhaltige Entwicklung ein konsistentes Rahmenwerk von wirtschaftlichen, sozialen und umweltbezogenen Indikatoren zu erarbeiten, das Regierungen und supranationalen Organisationen ermöglicht, das Ausmaß an Nachhaltigkeit eines bestimmten Landes zu beurteilen.
Die Standards dieses Rahmens sollten auf dem Gedanken der gleichen Rechte der Menschen einer Generation bzw. zwischen den Generationen beruhen.

3. Die Revision des 1993er SNA und das UN-Handbook on Integrated Environmental and Economic Accounting

Die Statistische Kommission der Vereinten Nationen unterstützte in ihrer 26. Sitzung den Ansatz von Satellitensystemen bei der Entwicklung von Konzepten und Methoden zur Integrierten Umwelt- und Volkswirtschaftlichen Gesamtrechnung. Dementsprechend widmet das SNA von 1993 den integrierten ökologisch-ökonomischen Satellitensystemen einen eigenen Abschnitt. Außerdem wurden die Teilbereiche des SNA, die sich mit Naturvermögen befassen, im Hinblick auf die verwendeten Kosten-, Vermögens- und Bewertungskonzepte erweitert bzw. überarbeitet.

Ein erster Schritt in diese Richtung wurde 1993 bei der Revision des SNA getan: Die Vermögenswerte umfassen nunmehr auch einige Bestandteile des nicht-produzierten Naturvermögens, zum Beispiel wild lebende Pflanzen und Tiere, Bodenschätze, Grund- und Oberflächenwasserreserven und Land, zumindest in dem Maße, in dem diese in Marktwerten ausgedrückt werden können. In den Abschnitten 5 bis 7 von Teil V dieses Berichts werden wir noch beurteilen, inwieweit das überarbeitete SNA Veränderungen des Naturvermögens adäquat wiedergeben kann.

In der Zwischenzeit wurde das *UN-Handbook on Integrated Environmental and Economic Accounting* entwickelt und 1993 von den Vereinten Nationen veröffentlicht. Dieses UN-Handbuch dient als konzeptionelle Grundlage für die Anwendung des SNA-Satellitensystems für eine Integrierte Volkswirtschaftliche und Umweltgesamtrechnung (SEEA). Es bietet eine Übersicht über die verschiedenen Konzepte und Methoden, die in den letzten Jahren diskutiert und angewandt wurden. Die Hauptaufgabe des Handbuches ist es, eine Synthese der verschiedenen gedanklichen Schulen auf dem Gebiet der Bilanzierung der natürlichen Ressourcen und der Umweltberichterstattung zu erreichen.

Das SEEA nimmt den konventionellen SNA-Rahmen als Ausgangspunkt und schlägt die drei folgenden Erweiterungen dieses Rahmens vor:

– Identifizierung der umweltbezogenen Bestände und Ströme (in monetären Größen) durch eine Disaggregierung des konventionellen SNA-Rahmens.
– Verknüpfung von physischer und monetärer Gesamtrechnung durch die Erweiterung des konventionellen Systems um zusätzliche physische Größen. Die physische Berichterstattung verwendet die relevanten Methoden der Bilanzierung natürlicher

Ressourcen, der Rohstoff-/Energiebilanzen und der Input-Output-Tabellen. Mit diesem Instrumentarium werden die Rohstoffströme als Inputs in das ökonomische System, die Veränderungen der wirtschaftlichen Flächennutzung und die Rest- und Schadstoffe, die aus dem Wirtschaftsprozeß in die Natur zurückgeführt werden, beschrieben. Diese Erweiterung setzt nicht unbedingt Veränderungen des traditionellen SNA-Konzepts voraus. Es handelt sich um eine äußerst wichtige Erweiterung, da die natürliche Umwelt nur in physischen Begriffen angemessen und umfassend dargestellt werden kann. Zudem benötigen alle Versuche, die wirtschaftliche Nutzung der Natur zu bewerten, eine ausreichende Basis physischer Daten.
- Die Bestimmung von unterstellten Kosten der wirtschaftlichen Nutzungen der natürlichen Umwelt. Dieser Ansatz bezieht sich auf die Korrektur des NIP in Richtung auf ein umweltgerecht-angepaßtes (Öko-)Inlandsprodukt.

Empfehlung 4

> Das *UN-Handbook on Integrated Environmental and Economic Accounting* sollte von den nationalen statistischen Behörden so bald wie möglich umgesetzt werden. Dieser Prozeß muß von UNSTAT, Weltbank und anderen internationalen Institutionen (EU, OECD, IWF) intensiver gefördert werden.

4. Anpassung des BIP: unterschiedliche Ziele

In den vorangegangenen Kapiteln haben wir gesehen,

- daß das BIP kein adäquater Maßstab für Wohlstand ist;
- daß es notwendig ist, ein Bündel deskriptiver Indikatoren zu entwickeln, um die tatsächliche Entwicklung zu beurteilen, und ein Bündel zukunftsorientierter Indikatoren zu entwickeln, um einschätzen zu können, ob die gegenwärtige Entwicklung uns zu einer nachhaltigen Entwicklung führt;
- daß ein modifiziertes, aussagefähiges BIP/NIP nur einer der wirtschaftlichen Indikatoren dieses Bündels ist.

In den folgenden Kapiteln werden wir uns mit den Möglichkeiten einer umweltbezogenen Korrektur von Brutto- bzw. Nettoinlandsprodukt beschäftigen.

Bei der Modifikation des Bruttoinlandsproduktes können zwei

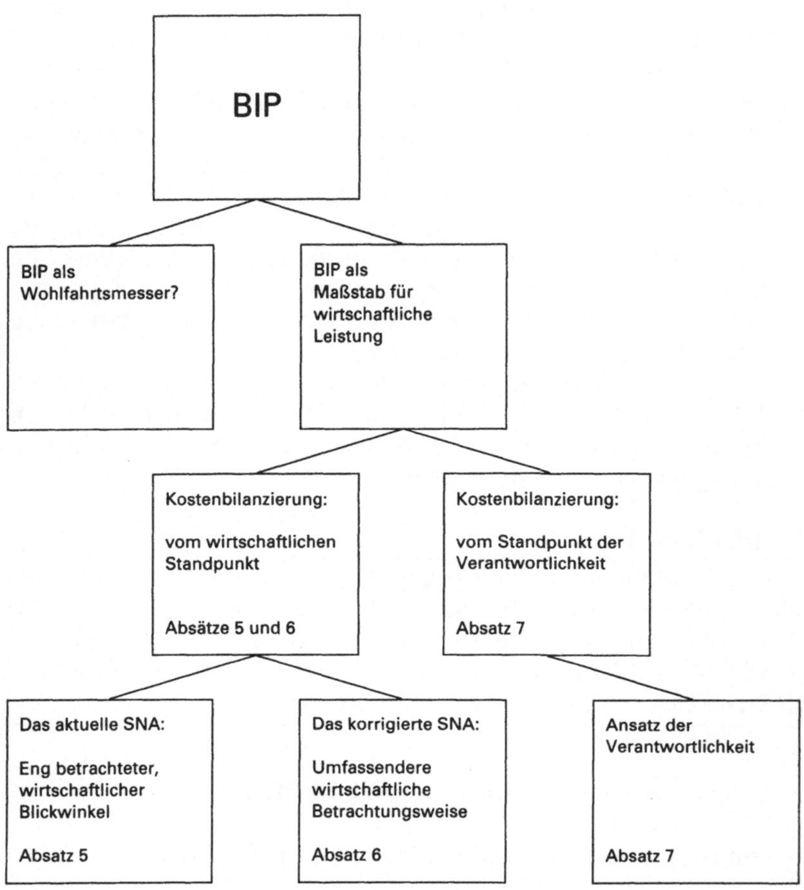

Abbildung V.3

grundsätzlich verschiedene Ziele unterschieden werden (siehe Abbildung V.3). Das erste Ziel ist es, das BIP so anzupassen, daß die modifizierten Zahlen Wohlstand bzw. Fortschritt genauer wiedergeben. Ansätze dazu, nämlich die Entwicklung des ISEW bzw. GPI, sind bereits in Kapitel V.2. dieses Berichts vorgestellt worden.

Ein weiteres Ziel ist es, BIP und NIP als Maßstab der wirtschaftlichen Leistung bzw. der Wertschöpfung der Volkswirtschaft zu verbessern. Im folgenden Kapitel werden wir untersuchen, inwieweit BIP und NIP die Kosten der Faktoreinsätze (hergestelltes, menschliches und natürliches Kapital) und die Kosten der ökonomischen Nutzung der Umwelt wiedergeben. Wir haben bereits festgestellt, daß das gegenwärtige SNA zumindest in der laufenden Rechnung den quantitativen Abbau bzw. die Qualitätsminderung des Naturvermögens nicht berücksichtigt. In diesem Sinne gibt das gegenwärtige SNA einen sehr engen wirtschaftlichen Standpunkt wieder. In Kapitel V.6. wird dann eine erste Konsequenz aus der eingeschränkten ökonomischen Sichtweise des SNA gezogen und die Kostenrechnung der Produzenten um Umweltnutzungskosten zu Marktpreisen erweitert. In Kapitel V.7. wird gezeigt, daß die Bewertung der Umweltnutzung zu Marktwerten nur eine Zwischenetappe auf dem Wege zu Bewertungsformen ist, die von dem Prinzip der Verantwortung für die Umwelt ausgehen.

5. Das aktuelle SNA: Enge wirtschaftliche Betrachtungsweise

Die Produktionskonten der VGR registrieren den wirtschaftlichen Output, Vorleistungsinputs, Abschreibungen auf das produzierte Anlagevermögen und Wertschöpfung, sowohl auf der Ebene einzelner Wirtschaftsbereiche als auch auf nationaler Ebene (siehe Kapitel 2).

Die Bruttowertschöpfung wird als Differenz von Produktionswert und Vorleistungen definiert. Die Summe der Bruttowertschöpfung entspricht dem Bruttoinlandsprodukt. Die Nettowertschöpfung bzw. das Nettoinlandsprodukt ergeben sich nach Subtraktion von Vorleistungen und Abschreibungen auf produzierte Anlagen vom Produktionswert. Beispiele für das produzierte Anlagevermögen sind Maschinen und Gebäude, die durch die wirtschaftliche Nutzung ihren Wert verlieren. Die Abschreibungen (Wertveränderungen durch wirtschaftliche Nutzung) der produzierten Anlagen sind eine Kostengröße, der vom BIP abgezogen wird, um das Nettoinlandsprodukt zu errechnen.

Im revidierten SNA 1993 werden sowohl produziertes als auch nicht-produziertes Naturvermögen (das auch eine Form produktiven Kapitals darstellt) als Sachvermögen berücksichtigt. Ihre Wertänderungen werden jetzt in den gesamtwirtschaftlichen Vermögensbilanzen erfaßt, soweit sie in Marktwerten ausgedrückt werden können.

Beispiele für produziertes Naturvermögen sind Agrarprodukte, Forsten und Schlachtvieh. Ihre Wertveränderungen und auch der entsprechende Verbrauch von produziertem Naturvermögen werden auf die richtige Weise wiedergegeben, nämlich als Vorratsveränderung bzw. intermediären Verbrauch.

Beispiele für nicht-produziertes Naturvermögen sind Land, tropische Regenwälder und Bodenschätze wie Öl, Gas und Mineralien. Nach Maßgabe des 1993er SNA werden die Wertänderungen dieser Arten von Naturvermögen in den Bilanzkonten zu Marktwerten aufgeführt werden.[3] Wie die Wertänderungen von produziertem Anlagevermögen, stellen auch die Wertänderungen des nicht-produzierten Naturvermögens eine Kostengröße dar, die vom BIP oder NIP[4] in den Stromkonten des gegenwärtigen SNA abgezogen werden sollte, aber nicht wird. BIP und NIP geben nicht die wirklich entstandene Wertschöpfung wieder, denn sie lassen wichtige Elemente der Produktionskosten unberücksichtigt. Dies entspricht einem engen wirtschaftlichen Standpunkt, der von Christian Leipert auch als Standpunkt eines Hasardeurs bezeichnet wird, da überlebenswichtige Funktionen der natürlichen Umwelt und ihre Veränderungen durch ökonomische Nutzung nicht bewertet werden.

6. Kostenrechnung auf der Grundlage eines umfassenden (markt-)wirtschaftlichen Standpunktes

Wie bereits erwähnt, werden die Wertänderungen des nicht-produzierten Naturvermögens im SNA von 1993 bereits in den Bilanzkonten wiedergegeben – insoweit sie in Marktwerten ausgedrückt werden können.

Beispiele für Wertänderungen des nicht-produzierten Naturvermögens aufgrund von Wirtschaftsaktivitäten sind:

— Abbau der nichterneuerbaren Ressourcen;
— Abbau der erneuerbaren Ressourcen;
— Qualitätsminderung der Umwelt durch Verschmutzung;
— Qualitätsminderung von Land durch Veränderung der Flächennutzung.

Es ist notwendig, daß die Veränderungen dieser Vermögenswerte

---

3 Im *UN-Handbook on Integrated Environmental and Economic Accounting* wird dazu eine umfassendere Beschreibung in physischen und in monetären Größen vorgeschlagen.

4 Abzüge von BIP oder NIP hängen davon ab, ob das nicht-produzierte Naturvermögen als Vorrats- oder Anlagevermögen angesehen wird (El Serafy).

auch in den Stromkonten wiedergegeben werden und damit als Kostengröße auch die Höhe des BIP bzw. NIP beeinflussen. Im Vergleich mit dem aktuellen SNA würde ein Abzug der Wertminderung des nicht-produzierten Naturvermögens zu einem umfassenderen wirtschaftlichen Standpunkt führen. Bei diesem Ansatz sollten die Wertänderungen alle qualitativen und quantitativen Veränderungen dieser Vermögen während der Berichtsperiode innerhalb des Landes umfassen.

Das richtige Bewertungskonzept – von der Warte eines umfassenderen wirtschaftlichen Standpunktes aus betrachtet – ist der Ansatz der Marktbewertung[5], der ohne größere Probleme auf den Fall qualitativer Änderungen des Naturvermögens angewandt werden kann, während die Bewertung qualitativer Veränderungen mit Hilfe von Marktwerten schwieriger ist. Die meisten auf dem Ansatz der Marktbewertung basierenden Vorschläge beschäftigen sich mit dem quantitativen Abbau von Bodenschätzen. Die Kosten der Qualitätsminderung können nur soweit erfaßt werden, als sie sich in Änderungen der Marktwerte niederschlagen. Dies ist aber eher die Ausnahme. Im Fall von Veränderungen der Bodenqualität aufgrund der wirtschaftlichen Nutzung des Bodens können Unterschiede in den Marktpreisen dazu benutzt werden, um den Wert der Qualitätsänderung einzuschätzen.

Der große Vorteil, bei der Bewertung der ökonomischen Umweltnutzung Marktwerte zu verwenden, besteht in der Möglichkeit, diese Marktwerte oder zumindest analoge Marktinformationen im Wirtschaftssystem selbst beobachten zu können. Der Bewertungsansatz, der in diesem Abschnitt vorgeschlagen wird, kann daher noch zur «deskriptiven Ökonomie» gerechnet werden.

Um zu einem Betrag für die Nettowertschöpfung zu gelangen, der die Umweltnutzungskosten berücksichtigt, muß die Wertminderung des nicht-produzierten Naturvermögens vom BIP abgezogen werden. «Abgezogen» könnte bedeuten, in die intermediären Inputs eingeschlossen zu werden, um entsprechend das BIP zu verringern. Es kann aber auch bedeuten, daß das BIP unverändert bleibt und die ökonomische Umweltnutzung als Abschreibung auf das Naturkapital behandelt wird, um zu einem verbesserten NIP zu

---

5   Im Gegensatz zu dem Ansatz, der von Hueting vorgeschlagen wurde, basiert der Ansatz der Marktbewertung nicht auf der Zielsetzung, Nachhaltigkeit zu erreichen. In diesem Zusammenhang wird er als Instrument verwendet, um die Kosten der beobachteten Wertänderungen des nicht-produzierten Naturvermögens zu berechnen.

gelangen. Für die verbleibende Nettowertschöpfung macht es keinen Unterschied, welcher Weg eingeschlagen wird.

Für die Marktbewertung sind vor allem die Nettopreismethode und der Verbraucherkostenansatz relevant, die von Repetto bzw. von El Serafy ausgearbeitet wurden.

Nettopreismethode

Bei der Nettopreismethode werden die Wertänderungen des nicht-produzierten Naturvermögens als Abschreibung behandelt. Der Abschreibungsfaktor sollte vom NIP abgezogen werden. Er kann gefunden werden, indem die physischen Veränderungen der Bestände eines Naturvermögens mit dem Nettopreis multipliziert werden. Der Nettopreis wird festgestellt, indem vom Marktpreis der natürlichen Ressourcen ihre Kosten für Entdeckung, Förderung und Vermarktung abgezogen werden.

Ein Vorteil dieser Methode ist ihre einfache Anwendbarkeit. Es werden nur Daten über physische Veränderungen, die erwähnten Kostengrößen und die beobachtbaren Marktpreise benötigt.

Diese Methode wurde kritisiert, weil sie keine Korrektur des BIP vornimmt. Das hat zur Folge, daß das BIP weiterhin die Erträge von Vermögensliquidierungen beinhaltet, denen keine Wertschöpfung entspricht.

Verbraucherkostenansatz

Vom BIP ausgehend, schlägt El Serafy vor, einen Unterschied zwischen einem Wertschöpfungselement und einem Verbraucherkostenelement zu machen, um den Abbau von natürlichen Ressourcen wiederzugeben. Das Verbraucherkostenelement sollte investiert werden, um einen konstanten Einkommensstrom in der Zukunft zu sichern. Um das verbleibende echte Einkommen (das Wertschöpfungselement) und die Verbraucherkosten beziffern zu können, werden ein Diskontierungssatz sowie Daten über die Lebenserwartung der Ressource bei gleichbleibender gegenwärtiger Förderungsrate benötigt. Der Diskontierungssatz gibt die voraussichtlichen Erträge wieder, die aus der Investition des Äquivalents der Verbraucherkosten erwartet werden, so daß ein zukünftiges Einkommen nachhaltig erzielt wird, auch wenn die Ressource vollständig abgebaut würde.

Unter den Experten besteht noch keine Einigkeit darüber, ob die umweltbezogenen Defensivausgaben vom BIP/NIP abgezogen und welche (Markt-)Bewertungsmethode der qualitativen und quantitativen Beeinträchtigung des Naturvermögens durch ökonomische Nutzung sinnvoll ist. Leider verbringen viele Wissenschaftler mehr Zeit damit, ihren eigenen Ansatz zu verteidigen, als mit Fachkollegen zusammenzuarbeiten. Sie suchen ihren Ansatz zu verbessern, feilen an der konzeptionellen Logik des eigenen und an den Nachteilen und konzeptionellen Schwächen anderer Ansätze.

Natürlich ist der sogenannte «Streit der Schulen» ein bekanntes und manchmal auch nützliches Phänomen in der Wissenschaft, weil es neue Ideen und Gedanken aufwirft. Bei dem hier behandelten Thema jedoch ist es an der Zeit, die Arena der wissenschaftlichen Debatte zu verlassen; und zwar aus den folgenden Gründen:

- Die Verfügbarkeit vielversprechender Bewertungsmethoden auf der Basis des Marktwertansatzes.
- Die Möglichkeit, Übereinstimmungen und Unterschiede, Stärken und Schwächen, Chancen und Grenzen der verschiedenen Methoden dadurch aufzuzeigen, daß praktische empirische Berechnungen im Rahmen des SNA vorgenommen werden.
- Die Dringlichkeit des Problems: Die Gesellschaft kann es sich einfach nicht mehr leisten, dem falschen Leitbild zu folgen.

Empfehlung 5

Von einem umfassenden wirtschaftlichen Standpunkt aus sollte eine umweltgerecht-angepaßte Nettowertschöpfung folgendermaßen gerechnet werden:

Produktionswert
- Vorleistungen
- Wertminderung des nicht-produzierten Naturvermögens
- Abschreibungen auf das produzierte Anlagevermögen
= Umweltgerecht-angepaßte Nettowertschöpfung

Dabei ist es für die Ermittlung der umweltgerecht-angepaßten Nettowertschöpfung, die dem Ökoinlandsprodukt zu Marktpreisen entspricht (siehe Kapitel 13), egal, ob die Wertminderung des nicht-produzierten Naturvermögens als Teil der Vorleistungen oder als Abschreibungen auf Anlagegüter angesehen wird.

Viel spricht dafür, bei dieser Frage einen Kompromiß anzustreben und den quantitativen Abbau als Vorratsabbau (und damit als Vorleistungen), die qualitative Minderung aber als Abschreibungen zu behandeln.

Wir rufen die Experten auf, zu einem Konsens über die richtige Methode zu gelangen, die dann von den wichtigen internationalen Institutionen (UNSTAT, Weltbank, IWF, EU, OECD) unterstützt werden kann. Von Seiten der statistischen Behörden sollten Versuche gemacht werden, diese Empfehlungen in Satellitensysteme einzuarbeiten. Bei der nächsten Revision des SNA sollten die Wertänderungen des nicht-produzierten Naturvermögens auch im Kernsystem als Kostengrößen wiedergegeben werden.

Kosten der Wertänderungen von nicht-marktmäßigem nicht-produziertem Naturvermögen

Weil das nicht-produzierte Naturvermögen oft nicht auf dem Markt erscheint, werden von einem umfassenderen (markt-)wirtschaftlichen Standpunkt aus nicht alle physisch beobachtbaren qualitativen und quantitativen Veränderungen des Naturvermögens, die in der Berechnungsperiode auftreten, erfaßt. Sie erscheinen weder in den Bilanzkonten noch in den Stromkonten des SNA. Vor allem die Kosten der ökonomischen Nutzung, die mit qualitativen Minderungen des Naturvermögens verbunden sind, bleiben größtenteils verborgen. Die Kosten, die nur mit Hilfe eines rein an Marktbewertungen ausgerichteten Ansatzes berechnet werden, unterschätzen dann die wirklichen Kosten, die durch Wertänderungen von nicht-produziertem Naturvermögen aufgrund der Wirtschaftsaktivitäten hervorgerufen werden.

Eine Lösung dieses Problems ist die Schätzung der Kosten mit Hilfe indirekter Methoden, die möglichst Märkte simulieren sollen (marktnahe Werte). Anhaltspunkte können dazu zum Beispiel mögliche Beseitigungs- und Vermeidungskosten geben. Die Kosten für die Wiederherstellung der Vermögenswerte oder die Kosten der Maßnahmen, die eine Veränderung der Vermögen hätten verhindern können, könnten als monetäres Äquivalent der tatsächlichen physischen Veränderungen des Naturvermögens dienen. Die Schätzungen der Kosten dieser Maßnahmen könnten sich auf Marktwerte für die Beseitigungs- und Vermeidungsaktivitäten berufen. Beispiele für diesen Ansatz finden sich in der Costa-Rica-Studie des

World Resources Institute (Kosten für Düngemittel, um erodierte Böden wiederherzustellen) sowie in Fallstudien des UNSTAT (Kosten der Rückführung von Wasser in Grundwasserreservoire).

Empfehlung 6

> Von einem umfassenden (markt-)wirtschaftlichen Standpunkt aus werden physische Veränderungen des Naturvermögens nur insoweit bewertet und bei umweltbezogenen Korrekturen des BIP bzw. NIP einbezogen, als sie mit Änderungen von Marktwerten verbunden sind. Bei physischen Veränderungen, die davon nicht erfaßt werden, sollten dann, wenn zumindest marktnahe Bewertungsformen gefunden werden können, ebenfalls Bewertungen vorgenommen werden, die zu weiteren Korrekturen des BIP bzw. NIP führen.

Umweltbezogene Defensivausgaben

Christian Leipert definiert Defensivausgaben als Ausgaben, «die Wirtschaftsaktivitäten umfassen, mit denen wir uns gegen die unerwünschten Nebenwirkungen (negative externe Effekte) unserer Konsum- und Produktionsaktivitäten schützen. Es sind Ausgaben, die bestimmt sind, die Belastungen und Schäden, die der wirtschaftliche Prozeß der Umwelt zufügt, zu heilen, zu neutralisieren, zu eliminieren, zu vermeiden bzw. sie zu antizipieren.»

Leipert weist darauf hin, daß die umweltbezogenen Defensivausgaben (in Kosten übersetzt), die vom Staat und den privaten Haushalten geleistet werden und innerhalb des BIP erfaßt werden, vom BIP abgezogen werden sollten, da sie nicht wohlfahrtssteigernd sind, sondern nur Wohlfahrtsverluste verhindern. Diese Ansicht wird u.a. auch von Hueting und Ekins geteilt.

Andere, zum Beispiel Carsten Stahmer, führen das Argument an, daß solche Modifizierungen Konzepte über wirtschaftlichen Wohlstand voraussetzen würden, die in den Volkswirtschaftlichen Gesamtrechnungen nicht anwendbar sind. Um zu einer Entscheidung darüber zu gelangen, welche Ausgaben abgezogen werden sollten, müßte man sich erst darüber einigen, ob überhaupt Modifikationen des BIP zu einem Wohlfahrtsmaß führen können. Die zunehmende Naturzerstörung läßt es zumindest fraglich erscheinen, ob überhaupt noch Indikatoren der wirtschaftlichen Leistung und der Wohlfahrt der Bevölkerung in Zusammenhang gebracht werden können.

Das *UN-Handbook on Integrated Environmental and Economic Accounting* betont die Dringlichkeit der Aufgabe, umweltbezogene Defensivausgaben (in absoluten Zahlen oder als Bestandteil des BIP) aufzuzeigen, ohne sie jedoch vom BIP abzuziehen.

Neben der allgemeinen, konzeptionellen Diskussion gibt es noch eine Reihe methodischer Fragen zu lösen. So stellt sich beispielsweise beim Übergang vom Ausgabe- zum Kostenkonzept das Problem der Periodisierung der investiv getätigten Ausgaben. Auch müßte noch weiter über den Zusammenhang zwischen den tatsächlichen defensiven Ausgaben und der erwähnten marktnahen Bewertungen geforscht werden.

Empfehlung 7

> Vom momentanen Stand der Diskussion ausgehend, ist die Entscheidung, die das UN-Handbuch getroffen hat – die umweltbezogenen Defensivausgaben nur in Relation zum BIP zu setzen, statt sie abzuziehen –, vertretbar.
> Bevor jedoch eine definitive Entscheidung getroffen wird, ist es notwendig, alle offenen Fragen zu klären. Es sollten entsprechende Expertenrunden einberufen werden.

7. Kostenrechnung auf Grundlage des Standpunktes der Verantwortlichkeit

Nehmen wir einen weiter gefaßten wirtschaftlichen Standpunkt ein, handeln wir als reine Ökonomen und Buchhalter. Wir beobachten lediglich die Veränderungen unserer Vermögenswerte im Inland und versuchen, diese möglichst genau in den Bestandskonten und den Stromkonten wiederzugeben. Wir berücksichtigen die Wertminderung des Naturvermögens nur insoweit, als sie in Marktwerten wiedergegeben werden kann. Damit geben wir aber nur einen geringfügigen Teil der tatsächlichen Wertminderung des Naturvermögens wieder, denn wir vernachlässigen die Auswirkungen unserer wirtschaftlichen Inlandsaktivitäten auf andere Länder, auf das globale Ökosystem und auf zukünftige Generationen. In diesem Sinne kommt die marktorientierte Bewertung einer anthropozentrischen und egoistischen Grundhaltung gleich.

Die negativen, grenzüberschreitenden Auswirkungen wirtschaftlicher Inlandsaktivitäten sind vielfältig: Verschmutzung von Flüssen, saurer Regen, Abholzung der Regenwälder, Rückgang der Ozonschicht, Treibhauseffekt etc. Außer den genannten, wird sich

auch der Abbau der erneuerbaren und nicht erneuerbaren Ressourcen auf zukünftige Generationen auswirken. Generell läßt sich
sagen, daß die gegenwärtige Struktur und das Niveau von Produktion und Konsum – insbesondere in den Industriestaaten – eine
weltweite, ernstzunehmende Umweltverschmutzung verursachen.

Um diese Probleme zu überwinden, müssen wir über den rein
marktwirtschaftlichen Standpunkt hinaus kommen. Jedes Land
muß die Verantwortung für die Auswirkungen seiner Wirtschaftsaktivitäten übernehmen und damit auch seine Wirtschaftsaktivitäten vom Standpunkt der Verantwortlichkeit aus analysieren. Umweltaspekte müssen bei wirtschaftlichen Entscheidungen ein integraler Teil der Überlegungen werden.

Der Ansatz der Vermeidungskosten

Das angemessene Konzept, das zur Unterstützung dieser Auffassung angewendet werden sollte, ist der Ansatz der Vermeidungskosten. Dieses Konzept wurde zuerst von Daly, Hueting und Ekins
entwickelt und verbreitet. Darüber hinaus wurde es im UN-Handbuch weiterentwickelt. Geht man vom Standpunkt der Verantwortlichkeit aus, so müßten zusätzlich die Kosten der Strategien erfaßt
werden, die notwendig wären, um eine umweltgerechte Nachhaltigkeit zu erreichen.

Die Kosten der Strategien oder Maßnahmen, die notwendig
wären, um eine umweltgerechte Nachhaltigkeit zu erreichen, müssen sich auf die Auswirkungen der Inlandsaktivitäten beziehen, die
in der Berechnungsperiode ausgeführt wurden. Umweltgerechte
Nachhaltigkeit bedingt die nachhaltige Nutzung von natürlichem
Kapital im In- *und* Ausland, das heißt eine Nutzung, die das globale
Ökosystem nicht beeinträchtigt und die das natürliche Kapital so
erhält, daß zukünftige Generationen über die gleichen Möglichkeiten verfügen, ihre Bedürfnisse zu erfüllen, wie die gegenwärtigen.
Oder, wie Hueting es ausdrückt: Umweltgerechte Nachhaltigkeit
setzt voraus, daß wir die Umwelt (und die Ressourcen) so nutzen,
daß die Umweltfunktionen bis ins Unendliche verfügbar bleiben.

Die Strategien zur Vermeidung von negativen Umweltauswirkungen auf wirtschaftliche Aktivitäten unterscheidet sich in der
Form der wirtschaftlichen Nutzung der natürlichen Umwelt.[6]

---

6   Dieser Abschnitt wurde Kapitel 13 entnommen, das Carsten Stahmer
    geschrieben hat.

– Beim Abbau der *nichterneuerbaren* natürlichen Ressourcen (insbesondere der Bodenschätze) könnte der quantitative Abbau der Ressourcen verlangsamt werden, indem effizientere Wege der Nutzung von Rohstoffen gefunden werden. Dennoch wird ein Abbau dieser Vermögenswerte normalerweise unvermeidlich sein. In diesem Fall wäre ein Ersatz durch andere Formen von natürlichem Kapital notwendig, um zumindest ein konstantes Niveau des natürlichen Kapitals als Ganzes zu gewährleisten (Daly, 1991). Die Substitutionskosten und/oder die Kosten für Effizienzverbesserungen und für die Entwicklung, Einführung und den Betrieb von Recycling-Systemen für nichterneuerbare Ressourcen könnten als Grundlage verwendet werden, die Umweltnutzungskosten zu beziffern.

– Beim Abbau *erneuerbarer bzw. zyklisch anfallender* natürlicher Ressourcen sollten das natürliche Wachstum (biologischer Rohstoffe) bzw. die natürlichen Zuströme (von Grundwasser) die entnommenen Mengen ausgleichen. Wenn der Abbau die natürlichen Zuwächse übersteigt, kann die notwendige Reduktion der Nettowertschöpfung der verursachenden Industriezweige als Schätzwert für die Umweltnutzungskosten verwendet werden.

– Bei der Nutzung von Flächen bedeutet Nachhaltigkeit ein konstantes qualitatives und quantitatives Niveau der Landschaft und ihrer Ökosysteme, einschließlich ihrer Artenvielfalt. Wenn ein Anstieg der wirtschaftlichen Aktivitäten dieses Niveau senkt, muß die notwendige Reduzierung der Wirtschaftsaktivitäten und ihrer jeweiligen Nettowertschöpfung berechnet werden.

– Hinsichtlich der Belastung der Umwelt mit Rest- und Schadstoffen muß eine Vielzahl möglicher Vermeidungsaktivitäten analysiert werden. Diese beinhalten den Ersatz von Produkten (durch zunehmend umweltfreundliche Güter und Leistungen), technologischen Wandel (umweltschonender Technologien) sowie eine Reduktion der Wirtschaftsleistung, vor allem auch einen Rückgang des Konsumniveaus der Bevölkerung. Um bestimmte Standards zu erreichen, sollte die Strategie gewählt werden, die zu den niedrigsten Kosten führt. Die Vermeidungskosten geben dann die durch Umweltverschmutzung verursachte Wertminderung des nicht-produzierten Naturvermögens wieder.

Die Berechnung der Vermeidungskosten ist nur auf der Grundlage von Modellen möglich. Denkt man über alternative und nachhaltigere Formen wirtschaftlicher Leistung nach, können alle Vergleiche zwischen der tatsächlichen und der wünschenswerten Entwicklung nur hypothetischer Natur sein.

Die Differenz zwischen dem tatsächlichen Nettoinlandsprodukt und dem hypothetischen Nettoinlandsprodukt kann als Schätzwert für die anfallenden Umweltnutzungskosten interpretiert werden. In diesem Fall entspräche das Ökoinlandsprodukt dem Nettoinlandsprodukt einer hypothetischen Wirtschaft, die keine negativen Auswirkungen auf die natürliche Umwelt ausübt.

Primär ist zwischen zwei Modellen bzw. Ansätzen zu unterscheiden: zwischen einem statischen und einem dynamischen Ansatz. Wählt man einen statischen Ansatz, so beruhen die Modelle auf dem gegenwärtigen technologischen Stand und auf gegenwärtigen Preisen. Wählt man einen dynamischen Ansatz, so unterstellt man, daß technologischer Wandel (und technologische Verbesserungen) sowie Preisänderungen und wechselnde Präferenzen vorkommen können.

Beim statischen Ansatz werden die Schätzungen der erforderlichen Kosten, um eine umweltgerechte Nachhaltigkeit zu erreichen, wahrscheinlich höher liegen; beim dynamischen Ansatz dagegen stellt sich der Übergang schrittweise dar, was wahrscheinlich auch realistischer ist. Der statische Ansatz verdeutlicht stärker die Distanz, die noch überbrückt werden muß, um vom gegenwärtigen Wirtschaftsniveau zu einem umweltgerecht-nachhaltigen Wirtschaftsniveau zu gelangen. Im Hinblick auf die Modellarchitektur ist der dynamische Ansatz sehr viel komplizierter, da es nur mit großen Unsicherheiten möglich ist, die wirtschaftliche und technologische Entwicklung und den Wandel der Präferenzen der Wirtschaftssubjekte vorherzusagen. Beide Ansätze beinhalten komplexe Annahmen.

Trotz verbleibender Unsicherheiten und methodischer Probleme eröffnen aber beide Ansätze bahnbrechende Einsichten über das Niveau und die Struktur wirtschaftlicher Aktivitäten sowie über das Niveau des Sozialprodukts in einer hypothetischen umweltgerecht-nachhaltigen Wirtschaft. Aufgrund der zahlreichen Annahmen, die den Modellen zugrunde liegen, kann der Ansatz nicht innerhalb des Systems der Volkswirtschaftlichen Gesamtrechnungen realisiert werden. Das schließt nicht aus, daß die Ergebnisse der Modellrechnung im Rahmen der Volkswirtschaftlichen Gesamtrechnungen gezeigt werden, um die Distanz des Ökosozialprodukts zum traditionellen Bruttosozialprodukt zu verdeutlichen. Er sollte als wirtschaftswissenschaftliche Forschung betrachtet werden, an der Statistiker und Ökonomen zusammenarbeiten, um die Konsequenzen der umweltgerechten Nachhaltigkeit auf einem bestimmten Niveau und mit einer bestimmten Struktur der Wirtschaftsaktivität besser verstehen zu können.

Empfehlung 8

> Es ist grundsätzlich notwendig, den Ansatz der marktorientierten Bewertung anzuwenden. Dennoch reicht der weiter gefaßte wirtschaftliche Standpunkt nicht aus, um alle Fragen zu berücksichtigen, die mit dem Ziel Nachhaltigkeit verbunden sind. Infolgedessen müssen auch die zusätzlichen Kosten, die entstehen würden, wenn wir dem Prinzip der Nachhaltigkeit folgen, berücksichtigt werden.
>
> Der Ansatz der Vermeidungskosten, der noch genauer ausgearbeitet werden sollte, ist das angemessene Konzept. Er erfordert Modellverfahren, die nicht in den Rahmen des traditionellen SNA passen. Eine Zusammenarbeit zwischen statistischen Behörden und wirtschaftswissenschaftlichen Forschungsinstituten ist daher dringend erforderlich. Weiterführende Forschungen sollten sich im Schnittfeld der Volkswirtschaftlichen Gesamtrechnungen, der ökonometrischen Modellierungsverfahren und der Umweltökonomie bewegen.

Internationaler Handel

Bisher haben wir uns auf die Wertminderung des nicht-produzierten Naturvermögens (im Verhältnis zu den wirtschaftlichen Inlandsaktivitäten) konzentriert. Als nächster Schritt müssen die Umweltauswirkungen des internationalen Handels integriert werden, denn die gegenwärtige Zahlungsbilanz gibt deren Kosten nicht wieder. Im internationalen Handel sollten die Umweltnutzungskosten der gehandelten Waren und Dienstleistungen von dem Land getragen werden, in dem sie konsumiert werden. Das heißt, daß die Kosten der Veränderungen des nicht-produzierten Naturvermögens, soweit sie direkt oder indirekt von den Exportprodukten verursacht werden, vom Wertminderungsfaktor abgezogen werden. Entsprechend sollten die Kosten für Veränderungen des nicht-produzierten Naturvermögens, die von Importprodukten verursacht werden, den bereits ausgewiesenen Angaben zur Wertminderung des Naturvermögens hinzugefügt werden.

Die Einschätzung der Umweltnutzungskosten des internationalen Handels gibt unter anderem Aufschluß über den Verbrauch von Produkten, die in den Entwicklungsländern hergestellt und in den Industriestaaten konsumiert werden. Die Entwicklung spezifischer Methoden steht erst am Anfang; sie sollte jedoch dringend fortgeführt werden, insbesondere, wenn man den gegenwärtigen Trend weltweiter Vernetzung bedenkt. Dazu gehört auch, daß das produzierte Anlagevermögen sich in den Ländern mit niedrigem Lohnniveau und geringen rechtlichen Beschränkungen findet, wodurch eine unnachhaltige Entwicklung gefördert wird.

Empfehlung 9

> Eine erweiterte Umweltberichterstattung muß die Berechnung der Umweltaspekte des internationalen Handels berücksichtigen. Diese Erweiterung sprengt ebenfalls den Rahmen des traditionellen SNA.
> Im Hinblick auf den gegenwärtigen Trend weltweiter Vernetzung müssen die dazu nötigen Konzepte und Berechnungsmethoden weiterentwickelt werden. Die hierfür notwendigen Forschungsarbeiten sollten gemeinsam von Volkswirtschaftlicher Gesamtrechnung und Umweltökonomie erfolgen.

8. Lösungswege für einen Wandel

Der *Club of Rome* ruft zu einer Integration von Werten der ökonomischen Umweltnutzungen in das System der Volkswirtschaftlichen Gesamtrechnungen (VGR) auf. Die gegenwärtige Vorgehensweise, Ressourcen aufzubrauchen und diesen Verbrauch als «Einkommen» bzw. «Wachstum» zu bewerten, darf nicht länger fortgeführt werden. Die Gründe für den Wandel sind offensichtlich, aber dennoch gibt es vielfältige Widerstände, die wir uns bewußt machen müssen. Sie können technischer, ethischer und politischer Natur sein.

Die Vorstellung, einen Preis für die Natur festzulegen, trifft auf verständliche Abwehr und Verweigerung. Unabhängig vom Ansatz, der gewählt wird, um das Bruttoinlandsprodukt zu korrigieren, wird es sich bei der monetären Bewertung der ökonomischen Umweltnutzung immer nur um Schätzgrößen mit großem Fehlerspielraum handeln können. Außerdem geht die abendländischchristliche Tradition unserer Gesellschaft davon aus, daß Natur Gott ist, und daher jede monetäre Bewertung einem Akt der Blasphemie gleichzusetzen ist. Eine verständliche Reaktion. Wir geben den Verfechtern dieses Standpunktes jedoch zu bedenken, daß sie gegenüber den Ausbeutern der Natur eine ebenso harte Position einnehmen sollten. Denn deren Verhalten ist im gleichen Maße blasphemisch zu nennen.

Die beschriebene Ablehnung ähnelt der Überzeugung, daß die

Schönheit der Natur grundsätzlich nicht bewertet werden kann, da es sich um ein rein subjektives Gefühl handle. Die Vertreter dieser Meinung argumentieren weiter, daß sich das Werteverständnis laufend ändere und in einzelnen Kulturkreisen unterschiedlich sei, wodurch jeder wirtschaftlichen Bewertung etwas Künstliches anhaftet. Der Übergang zu einer Wirtschaftstheorie und einem Wirtschaftssystem, die über die traditionellen Vorstellungen hinausgehen, setzt also voraus, daß bezüglich der Messungen Unsicherheiten in Kauf genommen werden müssen (Giarini, 1993). Diese Unsicherheiten resultieren aus der Frage, was der Begriff der wirtschaftlichen Wohlfahrt eigentlich bedeutet. Fest steht zumindest, daß er sich im Laufe der Zeit sehr gewandelt hat und damit ein gedankliches Konstrukt darstellt, das nur auf die jeweiligen Zeitumstände bezogen werden kann.

Ein weiterer Unsicherheitsfaktor besteht darin, daß Wohlstand oft von klimatischen Bedingungen abhängig ist. So müssen beispielsweise Länder in kälteren Regionen anspruchsvollere Heizungssysteme entwickeln als Länder in warmen Region. In den erstgenannten Gebieten wurden dementsprechend mehr monetär bewertbare Tätigkeiten zur Wärmeerzeugung entwickelt. Wie ist nun der Reichtum in diesen Ländern zu definieren? Ist das Land reich, das viel Geld in die künstliche Wärmeerzeugung investieren muß (kann) oder das, das dies nicht nötig hat?

Es ist jedoch möglich, wie Max-Neeff und Ekins (1992) gezeigt haben, allgemeingültige Muster menschlichen Verhaltens zu beschreiben. Diese schließen den Sinn für natürliche Schönheit ebenso ein wie die Auffassung, daß saubere Luft, sauberes Wasser und gesunde Böden Voraussetzungen des Lebens sind.

Es gibt aber auch formelle Widerstände. In den ersten Sitzungen der UN-Kommission zur Nachhaltigen Entwicklung (1993) machten die US-Delegierten unmißverständlich deutlich, daß eine Veränderung der internationalen Wirtschaftsstruktur nicht zur Disposition steht. Der NAFTA-Vertrag sowie die kürzlich abgeschlossene Runde der GATT-Verhandlungen zeigen das gleiche Muster: Das Weltwirtschaftssystem wird als eine universelle und unbewegliche Wahrheit angesehen, und jede Abweichung davon rufen Angst und Drohgebärden hervor. An den volkswirtschaftlichen Fakultäten wird der Umwelt wenig Beachtung geschenkt, ebensowenig wie den dynamischen Vorgängen des Volkseinkommens oder der Schaffung von Wohlstand. Zudem gibt es Umweltschützer (in Regierungen und NROs), die wir als treue Anhänger der überkommenen wirtschaftlichen Wachstumsmuster kennen, weil sie ein tiefsitzendes Unbehagen gegenüber der Komplexität wirtschaftlicher Theo-

rien haben. Und dies ist ein weiterer Punkt des Widerstandes: der
Irrgarten wirtschaftswissenschaftlicher Theorien. Nicht nur im Bereich des BIP, sondern auch im Hinblick auf die Prinzipien, die dem
wirtschaftlichen Handeln von Ländern, Unternehmen und Konsumenten zugrunde liegen; die Diskrepanzen zwischen Theorie und
Wirklichkeit bei Angebot, Nachfrage und Handel; bei der Interpretation von Einkommen und Kosten etc. Dennoch kann der theoretische Rahmen für eine Korrektur des Volkseinkommens als ausreichend entwickelt angesehen werden, um jetzt mit einer formalen Anpassung zu beginnen.

Andere Widerstände, die vor allem durch die vereinfachenden
Aussagegehalte des BIP begründet sind, sind zu erwarten. Diese
verkürzte Darstellung der Wirtschaftsentwicklung wirkt sich auch
auf die öffentliche Meinung aus, denn diese wird stark von den
Reaktionen der Medien und der Politiker auf Wachstumsnachrichten beeinflußt, die sich auf einen eindimensionalen Ausdruck für
Produktion und Konsum beschränken. Wie von führenden US-Politikern während der letzten Wahlen beobachtet wurde, hat der
durchschnittliche Wähler nur eine oberflächliche Kenntnis der
Wirtschaft. Ein Beispiel hierfür ist unter anderem der Glaube an
einen möglichen Zusammenhang zwischen niedrigeren Steuern
und größerer Verteidigungssicherheit. Der derzeitige Trend der
Beschneidung des öffentlichen Sektors ist ein weiterer Grund zur
Sorge. Wenn die Rolle des Staates und der internationalen Körperschaften wirklich verringert werden soll, dann wird dies wahrscheinlich die Chancen für einen positiven Wandel in ihrer Politik
eher verlangsamen. Letztendlich bestehen auch Zweifel an der
Bereitschaft von Regierungen und Politikern, tatsächlich für Wahrheit und Ehrlichkeit einzutreten und sich nicht nur für kurzfristige
Gewinne und Vorteile zu interessieren. Wir bezweifeln ihre Bereitschaft, schwierige Herausforderungen anzunehmen, langfristige
Politik zu betreiben und Maßnahmen zu ergreifen, die Einfallsreichtum und Mut verlangen.

Es geht jedoch um mehr als die Korrektur des Bruttoinlandsproduktes. Wenn ein wirklichkeitsgetreuer Index, das Ökosozialprodukt, einmal angenommen worden ist, welche neuen Realitäten
werden dann im alltäglichen Leben entstehen?

Wir haben Gründe zu der Annahme, daß der Mythos Wachstum
derart dominant ist, daß die Logik der korrektiven Maßnahmen, wie
sie in diesem Buch beschrieben worden sind, nicht befolgt werden
kann und wird, wenn wir nicht weitere Antworten geben. Die
Fragen nach Wohlfahrt, realem Wohlstand und ökologischem Ka-

pital sind beantwortet worden; die nach der Rolle von Technologie und Beschäftigung noch nicht.

In jeder Debatte zu diesem Thema werden wir mit der Meinung konfrontiert, Technologie habe die Aufgabe, Beschäftigung überflüssig zu machen, da dies der Schlüssel zur Steigerung der Arbeitsproduktivität sei. Gleichzeitig wird die Expansion des Marktes als einzige Lösung betrachtet, die so entstandene Arbeitslosigkeit aufzufangen. Dies führt zu einer endlosen Spirale: Es werden neue Technologien entwickelt, die Arbeitsplätze schaffen, die jedoch nach einer gewissen Zeit wegrationalisiert werden, woraufhin wieder neue Technologien entwickelt werden, die eine neue Runde der Arbeitslosigkeit einläuten... Wenn dieser Prozeß aus Gründen der Nachhaltigkeit umgelenkt wird, was passiert dann mit Technologie und Beschäftigung?

Als erstes müssen wir berücksichtigen, daß die beschriebene Spirale schon jetzt nicht mehr ausreichend Beschäftigung schafft, da weder die neuen Märkte noch die neuen Technologien die zu beobachtende Arbeitsplatzvernichtung ausgleichen können. Die Anteile der Arbeitslosen an der Gesamtzahl der Erwerbspersonen sind in Europa in den letzten zwanzig Jahren von 2–3 Prozent (1970) über 7–8 Prozent (1980) bis auf heutige 10–12 Prozent gestiegen, die nur noch als strukturelle Arbeitslosigkeit bezeichnet werden können. Die Prognosen übersteigen bereits kaum vorstellbare Prozentraten von 20–25 Prozent. Das bedeutet, daß – abgesehen von der Anpassung des BIP – Grundlegendes passieren muß, um die Beschäftigungsentwicklung zu verändern.

Unsere erste Botschaft war, alles Wachstum anzuhalten. Wir nehmen diesen Aufruf nicht zurück, wir erweitern ihn vielmehr, indem wir jetzt zu einer Effizienzrevolution aufrufen. Sie kann, wie wir glauben, zumindest Teilantworten auf die Fragen nach Technologie und Beschäftigung in einer Zeit eingeschränkter Umweltnutzung geben.

Wenn wir die CO_2-Problematik als ein Schlüsselsymbol für eine umweltgerechte Korrektur des BIP nehmen, dann stoßen wir sofort auf das Technologiethema. Die Vostok-Expedition zur Antarktis hat einen engen Zusammenhang zwischen CO_2-Konzentrationen und weltweiter Temperaturentwicklung im Verlauf der letzten 160.000 Jahre nachgewiesen. Auch wenn die Rückkoppelungsschleifen noch nicht ausreichend verstanden werden, müssen wir davon ausgehen, daß ein weiterer Anstieg der CO_2-Konzentrationen und anderer Treibhausgase die Temperaturen weltweit ansteigen lassen wird. Das *Intergovernmental Panel on Climate Change (IPCC)* sieht eine Reduzierung der Treibhausgasemissionen um etwa 60–

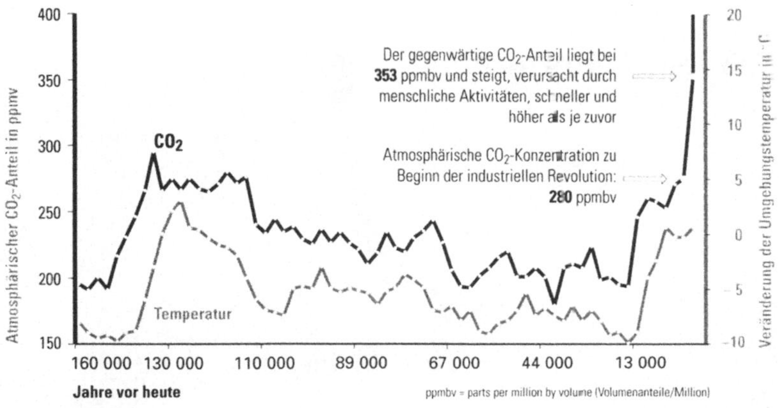

Abbildung V.4
Korrelation der CO2- und Temperatur-Veränderungen im Zeitraum von 160.000 Jahren vor heute bis zum Jahr 2100.

80 Prozent als essentiell an, um eine gefährliche Beschleunigung der globalen Erwärmung zu verhindern.

Im Gegensatz zu den Anforderungen, die das IPCC formuliert hat, sagen die Szenarien des *World Energy Council (WEC)* voraus, daß die Energienachfrage bis zum Jahr 2020 weltweit um etwa 50–70 Prozent ansteigen wird, was auf eine Verdoppelung des Energiebedarfs bis zum Jahr 2040 schließen läßt. Jetzt kennen wir die Lücke, die sich zwischen den Erfordernissen der IPCC-Berechnungen und den WEC-Prognosen auftut: Es geht um einen Faktor von mindestens 4.

Diese Lücke kann nicht durch Atomenergie geschlossen werden. Wenn wir von der übersteigerten Annahme ausgehen, daß sich die Kapazitäten der nuklearen Energieerzeugung innerhalb der nächsten dreißig oder vierzig Jahre weltweit verdreifachen, würden wir eine Steigerung des Anteils der Atomenergie am globalen Energiekuchen von heute 5 Prozent auf dann 15 Prozent erreichen (siehe Abbildung V.6). Wenn sich jedoch der Gesamtenergiebedarf in diesem Zeitraum verdoppelt, dann würde der Atomsektor nur mehr mit 7,5 Prozent beitragen. Das ist einfach zu wenig, um das Problem zu lösen. Und die drohenden Gefahren, die mit der nuklearen Energieerzeugung einhergehen, würden sich alarmierend vergrößern: die Anfälligkeit gegenüber terroristischen Anschlägen, der Uranerzabbau (der unglaublichen Dreck verursacht) und schließlich die Entsorgung über Hunderttausende von Jahren.

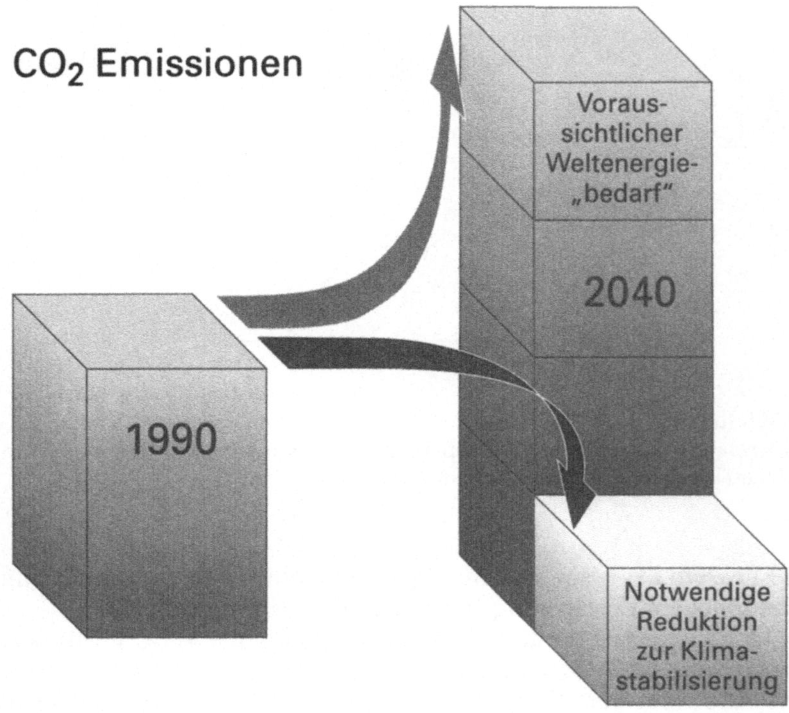

Abbildung V.5
Zwischen dem voraussichtlichen Weltenergiebedarf und der Notwendigkeit einer CO$_2$-Reduktion klafft noch ein weiter Abstand.

In der Vergangenheit hatte der technologische Fortschritt hauptsächlich die Eigenschaft, die Arbeitsproduktivität zu erhöhen. Wissenschaft und Technik zusammen mit Logistik und gutem Management haben es in den meisten Industrieländern ermöglicht, die
Arbeitsproduktivität über die letzten 150 Jahre hinweg um etwa
einen Faktor 20 zu erhöhen. Dabei wurde jedoch die Ressourcen-
produktivität vernachlässigt. Hier war kaum ein Anstieg zu verzeichnen, was sich auch darin widerspiegelt, daß in allen Industrieländern die Kurven des Verbrauchs von Energie und Rohstoffen fast
parallel mit denen des BIP verliefen.

Nach 1973 setzte ein bescheidener Entkoppelungsprozeß ein,
der durch den Anstieg der Ölpreise hervorgerufen wurde. Während
der letzten zwanzig Jahre jedoch hat diese Entkoppelung die Energieproduktivität in Japan nur um ca. 20 Prozent und in (West-)-

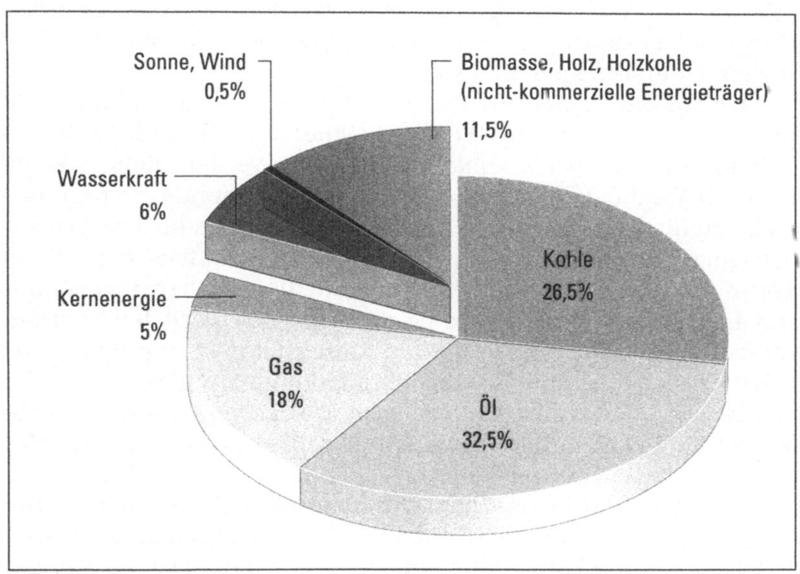

Abbildung V.6
Derzeitige Anteile der Energieträger am Weltenergieverbrauch 1985.

Deutschland um lediglich ca. 10 Prozent gesteigert. Auch in den anderen europäischen Ländern und den USA sieht es nicht viel besser aus.

Die Diskussion um den Treibhausgaseffekt hat gezeigt, daß wir im Bereich der makroökonomischen Energieproduktivität einen Faktor von mindestens 4 anstreben sollten, um die obengenannte Lücke zu schließen; dies entspricht einem 300prozentigen Produktivitätsanstieg. Eine Vervierfachung der Energieproduktivität würde eine Verdoppelung der Energieleistungen erlauben, bei einer gleichzeitigen Halbierung der Treibhausgasemissionen aus der Energieerzeugung. Wenn dabei auch noch Verlagerungen im Energie-Mix vorgenommen werden, ist dies nur um so besser.

Eine Vervierfachung der Energieproduktivität ist keine so abgehobene Vorstellung, wie es auf den ersten Blick erscheinen mag. Sie kann schon durch einen 3prozentigen Anstieg pro Jahr, über etwa 45 Jahre hinweg, erreicht werden. Und für viele Prozesse, die Energie verbrauchen, ist eine Verdoppelung der Effektivität schon durch die Anwendung von derzeit bekannten Technologien möglich, und zwar ohne daß größere Veränderungen im Konsumverhalten oder bei der Infrastruktur erforderlich wären. Wenn derartig tiefgehende Veränderungen gestattet werden, ist eine Vervierfachung der gesamtwirtschaftlichen Energieproduktivität mit Hilfe vorhandener Technologien vorstellbar.

Der Ausgangspunkt für einen Anstieg der Energieproduktivität ist *Least Cost Planning (LCP)*. Wenn Genehmigungen für Kraftwerke von dem Nachweis abhängig gemacht werden, daß es keine anderen Möglichkeiten gibt, die bestehende Energieversorgungslücke zu niedrigeren Kosten zu schließen, wird es für Kraftwerksbetreiber gewinnträchtiger, Energieeffizienzmaßnahmen beim Konsumenten zu unterstützen. Wenn die monatlichen Abrechnungen der Abnehmer niedrigere Werte ausweisen, wird den Energieversorgern gestattet, die Preise pro Kilowattstunde zu erhöhen. Als Folge werden die Kapitalkosten beträchtlich verringert. *Pacific Gas and Electric*, der größte kalifornische Energieversorger, hat seine Bauabteilung vollkommen abgeschafft und seine Gewinne seit der Einführung von LCP vergrößert.

Das Wuppertal Institut hat für eine breite Palette von Sektoren das Potential nachgewiesen, mit dem die Ressourcenkapazität vervierfacht werden kann, ohne daß ein Qualitätsverlust bei den angebotenen Dienstleistungen entsteht. Dabei beschäftigte es sich nicht nur mit dem Energieverbrauch, sondern auch mit dem Verbrauch von Rohstoffen, der zur Zeit absolut nicht nachhaltig ist (Schmidt-Bleek, 1994). Tatsache ist, daß die physikalischen Eigenschaften von Materialien, im Vergleich zu Energie, es sogar noch leichter machen, sich einen gewaltigen Produktivitätsanstieg vorzustellen. Die Schlüsselbegriffe sind hier Langlebigkeit, Wiederverwertung, Wiederverwendung und reduzierte Transportansprüche. Was ganz deutlich fehlt, ist eine vernünftige Politik, die Stoffströme zu verringern. Es gab kein Äquivalent zur Energiekrise, daher fehlen uns zwanzig Jahre Erfahrung.

Der einfachste Weg, die technische Entwicklung in eine neue Richtung zu lenken, liegt darin, die Preise (wenigstens annähernd) die «ökologische Wahrheit» sprechen zu lassen und dadurch die erwünschte technologische Revolution für die Unternehmen gewinnfähig und für den Endverbraucher vorteilhaft zu gestalten.

Die makroökonomische Rechtfertigung hierfür liegt in den Schätzungen für die negativen externen Effekte, die durch den Rohstoffverbrauch verursacht werden. Die Basler Unternehmensberatung Prognos hat die externen Kosten der Energieproduktion und des Energieverbrauchs in Deutschland auf 5–10 Prozent des deutschen BIP geschätzt (Prognos, 1992). Diese weitreichende Studie wurde vom deutschen Wirtschaftsministerium finanziert und deutet die Größenordnung korrigierter BIP-Beträge an.

Preisanstiege für Energie und grundlegende Rohstoffe können
durch eine Reihe von Maßnahmen bewirkt werden: zum Beispiel
durch technische Anreize und bürokratische Vorschriften, Gesetze
zur Eindämmung von Umweltverschmutzung, die Abschaffung von
Subventionen, handelbare Emissionsrechte (u.a. für CO_2) sowie
durch Steuern und Abgaben.

Auf internationaler Ebene sollten handelbare CO_2-Emissions-
rechte (zum Beispiel nach Grubb, 1992), die einem Land nach der
Größe ihrer erwachsenen Bevölkerung zustehen, favorisiert werden. Sie würden für den Süden klar von Vorteil sein und dennoch
einen starken Druck auf ihn ausüben, den Energieverbrauch niedrig zu halten. Die Bewilligung von *«grandfathering»* könnte dabei
in Ausnahmefällen, d.h. zusätzlichen Kosten für diejenigen, die
schon seit langer Zeit zu den Großverbrauchern gezählt haben,
verhandelt werden und könnte als gerechtfertigt angesehen werden, die Schwierigkeiten plötzlicher Anpassungsmaßnahmen an-
zuerkennen.

Handelbare Emissionsrechte sind als Instrument nationaler
Umweltpolitik weniger plausibel. Denn wer soll die CO_2-Emissio-
nen von Holzöfen oder die Methanemissionen der Kompostierung
messen und kontrollieren? Außerdem werden die Preise für Emissionsrechte in Zeiten wirtschaftlichen Aufschwungs wahrscheinlich stark ansteigen, so daß dadurch Millionen von Menschen, die
an den Vorteilen des Aufschwungs nicht teilhaben, in wirtschaftliche Bedrängnis geraten.

Probleme wie administrative Kosten, Preisungewißheit und soziale Gerechtigkeit könnten durch eine Strategie, CO_2-Emissionen
oder Energie direkt zu besteuern, stark vermindert werden. Das
ist es, was wir unter dem Namen *ökologische Steuerreform* verfechten.

Die ökologische Steuerreform ist ein Konzept, das nicht leicht
zu entwickeln ist. Ein paar Hinweise mögen daher hilfreich sein,
um eine angemessene Ausgestaltung zu finden:

— Von Ökosteuern können keine schnellen ökologischen Wirkungen erwartet werden. Die kurzfristigen Preiselastizitäten von
  Energie und anderen Rohstoffen liegen sehr niedrig. Diese Tatsache darf aber nicht so ausgelegt werden, daß sie eine geringe
  Wirksamkeit des Instruments belegt. Langfristige Preiselastizitäten werden als sehr hoch eingeschätzt. Dies gilt selbst für
  Kraftstoffe, die oft als Beispiel für Preiselastizitäten genannt
  werden, die nahezu gegen Null gehen. Ein Vergleich der OECD-
  Länder zeigt, daß es eine deutlich negative Korrelation zwischen

Treibstoffpreisen und jährlichem Pro-Kopf-Treibstoffverbrauch
gibt.

- Da die kurzfristigen Preiselastizitäten niedrig und die langfristigen
Preiselastizitäten hoch liegen, gibt es keinen Grund, Ökosteuern
plötzlich einzuführen. Um den gewünschten Steuerungseffekt zu
erreichen, ist es vielmehr wichtig, eine nicht anzuzweifelnde Gewißheit darüber zu schaffen, daß in den nächsten Jahrzehnten die
Ökosteuern ansteigen werden. Um wirkungsvoll zu sein, ist es
nicht notwendig, bei $ 3 pro Barrel Öl einzusteigen. Das erste
Preissignal könnte wesentlich niedriger liegen; sogar bei Null,
wenn die Gewißheit besteht, daß Steuern eingeführt werden und
daß diese eine Höhe von $ 10 pro Barrel und letztendlich noch mehr
erreichen werden. Es ist ein vollkommen legitimer Anspruch der
Industrie, daß das Signal nicht dazu führen darf, daß Kapitalanla-
gen (durch die vorzeitige Schließung bestehender Anlagen) vollkommen entwertet werden. Es ist aber nicht gerechtfertigt, Bedingungen zu schaffen, daß neu angelegte Kapital in nicht-nachhaltige
Strukturen fließt.

- Budgetneutralität ist Grundvoraussetzung für eine positive Be-
schäftigungswirkung. Staatsausgaben neigen dazu, hinsichtlich
der Schaffung von Arbeitsplätzen weniger effektiv zu sein als
private Investitionen unter vorteilhaften Bedingungen. Um die
größte Wirkung auf dem Arbeitsmarkt zu erreichen, müßten vor
allen Dingen die indirekten Arbeitskosten gesenkt werden. Eine
Reduzierung der Sozialversicherungsausgaben, der Kranken-
versicherungsbeiträge und anderer indirekter Arbeitskosten
würde den Einsatz menschlicher Arbeit für die Arbeitgeber
rentabler machen. Um dies zu erreichen, müßten die Einkünfte
der Ökosteuern teilweise dazu benutzt werden, die Versiche-
rungsleistungen mit zu finanzieren. Grubb et al. haben gezeigt,
daß ein investitionsfreundlicher Einsatz der Einnahmen tatsächlich das Wachstum fördern kann, während eine undifferen-
zierte Umschichtung für das Wachstum zumindest nicht hinder-
lich ist.

- Es gibt keine ökologischen Argumente, die gegen Budgetneutralität sprechen. Eine Zweckbindung der Einnahmen ist nicht notwendig. Die größten ökologischen Auswirkungen der ökologischen Steuerreform liegen darin, daß die Rahmenbedingungen für
das Erzielen von Gewinnen verändert werden. Wenn es gewichtige
zusätzliche Gründe gibt, mehr öffentliche Ausgaben für den Umweltschutz oder für die Infrastruktur des öffentlichen Verkehrs
bereitzustellen, ist es den Parlamenten freigestellt, sich dafür zu
entscheiden – allerdings zu Lasten anderer Bereiche.

Unter Berücksichtigung dieser Beobachtungen unterstützen wir Ernst Ulrich von Weizsäckers Vorschlag für eine ökologische Steuerreform, die wir in einer Gesellschaft, die Beschäftigung als oberste Priorität einstuft, für durchsetzbar halten. Sein Vorschlag beruht auf einem langsamen Anstieg der Rohstoffpreise um etwa 5 Prozent jährlich, und das über einen Zeitraum von etwa 40 Jahren hinweg (von Weizsäcker, 1994). Ein erster Schritt ist die Reduktion von Subventionen für Energie und für andere ökologisch problematische Faktoren. In Folge könnten dann Steuern auf nicht erneuerbare Energieträger erhoben werden sowie auf grundlegende Rohstoffe, auf den Wasserverbrauch, auf bestimmte Chemikalien wie Chlor und Metalle und auf bestimmte Formen der Flächennutzung. Wir bleiben skeptisch in bezug auf Steuern, die auf umweltbelastende Emissionen oder auf Abfälle erhoben werden, und zwar wegen der Möglichkeit des Beitrags und der Grenzen für eine wirksame Kontrolle, vor allem in den weniger entwickelten Ländern.

Andere Steuern und Abgaben sollten um entsprechende Beträge gesenkt werden. Dabei sollten vor allem die steuerlichen und steuerähnlichen Belastungen menschlicher Arbeit reduziert werden.

Die Rücknahme von Subventionen zusammen mit einer ökologischen Steuerreform würde den Produktivitätsanstieg der Ressourcen gewinnträchtiger machen und Entlassungen von Arbeitskräften verringern. Dies würde sich wiederum positiv auf die gesamte Wirtschaft auswirken. Repetto et al. (1992) glauben, daß der «insgesamt mögliche Gewinn, der durch eine Verlagerung hin zu ökologischen Abgaben ermöglicht wird, bei etwa $ 0,45 bis $ 0,80 pro Steuerdollar liegt, der umweltschädigende statt umweltfreundliche Vorgänge belastet – ohne Verlust an Steueraufkommen».

Wegen der erwarteten Produktivitätsgewinne (die nach moderaten Schätzungen bei 3 Prozent im Jahr liegen), würde ein Preissignal von 5 Prozent jährlich eine extrem sanfte Wirkung haben. Es würde effektiv nur 2 Prozent jährlich bedeuten (5 Prozent minus 3 Prozent), für einen Produktionsfaktor, der im Durchschnitt weniger als 4 Prozent der gesamten Produktionskosten ausmacht, so daß die letztendliche Kostenauswirkung nur 0,08 Prozent beträgt. Selbst dieser kaum wahrnehmbare Kostenunterschied würde – zumindest im Durchschnitt – durch die Senkung der Lohnkosten ausgeglichen werden, zum Beispiel durch die Reduktion der Sozialversicherungsabgaben. Daher würden Unternehmen durch die Reform sogar finanzielle Vorteile genießen. Mit anderen Worten: selbst wenn einige Unternehmen Verluste hinnehmen müßten, gäbe es im Durchschnitt mehr Gewinner als Verlierer.

Offensichtlich liegen die Hauptprobleme in der Vorhersehbarkeit und der internationalen Harmonisierung. Wenn es jedoch einen gesellschaftlichen Konsens darüber gibt, daß das Modell der ökologischen Steuerreform nicht nur für die Umwelt, sondern auch für die Wirtschaft von Vorteil ist, sollte es nicht allzu schwierig sein, zwischen den großen politischen Parteien eine Einigung zu erzielen. Dadurch wäre das Thema, nach einem gewissen Zeitraum, auch aus dem Wahlkampfgeschehen verschwunden. Die internationale Harmonisierung wird wesentlich einfacher sein, als es die Angleichung anderer, klassischer Umweltschutzmaßnahmen war, da diese zusätzliche Kosten verursacht haben, ohne daß direkte wirtschaftliche Gewinne gemacht werden konnten.

Wenn Unternehmensführer und Kapitalbesitzer Möglichkeiten für einen neuen und verläßlichen Weg technologischer Entwicklung sehen, sind sie vielleicht ermutigt, Geld in diese Chance zu investieren. Es gibt kaum etwas Anregenderes für die Geschäftswelt als eine stetige und überschaubare Entwicklung. Wenn der Konsens erst einmal stark genug ist und die Pioniere überzeugt sind, kann sich der Prozeß schnell verselbständigen. Dauerhafte Güter würden etwas früher außer Gebrauch gehen. Das könnte leicht als wirkungsvolle Initialzündung dienen, der den noch schwachen wirtschaftlichen Aufschwung stärken könnte.

Ist es nicht eine verlockende Idee, die traurige Gewißheit der Umweltkrise als Basis für eine neue technologische Entwicklung zu benutzen? Sollte diese Neuorientierung nicht unbedingt auf die Tagesordnung der G7, der OECD oder der betreffenden UN-Institutionen gesetzt werden?

Eine derart umgestaltete Welt würde sich von der heutigen grundlegend unterscheiden: Die Politiker müßten nicht mehr das Schrumpfen der formalen Beschäftigungszahlen fürchten. «Wachstum» wäre nicht mehr länger die Voraussetzung für politische Stabilität oder gesunde Staatskassen. Indikatoren für wirklichen Wohlstand wären nicht mehr akademische Konzepte; diese würden vielmehr empirisch begründet und nach genauer Marktbeobachtung tatsächlich umgesetzt. Denn der Arbeitsmarkt wäre vor allem ein Markt, auf dem Möglichkeiten zur wirklichen Befriedigung gehandelt würden.

Man kann diesen Entwurf einer nachhaltigen Gesellschaft noch weiter entfalten. Viel von dem, was letztendlich an Zufriedenheit erreicht wird, kann mit Hilfe nur geringer Mengen materieller Zwischenprodukte erreicht werden. Für autarke Gesellschaften könnte ein Handeln in den gewohnten kommerziellen Strukturen vollkommen überflüssig werden. Auch das Bildungssystem würde

sich in einer nachhaltigen Gesellschaft weitgehend von dem uns
heute bekannten unterscheiden. Das gleiche gilt für das Verkehrssystem, die Polizei und andere öffentliche Bereiche.

Wir sind diese weitreichenden Schritte in Richtung Utopie bewußt gegangen. Denn wir wollen unserer Meinung Ausdruck ver-
leihen, daß, um Nachhaltigkeit zu erreichen, Messungen und akademische Definitionen nicht genügen. Im Kern geht es darum, den
technischen und kulturellen Fortschritt gezielt in neue Bahnen zu
lenken; beginnend mit deutlichen Modifizierungen unseres wirtschaftlichen Anreizsystems.

Letztendlich brauchen wir eine Vision für ein neues Wertesy-
stem und eine neue Beschaffenheit unserer bürgerlichen Gesellschaft.[7]

Um aber diese Vision auch Realität werden zu lassen, brauchen
wir Modellrechnungen, in denen wir Strategien testen, wie wir zum
Beispiel mit einer ökologischen Steuerreform einen Zustand der
Nachhaltigkeit erreichen können. Das dabei modellmäßig ermittelte Ökosozialprodukt, das Aufschluß über das Niveau wirtschaftlicher Leistung bei nachhaltiger Wirtschaftsweise gibt, kann dann
zwei Funktionen erfüllen, mit denen es die geschilderte Vision
unterstützt:

– Bei einem Vergleich des zukünftig möglichen Ökosozialprodukts mit dem gegenwärtigen Bruttosozialprodukt kann deutlich werden, wie weit wir jetzt noch von der Vision einer nachhaltigen Wirtschafts- und Lebensweise entfernt sind. Dies könnte den notwendigen Prozeß des Umdenkens beschleunigen und
  die überfällige Umorientierung unseres Handelns erleichtern.
– Die Ergebnisse der Modellrechnungen, zu denen auch das Ökosozialprodukt gehört, geben uns konkrete Hinweise darauf, wie
  eine nachhaltige Wirtschaft aussehen könnte: Die Vision wird,
  zumindest in unserer Modellwelt, bereits Realität. Zur Unterstützung der nötigen Überzeugungsarbeit, die bei dem Übergang zu einer nachhaltigen Wirtschaftsweise geleistet werden
  muß, erscheint es äußerst hilfreich, der Gesellschaft mit Hilfe
  der Modellergebnisse bereits jetzt anschaulich machen zu können, was sie erwarten könnte.

---

7   Näheres in: «Real value for nature» (Sheng, 1995), WWF International.

9. Stärkung der internationalen Zusammenarbeit

In den vergangenen zehn Jahren hat die internationale Gemeinschaft verstärkt Anstrengungen unternommen, den Wert der ökonomischen Umweltnutzung innerhalb der Volkswirtschaftlichen Gesamtrechnungen zu ermitteln. Verschiedene internationale Institutionen – vor allem das Umweltprogramm der Vereinten Nationen (UNEP), die Statistische Abteilung der Vereinten Nationen (UNSTAT) und die Weltbank – haben in Zusammenarbeit mit einigen Regierungen Workshops finanziert, die eine Reihe von Forschungsarbeiten initiiert haben. An diesen Arbeiten haben auch Nichtregierungsorganisationen (NRO) teilgenommen.

Die Ergebnisse finden sich in verschiedenen Veröffentlichungen, die konzeptionelle und methodische Frage behandeln, sowie in Fallstudien. Dazu gehört das UN-Handbuch zur Einführung eines Systems der Integrierten Volkswirtschaftlichen und Umweltgesamtrechnung (SEEA), das einen Rahmen für eine sinnvolle Aufgliederung der Daten, für die Gestaltung der Strom- und Bestandskonten und für die verschiedenen Bewertungsmethoden zur Verfügung gestellt hat.

Diese Bemühungen reichen jedoch nicht aus, um Bewertungen der ökonomischen Umweltnutzung in das System der Volkswirtschaftlichen Gesamtrechnungen (*System of National Accounts – SNA*) zu integrieren. Um die Umwelt in das SNA und die politischen Entscheidungsprozesse einzubeziehen, ist mehr notwendig, als Workshops zu organisieren und Bücher zu schreiben. Wir brauchen die Unterstützung der Öffentlichkeit, einen ausgeprägten politischen Willen und internationale Übereinkunft über die anzuwendenden Konzepte. Zudem ist finanzielle und technische Unterstützung der Entwicklungsländer nötig, um ihnen die Anwendung eines integrierten ökonomisch-ökologischen Rechenwerks zu ermöglichen. Vor allen Dingen benötigen wir eine starke internationale Führung, die die Richtung festlegt, den Kurs bestimmt, Gelder und Fachwissen bereitstellt, Informationen verbreitet und das korrigierte SNA auf internationaler Ebene einführt.

Wie ernsthaft dieses Ziel verfolgt wird, zeigt die internationale Zusammenarbeit, die bisher noch kaum stattfindet. Trotz der steigenden Zahl an Publikationen steht der Öffentlichkeit nicht genügend verständliche Information zur Verfügung. Das Bewußtsein und die Meinung der Bevölkerung ist jedoch ein ausschlaggebender Faktor des politischen Willens der Entscheidungsträger. Das Gros der Veröffentlichungen ist technisch-wissenschaftlicher Natur und vernachlässigt die Erklärung der Grundgedanken der Reform des SNA. Darüber hinaus fehlt eine gezielte Verbreitung der Publikationen. Selbst wichtige Regierungsinstitutionen wie Behörden, die für Umweltfragen zuständig sind, stehen nicht auf den Verteilern, von NROs ganz zu schweigen.

Ein Zustand, der die Reformbemühungen massiv behindert.

Obwohl verschiedene Methoden der Umweltberichterstattung zur Verfügung stehen, findet keine öffentliche Diskussion statt. Das verzögert die Verbesserung und Harmonisierung und behindert die Entwicklung international vergleichbarer Systeme – und nur diese machen Sinn. Einzelne Experten verteidigen lediglich ihre eigenen Ansätze und sind nicht zu nötigen Modifizierungen bzw. zur Anerkennung anderer Methoden bereit.

Durch die permanenten Unstimmigkeiten werden die knappen Forschungsmittel vergeudet und die Politiker in ihrer abwartenden Haltung bestärkt. Die internationalen Institutionen haben einer begrenzten Anzahl von Ländern finanzielle und technische Mittel zur Verfügung gestellt, aber sie sind keine weiterführenden Verpflichtungen eingegangen, die internationale Anwendung eines Ökosozialproduktes zu fördern.

Die UN-Institutionen und die Wirtschaftskommisson der UN für Europa (ECE) – eine der wenigen Institutionen, die sich auf Umweltstatistik spezialisiert hat – müssen einschneidene finanzielle Kürzungen hinnehmen. Und die multilateralen Entwicklungsbanken, denen die größten finanziellen und technischen Mittel zur Verfügung stehen, versagen bislang ihre Unterstützung. Die *Organisation of American States (OAS)* hat das *Western Hemisphere Programme* entwickelt, das sich der Umweltberichterstattung widmet und das in drei Jahren US$ 3 Millionen benötigt, um Netzwerke und Einrichtungen in den teilnehmenden Entwicklungsländern aufzubauen. In diesem Zusammenhang wurden mehrere multilaterale Entwicklungsbanken um Hilfe gebeten – ohne Erfolg.

Es fehlt eine internationale Führungskraft, die sich für die Reform der internationalen Berichtssysteme wie des SNA verantwortlich fühlt. Die nur locker organisierte *Inter-Secretariat Working Group (ISWG)*, die zur Überarbeitung des SNA berufen wurde, hat kein eindeutiges Mandat zur Behandlung der Frage der Umweltberichterstattung – obwohl sie einige Umweltaspekte in Randbereiche der Version des SNA von 1993 eingebracht hat. Die ISWG ist nicht imstande, eine internationale Arbeitsordnung aufzustellen und den Reformprozeß zu koordinieren. In den 80er Jahren spielte die Weltbank, was die Organisation von Forschungsarbeiten sowie den finanziellen und technischen Einsatz betraf, eine Schlüsselrolle. Der fehlende politische Wille der Länder, die diese

Organisation tragen, verhinderte, daß dieses Thema auf der Tagesordnung blieb.

Die UN-Organisationen werden durch ihre institutionellen Grenzen und auch durch politische Einflußnahme behindert, doch gerade sie sind für die Durchsetzung der weltweiten Anwendung eines umweltgerecht-angepaßten SNA notwendig. Das UN-Handbuch, das einen Satellitenansatz vorschlägt, läßt diese Einschränkungen zumindest ein wenig erahnen, wenn es auch einen wesentlichen Fortschritt darstellt. Der fehlende politische Wille der Mitgliedstaaten hat auch die OECD und die EU bislang davon abgehalten, diesem Thema erste Priorität einzuräumen. Die bei diesen Organisationen in den letzten Jahren zu beobachtenden Initiativen auf dem Gebiet der Umweltberichterstattung müßten noch wesentlich verstärkt werden.

Empfehlung 10

- Wichtige Informationen müssen in verständlicher Form an Regierungen, Entwicklungshilfeorganisationen, nationale statistische Behörden, Forschungsinstitute, NROs und andere interessierte Kreise verteilt werden. Die Öffentlichkeit und die politischen Entscheidungsträger müssen über die Notwendigkeit und die Möglichkeit einer Reform des SNA aufgeklärt werden.
- Es müssen Möglichkeiten geschaffen werden, daß Experten und Interessierte die methodischen Fragen offen diskutieren und die politische Anwendbarkeit eines umweltgerecht-angepaßten SNA erörtern können.
- Die Umweltberichterstattung sollte, über den im UN-Handbuch enthaltenen Satellitenansatz hinaus, in die Kernsysteme des SNA integriert werden. Darüber hinaus sollte ein international vergleichbarer Rahmen für die Messung der wirtschaftlichen Aspekte der Nachhaltigkeit erstellt werden, wobei als erstes die schwerwiegendsten Verzerrungen des Sozialproduktes korrigiert werden sollten.
- Die Zusammenarbeit zwischen den internationalen Institutionen muß gestärkt werden. (Forschungsarbeiten, Pilotprojekte, nationale und internationale Schwerpunkte, offizielle Dokumente, makroökonomische Analysen, Entwerfen von Entwicklungsprogrammen, Anwendung der korrigierten Umweltindikatoren.)
- Umweltdaten müssen, soweit wie möglich, mit monetären Größen in Verbindung gebracht werden. Dazu sollte der Austausch zwischen Naturwissenschaftlern, Experten der Volks-

wirtschaftlichen Gesamtrechnungen, Ökonomen und Statistikern gefördert werden.
- Den nationalen statistischen Behörden sollten die finanziellen
und technischen Mittel zur Verfügung gestellt werden, um
folgende Aufgaben erfüllen zu können: Sammlung von Daten,
Bewertung der natürlichen Ressourcen, Durchführung von
Pilotprojekten etc.
- Umweltberichterstattung sollte Bestandteil nationaler Nach-
haltigkeitsstrategien und -berichte werden. Im politischen Ent-
scheidungsprozeß und bei der Festlegung der Wirtschaftspolitik sollten korrigierte Umweltindikatoren berücksichtigt werden. Umweltberichterstattung sollte auch auf mikroökonomischer und internationaler Ebene angewendet werden, das
heißt bei der Kosten-Nutzen-Analyse von Projekten und bei
Berechnungen im Zusammenhang mit internationalen Zah-
lungsbilanzen.
- Die ISWG muß neu organisiert werden: zu einer internationalen Arbeitsgruppe, die nicht nur die großen internationalen
Institutionen einbezieht, sondern auch die nationalen statistischen Behörden, Forschungsinstitute, NGOs etc. Ihr sollte die
Verantwortung übertragen werden, einen weltweiten Arbeits-
katalog zu erstellen, die internationalen Bemühungen zu koordinieren und zu beaufsichtigen und die Anwendung eines
umweltgerecht-modifizierten SNA durchzusetzen. Sie sollte
der UN-Kommission für eine nachhaltige Entwicklung (CSD)
Bericht erstatten, die die Ergebnisse regelmäßig veröffentlichen sollte.

Literaturverzeichnis

Einleitung

Daly, H. und J. Cobb, *For the common good*, Beacon Press, Boston, 1989.

Daly, H. und J. Cobb, *For the common good*, Zweite Ausgabe, Beacon Press, Boston, 1994.

Diefenbacher, H., «Der ‹Index of Sustainable Economic Welfare›. Eine Fallstudie über die Entwicklung in der Bundesrepublik Deutschland», in Diefenbacher, H. und S. Habicht-Erenler (Hrsg.), *Wachstum und Wohlstand*, Metropolis Verlag, Marburg, 1991.

Diefenbacher, H., «The Index of Sustainable Economic Welfare – A Case Study of the Federal Republic of Germany», in Daly, H. und J. Cobb (1994), *For the common good*, Zweite Ausgabe, Beacon Press, Boston, 1994.

Giarini, O. und W.R. Stahel, *The Limits to Certainty*, Kluwer Academic Publishers, Dordrecht, 1993.

Jackson, T. und N. Marks, *Measuring Sustainable Economic Welfare (UK) – A Pilot Index: 1950–1990*, Stockholm Environmental Institute, Stockholm, 1994.

Kaplan, R.D., *Het anarchistisch pandemonium*, NRC Handelsblad, Zaterdags Bijvoegsel (14.5.94) (© The Atlantic Monthly, Boston MA), 1994.

Kennedy, P., *Preparing for the twenty-first century*, Fontana Press, London, 1993.

Meadows, D.H., D.L. Meadows und J. Randers, *Beyond the Limits: confronting global collapse: envisioning a sustainable future*, Earthscan, London, 1991.

Obermayr, B., K. Steiner, E. Stockhammer und H. Hochreiber, *Die Entwicklung des ISEW in Österreich von 1955 bis 1992*, (Vorgesehenes Veröffentlichungsdatum: 1995)

Rosenberg, D. und T. Oegema, *A Pilot Index of Sustainable Economic Welfare for the Netherlands, 1950–1992*, IMSA, Amsterdam, (Vorgesehenes Veröffentlichungsdatum: 1995)

Kapitel 1

Delumeau, J., *La peur en Occident*, Librairie A. Fayard, Paris, 1978.

Hobbes, Th., *Leviathan*, Everyman's library, London, 1983.

Huizinga, J., *Herfsttij der Middeleeuwen*, Tjeenk Willink en Zn., Haarlem, 1963.

Keynes, J.M., *Essays in Persuasion*, W.W. Norton, New York und London, 1930.

Locke, J., *Two treatises of government*, Cambridge University, Cambridge, 1960.

Mill, J.S., *Principles of Political Economy*, Penguin Books Harmondsworth, 1985.

Toulmin, S., *Cosmopolis; the hidden agenda of Modernity*, University of Chicago Press, Chicago, 1990.

Xenos, N., *Scarcity and Modernity*, Routledge, London und New York, 1989.

Kapitel 2

Algera, S.B. und R.J.A. Janssen, «The development of short-term macro-economic statistics», *CBS Select*, 7, 1991.

Bochove, C.A. van, und H. K. Van Tuinen, «Revision of the system of National Accounts: the case for flexibility», *National Accounts Occasional Paper*, NA/06, 1985.

Eck, R. van, C. N. Gorter und H. K. Van Tuinen, «Flexibility in the system of National Accounts», *National Accounts Occasional Paper*, NA/01, 1983.

Haan, M. de, S. Keuning und P. Bosch, «Integrated indicators in a National Accounting Matrix including environmental accounts (NAMEA); an application to the Netherlands», *National Accounts Occasional Paper*, NA/60, 1993.

King, G., *Two tracts*, The Johns Hopkins Press, Baltimore, 1936.

Metelerkamp, R., *De toestand van Nederland in vergelijking gebracht met die van enige andere landen van Europa*, Rotterdam, 1804.

Robinson, A., «A child of the times», *The Economist* (20.12.86), 1986.

Kapitel 3

Bones, J., Forest Inventory Research and Analysis, Forest Service, USDA, Washington D.C. (persönliche Mitteilung vom 22.10.93).

Canadian Council of Forest Ministers, *Compendium of Canadian Forestry Statistics 1992*, National Forestry Database, Ottawa, 1993.

Daly, H.E., «Allocation, Distribution, and Scale: Towards an Economics that is Efficient, Just, and Sustainable», *Ecological Economics*, (12/92), 1992.

Dregne, H. u.a., «A New Assessment of the World Status of Desertification», *Desertification Control Bulletin*, Nr. 20, 1991.

FAO (United Nations Food and Agriculture Organization) (verschiedene Jahrgänge), *Yearbook of Fishery Statistics: Catches and Landings*, Rom

FAO (United Nations Food and Agriculture Organization), «Areas of Woody Vegetation at End 1980 for Developing and Developed Countries and Territories by Region», in *An Interim Report on The State of Forest Resources in the Developing Countries*, Rom, 1988a.

FAO (United Nations Food and Agriculture Organization), *An Interim Report on the State of Forest Resources in the Developing Countries,* Forest Resources Division, Rom, 1988b.

FAO (United Nations Food and Agriculture Organization), *Food Balance Sheets* , Rom, 1991.

FAO (United Nations Food and Agriculture Organization), *Production Year-book 1991*, Rom, 1992.

FAO (United Nations Food and Agriculture Organization), *Forest Resources Assessment 1990,* Rom, 1992 und 1993.

FAO (United Nations Food and Agriculture Organization), *AGROSTAT-PC 1993*, Forest Products Electronic Data Series, Rom, 1993a.

FAO (United Nations Food and Agriculture Organization), «Crops from Pasture Land», *International Agricultural Development* (März/April), 1993b.

FAO (United Nations Food and Agriculture Organization), *Forest Resources Assessment 1990 – Tropical Countries,* Forestry Paper Nr. 112, Rom, 1993c.

FAO (United Nations Food and Agriculture Organization), *Global Fish and Shellfish Production in 1991*, Fisheries Department, COFI, Support Document: Fishery Statistics, Rom, 1993d.

FAO (United Nations Food and Agriculture Organization), «Marine Fisheries and the Law of the Sea: A Decade of Change», *Fisheries Circular*, Nr. 853, Rom, 1993e.

FAO (United Nations Food and Agriculture Organization), «World Review of High Seas and Highly Migratory Fish Species and Straddling Stocks», *FAO Fisheries Circular*, Nr. 858 (vorläufige Version), Rom, 1993f.

FAO (United Nations Food and Agriculture Organization), *1961–1991...2010: Forestry Statistics Today for Tomorrow*, Rom, 1993g.

Gulland, J.A. (Hrsg.), *The Fish Resources of the Ocean*, Fishing News (Books) Ltd., West Byfleet, Surrey, U.K., 1971.

He Bochuan, *China on the Edge: The Crisis of Ecology and Development,* China Books and Periodicals, Inc., San Francisco, 1991.

Houghton, R.A., u.a., «Changes in the Carbon Content of Terrestrial Biota and Soils Between 1860 and 1980: A Net Release of CO_2 to the Atmosphere», *Ecological Monographs* (9/83), 1983.

Janz, K., leitender Angestellter der Abteilung für Forstwirtschaft (Ressourcenbewertung und Überwachung) der FAO in Rom, (persönliche Mitteilung vom 29.10.93), 1993.

Lanly, J.P., *1980 Forest Resources Assessment,* FAO, Rom, 1983.

Lowe, J., Forest Inventory and Analysis Project, Petawawa National Forestry Institute, Canadian Forest Service, Chalk River, Ontario, (unveröffentlichter Ausdruck und persönliche Mitteilung vom 4.11.93).

Malik, R.P.S. und P. Faeth, «Rice-Wheat Production in Northwest India», in Faeth, Paul (Hrsg.), *Agricultural Policy and Sustainability: Case Studies from India, Chile, the Philippines, and the United States,* World Resources Institute, Washington, D.C., 1993.

Meadows, D.H., D.L. Meadows und J. Randers, *Beyond the Limits. Confron-*

ting Global Collapse; Envisioning a Sustainable Future, Earthscan Publications Ltd., London, 1991.

National Commission on the Environment, Nationalbericht der Argentinischen Republik und die Konferenz der Vereinten Nationen zur Umwelt und Entwicklung (UNCED), 1991.

Oldeman, L.R. u.a., «The Extent of Human-Induced Soil Degradation», in Oldeman, L.R. u.a., *World Map of the Status of Human-Induced Soil Degradation,* United Nations Environment Programme und International Soil Reference and Information Centre, Wageningen, Niederlande, 1991.

Perotti, M., Leiter der Statistischen Abteilung, Fisheries Department, FAO, Rom (persönliche Mitteilung vom 3.11.93).

Postel, S. und J.C. Ryan, «Reforming Forestry,» in: Brown, L.R. u.a., *State of the World 1991,* W.W. Norton und Co., New York, 1991.

Postel, S., *Last Oasis: Facing Water Scarcity,* W.W. Norton und Company, New York, 1992.

Shvidenko, A., International Institute for Applied Systems Analysis (IIASA), Laxenburg, Österreich (unveröffentlichter Ausdruck und persönliche Mitteilung vom 18.7.93).

Smil,V., «China's Environment in the 1980s: Some Critical Changes», *Ambio* (9/92), 1992

Strand, J. und F. Wenstöp, *Kvantifisering av Miljölemper ved udlike energiteknologier,* Sosialökonomisk Institut, Oslo University.

Thomas, R.J., Centro Internacional de Agricultura Tropical, Cali, Colombia, (persönliche Mitteilung vom 21.7.93).

Tuijl, W. van, *Improving Water Use in Agriculture: Experiences in the Middle East and North Africa,* Weltbank, Washington, D.C., 1993.

UN-ECE/FAO, *The Forest Resources of the Temperate Zones: the UN-ECE/FAO 1990 Forest Resource Assessment, Vol. 1: General Forest Resource Information,* Vereinte Nationen, New York, 1992.

United States Bureau of the Census, *International Data Base,* Department of Commerce, (unveröffentlichter Ausdruck vom 2. November), 1993.

United States Department of Agriculture, *An Analysis of the Timber Situation in the United States: 1952–2030,* Forest Service, Forest Resource Report Nr. 23, Washington, D.C., 1982.

United States Department of Agriculture, *World Grain Database,* Washington, D.C. (unveröffentlichter Ausdruck), 1992.

Vitousek, P.M. u.a., «Human Appropriation of the Products of Photosynthesis», *BioScience* (6/86), 1986.

Waddell, K., D. Oswald, und D. Powell, Pacific Northwest Experiment Station, Forest Service, *Forest Statistics of the United States 1987,* Research Bulletin 168, Portland, Oreg. USDA, 1989.

Wardle, P., leitender Forstwirtschaftsökonom bei der FAO in Rom (unveröffentlichter Ausdruck und persönliche Mitteilung vom 1.7.93), 1993a.

Wardle, P., leitender Forstwirtschaftsökonom bei der FAO in Rom (unveröffentlichter Ausdruck aus der FAO Datenbank zu forstwirtschaftlichen Erzeugnissen vom 21.9.93), 1993b.

Kapitel 4

Adger, N., *Sustainable National Income and Natural Resource Degradation: Initial Results for Zimbabwe*, CSERGE GEC Working Paper 92–32, University of East Anglia, Norwich, 1992.

Alfsen, K., T. Bye und L. Lorentsen, *Natural Resource Accounting and Analysis: the Norwegian Experience 1978–1986*, Central Bureau of Statistics of Norway, Oslo, 1987.

Bartelmus, P., E. Lutz und S. Schweinfest, «Integrated Environmental and Economic Accounting: a Case Study for Papua New Guinea» in Lutz, E. (Hrsg.), *Toward Improved Accounting for the Environment*, Weltbank, Washington DC, S. 108–143, 1993.

Bartelmus, P., C. Stahmer und J. van Tongeren, «Integrated Environmental and Economic Accounting – a Framework for an SNA Satellite System» in Lutz, E. (Hrsg.), *Toward Improved Accounting for the Environment*, Weltbank, Washington DC, S. 22–45, 1993.

Bartelmus, P. und A. Tardos, «Integrated Environmental and Economic Accounting – Methods and Applications», *Journal of Official Statistics* Vol.9 Nr.1, S. 179–188, 1993.

Beckerman, W., *An Introduction to National Income Analysis*, Weidenfeld und Nicholson, London, 1968.

Boero, G., R. Clarke und L. Winters, *The Macroeconomic Consequences of Controlling Greenhouse Gases: a Survey*, Department of the Environment, HMSO, London, 1991.

Bojö, J., K.-G. Mäler und L. Unemo, *Environment and Development: an Economic Approach*, Kluwer, Dordrecht, 1992.

Bryant, C. und P. Cook, «Environmental Issues and the National Accounts», *Economic Trends* (Nr.469/11/92) HMSO, London, S. 99–122, 1992.

Cobb, C.W. und J.B. Cobb, *The Green National Product*, University Press of America, Lanham MD, 1994.

Daly, H.E. und J.B. Cobb, *For the Common Good*, Green Print, Merlin Press, London, 1990.

Eisner, R., «Extended Accounts for National Income and Product», *Journal of Economic Literature* (Vol.26/12/88), S. 1611–1684, 1988.

Ekins, P., «The Environmental Sustainability of Economic Processes» in Van den Bergh, J. und J. van der Straaten: *Concepts, Methods and Policy for Sustainable Development*, Island Press, Washington DC, (Vorgesehenes Veröffentlichungsdatum: 1995).

Ekins, P. und M. Max-Neef (Hrsg.), *Real-Life Economics: Understanding Wealth Creation*, Routledge, London, 1992.

El Serafy, S., «The Proper Calculation of Income from Depletable Natural Resources» in Ahmad, Y., S. El Serafy und E. Lutz (Hrsg.), *Environmental Accounting for Sustainable Development*, Weltbank, Washington DC, S. 10–18, 1989.

El Serafy, S., «The Environment as Capital» in Lutz, E. (Hrsg.), *Toward Improved Accounting for the Environment*, Weltbank, Washington DC, S. 17–21, 1993.

European Commission, *Towards Sustainability: a European Community programme of policy and actions relating to the environment and sustainable development*, Vol.II, EU, Brüssel, 1992.

Goldschmidt-Clermont, L., «Measuring Households' Non-Monetary Production» in Ekins, P. und M. Max-Neef, (Hrsg.), *Real-Life Economics: Understanding Wealth Creation*, Routledge, London, S. 265–280, 1992.

Goldschmidt-Clermont, L., «Monetary Valuation of Non-Market Productive Time: Methodological Considerations», *Review of Income and Wealth* Series 39 (Nr.4/12/93), S. 419–433, 1993.

Harrison, A., «National Assets and National Accounting» in Lutz, E. (Hrsg.), *Toward Improved Accounting for the Environment*, Weltbank, Washington DC, S. 22–45, 1993.

Herfindahl, O. und A. Kneese, «Measuring Social and Economic Change: Benefits and Costs of Environmental Pollution» in Moss, M. (Hrsg.), *The Measurement of Economic and Social Performance*, National Bureau of Economic Research/Columbia University, New York, S. 441–508, 1973.

Hicks, J., *Value and Capital*, Zweite Ausgabe, Oxford University Press, Oxford, 1946.

Hueting, R., «An Economic Scenario for a Conserver Economy» in Ekins, P. (Hrsg.), *The Living Economy: a New Economics in the Making*, Routledge und Kegan Paul, London, S. 242–256, 1986.

Hueting, R., «Correcting National Income for Environmental Losses: Toward a Practical Solution» in Ahmad, Y., S. El Serafy und E. Lutz (Hrsg.), *Environmental Accounting for Sustainable Development*, Weltbank, Washington DC, 1989.

Hueting, R., P. Bosch und B. de Boer, *Methodology for the Calculation of Sustainable National Income*, Netherlands Central Bureau of Statistics, Voorburg, 1991.

Jorgenson, D., «Productivity and Economic Growth» in Berndt, E.R. und J.E. Triplett (Hrsg.), *Fifty Years of Measurement: the Jubilee of the Conference on Research in Income and Wealth*, University of Chicago Press Chicago, S. 19–118, 1990.

Jorgenson und Wilcoxen, «Energy, the Environment and Economic Growth» in Kneese, A. und J.L. Sweeney (Hrsg.), *Handbook of Natural Resource and Energy Economics*, Volume 3, North-Holland, Amsterdam, S. 1267–1349, 1993.

Juster, F.T., «A Framework for the Measurement of Economic and Social Performance» in Moss, M. (Hrsg.), *The Measurement of Economic and Social Performance*, National Bureau of Economic Research/Columbia University, New York, S. 25–109, 1973.

Kuznets, S., «Concluding Remarks» in Moss, M. (Hrsg.), *The Measurement of Economic and Social Performance*, National Bureau of Economic Research/Columbia University, New York, S. 579–592, 1973.

Leipert, C., «National Income and Economic Growth: the Conceptual Side of Defensive Expenditures», *Journal of Economic Issues* Vol.XXIII (Nr.3/9/89), 1989a.

Leipert, C., «Social Costs of the Economic Process and National Accounts:

the Example of Defensive Expenditures», *Journal of Interdisciplinary Economics* Vol.3, S. 27–46, 1989b.

Lone, Ø., «Environmental and Resource Accounting» in Ekins, P. und M. Max-Neef (Hrsg.), *Real-Life Economics: Understanding Wealth Creation*, Routledge, London, S. 239–253, 1992.

Lutz, E., «Toward Improved Accounting for the Environment: an Overview» in Lutz, E. (Hrsg.), *Toward Improved Accounting for the Environment*, Weltbank, Washington DC, S. 22–45, 1993.

Mäler, K.-G., «National Accounts and Environmental Resources», *Environmental and Resource Economics* Vol.1, S. 1–15, 1991.

Miles, I., «Social Indicators for Real-Life Economics» in Ekins, P. und M. Max-Neef (Hrsg.), *Real-Life Economics: Understanding Wealth Creation*, Routledge, London, S. 283–297, 1992.

Nordhaus, W., «To slow or not to slow: the economics of the greenhouse effect», *Economic Journal* 101 (Juli), S. 920–937, 1991.

Nordhaus, W. und J. Tobin, «Is Growth Obsolete?» in Moss, M. (Hrsg.), *The Measurement of Economic and Social Performance*, National Bureau of Economic Research/Columbia University, New York, 1973.

Pearce, D., E. Barbier und A. Markandya, *Sustainable Development: Economics and Environment in the Third World*, Edward Elgar, Aldershot, 1990.

Pigou, A.C., *The Economics of Welfare*, Vierte Ausgabe (Erste Ausgabe 1920), Macmillan, London, 1932.

Repetto, R., W. Magrath, M. Wells, C. Beer und F. Rossini, *Wasting Assets: Natural Resources in the National Accounts*, World Resources Institute, Washington DC, 1989.

Ruggles, R., «The United States National Income Accounts, 1947–1977: Their Conceptual Basis and Evolution» in Foss, M.F. (Hrsg.), *The U.S. National Income and Product Accounts*, University of Chicago Press, Chicago, 1983.

Solórzano, R., R. De Camino, R. Woodward, J. Tosi, V. Watson, Vásquez, C. Villalobos, J. Jimenénez, R. Repetto und W. Cruz, *Accounts Overdue: Natural Resource Depreciation in Costa Rica*, World Resources Institute, Washington DC, 1991.

Solow, R., «Growth Theory» in Greenaway, D., M. Bleaney und I.M.T. Stewart (Hrsg.), *Companion to Contemporary Economic Thought*, Routledge, London, S. 393–415, 1991.

Tinbergen, J. und R. Hueting, «GNP and Market Prices» in Goodland, R., H.E. Daly und S. El Serafy (Hrsg.), *Population, Technology and Lifestyle: the Transition to Sustainability*, Island Press, Washington DC, S. 52–62, 1993.

Tongeren, J. van, S. Schweinfest, E. Lutz, M.G. Luna und G. Martin, «Integrated Environmental and Economic Accounting: a Case Study for Mexico», in Lutz, E. (Hrsg.), *Toward Improved Accounting for the Environment*, Weltbank, Washington DC, S. 85–107, 1993.

Vereinte Nationen, *SNA Draft Handbook on Integrated Environmental and Economic Accounting*, Provisional Version, UN Statistical Office, New York, 1992.

World Commission on Environment and Development, *Our Common Future* (The Brundtland Report), Oxford University Press, Oxford/New York, 1987.

Young, M.D., *Natural Resource Accounting: Some Australian Experiences and Observations*, Working Document 92/1 (Februar), CSIRO, Canberra, 1992.

Kapitel 5

Asian Development Bank, *Economic Policies for Sustainable Development*, 1993.

Commission of the European Communities,*Towards Sustainability, The Fifth Environmental Action Programme*, Brüssel, 1992.

Confederation of Indian Industry / United Nations Development Programme / Business Council for Sustainable Development, *Changing Course: Towards Sustainable Development – An Indian Industry Perspective*, New Delhi, India, 1992.

Dobson, A. (Hrsg.), *The Green Reader*, Andre Deutsch, London, S. 242–247, 1991.

Dunlap, R.E., G.H. Gallup und A.M. Gallup, *The Health of the Planet Survey: A Preliminary Report on Attitudes to the Environment and Economic Growth Measured by Surveys of Citizens in 22 Nations*, The George H. Gallup International Institute, Princeton, New Jersey, USA, 1992.

Elkington, J. und A. Dimmock, *The Corporate Environmentalists: Selling Sustainable Development – But Can They Deliver?*, SustainAbility Ltd, London, 1992.

Elkington, J. und N. Robins, *The UNEP Corporate Environmental Reporting Guide*, United Nations Environment Programme Industry und Environment Programme Activity Centre (IE/OAC), Paris, 1994.

Fornander, K., «Japan Inc Gets into the Environment Business», *Tomorrow*, Vol. 1, Nr. 1, S. 38–43, 1991.

Hanneberg, P, «The Seychelles Conservation Keeps the Tourists Coming», *Tomorrow*, Vol. 1, Nr. 1, S. 24–37, 1991.

Hawken, P., *The Ecology of Commerce: A Declaration of Sustainability*, Harper Collins, New York, 1993.

International Institute for Sustainable Development, *Sourcebook on Sustainable Development*, Manitoba, Kanada, 1992.

IUCN, UNEP und WWF (1980), *World Conservation Strategy: Living Resource Conservation for Sustainable Development*,

IUCN, UNEP und WWF, *Unsere Verantwortung für die Erde: Strategie für ein Leben im Einklang mit Natur und Umwelt*, Gland, Schweiz, 1991.

MacNeill, J., «Meeting the Growth Imperative for the 21st Century», in *Sustaining Earth: Response to the Environmental Threats*, Angell, D.J.R. u.a., Macmillan, London, S. 191–205, 1990.

Meadows, D. u.a., *Beyond the Limits: Confronting Global Collapse, Envisioning a Sustainable Future*, Earthscan, 1992.

Netherlands, *To Choose or to Lose: The National Environmental Policy Plan (NEPP)*, 1989; *NEPPPlus*, 1991; *NEPP2*, 1994.

Pearce, D. u.a., *Blueprint 3: Measuring Sustainable Development*, Earthscan, London, 1994.

Pezzey, J., *Definitions of Sustainability*, CEED Discussion Paper Nr. 9, The UK Centre for Economic and Environmental Development, Cambridge, 1989.

Rosenberg, A.J. u.a., «Achieving Sustainable Use of Renewable Resources», *Science*, Vol. 262 (5. November), S. 828–829, 1993.

Solow, R., «The economics of resources or the resources of economics», *American Economic Review* (5/74), S. 1–14, 1974.

Solow, R., *An almost practical step toward sustainability*, Resources for the Future (Vortrag zum 40. Jahrestag), Washington, D.C., 1992.

State Information Service, *Environment and Development: The Danish Government's Action Plan*, Kopenhagen, 1988.

SustainAbility, *Coming Clean: Corporate Environmental Reporting*, London, mit Deloitte Touche Tohmatsu International und The International Institute for Sustainable Development, 1993a.

SustainAbility, *The LCA Sourcebook: A European Business Guide to Life-Cycle Assessment*, London, mit der Society for the Promotion of LCA Development (SPOLD) und Business in the Environment (BiE), 1993b.

Schwedisches Umweltschutzamt, *Strategy for Sustainable Development*, Solna, Schweden, 1993.

Timberlake, L, «What is Sustainability», in *Green Pages: The Business of Saving the World*, Elkington J., J. Hailes und T. Burke (Hrsg.), Routledge, London, S. 50–51, 1988.

United Kingdom, *This Common Inheritance: Britain's Environmental Strategy*, 1990; *First Year Report*, 1991; *Second Year Book*, 1992; und *The UK Strategy for Sustainable Development*, 1994.

Williams, M.J. und P.L Petesch, *Sustaining the Earth: Role of Multilateral Development Institutions*, The Network, Centre for Our Common Future, Genf, S. 3., 1993.

Weltbank, *The World Bank and the Environment: Fiscal 1993*, Washington D.C., 1993.

World Commission on Environment and Development, *Our Common Future*, Oxford University Press, 1989.

World Resources Institute, The Brookings Institution und the Sante Fe Institute, *The 2050 Project: Transition to Sustainability in the Next Century*, (10–93.DSC), Washington 1993.

Worldwatch Institute, *State of the World 1994*, A Worldwatch Institute Report on Progress Towards a Sustainable Society, W.W. Norton, New York, 1994.

Kapitel 6

Ahmad, Y., S. El Serafy, und E. Lutz (Hrsg.), *Environmental accounting*, Weltbank, Washington D.C., S. 100ff, 1989.

Brown, L.B. u.a., *State of the world: 1994*, Worldwatch Institute, Washington D.C., S. 265, 1994.

Cernea, M., «The Sociologist's approach to sustainable development», *Finance and Development*, (Nr.30/4/93), S. 11–13, 1993.

Daily, G.C. und P.R. Ehrlich, «Population, sustainability and the earth's carrying capacity», *BioScience* (Nr.42/10/92), S. 761–771, 1992.

Daly, H.E. und J. Cobb, *For the common good*, Beacon Press, Boston, S. 492, 1989.

Dasgupta, P. und C. Heal, *Economic theory and exhaustible resources*, Cambridge University Press, Cambridge, 1979.

Ehrlich, P. und A. Ehrlich, *Too many rich folks*, (Populi Nr.16/3/89), S. 3–29, 1989a.

Ehrlich, P. und A. Ehrlich, «How the rich can save the poor and themselves», *Pacific and Asian Journal of Energy* (3/89), S. 53–63, 1989b.

Ehrlich, P.R. und J.P. Holdren, «Impact of population growth», *Science* Nr.171, S. 1212–1217, 1974.

El Serafy, S., «The environment as capital (168–175)» in Costanza, R. (Hrsg.) *Ecological Economics*, Columbia University Press, New York, S. 525, 1991.

El Serafy, S., *Country macroeconomic work and natural resources*, Weltbank, Environment Working Paper Nr. 58, Washington D.C., S. 50, 1993.

Goodland, R. und H.E. Daly, «Why Northern income growth is not the solution to Southern poverty», *Ecological Economics* (8/93), S. 85–101, 1993a.

Goodland, R. und H.E. Daly, *Poverty alleviation is essential for environmental sustainability*, Weltbank. Environment Working Paper Nr. 42, Washington, D.C., S. 34, 1993b.

Hardin, G., *Living within limits*, Oxford University Press, New York, S. 202, 1993.

Hicks, Sir J.R., *Value and Capital*, Clarendon Press, Oxford, S. 446, 1946.

Ludwig, D., «Uncertainty, resource exploitation and conservation: Lessons from history», *Science* 260 (2.4.93), S. 17,36, 1993.

Lutz, E. (Hrsg.), *Toward improved accounting for the environment*, Ein Symposium von UNSTAT und Weltbank, Weltbank, Washington, D.C., S. 329, 1993.

Meadows, D., D. Meadows, und J. Randers, *Die neuen Grenzen des Wachstums*, DVA, Stuttgart, 1992.

Mies, M., *Consumption patterns of the North: the cause of environmental destruction and poverty in the South: women and children first*, UNCED, UNICEF und UNFPA, Genf, S. 26, 1991.

Orr, D.W., *Environmental literacy: education and the transition to a postmodern world,*, State University of New York, Albany, S. 211, 1992.

Parikh, J. und K. Parikh, *Consumption patterns: the driving force of environmental stress*, UNCED, Genf, S, 38, 1991.

Putnam, R.D., «Social capital and public affairs», *The American Prospect*, (Nr.13/1993), S. 1–8, 1993a.

Putnam, R.D., (mit R. Leonardi und R.Y. Nanetti), *Making democracy work: civic traditions in modern Italy*, Princeton University Press, Princeton, 1993b.

Serageldin, I., «Making development sustainable», *Finance and Development* (Nr.30/4/93), S. 6–10, 1993a.

Serageldin, I., *Development partners: Aid and cooperation in the 1990s*, SIDA, Stockholm, S. 153, 1993b.

Serageldin, I. und A. Steer, «Epilogue: Expanding the Capital Stock,» in Serageldin, I. und A. Steer (Hrsg.), *Making Development Sustainable: From Concepts to action*, Environmentally Sustainable Development Occasional Paper Series Nr. 2., Weltbank, Washington, D.C., S. 30–32, 1994a.

Serageldin, I. und A. Steer (Hrsg.), *Making Development Sustainable: From Concepts to action*. Environmentally Sustainable Development Occasional Paper Series Nr. 2., Weltbank, Washington, D.C., 1994b.

Simonis, U.E., *Beyond growth: elements of sustainable development*, Edition Sigma, Berlin, S. 151, 1990.

Solow, R., «The economics of resources or the resources of economics», *American Economic Review* (Mai/74), S. 1–14, 1974.

Solow, R., *An almost practical step toward sustainability*, Resources for the Future (40th Anniversary Lecture), Washington, D.C., S. 22, 1992.

Steer, A. und E. Lutz, «Measuring environmentally sustainable development», *Finance und Development* (Nr.30/4/93), S. 20–23, 1993.

Steer, A. und V. Thomas, *Promoting development that lasts*, (Veröffentlichung vorgesehen).

Tietenberg, T., *The poverty connection to environmental policy*, Challenge (Nr.33/5/90), S. 26–3, 1990.

Tietenberg, T., *Environmental and natural resource economics*, Harper Collins, New York, S. 678, 1992.

Tinbergen, J. und R. Hueting, «GNP and market prices: wrong signals for sustainable economic success that mask environmental destruction» (36– 42) in Goodland, R., H. Daly und S. El Serafy (Hrsg.), *Environmentally sustainable economic development: Building on Brundtland*, Weltbank, Environment Paper 36, Washington D.C., S. 86, 1991.

Vitousek, P.M., P. Ehrlich, A. Ehrlich und P. Matson, «Human appropriation of the products of photosynthesis», *BioScience* Nr. 36, S. 368–373, 1986.

Weltbank, *World Development Report*, Weltbank, Washington D.C., 1990.

Weltbank, *World Development Report*, Weltbank, Washington D.C., 1991.

Weltbank, *Environmental Assessment Sourcebook*, Weltbank, Washington D.C., 1992a.

Weltbank, *World Development Report 1992: Development and the environment*, Oxford University Press, New York, S. 308b, 1992b.

Weltbank, *The World Bank and the environment 1993*, Weltbank, Washington D.C., S. 193, 1993a.

Weltbank, *World Development Report 1993: Investing in health*, Oxford University Press, New York, S. 329, 1993b.

Weltbank, *World Development Report. Infrastructure for development*, Weltbank, Oxford University Press, Washington D.C., S. 254, 1995.

Kapitel 7

Ahmad, J.J. u.a., *Environmental Accounting for Sustainable Development*, The International Bank for Reconstruction and Development, Washington DC., 1989.

Clairmonte, F., «Bananas», in Payer, C. (Hrsg.), *Commodity Trade of the Third World*, Macmillan, London, 1975a.

Clairmonte, F., «Dynamics of International Exploitation», *Economic and Political Weekly*, vol. X, 1975b.

Henderson, H., *Paradigms in Progress* , Knowledge Systems, Indiana/Indianapolis, 1991.

ICVA und Eurostep, *The Reality of Aid*, Großbritannien, 1993.

Khor Kok Peng, *The Malaysian Economy: Structures and Dependence*, Institut Masyarakat, Penang, 1983.

Khor, M., «Towards a new North-South economic dialogue», *Third World Resurgence*, (Nr.36/8/93), 1993.

Khor Kok Peng, *The End of the Uruguay Round and Third World Interests*, Third World Network, Penang, 1994.

Panayotou, T., *Green Markets*, Institute for Contemporary Studies, San Francisco, Kalifornien, 1993.

Papic, A., «Net Transfer of Financial Resources from the South», *South Letter*, (Nr.11/9/91), 1991.

Pearce, D.W. und J.J. Warford, *World Without End*, Oxford University Press, 1993.

The International Bank for Reconstruction and Development, *World Development Report 1990, Poverty*, Oxford University Press, 1990.

The International Bank for Reconstruction and Development, *The East Asia Miracle*, Oxford University Press, 1993a.

The International Bank for Reconstruction and Development, *World Development Report 1993, Investing in Health*, Oxford University Press, 1993b.

UNCED Sekretariat, «The International Economy and Environment and Development», Paper A/CONF 151/PC/47, 1991.

UNCTAD, *Trade and Development Report 1981*, Vereinte Nationen, New York, 1981.

Vereinte Nationen, *World Economic Survey 1990*, New York, 1990.

Vereinte Nationen, *World Economic Survey 1991*, New York, 1991.

Vereinte Nationen, *World Economic Survey 1993*, New York, 1993a.

Vereinte Nationen, *Agenda 21: The UN Programme of Action from Rio*, New York, 1993b.

Kapitel 8

Cobb, C., und T. Halstead, *The Genuine Progress Indicator: A Measure of the Socio-Economic Well-Being and Sustainability of the Nation: 1950–1992*, Redefining Progress, Kalifornien, 1994.

Daly, H. und J. Cobb, *For the common good*, Beacon Press, Boston, 1989.

Diefenbacher, H., «The Index of Sustainable Economic Welfare: A Case Study of the Federal Republic of Germany», in: *The Green National Product*, 1994.

Diefenbacher, H. und S. Habicht-Erenler, *Wohlstand and Wachstum – Neuere Konzepte zur Erfassung von Sozial- and Umweltverträglichkeit*, 1991.

Ekins, P., *Wealth Beyond Measure*, 1992.

Hareide, D., *The Good Norway* (Det Gode Norway), Gyldendal, 1990.

Jackson, T. und N. Marks, *Measuring Sustainable Economic Welfare – A Pilot Index: 1950–1990*, SEI (Stockholm Environment Institute), veröffentlicht in Zusammenarbeit mit The New Economic Foundation/UK, Stockholm, 1994.

Jesperson, J., «A Welfare Index for the Danish Economy», vorgelegt auf dem ECS-Meeting in Wuppertal am 15. Juni 1994 (Entwurf), 1994.

Henderson, H., *Paradigms in Progress – Life beyond Economics*,1991.

Kelley, A.C., «The Human development Index: Handle with Care», in: *Population and Development Review* 17(2), S. 315–24.

Klingebiehl, S., *Entwicklungsindikatoren in der politischen and wissenschaftlichen Diskussion*, INEF Report, Heft 2, 1992.

Meyer, C.A., *Environmental and natural resource accounting: Where to begin?*, World Resources Institute.

Nohlen D./F. Nuscheler, «Indikatoren von Unterentwicklung und Entwicklung», in: Nohlen/Nuscheler (Hrsg.), *Handbuch der Dritten Welt*, Bonn, 1993.

Obermayr, B., K. Steiner, E. Stockhammer und H. Hockrieber (1994), *Die Entwicklung des ISEW in Osterreich von 1955–1992*, (Veröffentlichung vorgesehen)

OECD, Natural resource accounts: taking stock in the OECD countries, Paris, 1994.

Rosenberg, D., und T. Oegema, *A Pilot Index of Sustainable Economic Welfare for the Netherlands, 1950–1992*, Institute for Environment and Systems Analysis, Amsterdam, 1994.

Seifert, E.K., «Aristotelian Justice in modern economics», in Greek Philosophical Society (Hrsg.), *On Justice. Plato's and Aristotle's conception in relation to modern and contemporary theories of justice*, Athen, 1989.

Kapitel 9

Daly, H. und J. Cobb, *For the Common Good*, Beacon Press, Boston, 1990.

Estes, R.J., *Trends in World Social Development: the Social Progress of Nations, 1970–1987*, Praeger, New York, 1988.

Henderson, H., *Politics of the Solar Age*, Doubleday, 1981.

Henderson, H., *Paradigms in Progress* , Knowledge Systems, Indiana, Indianapolis, 1991.

Redefining Wealth und Progress: New Ways to Measure Economic, Social and Environmental Change, Knowledge Systems, Indianapolis, Indiana, 1990.

Sivard, R.L., *World Military and Social Expenditures*, World Priorities Institute, 14. Ausgabe, 1991.

South Commission, *Challenge to the South*, Oxford University Press, 1990.

Teil IV

Ahmad, Y.J., S. El Serafy und E. Lutz (Hrsg.), *Environmental Accounting for Sustainable Development*, A UNEP-Weltbank Symposium, Weltbank, Washington D.C., 1989.

Lutz, E., «Toward Improved Accounting for the Environment: an Overview» in: Lutz, E. (Hrsg.), *Toward Improved Accounting for the Environment*, Weltbank, Washington DC, S. 22–45, 1993.

Pearce, D.W. und R.K. Turner, *Economics of natural resources and the environment*, Harvester Whetasheaf, New York, 1990.

Repetto, R., W. Magrath, M. Wells, C. Beer und F. Rossini, *Wasting Assets: Natural Resources in the National Accounts*, World Resources Institute, Washington DC, 1989.

Kapitel 10

Daly, H.E., «Toward a Measure of Sustainable Social Net Product», in: Ahmad, Y.J. u.a. (Hrsg.), *Environmental and Natural Resource Accounting and their Relevance to the Measurement of Sustainable Development*, Weltbank, Washington D.C., 1989.

Daly, H.E. und J.B. Cobb, *For the Common Good*, Green Print, Merlin Press, London, 1990.

Hueting, R. und C. Leipert, «Economic Growth, National Income and the Blocked Choices for the Environment», in: *The Environmentalist*, Vol. 10, Nr. 1, S. 25–38, 1990.

Leipert, C., *Die heimlichen Kosten des Fortschritts. Wie Umweltzerstörung das Wirtschaftswachstum fördert*, S. Fischer Verlag, Frankfurt/M., 1989.

Leipert, C., «Social Costs of the Economic Process and National Acccounts. The Example of Defensive Expenditures», in: *Journal of Interdisciplinary Economics*, Vol. 3, Nr. 1, S. 27–46, 1989.

Leipert, C., «National Income and Economic Growth: The Conceptual Side of Defensive Expenditures», in: *Journal of Economic Issues*, Vol. 23, Nr. 3, S. 843–856, 1989.

Olson, M., «The Treatment of Externalities in National Income Statistics», in: Wingo, L. und A. Evans (Hrsg.), *Public Economics and the Quality of Life*, Johns Hopkins University Press, Baltimore, Maryland, 1977.

Kapitel 11

Ahmad, Y.J., S. El Serafy und E. Lutz (Hrsg.), *Environmental Accounting for Sustainable Development*, A UNEP-Weltbank Symposium, Weltbank, Washington D.C., 1989.

Bartelmus, P., E. Lutz und J. van Tongeren, «Environmental Accounting with an Operational Perspective,» ESD und Weltbank, Washington D.C., 1993.

El Serafy, S., «Absorptive Capacity, the Demand for Revenue and the Supply of Petroleum», *Journal of Energy und Development*, Vol. VII, Nr. 1 (Herbst/81), 1981.

El Serafy, S., «The Proper Calculation of Income from Depletable Natural Resources,» in Ahmad, Y.J., S. El Serafy und E. Lutz (Hrsg.), *Environmental Accounting for Sustainable Development*, Weltbank, 1989.

El Serafy, S., «The Environment as Capital,» in: Costanza, R. (Hrsg.), *Ecological Economics*, Columbia University Press, New York, 1991.

El Serafy, S., «Depletable Rersources: Fixed Capital or Inventories?» in: Franz, A. und C. Stahmer (Hrsg.), *Approaches to Environmental Accounting*, Physica-Verlag Heidelberg, 1993.

Hartwick, J.M. und A. Hageman, «Economic Depreciation of Mineral Stocks and the Contribution of El Serafy,» in: Lutz, E. (Hrsg.), *Toward Improved Accounting for the Environment*, UNSTAT-Weltbank Symposium, Weltbank, Washington D.C., 1993.

Hicks, J.R., *Value and Capital*, Kapitel XIV (Income), Zweite Ausgabe, Clarendon Press, Oxford, 1946.

Hicks, J.R., «Capital Controversies: Ancient and Modern,» *American Economic Review*, (5/74), 1974.

Hueting, R., «Correcting National Income for Environmental Losses: Toward a Practical Solution», in: Ahmad, Y.J., S. El Serafy und E. Lutz (1989), *Environmental Accounting for Sustainable Development*, A UNEP-Weltbank Symnposium, Weltbank, Washington D.C., S. 37, 1989.

Hueting, R., «Calculating a Sustainable National Income: A Practical Solution for a Theoretical Dilemma», in Franz, A. und C. Stahmer (Hrsg.), *Approaches to Environmental Accounting*, Physica-Verlag, Heidelberg, 1993.

Marshall, A., *Principles of Economics*, 8th Edition, 1920, Macmillan and Co., London. S. 167, 1947.

Repetto, R. u.a., *Wasting Assets: Natural Resources in the National Income Accounts*, World Resources Institute, Washington D.C., 1989.

Solorzano, R. u.a., *Accounts Overdue: Natural Resource Depreciation in Costa Rica*, World Resources Institute, Washington D.C., 1991.

Solow, R., «An Almost Practical Step Toward Sustainability«, *Resources for the Future*, Washington D.C. (Oktober), 1992.

Vereinte Nationen, *Integrated Environmental and Economic Accounting*,

Handbook of National Accounting, Studies in Methods, Series F, Nr. 61, Sales Nr. E. 93. XVII.12, New York, 1993.

United States Department of Commerce, »Accounting for Mineral Resources: Issues and BEA's Initital Estimates«, *Survey of Current Business*, Bureau of Economic Analysis (April/94), 1994.

Kapitel 12

Daly, H.E. und J. Cobb, *For the Common Good*, Beacon Press, Boston, 1989.

Hennipman, P.,«Doeleinden en criteria» in : *Theorie van de Economische Politiek*, Leiden, 1962.

Hicks, J.R., «On the Valuation of Social Income» in: *Economica*, (August) 1948.

Hueting, R., *Wat is de natuur ons waard? (What is nature worth to us?)*, Wereldvenster, Baarn, 1970.

Hueting, R., *New Scarcity and Economic Growth*, North-Holland Publishing Company, Amsterdam, New York, Oxford (Holländische Ausgabe 1974), 1980.

Hueting, R., «Environment and Growth. Expectations and Scenarios» in: *Prospects of Economic Growth*, Kuipers, S.K. und Lanjouw, G.J. (Hrsg.), North-Holland Publishing Company, Amsterdam, New York, Oxford, 1980.

Hueting, R., «The relation between growth of production and energy consumption. Does growth fanaticism blind one?» in: *Economisch-Statistische Berichten*, S. 609–611, 24. Juni 1981.

Hueting, R., *A Note on the Construction of an Environmental Indicator in Monetary Terms as a Supplement to National Income with the Aid of Basic Environmental Statistics*, Report to Prof. Dr. E. Salim, Indonesischer Minister für Bevölkerung und Umwelt, Jakarta (März/86), 1986.

Hueting, R., «An Economic Scenario That Gives Top Priority to Saving the Environment», in: *Ecological Modelling*, Bd. 38, Nr. 1/2, September 1987.

Hueting, R., «Correcting National Income for Environmental Losses: Towards a Practical Solution», in: *Environmental Accounting for Sustainable Development*, Ahmad, Y., S. El Serafy und E. Lutz (Hrsg.), Weltbank, Washington D.C., 1989.

Hueting, R., «The Use of the Discount Rate in a Cost Benefit Analysis for Different Uses of a Humid Tropical Forest Area» in: *Ecological Economics* 3, 1991.

Hueting, R., «The Economic Functions of the Environment», in: *Real-Life Economics*, Ekins, P. und M. Max-Neef (Hrsg), Routledge, London und New York, 1992.

Hueting, R., P. Bosch und B. De Boer, *Methodology for the Calculation of Sustainable National Income*, Netherlands Central Bureau of Statistics, Statistical Essays, M44, SDU/Publishers, Gravenhage, 1992.

Hueting, R., «Calculating a Sustainable National Income: A Practical Solution for a Theoretical Dilemma» in: *Approaches to Environmental Ac-*

counting: *Proceedings of the LARIW Conference on Environmental Ac-counting, Baden (near Vienna), Austria, 27–29 May 1991*, Franz, A. und C. Stahmer (Hrsg.), Physica-Verlag, Heidelberg, 1993.

Hueting, R., «Three persistent myths in the environmental debate» in: *Economisch-Statistische Berichten*, November 1994.

Kuznets, S., «On the Valuation of Social Income» in: *Economica*, Februar/Mai 1948.

Marcuse, R., *One-Dimensional Man: The Ideology of Industrial Society*, London, 1964.

Pigou, A.C., *Income*, London,1949.

Potma, T., *A strategy for change*, Studie, vorgelegt bei der 10. jährlichen internationalen Konferenz zu «Strategic Bridging», Stockholm, 24.–27.9.90, 1990.

Robbins, L., *An Essay on the Nature and Significance of Economic Science*, 2. Ausgabe, London, 1952.

Tinbergen, J. und R. Hueting, «GNP and Market Prices: Wrong Signals for Sustainable Economic Success that Masks Environmental Destruction», in: *Environmentally Sustainable Economic Development: Building on Brundtland*, Goodland, R., H. Daly, S. El Serafy und B. von Droste (Hrsg), United Nations Educational, Scientific and Cultural Organization, Paris, 1991. Auch veröffentlicht in: *Environmentally Sustainable Economic Development: Building on Brundtland*, Goodland R. u.a. (Hrsg.), Environment Working Paper Nr. 46, Weltbank, Washington D.C., 1991. Auch veröffentlicht in: *Population, Technology and Lifestyle. The Transition to Sustainability*, Goodland, R. u.a. (Hrsg.), Island Press, The International Bank for Reconstruction and Development und UNESCO, Washington D.C., 1992.

Kapitel 13

Ahmad, Y., S. El Serafy und E. Lutz (Hrsg.), *Environmental Accounting for Sustainable Development*, A UNEP-Weltbank Symposium, Weltbank, Washington, 1989.

Bartelmus, P., C. Stahmer und J. van Tongeren, «Integrated environmental and economic accounting: framework for a SNA satellite system», in: *Review of Income and Wealth*, Series 37, Nr. 2, S. 111–148, 1991.

Costanza, R. (Hrsg.), *Ecological Economics – The Science and Management of Sustainability, Part II: Accounting, Modeling and Analysis*, Irvington, New York, 1991.

Daly, H., «Elements of environmental macroeconomics», in: Costanza, R. (Hrsg.), *Ecological Economics. The Science and Management of Sustainability*, New York, S. 32–46, 1991.

El Serafy, S., «Depletable Resources: Fixed Capital or Inventories», in: Franz, A. und C. Stahmer (Hrsg.), *Approaches to Environmental Accouting*, Heidelberg, S. 245–258, 1993.

Franz, A. und C. Stahmer, *Approaches to Environmental Accounting*, Ergebnisse der IARIW Conference on Environmental Accounting, Baden, Österreich, Mai 1991, Physica-Verlag, Heidelberg, 1993.

Harrison, A. und P. Hill, *Accounting for Subsoil Assets in the 1993 SNA and a Corrigendum*, Studie, vorgelegt beim Meeting on National Accounts and the Environment, London, März 1994

Hueting, R., *New Scarcity and Economic Growth. More Welfare through less Production?*, Amsterdam, New York, Oxford, 1980.

Hueting, R., «Calculating a sustainable national income: A practical solution for a theoretical dilemma», in: Stahmer, F.(1993), S. 39–69, 1993.

Leipert, C., *The Role of Defensive Expenditures in a System of Integrated Economic-Ecological Accounting*, Internationales Institut für Umwelt und Gesellschaft, Berlin, 1991.

Lutz, E. (Hrsg.), *Toward Improved Accounting for the Environment*, UNSTAT-Weltbank Symposium, Weltbank, Washington, 1993.

NNW Measurement Committee, *Measuring Net National Welfare of Japan*, Tokio, 1973.

Nordhaus, W.D. und J. Tobin, «Is growth obsolete?» in: Moss, M. (Hrsg.), «The Measurement of Economic and Social Performance», *Studies in Income and Wealth*, vol. 38, New York – London, S. 509–531, 1973.

OECD, *Environmental Policy Benefits – Monetary Valuation*, Studie von D.W. Pearce und A. Markandya, Paris, 1989.

Repetto, R. u.a., *Wasting assets. Natural Resources in the National Income Accounts*, World Resources Institute, Washington, 1989.

Vereinte Nationen, *Official Records of the Economic and Social Council*, 1991, Supplement Nr. 5 (E/1991/25), para. 154 (3)(iv), 1991.

Vereinte Nationen, *Report of the United Nations Conference on Environment and Development, Rio de Janeiro, 3–14 Juni 1992, Vol. I. Resolutions adopted by the Conference*, Sales Nr. E.93, I.8, New York, 1992.

Vereinte Nationen, *Integrated Environmental and Economic Accounting*, Handbook of National Accounting, Studies in Methods, Series F, Nr. 61, Sales Nr. E. 93. XVII.12, New York, 1993.

Vereinte Nationen, *System of National Accounts*, Studies in Methods, Series F, Nr. 2, Rev. 4, Sales Nr. E 94. XVII.4, New York, 1994.

Teil V

Ekins, P. und M. Max-Neef, *Real life economics, understanding wealth creation*, Routledge, London, 1992.

Giarini, O. und W.R. Stahel, *The limits to certainty. Facing risks in the new service economy*, Progress, Genf, 1993.

Grubb, M., J. Edmonds, P. ten Brink und M. Morrison, «The costs of Limiging Fossil-Fuel CO_2 Emissions: A Survey and Analysis», in: *Annu. Rev. Energy Environ.*, (Nr.18/93), 1993.

Prognos, *Externkosten der Energieerzeugung. Gutachten für den Bundesminister für Wirtschaft*, Bonn, 1992.

Repetto, R., R.C. Dower, R. Jenkins und J. Geoghean, *Green Fees: How a Tax*

Shift Can Work for the Environment and the Economy, Washington D.C., World Resources Institute, 1992.

Schmidt-Bleek, F., *Wieviel Umwelt braucht der Mensch?* Birkhäuser, Berlin, 1994.

Sheng, F., *Making ends meet, An overview of global efforts to assess true economic progress*, WWF-International, 1995.

Weizsäcker, E.U. von und J. Jesinghaus, *Ecological Tax Reform. Policy Proposal for Sustainable Development*, Zed Books, London, 1992.

Weizsäcker, E.U. von, *Erdpolitik*, Wissenschaftliche Buchgesellschaft, Darmstadt, 1990.

Weizsäcker, E.U. von, *Umweltstandort Deutschland*, Birkhäuser, Berlin, 1994.

Index

Sonne, Wind und Wasser: die Energiequellen der Zukunft

Im Bereich der Energiewirtschaft stehen wichtige Entscheidungen an: Sollen die Industriestaaten die Nuklearenergie ausbauen? Wie können die Entwicklungsländer den Energiehunger ihrer Bevölkerung stillen? Ist es möglich, künftig alle Menschen in die Lage zu versetzen, sich ihre Hoffnungen auf ein besseres Leben zu erfüllen? Dies, so meinen die Autoren, ermöglichen allein die *erneuerbaren Energiequellen*. Dazu gehört die direkte Nutzung der Sonnenstrahlung zur Erzeugung von Wärme oder Strom und die indirekte Nutzung der Sonnenenergie in Form von Biomasse, Wind und Wasser.

Harry Lehmann,
Torsten Reetz
Zunkunftsenergien
Strategien einer neuen Energiepolitik

282 Seiten, 37 sw-Abbildungen
und 19 Tabellen
Broschur
ISBN 3-7643-5144-6
Wuppertal Paperback

In allen Buchhandlungen
erhältlich

Sonne, Wind und Wasser: die Energiequellen der Zukunft

Im Bereich der Energie-wirtschaft stehen wichtige Entscheidungen an: Sollen die Industriestaaten die Nuklearenergie ausbauen? Wie können die Entwicklungsländer den Energiehunger ihrer Bevölkerung stillen? Ist es möglich, künftig alle Menschen in die Lage zu versetzen, sich ihre Hoffnungen auf ein besseres Leben zu erfüllen? Dies, so meinen die Autoren, ermöglichen allein die *erneuerbaren Energiequellen*. Dazu gehört die direkte Nutzung der Sonnenstrahlung zur Erzeugung von Wärme oder Strom und die indirekte Nutzung der Sonnenenergie in Form von Biomasse, Wind und Wasser.

Harry Lehmann,
Torsten Reetz
Zunkunftsenergien
Strategien einer neuen Energiepolitik

282 Seiten, 37 sw-Abbildungen
und 19 Tabellen
Broschur
ISBN 3-7643-5144-6
Wuppertal Paperback

In allen Buchhandlungen
erhältlich